普通高等院校“十四五”计算机类专业系列教材

数 据 结 构

李　兰　刘庆海　张　艳◎编著

中国铁道出版社有限公司
CHINA RAILWAY PUBLISHING HOUSE CO., LTD.

内 容 简 介

本书针对应用型本科高校计算机类专业编写，讲解数据结构的概念和原理，分析数据结构的基本运算，并给出了解决实际问题的各种经典算法。全书内容包括线性表、栈和队列、串、数组和广义表、树和二叉树、图、查找、排序。本书内容精练、逻辑性强、注重基础、突出重点、实例丰富、实用性强。书中采用 C++语言描述算法，清晰简洁，易于学生理解和掌握。为帮助读者深入理解、巩固和深化理论知识，每章后配有习题，可供不同层次的读者选用。

本书适合作为应用型本科高校计算机类专业教材，也可作为信息类专业教材，还可作为计算机自学人员的学习用书。

图书在版编目（CIP）数据

数据结构/李兰，刘庆海，张艳编著. —北京：中国铁道出版社有限公司，2023.8

普通高等院校“十四五”计算机类专业系列教材

ISBN 978-7-113-30327-3

Ⅰ.①数… Ⅱ.①李…②刘…③张… Ⅲ.①数据结构-高等学校-教材 Ⅳ.①TP311.12

中国国家版本馆 CIP 数据核字（2023）第 115019 号

书　　名：数据结构
作　　者：李　兰　刘庆海　张　艳

策　　划：刘丽丽　　**编辑部电话：**（010）51873202
责任编辑：刘丽丽　徐盼欣
封面设计：尚明龙
责任校对：安海燕
责任印制：樊启鹏

出版发行：中国铁道出版社有限公司（100054，北京市西城区右安门西街 8 号）
网　　址：http://www.tdpress.com/51eds/
印　　刷：河北宝昌佳彩印刷有限公司
版　　次：2023 年 8 月第 1 版　2023 年 8 月第 1 次印刷
开　　本：787 mm×1 092 mm　1/16　**印张：**18.25　**字数：**456 千
书　　号：ISBN 978-7-113-30327-3
定　　价：48.00 元

前　言

“数据结构”是高等院校计算机科学与技术、网络空间安全、数据科学与大数据技术等计算机类专业的核心课程之一，是研究数据建模和人工智能的基础，也是计算机类专业考研的主要课程。掌握本课程的相关知识点，对于提高学生的计算思维、逻辑抽象思维、参加各类算法大赛，都有着非常重要的作用。

党的二十大报告提出，“坚持以人民为中心发展教育，加快建设高质量教育体系”，为了扎实落实“加强教材建设和管理”这一重要任务，满足社会对应用型人才的要求，探索和发展应用型本科高校的培养体系，提升学生对知识的实际运用能力，尤其是综合运用所学知识的能力，编著者组织一线教师编著了本书及配套的实训教程。书中内容丰富、系统、完整、深浅适度，语言生动形象，是编著者多年教学经验和心得体会的结晶。

本书内容分为 9 章，系统地讲解了线性表、栈、队列、串、数组、树、图等基本数据元素之间内在的逻辑关系，数据在计算机上的存储结构以及在各种结构上相关运算的实现，着重论述了查找和排序操作的各种典型算法及其实现。本书内容精练、逻辑性强、注重基础、突出重点，内容编排合理，结构清晰完整，在保证学科体系完整的基础上，不过度强调理论的深度和难度，注重应用型人才专业技能和工程应用技术的培养，既保证了一定的学术深度，又减少了知识重复。采用 C++语言描述的数据结构与算法及泛型编程，具有高效、清晰、实用等特点。在书中加大训练部分的比重，采用“任务驱动”的编写方式，以实际问题引出相关的理论和概念，用实例导入本章的知识点，通过分析归纳，介绍解决实际问题的思想和方法。本书层次清晰，脉络分明，可读性和可操作性强。此外，本书配有实验分析案例和习题指导书，旨在帮助读者理解、巩固和深化应用知识的能力。

线上线下混合式学习已成为一种新的教学生态，本书是与在线课程资源双向关联、形成书网合一立体化的新形态教材，基于“互联网+”形成了相对稳定的纸质教材与动态更新的数字化资源，将信息技术与教学需求相融合，更好地实现课堂线上线下的深度融合。本书配有数据结构学习、实践网站，课程学习网址：https://www.educoder.net/paths/gtfnshro（可扫描下页二维码进入在线学习）。编著者精心制作了教学 PPT，还录制了重要知识点的微视频，可在网站在线观看，也可以扫描书中的二维码，在手机等移动终端上观看。本书还对数据结构的知识脉络进行了清晰的梳理，支持学生拓展学习宽度，引导学生深度思考，把以教师“教”为中心转变成以学生“学”为中心。

各种数据结构中的算法描述都要选用一种语言工具，早期的数据结构教材大都采用 Pascal 语言为描述工具，后来出现了 C 语言作为描述工具。随着面向对象程序设计的兴起，如今采用 C++语言、Java 语言和 Python 语言作为描述工具更为普遍。本书采用 C++语言描述数据结构和算法。考虑到使用本书的读者可能只学过 C 语言程序设计，而没有学过 C++程序设计，书中体现算法的大部分代码并没有用到 C++很深的知识点，懂 C 语言的读者完全能读懂。为了帮助读者快速掌握 C++面向对象程序设计，使读者更好地学习数据结构自身的知识内容，减轻描述工具语言所带来的困扰，编著者在智慧树上建设了一门 C++面向对象程序设计学习网站，有需要的读者可以扫描下方的二维码，或登录网址 https://coursehome.zhihuishu.com/ courseHome/1000009965 进行学习，有问题可以在问答区提问，课程团队有专职教师回答。

本书适合作为应用型本科高校计算机类专业教材，也可作为信息类专业教材，还可作为计算机自学人员的学习用书。本书兼顾不同层次的需求，具体授课时可根据各校的教学计划在内容上适当加以取舍。授课总学时可安排为 48～64 学时。

本书由李兰、刘庆海、张艳编著，其中第 1 章、第 2 章、第 9 章由李兰撰写，第 3 章、第 4 章、第 7 章、第 8 章由刘庆海撰写，第 5 章、第 6 章由张艳编撰写。李兰负责全书的统稿，并对部分章节和程序作了编辑和调试。

本书是编著者对高校计算机专业进行应用型教学改革的一次尝试。由于编著者水平有限，书中难免有遗漏或不妥之处，恳请广大读者指正。

数据结构课程
学习网址

C++面向对象程序设计
学习网址

编著者
2023 年 5 月

目　录

第1章

绪　　论

本章主要讲解计算机解决问题的一般过程、数据结构的基本概念、常用的术语以及含义、抽象数据类型、数据的逻辑结构、存储结构，以及在数据结构上定义的操作和实现操作的算法。清楚集合、线性结构、树结构和图结构的数据结构及表示方法，理解数据结构和算法在程序设计中的作用、算法要素的确切含义以及算法时间复杂度和空间复杂度的分析与评价。

学习目标

通过本章学习，要求掌握：

- 用计算机解决现实问题的一般方法。
- 熟悉数据结构的常用术语，掌握基本概念，特别是数据的逻辑结构和存储结构之间的关系。
- 掌握用集合、线性结构、树结构和图描述非数值型问题的方法。
- 掌握评价算法的一般规则，算法的时间复杂度、空间复杂度的定义和表示。

1.1　问题求解策略

随着人工智能的迅速发展，计算机学科和其他学科日益融合，正在改变我们的生活。人工智能解读医学拍片的本领已经堪比医生；自动驾驶人工智能系统已投入应用；语音识别系统代替翻译可以实现良好的交流；各类地图 App 为我们出行提供了方便。因此，计算机学科已成为对人类生活影响最大的学科。

用计算机解决问题是计算机科学的目标，随着计算机性能的不断提高，许多实际问题都可以用计算机来求解，用计算机求解问题必须要用一种重要的思维方式——计算思维。人类的认知规律是从实践到理论，从现象到本质，即从问题出发，再用总结出的规律解决新的问题。计算思维就是把一个要解决的问题构造成一个模型，用计算机理解的语言编程，再让计算机执行程序最终形成结果，这个过程就是计算思维的过程。计算思维是人类求解问题的一条途径，绝不是使人类像计算机那样思考，计算思维是运用计算机科学的基础概念求解问题、设计系统和理解人类的行为，涵盖计算机科学的一系列思维活动，数据结构作为计算机学科的一门专业基础课，在课程教学中应该肩负起培养计算思维能力的任务。

1.1.1　问题抽象和求解

当现实与人们所希望的不一致时，就会产生问题。例如，查找问题“如何在全校快速找到某位学生”；排序问题“如何将一个班级的数据结构考试成绩，按照递增或递减的次序进行排列”。而对问题求解就是寻找一种方法来实现目标问题，求解可以有多种方法，每一种方法都很难做到绝对的完美，对于一些经典的问题，许多科学家经过一次又一次的尝试找到了相对正确的问题求解的技术和策略，值得我们后人学习和借鉴。

1.1.2 问题求解过程

在问题的求解过程中。求解问题的算法及其实现是核心内容，问题的求解过程主要有以下四个方面内容：

（1）将实际问题数学化，把实际问题抽象为一个带有一般性的数学问题。这一步要引入一些数学概念，精确地阐述数学问题，弄清问题的已知条件和所要求的结果，以及在已知条件和所需要的结果之间存在着隐式或显式的联系。

（2）对于确定的数学问题，设计求其解的方法，即所谓的算法设计。这一步要建立问题的求解模型，即确定问题的数据模型，并在此模型上定义一种运算，然后借助于这一组运算的执行和控制，从已知数据出发导向所需要的结果，形成算法并用自然语言来表述，这种语言不是程序设计，不能被计算机所接受。

（3）用计算机上的一种程序设计语言来表达以设计好的算法。换句话说，将问题从用自然语言表达算法，转化为用一种程序设计语言表达的算法，这一步称为程序设计或者程序编制。

（4）在计算机上编辑、调试和测试编制好的程序，直到输出所要求的结果。

本章重点考虑的是算法设计这一层面上，就是把注意力集中在算法表达的抽象机制上，目的是引入一个重要的概念，即抽象数据类型的概念。同时为大型程序设计提供一种运用抽象数据类型来描述程序的方法。

1.1.3 计算机求解问题过程

计算机科学致力于研究用计算机求解人类生产生活中的各种实际问题，解决问题的落脚点就是编写程序解决某一方面的问题。因此，用计算机解决任何问题离不开程序设计。计算机求解问题的关键之一是寻找一种问题求解策略，研究如何将问题求解映射成计算机程序设计的方法，从而得到解决问题的算法。

计算机求解问题的过程与前面传统的求解问题过程本质上是类似的。计算机求解问题一般过程见如图 1-1 所示。

（1）分析和理解问题，从待求解的问题中抽象出适当的模型，并以适当的方式表述。

（2）提取和合理组织数据，设计求解问题的有效算法。

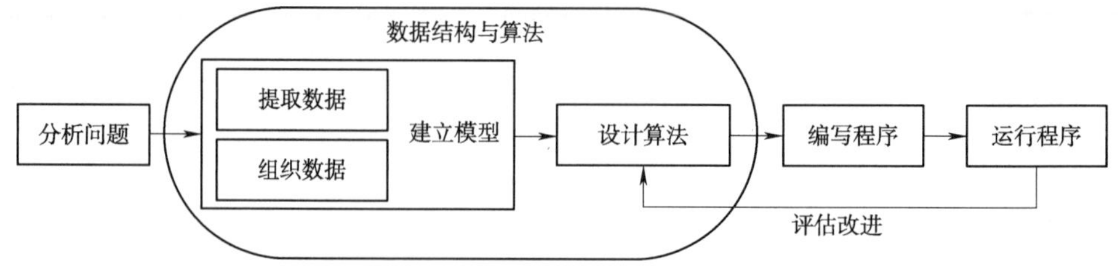

图 1-1 计算机求解问题一般过程

（3）选择适当的程序设计语言编程，实现数据结构与算法。

（4）评估算法并改进。

1.2 数据结构概念

随着计算机性能的不断提高，运算速度越来越快，程序运行效率不仅体现在运算时间上，更重要的是要解决复杂的问题，算力对程序运行效率有更高的要求，软件开发者必须掌握程序设计背后的一般原理——数据结构和算法。数据结构（data structure）是计算机科学中的基础理论之一，任何问题解决方案都不可能脱离数据结构而单独存在。因此，数据结构是一门研究非数值计算的程序设计问题中计算机的操作对象以及它们之间的关系和操作的学科。它主要研究数据的逻辑结构、数据在计算机中的组织方式（存储结构）、以及对数据进行的各种非数值运算的方法和算法。因此，数据结构主要有三个方面的内容：数据的逻辑结构、数据的存储结构和对数据的运算。

数据的逻辑结构反映数据之间的逻辑关系，是对数据之间关系的描述。可视为从具体问题抽象出来的数据模型。数据的物理结构反映数据在计算机内部的存储安排，是数据结构在计算机中的实现方法。主要有顺序、链式、散列、索引等四种基本存储结构，并可以根据需要组合成其他更复杂的结构。对数据进行处理的方法称为算法。好的数据结构可以提高算法的效率。通常，算法的设计取决于数据的逻辑结构，算法的实现取决于数据的存储结构。从本质上讲，数据结构与算法的原理和方法是独立于具体描述语言的，只有使用某种具体的计算机语言，才能在计算机上实现，本书采用目前普遍使用的C++程序设计语言来描述各种数据结构。

综上所述，要设计出一个结构好、效率高的程序，必须研究数据的特性、数据间的相互关系以及相应的存储表示，并利用这些特性和关系设计出相应的算法和程序。数据结构是相互之间存在一种或多种特定关系的数据元素的集合，是数据的组织形式和实现方法。

1.2.1 数据结构实例

1. 问题的引入

在日常生活和计算机数据处理中，常常要涉及各种各样的数据表示以及对不同数据的组织和处理，比如图书馆的书目检索自动化问题（线性表）、多岔路口交通灯的控制和管理问题（图）、人机对弈问题（树）以及城市中煤气管道的铺设造价问题（图的生成树）等等。描述这类问题不能用常规的数学方程，而需要用称为表、树和图等的非数值计算的数学模型。这些就是数据结构，也就是我们在本书各章中要讨论的主要内容。

为了使大家对数据结构有个感性认识，先通过几个例子来说明什么是数据结构。

2. 具体实例

【例 1-1】图书目录表。

在图书目录的管理中，通常用一张二维表表示图书目录的相关信息，见表 1-1。

在表 1-1 中，第一行为目录行，从目录行向下的每一行称为一条记录，给出了每本图书的书号、书名、出版社等相关信息；每一列为一个数据项，描述了图书中的某种属性，如书名、出版社、作者等。每条记录由 5 个数据项组成。由于每条记录（表示每一本书）的登录号各不相同，所以可用登录号来唯一地标识每条记录（一本图书）。在计算机的数据管理中，能唯一地标识一条记录的数据项被称为关键字。因为每本图书的登录排列位置有先后次序，所以在表中会按登录号形成一种次序关系，即整个二维表就是图书数据的一个线性序列。这种关系被称为线性结构。

表 1-1　图书目录表

登录号	书号	书名	作者	出版社	定价
0001	ISBN9787302521266	C++程序设计教程	钱能	清华大学出版社	69.80
0002	ISBN9787302543619	Oracle 数据库教程	赵明渊	清华大学出版社	59.8
0003	ISBN9787121344428	数据结构	王晓东	电子工业出版社	49.00
0004	ISBN9787121305627	计算机组成原理	纪禄平	电子工业出版社	52.00
0005	ISBN9787115561152	计算机操作系统	汤小丹	人民邮电出版社	69.80
0006	ISBN9787115544056	大数据技术原理与应用	林子雨	人民邮电出版社	59.80
…	…	…	…	…	…

【例 1-2】学生信息检索系统。

在信息检索系统中建立一张按学号顺序排列的学生信息表，见表 1-2（a）。可以按学号快速查找某一学生的信息情况。为了也能够按姓名、专业或年级等其他数据项快速的查找学生的信息，同时还分别建立了按姓名、专业、年级顺序排列的有序表（汉字按拼音字母的 ASCII 码顺序排序），称这种有序表为索引表，见表 1-2（b）、（c）和（d）。表中左边是按姓名、专业或年级的有序排列，右边则是新的有序序列对应在原表中的位置。由这一张主表和三张不同的索引表构成的文件便是学生信息检索的数学模型——线性检索系统。

当需要查找某个学生的有关情况时，如查询某学生的姓名、或查询某专业或某年级学生的有关情况，只要按照某种算法编写了相关程序，就可在表 1-2（a）以及相应的姓名、专业或年级的索引表中实现计算机的快速自动检索。

表 1-2　学生信息查询表

（a）学生信息表

记录号	学号	姓名	性别	专业	年级
1	200222602	肖芸	女	计算机科学与技术	2002
2	200222623	陈凤娇	女	电子商务	2002
3	200321060	刘丽	女	数学与应用数学	2003
4	200321122	王文杰	男	电子商务	2003
5	200421031	嵩磊	男	计算机科学与技术	2004
6	200422061	赵牧晨	女	计算机科学与技术	2004
7	200422082	刘丽	女	电子商务	2004

（b）姓名索引表

姓名	索引
陈凤娇	2
嵩磊	5
刘丽	3,7
王文杰	4
肖芸	1
赵牧晨	6

（c）专业索引表

专业	索引
计算机科学与技术	1,5,6
电子商务	2,4,7
数学与应用数学	3

（d）年级索引表

年级	索引
2022	1,2
2003	3,4
2004	5,6,7

诸如此类的还有电话自动查号系统、考试查分系统、仓库库存管理系统等。在这类文档管理的数学模型中，一般用表格表示数据和数据之间的关系，整张表格形成一个线性序列。称这类数学模型为线性数据结构（线性表）。

【例 1-3】 逻辑磁盘上的目录结构和文件管理系统。

这是不同于线性结构的另一种类型的数据结构。

描述磁盘目录和文件结构时，假设每个磁盘包括一个根目录（root）和若干个一级子目录（又被称为文件夹）如 bin、bin、user 等，每个一级子目录中又包含若干个二级子目录如 math、ds、sw 等。这种关系很像自然界中的树，所以称为目录树，如图 1-2 所示。

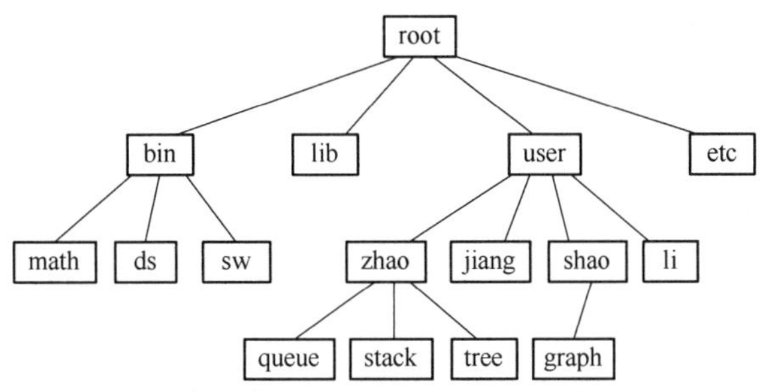

图 1-2　磁盘目录和文件的树结构示意图

在这种结构中，目录和目录以及目录和文件之间不再是前面所列举的那种一一对应关系，而呈现出一对多的非线性关系。即根 root 有多个下属（也称为后代），每一后代又有属于自己的后代；而任一个子目录或文件都只有一个唯一的上级（也称为双亲）。称这种数学模型为树形数据结构。人机对弈问题也属于这种结构。

【例 1-4】 教学计划编排问题。

这又是一种类型的数据结构。假如一个教学计划中包含许多课程，在这许多课程之间，有些必须按规定的先后次序排课，有些则没有次序要求。如一门课程可能以一些先修课程为基础，而它本身又可能成为另一些课程的先修课程。即这些课程之间存在先修和后续的关系，任意一门课可以和其他多门课之间存在这种先修和后续的关系，如图 1-3（a）所示。各课程之间的这种次序关系可用一个由顶点和表示后序课关系的有向边组成的图（称有向图）来表示，如图 1-3（b）所示。图中的顶点表示课程，有向边表示课程之间先修和后续的关系。

课程编号	课程名称	先修课程
C1	计算机导论	无
C2	数据结构	C1，C4
C3	汇编语言	C1
C4	C程序设计	C1
C5	计算机图形学	C2，C3，C4
C6	接口技术	C3
C7	数据库原理	C2，C9
C8	编译原理	C4
C9	操作系统	C2

（a）计算机专业的课程设置

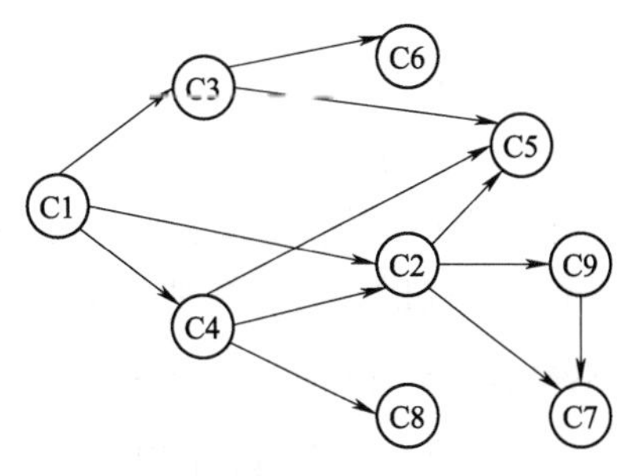

（b）表示课程之间优先关系的有向图

图 1-3　教学计划编排问题的数据结构

1.2.2 基本概念和术语

1. 数据（data）

数据是信息的载体，是对信息的一种符号表示。它能够被计算机识别、存储和加工处理。在计算机科学中是指所有能输入到计算机中并被计算机程序处理的符号的总称，也就是说，物理世界是以数据的形式映射到信息世界中的，它是计算机程序加工的“原料”。

数据可分为两类：一类是数值型数据。包括整数、浮点数、复数等。例如物理世界中的温度、湿度、长度等具体数量值在计算机中的表示。另一类是非数值型数据，包括字符、字符串、图形图像、语音等。例如视频通过数字摄像头的光电变换、采样、压缩编码等一系列操作，最终以二进制流的形式存储在计算机当中，并通过解码等操作在显示器上重现。

2. 数据元素（data element）

数据元素是数据的基本单位。在不同的条件下，数据元素又可称为元素、结点、顶点、记录等。在计算机程序中通常作为一个整体进行考虑和处理。例如学生信息表由许多学生成绩记录组成，其中每条成绩记录则是构成登记表的数据元素。

3. 数据项（data item）

数据项是组成数据元素的有特定意义的不可分割的最小单位。数据元素可以是单个元素，也可以有许多数据项的集合。例如学生信息表中包括姓名、性别、年龄、专业等数据项。

4. 数据对象（data object）

数据对象是指具有相同性质的若干数据元素的集合，是数据的子集。在某个具体问题中，数据元素都具有相同的性质（元素值不一定相等），属于同一数据对象（数据元素类）。例如所有整数构成了整数数据对象，26 个字母的集合构成了英文字符数据对象。

5. 数据类型（data type）

在程序设计语言中已经学过各种数据类型，比如 C 语言的基本数据类型、整型和浮点型，这些数据类型规定了使用这些类型是数据的取值范围，同时还规定类型可以使用的不同操作，数据类型就是一组性质相同的值的集合以及定义在这个值集合上的一组操作的总称。例如，32 位的整型类型的数值的取值范围是$-2^{31}\sim2^{31-1}$，能进行双目运算、单目运算、关系运算、赋值运算等操作。

数据类型可分为基本数据类型和结构数据类型。在基本数据类型中，每个数据元素都是无法再分割的整体，如整数、浮点数、字符、指针、枚举量等，又称为原子类型。结构数据类型由基本数据类型或子结构类型按照一定规则构造而成。例如一个学生的基本情况是由一个结构体数据类型，它包括姓名，性别，年龄、家庭成员等，其中家庭成员是子结构类型。

6. 抽象数据类型（abstract data type，ADT）

抽象是指抽取出事物具有普遍性的本质特征，ADT 是指定义用于表示应用问题的模型以及定义在此模型上的一组操作，可以看作数据的逻辑结构及其在逻辑结构上定义的操作。又称为数据抽象。构成抽象数据类型的两个要素为数据的结构和相应的操作集合。

抽象数据类型最重要的是其抽象性质，该性质把使用和实现分离，并实行封装和信息隐藏。换句话说，抽象数据类型有两个视图：外部视图和内部视图。外部视图包括抽象数据类型名称，数据对象说明和一组可供用户使用的操作。内部视图包括数据对象的存储结构定义和基于这种存储表示的各种操作的实现细节。

抽象数据类型一般用数据元素、关系及操作三种要素来定义，与数据结构的形式定义相对应。抽象数据类型可以用以下三元组表示：

$$ADT = (D,S,P)$$

其中，D 是数据对象，S 是 D 上的关系集，P 是对 $D = \{e_1,e_2|e_1,e_2 \in \text{RealSet}\}$ 的基本操作集。

抽象数据类型的定义方式：

```
ADT 抽象数据类型名{
    数据对象: <数据对象的定义>
    数据关系: <数据关系的定义>
    基本操作: <基本操作的定义>
    } ADT 抽象数据类型名;
```

其中，数据对象和数据关系定义，用伪码描述基本操作的定义格式为：

```
基本操作名(参数表)
    初始条件: <初始条件描述>
    操作结果: <操作结果描述>
```

基本操作有两种参数：数值参数和引用参数。数值参数只为操作提供输入值；引用参数则以&开头，除提供输入之外，还返回操作结果。“初始条件”描述了操作执行之前数据结构和参数应满足的条件，如果不满足，则操作失败，返回相应出错信息。“操作结果”说明了操作正常完成之后，数据结构变化情况和相应返回的结果。如果初始条件为空，则可以省略。

抽象数据类型可以利用已有的数据类型进行实现，并且以实现的操作来构成新的操作，为使读者易于上机实践，本书采用 C++程序设计语言进行抽象数据类型实现，其目的一方面可以学习数据结构和算法知识，另一方面深刻领会 C++面向对象程序设计的精髓。再次强调，抽象数据类型的定义仅取决于它的一组逻辑特性，而与其在计算机内部如何表示和实现无关，即不论其内部结构如何变化，只要其数据特性不变，都不影响其外部的使用。

1.2.3 数据结构

通过前面的例子可以看出，每个数据元素并不是孤立存在的。他们之间存在着某种形式的联系，一般称之为结构。因此，数据结构就是相互之间存在一种或多种特定关系的数据元素的集合和该集合中数据元素之间关系构成的。值得注意的是。数据元素集合和数据元素之间的关系描述是静态的，而我们的世界是动态变化的，因此还需要在静态描述之上定义一组有意义的操作结合。从而可以让信息世界与物理世界同频共振，进一步实现对物理世界的优化和改造。

数据元素在一定意义上相互联系，相互影响。根据数据元素之间的不同特性划分，数据结构有四种基本类型：

（1）集合结构。结构中的数据元素之间同属于一个集合。集合是元素关系极为松散的一种结构。（由于元素之间的关系过于松散，在数据结构课程中较少讨论它）。

（2）线性结构。结构中的数据元素之间存在一对一的关系。除了首尾结点，任何一个结点都有一个唯一的前驱和一个唯一的后继。

（3）树结构。结构中的数据元素之间存在一对多的关系。除了树根结点，任何一个结点最多有一个前驱，可以有多个后继。是一种典型的非线性结构。

（4）图结构。结构中的数据元素之间存在多对多的关系。这种结构的特征是任何一个元素可以有多个前驱，也可以有多个后继，是一种多对多的前驱后继关系。图结构也称作网状结构。

图 1-4 所示为上述四类数据基本结构的示意图。

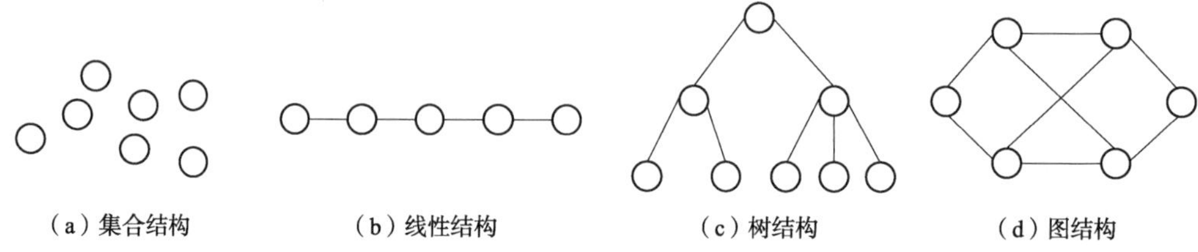

（a）集合结构　（b）线性结构　（c）树结构　（d）图结构

图 1-4　四种数据基本结构的示意图

归纳起来，数据结构包括以下三方面内容：数据的逻辑结构、存储结构和数据运算。

视 频

逻辑结构

1. 逻辑结构（logical structure）

逻辑结构是对数据之间关系的描述。可以看作从具体问题抽象出来的数学模型，它与数据的存储无关。也经常把数据的逻辑结构简称为数据结构。

从数据结构的概念中可以知道，数据结构有两个要素：一个是数据元素的集合，另一个是关系的集合。在形式上，数据结构可以用一个二元组来表示。

数据结构的形式定义为：

$$\text{Data\_Structure} = (D,R)$$

其中，D 是数据元素（又称结点）的有限集，R 是 D 上关系的有限集。

例如，数据库中的一个表为一个数据结构（见表 1-1），它由很多数据元素（记录）组成，每个数据元素又包括多个数据项（字段）。这张表的逻辑结构就是数据元素（或是结点、记录）之间的关系。对于表中的任一个结点（记录），都只有一个前驱结点，也只有一个后继结点，整个表只有一个开始结点和一个终端结点，这种表的逻辑结构就是线性结构。

【例 1-5】设一个数据结构的描述如下：

```
S=(D,R)
D={1,2,3,4,5,6,7,8,9}
R={(<1,2>,<1,3>,<3,4>,<3,5>,<4,6>,<4,7>,<5,8>,<7,9>)}
```

试画出对应的逻辑结构图，并给出哪些是开始结点，哪些是终端结点，说明它是何种数据结构。

【解】S 对应的逻辑结构图如图 1-5 所示。其中，1 是开始结点；3、4、5、7 是中间结点；2、6、8、9 是终端结点。它是一种树结构。

【例 1-6】设一个数据结构的描述如下：

```
S=(D,R)
D={1,2,3,4}
R={(<1,2>,<1,3>,<1,4>,<2,3>,<2,4>,<3,4>)
```

试画出对应的逻辑结构图，说明它是何种数据结构。

【解】S 对应的逻辑结构图如图 1-6 所示。它是一种图结构。

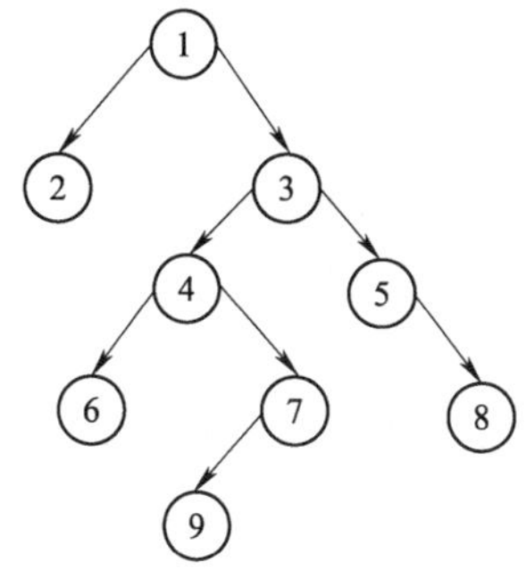

图 1-5　树形逻辑结构图

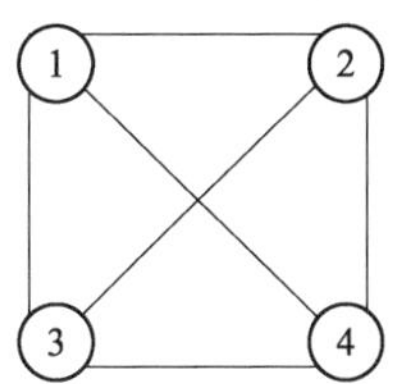

图 1-6　图形逻辑结构图

2. 存储结构（storage structure）

数据结构在计算机内的表示称为数据的存储结构。存储结构是逻辑结构在计算机中的具体实现（亦称为存储映象）。它包括数据元素的表示和关系的表示。对于前面提到的表可以描述为：数据既可以存放在一块连续的内存单元中，通过元素在存储器中的位置来表示数据元素之间的逻辑关系（顺序）；也可以随机分布在内存中的不同位置，通过指针元素表示数据元素之间的逻辑关系（链式）。存储结构分四类：顺序存储结构、链式存储结构、索引存储结构和散列存储结构。顺序结构和链式结构适用在内存结构中，索引结构和散列结构适用在外存与内存交互结构。

（1）顺序存储结构是把逻辑上相邻的结点存储在物理上相邻的存储单元里，结点之间的逻辑关系由存储单元位置的邻接关系来体现。其优点是占用较少的存储空间；缺点是由于只能使用相邻的一整块存储单元，因此可能产生较多的碎片现象。

顺序存储结构通常借助程序语言中的数组来描述，主要应用于线性的数据结构。非线性的数据结构也可通过某种线性化的方法实现顺序存储。

（2）链式存储结构不要求逻辑上相邻的结点在物理位置上相邻，将结点所占的存储单元分为两部分，一部分存放结点本身的信息（数据项），另一部分存放该结点的后继结点所对应的存储单元的地址（指针项），结点间的逻辑关系由附加的指针字段表示。链式存储结构通常借助于程序语言的指针类型描述。其优点是不会出现碎片现象，充分利用所有的存储单元；缺点是每个结点占用较多的存储空间。

（3）索引存储方式是用结点的索引号来确定结点的存储地址。通常在存储结点信息的同时，还建立附加的索引表。结点间的逻辑关系由索引项来表示。其优点是检索速度快。缺点是增加了附加的索引表，占用较多的存储空间；另外，在增加和删除数据时由于要修改索引表而花费较多时间。

（4）散列存储方式是根据结点的关键字值直接计算出该结点的存储地址。通过散列函数把结点间的逻辑关系对应到不同的物理空间。其优点是检索、增加和删除结点的操作都很快；缺点是当采用不好的散列函数时可能出现结点存储单元的冲突，为解决冲突需要附加时间和空间的开销。

四种基本存储方式既可单独使用，也可组合起来对数据结构进行存储映像。同一逻辑结构采用不同的存储方式，可以得到不同的存储结构。究竟选择什么样的存储结构来表示相应的逻辑结构要视具体问题来确定，主要考虑运算的方便性以及所用算法的时间和空间要求。

3. 数据的运算

数据运算定义在数据的逻辑结构上，也就是施加于数据的操作。比如一张表，要对它的记录进行查找、增加、删除以及修改等操作，这样的操作就是对数据的运算。在数据结构中，数据运算不仅仅指加、减、乘、除这样的算术运算以及字符串连接、查找子串一类的非数值运算，还常常涉及许多算法问题。由于算法的实现与数据的存储结构密切相关，所以数据运算不仅要解决数据如何表示（逻辑结构）问题，还与数据的存储结构相关。

表和树是最常用的两种数据结构。许多高效的算法可以用这两种数据结构来设计实现。表是一个典型的线性结构，栈、队列、串等都是线性结构的特殊形态。线性结构的特点是所有的结点都最多只有一个直接前驱和一个直接后继。树和图等数据结构是非线性结构，其特点是一个结点可能有一个或多个直接前驱和多个直接后继。（以上所涉及的概念和术语将在后面章节中陆续介绍）

4. 数据结构三方面的关系

数据的逻辑结构、数据的存储结构及数据的运算三方面构成一个数据结构的整体。

存储结构是数据结构不可缺少的一个方面，同一逻辑结构的不同存储结构可以用不同的数据结构名称来标识。例如，线性表是一种逻辑结构，若采用顺序存储方式，可称为顺序表；若采用链式存储方式，可称为链表；若采用散列存储方式，可称为散列表。

数据的运算也是数据结构不可分割的一个方面。在给定了数据的逻辑结构和存储结构之后，按在其上定义的运算集合及其运算的性质不同，可能导致完全不同的数据结构。例如，若对线性表上的插入、删除运算限制在表的一端进行，称该线性表为栈；若将插入运算限制在表的一端进行，而删除运算限制在表的另一端进行，则称该线性表为队列。更进一步，若线性表采用顺序表或链表作为存储结构，则对插入和删除运算做了上述限制之后，可分别得到顺序栈或链栈，顺序队列或链队列。

“数据结构”课程在计算机科学中是一门综合性的专业基础课，不仅涉及计算机对数据存储存取方法的讨论，而且是学习编译原理、操作系统、数据库系统的重要基础。

1.3 算法及其描述

算法是程序的核心，决定了程序的优劣，特别是在数据规模大的情况下，算法直接决定了程序的生死。例如，用计算机处理排序问题，假设有 100 万个数，用最简单的冒泡排序算法计算量可能达到 1 万亿次（冒泡排序的计算复杂度是 $O(n^2)$，100 万×100 万=1 万亿次），在计算机上，计算时间长达几小时，实际上根本不能用；如果改用快速排序方法，计算量只有 2 000 万次（快速排序的计算复杂度是 $O(n\log_2 n)$，100 万×$\log_2$(100 万)≈2 000 万），计算机在 1 s 内可以完成。两者的计算时间相差 5 万倍，算法的威力可见一斑。

1.3.1 算法

算法（algorithm）是对特定问题求解过程的一种描述，是为解决一个或一类问题给出的一个确定的、有限长的操作序列。

算法不依赖于任何一种语言，可以用自然语言、C、C++、Java、Python 等描述，也可以用流程图、框图来表示。为了更清楚地说明算法的本质，一般去除了计算机语言语法的规则和细节，采用“伪代码”来描述算法。“伪代码”是介于自然语言和程序设计语言之间，符合人们的表达方式，容易理解，

为了使读者更好地理解概念，也从易于上机验证算法以及提高实际程序设计能力考虑，本书采用 C ++语言来描述算法。

算法应具有以下几个特性：

（1）有穷性：对于任意一组合法的输入值，一个算法必须在执行有穷步之后结束，且每一步都在有穷时间内完成。

（2）确定性：组成算法的每一步操作都应是明确的、无二义性，并且在任何条件下，算法都只有一条执行路径。

（3）可行性：算法中的所有操作都必须是可实现的，即经过有限次基本操作即可完成，其中所有操作都必须是可读、可执行、可在有限的时间内完成。

（4）输入：一个算法有零个或多个输入。一般程序员编写完程序后都要进行测试，在输入几组数据后，只有输出正确的结果，才算编写完算法。

（5）输出：一个算法有一个或多个输出。一般软件公司都有专门的测试小组，对边界数据、非法数据、有效数据进行测试，经过测试后输出结果正确的算法才能达到要求。

算法的含义与程序十分相似，但又有区别。一方面，程序是算法用某种程序设计语言的具体实现，程序不一定满足有穷性。例如操作系统，只要整个系统不遭破坏，它将永远不会停止，即使没有作业需要处理，它仍处于动态等待中，因此，操作系统不是一个算法。另一方面，程序必须采用规定的程序设计语言来书写，必须是机器可执行的，而算法则无此限制。算法代表了对问题的解，具有抽象性，而程序则是算法在计算机上的具体实现。一个算法若用程序设计语言来描述，则它就是一个程序。

算法与数据结构是相辅相成、密不可分的，一方面算法一定要借助相应的数据结构才能得以实现，另一方面我们在定义一个数据结构的同时，其实也已经定义了与之相关的操作，这些操作本身的执行的步骤就是算法。解决某一特定类型问题的算法可以选定不同的数据结构，而且选择恰当与否直接影响算法的效率。反之，一种数据结构的优劣由各种算法的执行来体现。

1.3.2 算法描述

算法可以使用各种不同的方法来描述。

1. 用自然语言描述算法

可以用日常的自然语言来描述算法（可以是英文，也可以是其他文字语言）。它的优点是简单，便于人们对算法的阅读；缺点是不够严谨。

2. 用流程图描述算法

可以使用程序流程图，N-S 图等描述算法。其特点是描述过程简洁、明了。流程图是描述算法的较好方法，目前在一些高级语言程序设计中仍然被采用。

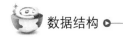

但是，用以上两种方法描述的算法不能直接在计算机上执行，必须通过编程将它转换成可执行程序。

3. 用程序设计语言描述算法

可以直接使用某种程序设计语言（如 C++）来描述算法，不过直接使用程序设计语言不是很容易，而且不太直观，并常常需要借助于注释才能使人看明白。

1.4 算法分析与评价

好的算法可以使程序更加出色的解决实际问题，究竟什么算法才是好算法？评价算法有没有一定的标准？数据结构上的操作是在逻辑结构上定义的，只有当存储结构确定后，才能设计算法细节分析算法性能。

1.4.1 算法的设计要求

要设计一个好的算法通常要考虑以下要求：

（1）正确性（correctness）：算法的执行结果应当满足预先规定的功能和性能要求。

（2）可读性（readability）：算法应具备良好的可读性，以便查处及理解。一般说来，算法必须逻辑清楚、结构简单，所有标识符必须具有实际含义，能够见文知义。在算法中必须加入说明算法的功能的注释，输入、输出参数的使用规则以及各程序段的功能说明等内容。

（3）健壮性（robustness）：算法应具有容错处理。当输入非法数据时，算法应对其作出反应并适当处理，不致引起严重后果。

（4）高效性（efficiency）：指算法运行效率高，即算法运行所消耗的时间短。现代计算机一秒能计算数亿次，因此不能用秒来具体计算算法，消耗的时间。由于相同配置的计算机进行一次基本运算的时间是一定的，我们可以用算法基本运算的执行次数来衡量算法的效率，因此将算法基本运算的执行次数作为时间复杂度的衡量标准。

（5）低存储性（low storability）：算法所需要的存储空间，尤其是像手机、平板电脑这样的嵌入式设备，算法如果占用空间过大，则无法运行。算法占用空间大小称为空间复杂度。

设计算法时，既要考虑有效使用存储空间，又要考虑有较高的时间效率，这两者都与问题的规模有关，且它们是一对矛盾，通常不能兼得。

1.4.2 算法效率的度量

视频

算法及复杂度

算法分析的两个主要方面是算法的时间复杂度和空间复杂度，其目的主要是考察算法的时间和空间效率，以求改进算法或对不同的算法进行比较。一般情况下，鉴于运算空间（内存）较为充足，所以把算法的时间复杂度作为分析的重点。

1. 时间复杂度（time complexity）

一个算法的时间复杂度是指算法运行从开始到结束所需要的时间。

它是对一个算法在计算机上运行时间长短的相对度量，即用该算法所包含的简单操作的次数来度量，它通常是所处理问题规模的一个函数，常采用数量级的形式表示。

通常的做法是：从算法中选取一种对于所研究的问题来说是基本运算的原操作，以该原操作重复执行的次数作为算法的时间度量。一般情况下，算法中原操作重复执行的次数是问题规模 n 的某个函数 $T(n)$。

许多时候要精确地计算 $T(n)$是困难的，因此引入渐进时间复杂度在数量上估计一个算法的执行时间，来达到分析算法的目的。

一个算法的“运行工作量”通常是随问题规模的增长而增长，因此，比较不同算法的优劣主要应该以其“增长的趋势”为准则。假如，随着问题规模 n 的增长，算法执行时间的增长率和函数 $f(n)$的增长率相同，则可记作：

$$T(n)=O(f(n))$$

称 $T(n)$为算法的(渐近)时间复杂度。

在描述算法分析的结果时，人们通常采用大 O 表示法：说某个算法的时间代价（或者空间代价）为 $O(f(n))$，如果存在正的常数 c 和 n_0，当问题的规模 $n \geqslant n_0$ 后，该算法的时间（或空间）代价 $T(n) \leqslant cf(n)$。这时也称该算法的时间（或空间）代价的增长率为 $f(n)$。

一个算法的执行时间可以看成是所有原操作的执行时间之和，即：

$$\sum(\text{原操作}(i)\text{的执行次数}\times\text{原操作}(i)\text{的执行时间})$$

则算法的执行时间与所有原操作的执行次数之和成正比。

下面举例介绍时间复杂度的估算方法。

【例 1-7】两个 $n\times n$ 的矩阵相乘。其中矩阵的“阶” n 是问题的规模。

【解】

```
template<class ElemType>
void Mult_matrix(ElemType c[][],ElemType a[][],ElemType b[][],ElemType n)
{//a、b和c均为n阶方阵，且c是a和b的乘积
    for(i=1;i<=n;++i)
        for(j=1;j<=n;++j)
        {
            c[i][j]=0;
            for(k=1;k<=n;++k)
                c[i][j]+=a[i][k]*b[k][j];  //基本操作
        }
 } //Mult_matrix
```

算法中的“乘法”是基本操作，每计算一个 c[i,j] 需要进行 n 次“乘法”操作，计算 n^2 个 c[i,j]元素需要进行 n^3 次“乘法”操作：

$$\sum_{i=1}^{n}\sum_{j=1}^{n}\sum_{k=1}^{n}1=n^3$$

因此算法的时间复杂度为 $O(n^3)$ 。

【例 1-8】对 n 个整数的序列进行冒泡排序。其中序列的“长度” n 为问题的规模。

【解】

```
template<class ElemType>
void bubble_sort(ElemType a[],ElemType n)
{ //将 a 中整数序列重新排列成自小至大有序的整数序列
    for(i=n-1,change=TRUE;i>1&&change;--i)
    {
        change=FALSE;
        for(j=0;j<i;++j)
            if(a[j]>a[j+1])
            { w=a[j];a[j]=a[j+1];a[j+1]=w;change=TRUE }  //基本操作
    }
 } //bubble_sort
```

【例 1-9】分析例 1-8 中程序段的时间复杂度。

【解】

算法中的“比较”和“交换”是主要操作，每一个有序值的产出都要经过与其余的 $n-1$ 个值的比较与交换。n 个值的有序排列约需 n 次（$n-1$）的比较与交换。

实际上，冒泡排序的算法执行时间和序列中整数的初始排列状态有关。若初始序列从小到大有序排列，要求从大到小逆序排列，在这种情况下，通常以最坏的情况下的时间复杂度为准。所以冒泡排序算法的时间复杂度为 $O(n^2)$。

从以上例子可见，算法时间复杂度主要取决于最内层循环所包含基本操作语句的重复执行次数，称语句重复执行的次数为语句的“频度”。

常见的时间复杂度如下：

（1）$O(1)$：常数阶时间复杂度，此种时间复杂度的算法运算时间效率最高。

（2）$O(n)$、$O(n^2)$、$O(n^3)$：多项式阶时间复杂度，大部分算法的时间复杂度为多项式阶复杂度。$O(n)$称为线性阶时间复杂度，$O(n^2)$称为平方阶时间复杂度，$O(n^3)$称为立方阶时间复杂度。

（3）$O(2^n)$：指数阶时间复杂度，它的运算效率最低，这种复杂度的算法根本不实用。

（4）$O(\log_2 n)$和 $O(n\log_2 n)$：对数阶时间复杂度，此种时间复杂度除常数阶时间复杂度以外，它的效率最高。

2. 空间复杂度（space complexity）

一个算法的空间复杂度是指算法运行从开始到结束所需的存储量。

算法的存储量指的是算法执行过程中所需的最大存储空间。算法执行期间所需要的存储量应该包括以下三部分：①输入数据所占空间；②程序本身所占空间；③辅助变量所占空间。

类似于算法的时间复杂度，通常以算法的空间复杂度作为算法所需存储空间的量度。定义

$$S(n)=O(g(n))$$

称 $S(n)$为算法的空间复杂度，表示随着问题规模 n 的增大，算法运行所需辅助存储量的增长率与 $g(n)$的增长率相同。

算法的一次运行是针对所求解的问题的某一特定实例而言的。例如，求解排序问题的排序算法的每次执行是对一组特定个数的元素进行排序。对该组元素的排序是排序问题的一个实例。元素个数可看作该实例的特征。

算法的空间代价（或称空间复杂性）：当被解决问题的规模（以某种单位计算）由 1 增至 n 时，解该问题的算法所需占用的空间也以某种单位由 $g(1)$增至 $g(n)$，这时我们称该算法的空间代价是 $g(n)$。

算法的时间代价（或称时间复杂性）：当问题规模以某种单位由 1 增至 n 时，对应算法所耗费的时间也以某种单位由 $f(1)$增至 $f(n)$，这时我们称该算法的时间代价是 $f(n)$。其中，n 为问题的规模（或大小）。一个上机执行的程序除了需要存储空间来寄存本身所用指令、常数变量和输入数据外，也需要一些对数据进行操作的工作单元和存储一些为实现计算所需信息的辅助空间。若输入数据所占空间只取决于问题本身，和算法无关，则只需要分析除输入和程序之外的额外空间，否则应同时考虑输入本身所需空间（和输入数据的表示形式有关）。若额外空间相对于输入数据量来说是常数，则称此算法为原地工作。

小　　结

数据结构研究的是数据的表示和数据之间的关系。从逻辑上讲，数据有集合、线性、树和图四种结构。从存储结构上讲，数据有顺序结构、链式结构、索引结构和散列结构四种。理论上，任一种数据逻辑结构都可以用任一种存储结构来实现。

在集合结构中，数据处于无序的、各自独立的状态；在线性结构中，数据之间是 1 对 1 的关系；在树结构中，数据之间是 1 对多的关系；在图结构中，数据之间是多对多的关系。

就存储结构而言，有顺序存储和链式存储两类。顺序存储是指一个数组占有一片连续的存储空间，每个元素的物理存储单元是按下标位置从 0 开始连续编号的，相邻元素之间其存储位置也相邻。对于任一种数据的逻辑结构，若能够把元素之间的逻辑关系对应地转换为数组下标位置之间的物理关系，就能够利用数组来实现其顺序存储结构。而链式存储是指把存储数据元素信息的域称为数据域，把存储直接后继位置的域称为指针域。指针域中存储的信息称为指针或链。这两部分信息组成数据元素称为存储映像，称为结点（node）。n 个结点链接成一个链表，即为线性表$(a_1, a_2, a_3,\cdots, a_n)$的链式存储结构。

抽象数据类型是数据和对数据进行各种操作的集合体。这里所说的数据是广义的，是带有结构的数据，它可以具有任何逻辑结构和存储结构。

算法的评价指标主要为正确性、健壮性、可读性和有效性四个方面。有效性又包括时间复杂度（性）和空间复杂度（性）两个方面。一个算法的时间和空间复杂度越好，就越节省时间和空间，则表明该算法越有效。

算法的时间复杂度和空间复杂度通常用数量级的形式表示出来。数量级的形式可分为常量级，对数级、线性级、平方级、立方级等多个级别。当数据处理量较大时，处于前面级别的算法比处于后面级别的算法更有效。

习　　题

一、单项选择题

1. 数据元素是数据的基本单位，其中（　　）数据项。

A. 只能包括一个　　B. 不包括
C. 可以包括多个　　D. 可以包括也可以不包括

2. 在数据结构中,从逻辑上可以把数据结构分成（　　）。
A. 动态结构和静态结构　　B. 紧凑结构和非紧凑结构
C. 线性结构和非线性结构　　D. 内部结构和外部结构

3. 逻辑关系是指数据元素的（　　）。
A. 关系　　B. 存储方式　　C. 结构　　D. 数据项

4. 逻辑结构是（　　）关系的整体。
A. 数据元素之间逻辑　　B. 数据项之间逻辑
C. 数据类型之间　　D. 存储结构之间

5. 数据结构有（　　）种基本逻辑结构。
A. 1　　B. 2　　C. 3　　D. 4

6. 若一个数据具有集合结构，则元素之间具有（　　）。
A. 线性关系　　B. 层次关系
C. 网状关系　　D. 无任何关系

7. 用 C++语言描写的算法（　　）。
A. 可以直接在计算机上运行　　B. 可以描述解题思想和基本框架
C. 不能改写成 C 语言程序　　D. 与 C 语言无关

8. 一个存储结点存放一个（　　）。
A. 数据项　　B. 数据元素　　C. 数据结构　　D. 数据类型

9. 与数据元素本身的形式、内容、相对位置、个数无关的是数据的（　　）。
A. 逻辑结构　　B. 存储结构　　C. 逻辑实现　　D. 存储实现

10. 计算算法的时间复杂度是属于一种（　　）。
A. 事前统计的方法　　B. 事前分析估算的方法
C. 事后统计的方法　　D. 事后分析估算的方法

11. 算法分析的目的是（　①　），算法分析的两个主要方面是（　②　）。
A. ①找出数据结构的合理性　　②数据复杂性和程序复杂性
B. ①分析算法的效率以求改进　　②空间复杂度和时间复杂度
C. ①分析算法的易懂性和文档性　　②正确性和简明性
D. ①研究算法中输入和输出的关系　　②可读性和文档性

12. 算法的时间复杂度取决于（　　）。
A. 问题的规模　　B. 待处理数据的初态
C. 计算机的配置　　D. A 和 B

二、填空题

1. 数据结构是一门研究非数值计算的程序设计问题中计算机的__________以及它们之间的__________和运算等的学科。

2. 数据的基本单位是__________。

3. 数据结构是相互之间存在一种或多种特定的关系的数据元素的集合，它包括三个方面的内容，分别是__________、__________和__________。

4. 在线性结构、树结构和图结构中，前驱和后继结点之间分别存在着__________、__________和__________的联系。

5. 一个算法应具备__________、__________、__________、__________、__________五个特征。

6. 一个算法的时间复杂性通常用__________形式表示。

7. 数据的逻辑结构被分为__________、__________、__________和__________四种。

8. 数据的存储结构被分为__________、__________、__________和__________四种。

9. 一种抽象数据类型包括__________和__________。两个部分。

10. 在下面的程序段中，s=s+p 语句的执行次数为__________，p*=j 语句的执行次数为__________，该程序段的时间复杂度为__________。

```
int i=0,s=0;
while(++i<=n)
{    p=1;
     for(j=1;j<=i;j++)
         p+=j;
     s=s+p;
}
```

三、简答题

1. 简述数据与数据元素的关系与区别。

2. 简述数据、数据元素、数据类型、数据结构、存储结构、线性结构、非线性结构的概念。

3. 说出数据结构中的四类基本逻辑结构，并说明哪种关系最简单、哪种关系最复杂。

4. 逻辑结构、存储结构各有哪几种?

5. 简述顺序存储结构与链式存储结构在表示数据元素之间关系上的主要区别。

6. 简述逻辑结构与存储结构的关系。

四、算法分析题

1. 指出下列算法的功能并分析其时间复杂度。

（1）算法一:

```
int sum1(int n)
{
    int p=1,sum=0,i;
    for(i=1;i<=n;++i)
    {   p*=i;
        sum+=p;
    }
    return(sum)
}
```

（2）算法二:

```
int sum2(int n)
{
```

```
    int sum=0,i,j;
    for(i=1;i<=n;i++)
    {   p=1;
        for(j=1;j<=i;j++)
            p*=j
        sum+=p;
    }
    return(sum)
}
```

2. 下面是一段求矩阵相乘的算法，请分析其时间复杂度。

```
Void matrimult(int a[M][N],int b[N][L],int c[M][L])
{
    int i,j,k
    for(i=0;i<M;i++)
        for(j=0;j<L;j++)
            c(i,j)=0;
    for(i=0;i<M;i++)
        for(j=0;j<L;j++)
            for(k=0;k<N;k++)
                c(i,j)+=a(i,k)*b(k,j);
}
```

第 2 章

线性表 ‹‹‹

线性表是一种典型的线性结构，是应用最为广泛的一种数据结构。本章主要讲解线性表的有关概念和基本运算，并在此基础上讲解线性表的两种存储表示方式：顺序存储结构和链式存储结构及相应运算的实现方法。

学习目标

通过本章学习，读者应掌握以下内容：

- 线性表的逻辑结构。
- 线性表的顺序存储及实现方法。
- 线性表的链式存储及实现方法，包括单向链、双向链、循环链的运算实现。
- 线性表的具体应用。

2.1 线性表的基本概念

2.1.1 线性表的定义

线性表（linear list）是软件设计中最为常用也是最为基本的数据结构。

线性表 L 是 n（$n\geqslant 0$）个具有相同属性的数据元素 a_1，a_2，a_3，⋯，a_n 组成的有限序列，其中序列中元素的个数 n 称为线性表的长度。当 n=0 时称为空表，即不含有任何元素。

一个非空（$n\neq 0$）的线性表可表示为 $L=(a_1,a_2,\cdots,a_i,a_{i+1},\cdots,a_n)$。

a_i（$1\leqslant i\leqslant n$）称为线性表的第 i 个数据元素，下标 i 为 a_i 元素在线性表中的序号和位置。称其前面的元素 a_{i-1} 为 a_i（$2\leqslant i\leqslant n$）的直接前驱，称其后面的元素 a_{i+1} 为 a_i（$1\leqslant i\leqslant n-1$）的直接后继。第一个元素 a_1 称为表头元素，a_n 称为表尾元素。

非空线性表的逻辑结构如图 2-1 所示，其特征如下：

（1）线性表中的数据元素是按前后位置是有序的，即第 i 个数据元素 a_i 在逻辑上是第 i+1 个元素 a_{i+1} 的直接前驱，第 i+1 个数据元素 a_{i+1} 在逻辑上是第 i 个数据元素 a_i 的直接后继。

（2）线性表中第一个数据元素 a_1 有且仅有一个后继而没有前驱，最后一个数据元素 a_n 有且仅有一个前驱而没有后继。其余每个数据元素 a_i（$1<i<n$）有且仅有一个直接前驱，有且仅有一个直接后继。

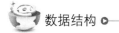

（3）表中数据元素的类型是相同的。表长的取值是一个有限数，最小为 0。

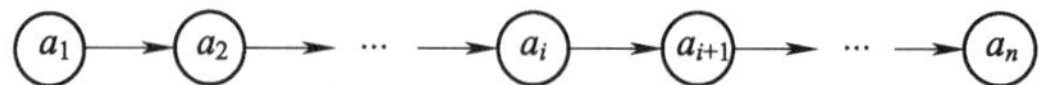

图 2-1　线性表的逻辑结构示意图

在日常生活中，线性表的例子不胜枚举。例如，英文小写字母表（a,b,c,…,z）是一个长度为 26 的线性表，其中的每一个小写字母就是一个数据元素。再如，一年中的四个季节（春,夏,秋,冬）是一个长度为 4 的线性表，其中的每一个季节名就是一个数据元素。在较为复杂的线性表中，一个数据元素可以由若干数据项组成。表 2-1 所示的学生基本情况表也是一个线性表，其中每个学生的有关信息包含在一起可看作一个数据元素（也称记录），它由学号、姓名、性别、年龄、班级和籍贯六个数据项组成。

表 2-1　学生基本情况表

学号	姓名	性别	年龄	班级	籍贯
20021418	吴小军	男	20	计算机系 024	天津
20021419	王乾龙	男	20	计算机系 024	山东淄博
20021420	李晋东	男	19	计算机系 024	上海
20021421	高小珊	女	19	计算机系 024	辽宁丹东
20021422	杜　静	女	20	计算机系 024	山东烟台

这样的表通常以记录登记的先后次序排列，或以关键字（某个数据项的值）升序或降序排列。上述学生基本情况表的记录顺序则以学生的学号值升序排列的。

可以看出，在现实世界中不管是哪种数据集合都有其数据的组织方式。在不同的情况下，线性表数据元素的具体内容虽不相同，但是反映数据之间的相互关系的逻辑结构特性却是相同的，即在线性表中，数据元素之间的相对位置是线性的。

视频

线性表的类型定义

2.1.2　线性表的抽象数据类型

抽象数据类型不仅定义了线性表的数据对象和数据关系及数据的逻辑结构，还声明了线性表的各种基本操作（基本运算）。线性表的抽象数据类型描述如下：

```
ADT LinearLeast{
    数据对象：D={ai|ai∈ElemSet, i=1,2,…,n,n≥0}
    数据关系：R={<ai-1,ai>|ai-1,ai∈D,i=2,…,n}
    基本操作：
    初始化线性表 InitList(&L)          //将线性表 L 置为空表
    求线性表的长度 GetLen(L)            //L 中所含元素的个数 n。若 L 为空返回 0
    按序号取元素 GetElem(L,i)           //读取线性表中第 i 个数据元素的值
    按值查找 Locate(L,x)                //在线性表 L 中查找值为 x 的数据元素，若成功则返回第一
                                        //个值为 x 的元素的序号或地址，否则，返回 0，查找失败
    插入元素 InsElem(&L,i,x)            //在线性表 L 的第 i 个位置上插入 x，原表长增 1
    删除元素 DelElem(&L,i)              //在线性表 L 中删除序号为 i 的数据元素，表长减 1
    销毁线性表 DestroyList(&L)          //撤销线性表
} ADT LinearLeast
```

以上只给出了定义在逻辑结构上线性表的最基本运算，在实际应用中可借助这些基本运算构造出更为复杂的运算。例如，对有序表的插入、删除，对线性表的拆分，以及两个线性表的合并。

2.2 线性表的顺序结构及运算实现

在计算机中线性表的表示可以采用多种方法。当存储方法不同时，线性表有不同的名称和特点。线性表有两种基本的存储结构：顺序存储结构(sequential list)和链式存储结构(linked list)。下面先讨论顺序存储结构的特点以及各种基本运算的实现。

2.2.1 线性表的顺序存储结构

视 频

顺序表的定义

线性表的顺序存储是保存线性表最简单、最自然的一种方法。这种存储方法是把线性表的数据元素按逻辑次序依次存放在一组连续的存储单元中，即逻辑结构上相邻的两个数据元素存储在计算机内的物理存储位置也是相邻的。这种存储方法是借助数据元素在计算机内的物理位置表示线性表中数据元素之间的逻辑关系。

采用顺序存储结构表示的线性表简称顺序表。

顺序表具有以下两个基本特点：

（1）线性表的所有元素所占的存储空间是连续的。

（2）线性表中各数据元素在存储空间中是按逻辑顺序依次存放的。

由于线性表的所有数据元素属于同一数据类型，所以每个元素在存储器中占用的空间（字节数）相同。因此，要在此结构中查找某一个元素是很方便的，即只要知道顺序表首地址和每个数据元素在内存所占字节的大小，就可求出第 i 个数据元素的地址。这也说明顺序表具有按数据元素的序号随机存取的特点。

假设线性表中的第一个数据元素的存储地址（指第一个字节的地址，即首地址）为 $\mathrm{LOC}(a_1)$，每一个数据元素占 k 个字节，则各元素的存储地址有如下关系：

$$\mathrm{LOC}(a_2)=\mathrm{LOC}(a_1)+k$$
$$\mathrm{LOC}(a_3)=\mathrm{LOC}(a_2)+k$$
$$\cdots$$
$$\mathrm{LOC}(a_i)=\mathrm{LOC}(a_{i-1})+k \qquad (2\leqslant i\leqslant n)$$
$$\cdots$$

因此，线性表中第 i 个元素 a_i 在计算机中的存储地址为

$$\mathrm{LOC}(a_i)= \mathrm{LOC}(a_1)+(i-1)\times k \qquad (1\leqslant i\leqslant n)$$

在顺序存储结构中，线性表中每一个数据元素在计算机存储空间中的存储地址由该元素在线性表中的序号唯一确定。一般来说，长度为 n 的线性表$(a_1,a_2,\cdots,a_n)$在计算机中的顺序存储结构如图 2-2 所示。

在具体实现时，一般用高级语言中的数组来对应连续的存储空间。设最多可存储 MaxLen 个元素，在 C++语言中可用数组 data[MaxLen]来存储数据元素，为保存线性表的长度需定义一个整型变量 length。线性表的第 1，2，…，n 个元素分别存放在此数组下标为 0，1，…，length−1 的数组元素中，如图 2-3 所示。

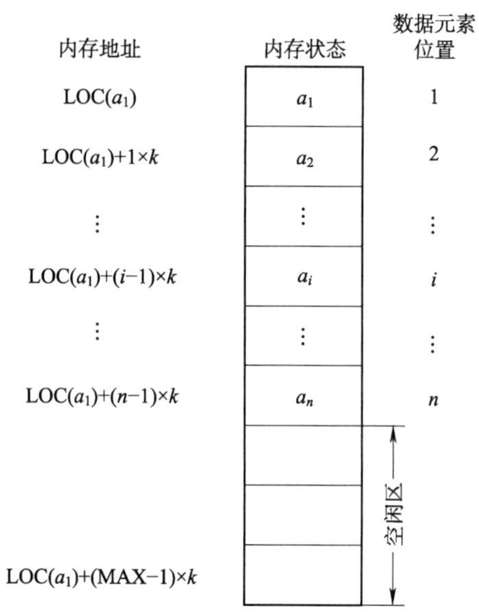

图 2-2 线性表的顺序存储结构

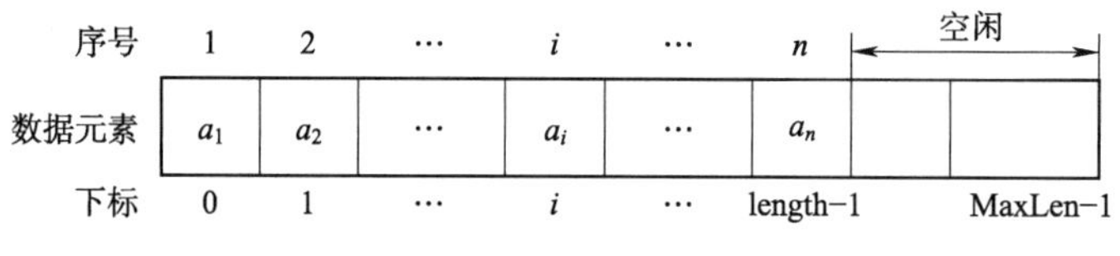

图 2-3 线性表数组表示示意图

这样，一个线性表的顺序存储结构需要两个分量。为体现数组 data 和 length 之间的内在联系，通常将它们定义在一个结构体类型中。此处的元素类型用 ElemType 来表示，具体应用时再将其定义为一个特定类型即可。综上所述，在 C++语言中，可用下述类型定义来描述顺序表：

```
template <class ElemType>
class SqList {
private:
    ElemType *data;      //动态数组存储顺序表的数据元素
    int length;          //线性表的实际长度
    int MaxLen;          //线性表的最大长度
public:
    SqList(int n=64);    //构造指定容量的空表
    ~SqList();           //析构函数
    int GetLen();        //返回数据表长度
    ElemType GetElem(int i);    //返回线性表中第 i (i≥0) 个元素
    int GetLoc(ElemType x);     //查找 x 在线性表中的位置
    void InsElem(ElemType x,int i);    //将 x 插在线性表第 i 个位置
    void DelElem(int i=1);      //删除线性表中第 i 个位置上的元素
    void Part();//将顺序表(a1,a2,a3,…,an)重新排列为以 a1 为界的两部分
};
```

在用一维数组存放线性表时，该一维数组的长度通常要定义得比线性表的实际长度大一

些，以便对线性表进行各种运算，特别是插入运算。在一般情况下，如果线性表的长度在处理过程中是动态变化的，则在开辟线性表的存储空间时要考虑到线性表在动态变化过程中可能达到的最大长度。如果开始时所开辟的存储空间太小，则在线性表动态增长时可能会出现存储空间不足而无法再插入新的元素；如果开始时所开辟的存储空间太大，而实际上又用不着那么大的存储空间，则会造成存储空间的浪费。在实际应用中，可以根据线性表动态变化过程中的一般规模来决定开辟存储空间量，设置足够的数组长度，以备扩展。

2.2.2 线性表在顺序存储结构下的运算实现

本节将讨论在线性表采用顺序存储结构之后，如何实现线性表的基本运算，并讨论各算法时间复杂度。

1. 初始化顺序表的实现

顺序表的初始化即构造一个空表，顺序表 L 是否为空取决于其元素个数是否为 0，因此，只要将表 L 中的表长度置为 0，就可以实现建空表的功能。在 C++中可以用类的构造函数来实现。

```
//初始化顺序表最大长度为参数 n，默认为 64
template <class ElemType>
SqList <ElemType>::SqList(int n){
   MaxLen=n;
   data=new ElemType[MaxLen+1];    //空置下标为 0 的元素不用
   length=0;
}
```

2. 求线性表长度 GetLen( )的实现

求线性表的长度相对简单，只要将其当前长度返回即可。算法如下：

```
template <class ElemType>
int SqList <ElemType>::GetLen(){
   return length;
}
```

该算法的时间复杂度为 $O(1)$。

3. 按序号取元素 GetElem(*i*)的实现

按前面的约定，序号为 i 的元素存储在数组下标为 i 的数组元素中，所以可直接从该数组元素中取得值。i 的有效值应大于等于 1 和小于等于线性表的实际长度。

```
template <class ElemType>
ElemType SqList <ElemType>::GetElem(int i){
   if(i<1||i>length){
      cout<<"error";
      exit(1);
   }
   return data[i];
}
```

4. 查找运算 GetLoc(*x*)的实现

要确定值为 x 的元素在 L 表中的位置，需要依次比较各元素。当查询到第一个满足条件的数据元素时，返回其序号，否则返回 0，表示查找失败。

查找操作的具体实现算法如下：

```
template <class ElemType>
int SqList <ElemType>::GetLoc(ElemType x){
    int i=1;
    while(i<=length)
        if(data[i]!=x)
            i++;
        else
            return i;
    return 0;
}
```

由算法可知，对于表长为 n 的顺序表，在查找过程中，数据元素比较次数最少为 1，最多为 n，元素比较次数的平均值为 $(n+1)/2$，时间复杂度为 $O(n)$。

视 频

顺序表的插入

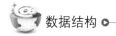

5. 顺序表的插入算法 InsElem(*i*,*x*)的实现

顺序表的插入是指在表的第 i 个位置上插入一个值为 x 的新元素，插入后使原表长为 n 的表 $(a_1,a_2,\cdots,a_{i-1},a_i,a_{i+1},\cdots,a_n)$，成为表长为 $n+1$ 的表 $(a_1,a_2,\cdots,a_{i-1},x,a_i,a_{i+1},\cdots,a_n)$，$i$ 的取值范围为 $1\leqslant i\leqslant n+1$。图 2-4 表示一个顺序表中的数组在进行插入运算前后其数据元素在数组中的下标变化。

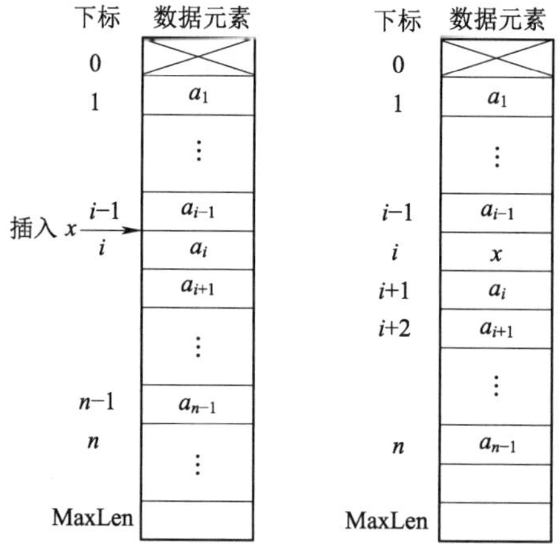

图 2-4　顺序表中元素的插入

完成如上的插入操作要经过如下几步：

（1）线性表中第 n 个至第 i 个元素（共 $n-i+1$ 个元素）依次向后移动一个位置，空出第 i 个位置。

（2）数据元素 x 插入到第 i 个存储位置。

（3）插入结束后使线性表的长度增加 1。

本算法中还需注意以下问题：

（1）线性表中数据区域有 MaxLen 个存储单元，所以在向线性表中做插入时先检查表空间是否满了。在表满的情况下不能再做插入，否则产生溢出错误。

（2）要检验插入位置的有效性，这里 i 的有效范围是 $1 \leqslant i \leqslant n+1$，即可以插在第一个元素前，也可以插在最后一个元素后面，其中 n 为原表长。

（3）注意数据的移动方向。

插入操作的具体实现算法如下：

```
template <class ElemType>
void SqList<ElemType>::InsElem(ElemType x,int i){
    if(length==MaxLen){
        cout<<"overflow!";          //表已满
        exit(1);
    }
    if(i<1||i>length+1){
        cout<<"error";              //插入位置出错
        exit(1);
    }

    for(int j=length;j>=i;j--)
        data[j+1]=data[j];          //数据元素后移
    data[i]=x;                      //插入 x
    length++;                       //表长度加 1
}
```

插入算法的时间复杂度分析：

该算法的时间主要花费在移动数据元素上，移动数据元素的个数取决于插入位置 i 和表的长度 n。所以可以用数据元素的移动操作来估计算法的时间复杂度。在第 i 个位置上插入 x，从 a_i 到 a_n 都要向后移动一个位置，共需要移动 $n-i+1$ 个元素，而 i 的取值范围为 $1 \leqslant i \leqslant n+1$，即有 $n+1$ 个位置可以插入。

当 $i=n+1$ 时，不需要移动结点；当 $i=1$ 时，需要移动 n 个结点 。由此可以看出，算法在最好的情况下时间复杂性为 $O(1)$，最坏的情况下时间复杂性是 $O(n)$。

由于插入的位置是随机的，因此，需要分析执行该算法移动数据元素的平均值。设在第 i 个位置上进行插入的概率为 p_i，则平均移动数据元素的次数为

$$E_{in}=\sum_{i=1}^{n+1} p_i(n-i+1)$$

假设在表中任何位置上插入的概率是均等的，即 $p_i=1/(n+1)$，则

$$E_{in}=\sum_{i=1}^{n+1} p_i(n-i+1)=\frac{1}{n+1}\sum_{i=1}^{n+1}(n-i+1)=\frac{n}{2}$$

由此可以看出，在线性表上做插入操作需要移动表中一半的数据元素，当 n 较大时，算法的效率是比较低的，所以在线性表上进行插入操作的时间复杂度为 $O(n)$。

视 频

顺序表的删除

6. 顺序表的删除运算 DelElem(i)的实现

顺序表的删除运算是指将表中第 i 个元素从线性表中去掉，原表长为 n 的线性表 $(a_1, a_2,\cdots,a_{i-1},a_i,a_{i+1},\cdots,a_n)$，进行删除以后的线性表表长变为 $n-1$ 的表$(a_1,a_2,\cdots,a_{i-1},$

$a_{i+1},\cdots,a_n$)，i 的取值范围为 $1\leqslant i\leqslant n$。图 2-5 表示一个顺序表的数组在进行删除运算前后其数据元素在数组中的下标变化。

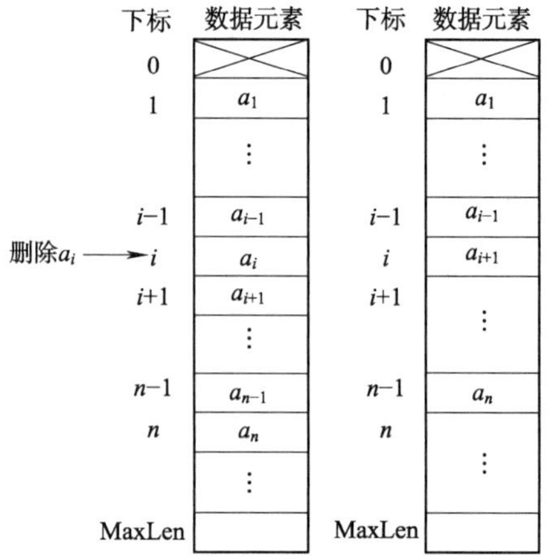

图 2-5　线性表中的删除运算示意图

在线性表上完成上述运算通过以下两个操作来实现：

（1）线性表中删除第 i 个元素，一个从第 $i+1$ 到第 n 个元素（共 $n-i$ 个元素）依次向前移动一个位置。将所删除的元素 a_i 覆盖掉，从而保证逻辑上相邻的元素物理位置也相邻。

（2）修改线性表长度，使其减 1。

本算法需注意以下问题：

（1）删除第 i 个元素，i 的取值为 $1\leqslant i\leqslant n$，否则第 i 个元素不存在。因此，要检查删除位置的有效性。

（2）当表空时不能做删除，因为表空时 n 的值为 0，条件（$i<1 \| i>n+1$）也包括了对表空的检查。

（3）删除 a_i 之后，该数据已不存在，如果还需要 a_i，需要先取出 a_i，再做删除。

线性表的删除算法如下：

```
template <class ElemType>
void SqList <ElemType>::DelElem(int i){//删除线性表中第 i 个位置上的元素
    if(i<1||i>length){                        //检查空表及删除位置的合法性
       cout<<"不存在第 i 个元素";
       exit(0);
    }
    for(int j=i;j<length;j++)
       data[j]=data[j+1];                     //向前移动元素
    length--;
}
```

删除算法的时间性能分析：

与插入运算相同，删除运算的时间也主要消耗在移动表中数据元素上，删除第 i 个元素时，其后面的元素 $a_{i+1}\sim a_n$ 都要向前移动一个位置，共移动了 $n-i$ 个元素，所以在等概率的情况下，在线性表中删除数据元素所需移动数据元素的期望值，即平均移动数据元素的次数为

$$E_{\mathrm{de}}=\sum_{i=1}^{n}p_i(n-i)$$

通常认为在线性表中任何位置删除元素是等概率的，即 $p_i = 1/n$，则

$$E_{\mathrm{de}} = \sum_{i=1}^{n} p_i(n-i) = \frac{1}{n}\sum_{i=1}^{n+1}(n-i) = \frac{n-1}{2}$$

由此可以看出，在线性表上删除数据元素时大约需要移动表中一半的元素，显然该算法的时间复杂度为 $O(n)$。

7. 顺序表释放运算的实现

在 C++中，该运算可以借助 delete 通过析构函数实现顺序表的释放运算，回收其数据元素所占的存储空间。

```
template <class ElemType>
SqList<ElemType>::~SqList(){
    delete[] data;
}
```

【例 2-1】利用线性表的基本运算，编写在线性表 A 中删除线性表 B 中出现的元素的算法。

【解】本题的算法思路是：依次检查线性表 B 中的每个元素，看它是否在线性表 A 中。若在线性表 A 中，则将其从 A 中删除。本题的算法如下：

```
template <class ElemType>
void DelCommElem(SqList<ElemType>& A,SqList<ElemType>& B){
    int j=1;
    int k;
    ElemType x;
    for(int i=1;i<=B.GetLen();i++){
        x=B.GetElem(i);         //依次获取线性表 B 中的元素,存放在 x 中
        k=A.GetLoc(x);          //在线性表 A 中查找 x
        while(k)
        {
            A.DelElem(k);       //删除 x 成功
            cout<<"成功删除"<<x<<endl;
            k=A.GetLoc(x);
        }
    }
}
```

视 频

线性表的合并

【例 2-2】利用线性表的基本运算，编写将线性表 A 和 B 中公共元素生成线性表 C 的算法。

【解】本题的算法思路是：先初始化线性表 C，然后依次检查线性表 A 中的每个元素，看它是否在线性表 B 中；若在线性表 B 中，则将其插入到线性表 C 中。本题的算法如下：

```
template <class ElemType>
void CommElem(SqList<ElemType>& A, SqList<ElemType>& B,SqList<ElemType>& C){
    int j=1;
    ElemType x;
```

```
    for(int i=1;i<=A.GetLen();i++)
    {
        x=A.GetElem(i);             //依次获取线性表 A 中的元素,存放在 x 中
        if(B.GetLoc(x))             //在线性表 B 中查找 x
        {
            C.InsElem(x,j++);       //若在线性表 B 中找到了,则将其插入 C 中
        }
    }
}
```

【例 2-3】将顺序表$(a_1,a_2,a_3,\cdots,a_n)$重新排列为以 a_1 为界的两部分：a_1 前面的值均比 a_1 小，a_1 后面的值都比 a_1 大（这里假设数据元素的类型具有可比性，可设为整型）。

【解】基本思路：从第二个元素开始到最后一个元素，逐一向后扫描，当数据元素 a_i 比 a_1 大时，表明它已经在 a_1 的后面，不必改变它与 a_1 之间的位置，继续比较下一个；当数据元素 a_i 比 a_1 小时，表明它应该在 a_1 的前面，此时将它前面的元素依次向下移动一个位置，然后将它置入最上方。为了减少不必要移动次数，此处将该算法定义 SqList 的成员函数，代码如下：

```
template <class ElemType>
void SqList<ElemType>::Part(){
    int i,j;
    ElemType x,y;
    x=data[1];
    for(i=2;i<=length;i++){
        if(data[i]<x){
            y=data[i];
            for(j=i-1;j>=1;j--)
                data[j+1]=data[j];
            data[1]=y;
        }
    }
}
```

本算法中有两重循环，外循环执行 $n-1$ 次，内循环中元素的移动次数与当前数据的大小有关，当第 i 个元素小于 a_1 时，要移动它上面的 $i-1$ 个元素，再加上前面结点的保存及置入，所以移动 $i-1+2$ 次，在最坏情况下，a_1 后面的结点都小于 a_1，故总的移动次数为

$$\sum_{i=2}^{n}(i-1+2)=\sum_{i=2}^{n}(i+1)=\frac{n(n+3)}{2}$$

即最坏情况下移动数据的时间复杂性能为 $O(n^2)$。

2.3 线性表的链式存储和运算实现

在顺序存储方式中，通过数组实现任意两个逻辑上相邻的数据元素在物理上也必然相邻。这一特点使得根据数据元素的序号就可随机存取表中任何一个元素，但同时也会带来两个问题。第一，在插入和删除运算需要移动大量的元素，造成算法效率较低。其次，由于数组空间的静态分配，表的最大长度必须事先确定。估计过小会造成表满溢出，估计过大又会造成

存储空间的浪费。

克服这些缺陷的办法是：对线性表采用链式存储方式。在链式存储方式中，任意两个在逻辑上相邻的数据元素在物理上不一定相邻，数据元素的逻辑次序是通过链表中指针链接实现的。

采用链式存储结构表示的线性表简称链表。

视 频

链表的定义

2.3.1 链表的存储结构

链式存储结构是利用任意的存储单元来存放线性表中的元素，存储数据的单元在内存中可以是连续的，也可以是零散分布的。由于线性表中各元素间存在线性关系，因此，除了第一个元素和最后一个元素外，每一个元素有一个直接前驱和一个直接后继。为了表示元素间的这种线性关系，在这种结构中不仅要存储线性表中的元素，还要存储表示元素之间逻辑关系的信息。所以，用链式存储结构表示线性表中的一个元素时至少需要两部分信息，除了存储每一个数据元素值以外，还需存储其后继或前驱元素所在内存的地址。两部分信息一起构成链表中的一个结点。结点的结构如图 2-6 所示。

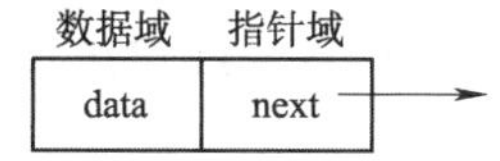

图 2-6 链表的结点结构示意图

C++语言采用结构数据类型描述结点如下：

```
template<class ElemType>
struct LinkNode                        //链表结点类型定义
{
    ElemType data;                     //数据域
    LinkNode<ElemType> *next;          //NodeType 类型指针

    LinkNode(ElemType element);        //构造函数
 };
//链表类定义
template<class ElemType>
class LinkList
{
private:
    LinkNode<ElemType> *head;          //链表头指针
public:
    LinkList();                        //构造函数，初始化空列表
    ~LinkList();                       //析构函数
    int size();                        //获取长度
    ElemType* GetElem(int index);                            //按序号取元素
    int Locate(ElemType val);                                //获取位置
    void InsElem(ElemType x,int index);                      //插入元素
    void InsNode(LinkNode<ElemType> L,int index);  //插入结点
    void DelElem(int index);           //删除元素
    void DisList();                    //输出元素
    void reverse();                    //转置
};
```

在此结构中，用数据域 data 存储线性表中数据元素 。指针域 next 给出下一个结点的存储地址。结点的指针域将所有结点按线性表的逻辑次序链接成一个整体，形成一个链表。由于链表中第一个结点没有直接前驱，所以必须设置一个头指针 head 存储第一个结点的地址。最后一个结点没有直接后继，其指针域应为空指针，C++语言用 NULL 或 0 来表示，在图中表示为“∧”。

假设有一个线性表为（*A*,*B*,*C*,*D*,*E*），存储空间具有五个存储结点，该线性表在存储空间中的存储情况如图 2-7（a）所示。

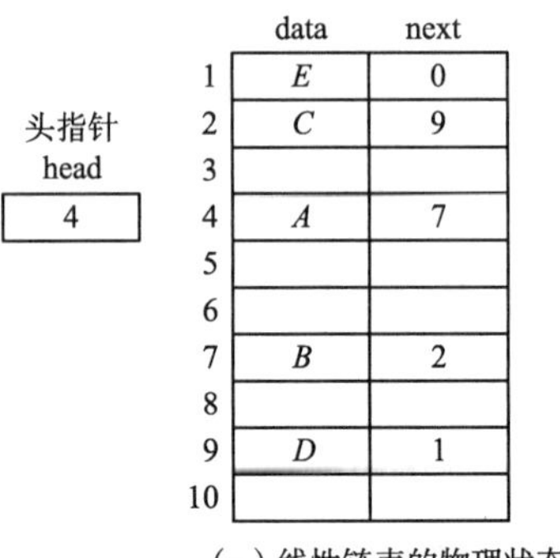

（a）线性链表的物理状态

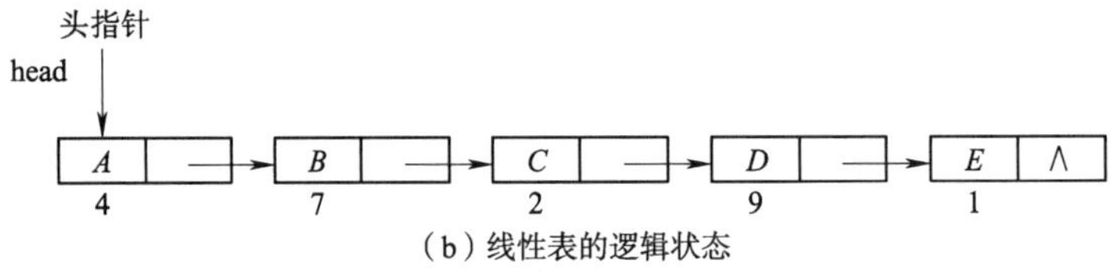

（b）线性表的逻辑状态

图 2-7　链表结构示意图

在实际应用中更关注的是数据元素之间的逻辑顺序，并不关心每个结点的实际存储位置，在图中通常采用箭头表示链表中的指针。图 2-7（b）通过直接画出箭头链接起每个结点，直观地反映出链表中各元素间的逻辑状态，更加容易理解。

从图 2-7（b）中可见，每个结点的存储地址存放在直接前驱的指针域中。所以要访问链表中数据元素 *C*，必须由头指针 head 得到第一个结点（数据 *A*）的地址，由该结点的指针域得到第二个结点（数据 *B*）的地址，再由其指针域得到存储数据 *C* 的结点地址，访问该结点的数据域就可以处理数据 *C* 了。链表这种顺着指针链依次访问数据元素的特点，表明链表是一种顺序存取结构，只能顺序操作链表中元素。不能像顺序表（数组）那样可以按下标随机存取。

为了提高顺序操作的速度，使得对数据进行插入或删除等操作更加灵活方便，对链表中的指针采用了不同的设置，构成了不同的链表。如只设置一个指向后继结点的指针域是单链表；将其首尾相接构成一个环状结构，称为循环链表；增加一个指向前驱的指针就构成双向链表。下面介绍各种链表的具体表示以及相应运算的实现。

在链表存储结构中，不要求存储空间的连续性，各数据元素间的逻辑关系和存储顺序可以不一致，数据元素之间的逻辑关系由指针来确定。由于链式存储的灵活性，这种存储方式既可用于表示线性结构，也可以用来表示非线性结构，后面章节将会反复使用这种存储结构。

视 频

链表的创建

2.3.2 单链表

在图 2-7 所示的链表中，每个结点只有一个指向后继的指针。也就是说，访问数据元素只能由链表头依次到链表尾，而不能做逆向访问。称这种链表为单链表或线性链表。这是一种最简单的链表。

单链表分为带头结点和不带头结点两种类型。采用带头结点的表示方法有效地解决了“第一个结点”问题。因为链表中的第一个结点没有直接前驱，它的地址就是整个链表的地址，需要放在链表的头指针变量中；而其他结点都有直接前驱，其地址放入直接前驱结点的指针域中。在链表中插入和删除结点时，对第一个结点和其他结点的处理是不同的。因此为了操作方便，就在链表的头部加入一个“头结点”，其指针域中存放第一个数据结点的地址，数据域可以存放链表结点的个数信息，也可以什么都不放。头指针变量 head 中存放头结点的地址。即使是空表，头指针变量 head 也不为空。这样使得“空表”和“非空表”的处理成为一致。对于空链表，头结点的指针域为空，如图 2-8（a）所示。图 2-8（b）则表示带头结点的非空链表。

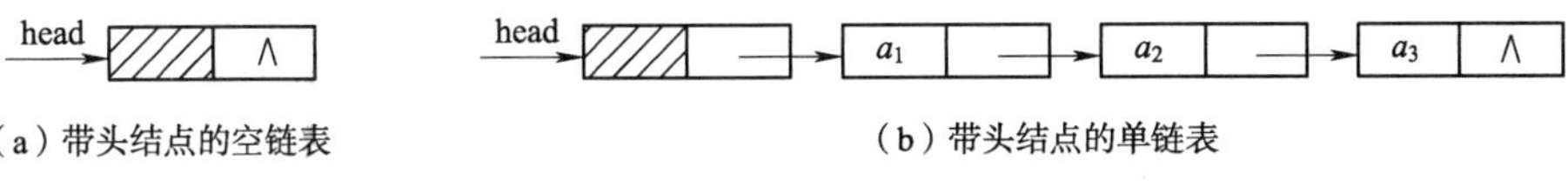

（a）带头结点的空链表　　（b）带头结点的单链表

图 2-8　单链表

在后面的讨论中，若不特别声明，则所述单链表均为带头结点的。按照线性表的抽象数据类型的定义，下面给出在线性表的链式存储结构（单链表）上实现线性表的各种运算的算法。由于链表是一种动态管理的存储结构，因此每个结点需动态产生。

1. 初始化链表 InitList(*L*)的实现

建立一个空的带头结点的单链表。所谓空链表就是指表长为 0 的表。在这种情况下，链表中没有元素结点。但应有一个头结点，其指针域为空。在 C++中可以用链表的构造函数来实现，其代码实现如下：

```
template<class ElemType>
LinkList<ElemType>::LinkList()       //初始化链表时，为空链表
{
    head=new LinkNode<ElemType>;     //生成头结点
    head->next=NULL;                 //头结点的指针域置空
}
template<class ElemType>
LinkNode<ElemType>::LinkNode(ElemType element)
{
    data=element;
    next=NULL;
}
```

在函数调用时，指针 *L* 指向的内容发生了变化，为使得调用函数中头指针变量 head 获得头结点地址，需传递头指针变量的地址给 InitList()函数，而函数中定义二级指针变量 *L* 接收该地址值，从而返回改变后的值。

2. 求线性表长度 GetLen(*L*)的实现

设计思路：设置一个初值为 0 的计数器变量和一个跟踪链表结点的指针 *p*。初始时 *p* 指向链表中的第一个结点，然后顺着 next 域依次指向每个结点，每指向一个结点计数器变量加 1。当 *p* 为 0 时，结束该过程。其时间复杂度为 $O(n)$。

```
template<class ElemType>
int LinkList<ElemType>::size()
{
    int num=0;
    ElemType *p;
    p=head->next;
    while(p!=NULL)
    {
        num++;
        p=p->next;
    }
    return num;
}
```

3. 按序号取元素 GetElem(*L*,index)的实现

根据前面的讨论，对单链表中的结点只能顺序存取，即访问前一个结点后才能接着访问后一个结点。所以要访问单链表中第 index 个元素值，必须从头指针开始遍历链表，依次访问每个结点，直到访问到第 index 个结点为止。同顺序表一样，也需注意存取的位置是否有效。

```
template<class ElemType>
ElemType *LinkList<ElemType>::GetElem(int index)
{
    LinkNode<ElemType> *p;
    p=head;
    for(int k=0;k<index && p->next!=NULL;k++)
    {
        p=p->next;
    }
        if(p->next==NULL)
            return NULL;
    else
        return p->next;
}
```

4. 查找运算 Locate(*L*,*x*)的实现

设计思路：设置一个跟踪链表结点的指针 *p*，初始时 *p* 指向链表中的头结点，然后顺着 next 域依次指向每个结点，每指向一个结点就判断其值是否等于 *x*，若是则返回该结点地址。否则继续往后搜索，直到 *p* 为 0，表示链表中无此元素，返回 NULL。其时间复杂度为 $O(n)$。

```
template<class ElemType>
int LinkList<ElemType>::Locate(ElemType val)
{
    LinkNode<ElemType> *p;
    p=head;
    int count=0;
    while(p->next)
    {
        p=p->next;
        count++;
        if(p->data==val)
            return count;          //返回结点序号
    }
    return-NULL;
}))
```

5. 链表的插入算法 InsElem(*L*,*i*,*x*)的实现

视 频

链表的插入

单链表结点的插入是利用修改结点指针域的值，使其指向新的链接位置来完成的插入操作，而无须移动任何元素。

假定在链表中值为 a_i 的结点之前插入一个新结点，要完成这种插入必须首先找到所插位置的前一个结点，再进行插入。假设指针 q 指向待插位置的前驱结点，指针 s 指向新结点，则完成该操作的过程如图 2-9 所示。

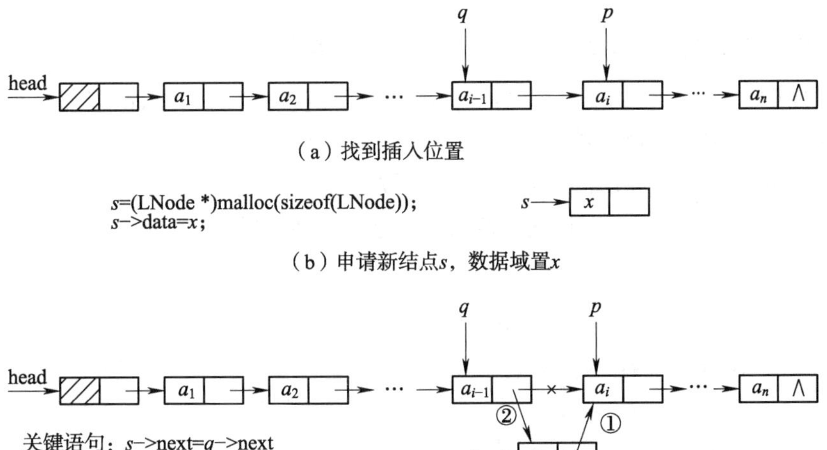

图 2-9　p 前插入 s 结点过程示意图

上述指针进行相互赋值的语句顺序不能颠倒。

其算法描述为：

```
template<class ElemType>
void LinkList<ElemType>::InsElem(ElemType x,int index)
{
    LinkNode<ElemType> *p,*tmp;
```

```
    tmp=head;
    p=new LinkNode<ElemType>;
    p->data=x;
    for(int i=0;i<index && tmp->next!=NULL;i++)
        tmp=tmp->next;
    p->next=tmp->next;
    tmp->next=p;
}
```

若传给函数的是待插入结点的地址，可编写如下的算法：

```
template<class ElemType>
void LinkList<ElemType>::InsNode(LinkNode<ElemType> *L,int index)
{
    LinkNode<ElemType> *p,*tmp;
    tmp=head;
    p=new LinkNode<ElemType>;
    *p=L;
    for(int i=0;i<index && tmp->next!=NULL;i++)
        tmp=tmp->next;
    p->next=tmp->next;
    tmp->next=p;
}
```

视 频

链表的删除

6. 链表的删除运算 delelem(*L*,index)的实现

要删除链表中第 index 个结点，首先在单链表中找到删除位置前一个结点，并用指针 q 指向它，指针 p 指向要删除的结点。将*q 的指针域修改为待删除结点*p 的后继结点的地址。删除后的结点需动态释放，如图 2-10 所示。假定删除的结点是值为 a_i 的结点。图 2-10（c）中虚线表示删除结点*p 后的指针指向。

具体算法描述为：

```
template<class ElemType>
void LinkList<ElemType>::DelElem(int index)
{
    LinkNode<ElemType> *tmp,*d;
    tmp=head;
    for(int i=0;i<index;i++)
        if(tmp->next==NULL)
            return;
        else
            tmp=tmp->next;
    d=tmp->next;
    tmp->next=d->next;
    delete d;
}
```

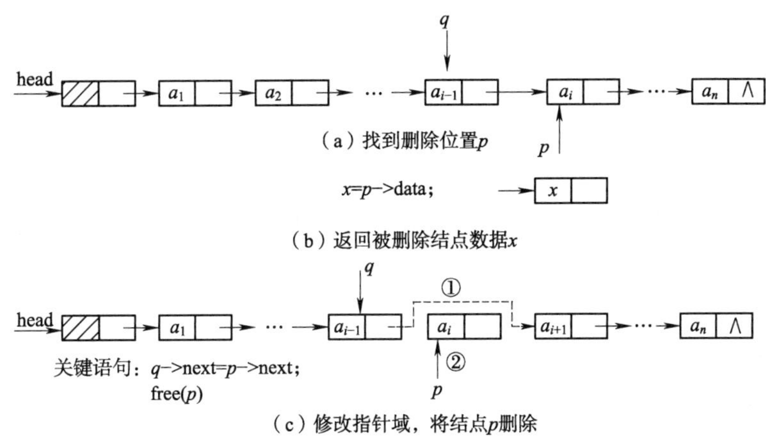

图 2-10　线性链表的删除过程示意图

在插入和删除算法中，都是先查询确定操作位置，然后再进行插入和删除操作。所以其时间复杂度均为 $O(n)$。另外，在算法中实行插入和删除操作时没有移动元素的位置，只是修改了指针的指向，所以采用链表存储方式要比顺序存储方式的效率高。

7. 链表元素输出运算 DispList(L)的实现

从第一个结点开始，顺着指针链依次访问每一个结点并输出。

```
template<class ElemType>
void  LinkList<ElemType>::DisList()
{
    LinkNode<ElemType> *p;
    p=head;
    while(p->next)
    {
        p=p->next;
        cout<<p->data<<endl;
    }
}
```

【例 2-4】利用前面定义的基本运算函数，编写将一已知的单链表 H 倒置的程序。如图 2-11 的操作，图 2-11（a）为倒置前，图 2-11（b）为倒置后。

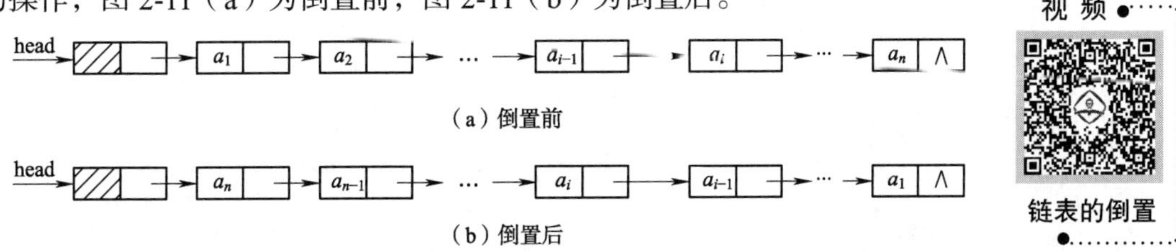

图 2-11　单链表的倒置

【解】算法基本思路：不另外增加新结点，而只是修改原结点的指针。设置指针 p，令其指向 head->next，并将 head->next 置空，然后依次将 p 所指链表的结点顺序摘下，插入到 head 之后即可。具体算法如下：

```
template<class ElemType>
void LinkList<ElemType>::reverse()
{
    LinkNode<ElemType> *p,*q;
    p=head->next;                          //p 指向单链表第一个结点
    head->next=NULL;                       //形成空的单链表
    while(p){                              //将 p 结点插入到头结点的后面实现逆置
        q=p;
        p=p->next;
        q->next=head->next;
        head->next=q;
    }
}
```

该算法只是对链表顺序扫描一遍即完成了倒置，所以时间复杂性为 $O(n)$。

【例 2-5】已知单链表 L，写一算法，删除其重复结点，即实现图 2-12 所示的操作。图 2-12（a）为删除前的情况，图 2-12（b）为删除后的状态。

视频 链表删除重复结点

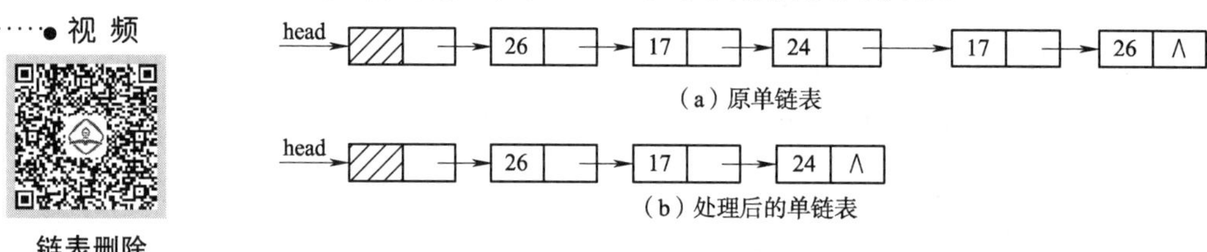

（a）原单链表

（b）处理后的单链表

图 2-12　删除重复结点

【解】算法思路：用指针 p 指向第一个数据结点，从它的后继结点开始到表的结束，找与其值相同的结点并删除之；p 指向下一个；依此类推，p 指向最后结点时算法结束。

为了操作方便，此处将该功能定义成链表类的成员函数，算法代码如下：

```
template<class ElemType>
void delequ_LinkList(LinkNode<ElemType> *head)
{
    LinkNode<ElemType> *p,*q,*s;
    p=head->next;                                //p 指向第一个结点
    while(p!= NULL)
    {   s=p;
        q=s->next;
        while(q!= NULL)
            if(q->data != p->data)
            {
                s=q;
                q=s->next;
            }
            else
            {
                s->next=q->next;
                delete q;
```

```
                q=s->next;
            }
        p=p->next;
    }
}
```

该算法的时间复杂性为 $O(n^2)$。

视 频

循环链表

2.3.3 循环链表

在单链表中，最后一个结点的指针域为空（NULL）。访问单链表中任何数据只能从链表头开始顺序访问，而不能进行任何位置的随机查询访问。如要查询的结点在链表的尾部，也需遍历整个链表。所以单链表的应用受到一定的限制。

循环链表（circular linked list）是另一种形式的链式存储结构。它将单链表中最后一个结点的指针指向链表的头结点，使整个链表头尾相接形成一个环形。这样，从链表中任一结点出发，顺着指针链都可找到表中其他结点。循环链表的最大特点是不增加存储量，只是简单地改变一下最后一个结点的指针指向，就可以使操作更加方便灵活。图 2-13 是循环单链表存储结构示意图。图 2-13（a）是带头结点的空循环单链表，图 2-13（b）是带头结点的单循环链表的一般形式。

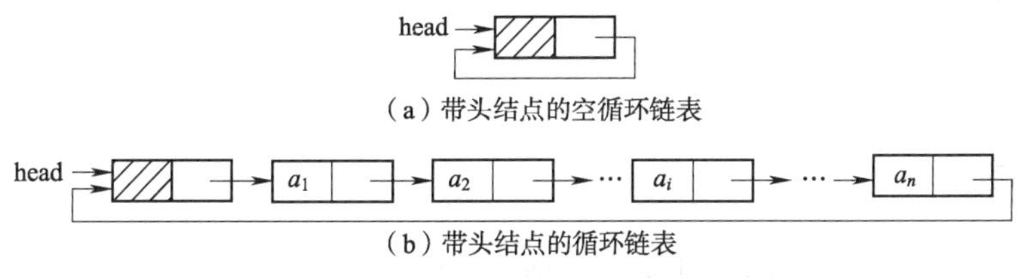

图 2-13　循环单链表存储结构示意图

带头结点的循环单链表的操作算法和带头结点的单链表的操作算法类似，差别仅在于算法中的循环条件不同。在循环单链表上实现上述基本运算的改动如下：

（1）初始化链表时，所创建的头结点指针域 next 不为空，而是指向自身，head->next= head。

（2）求线性表长度 GetLen 函数、查找运算 Locate 函数、链表元素输出运算 DispList 函数中，循环遍历是否进行的条件由 p!=NULL 改为 p!=head。

其余基本运算实现算法没有变化，请自行实现其他基本运算

在循环链表中，除了有头指针 head 外，有时还可加上一个尾指针 tail。尾指针 tail 指向最后一个结点，沿最后一个结点的指针又可立即找到链表的第一个结点。在实际应用中，使用尾指针来代替头指针进行某些操作往往会更简单。

【例 2-6】将两个循环链表首尾相接进行合并，La 为第一个循环链表表尾指针，Lb 为第二个循环链表表尾指针，合并后 Lb 为新链表的尾指针，head 指向整个合并后的链表。

【解】算法思路：对两个单链表 La、Lb 进行的连接操作，是将 Lb 的第一个数据结点接到 La 的尾部。操作时需要从 La 的头指针开始找到 La 的尾结点，其时间复杂性为 $O(n)$。而在循环链表中若采用尾指针 La、Lb 来标识，则时间性能将变为 $O(1)$。其连接过程如图 2-14 所示。

为了操作方便，此处将该功能定义成链表类的成员函数，算法代码如下：

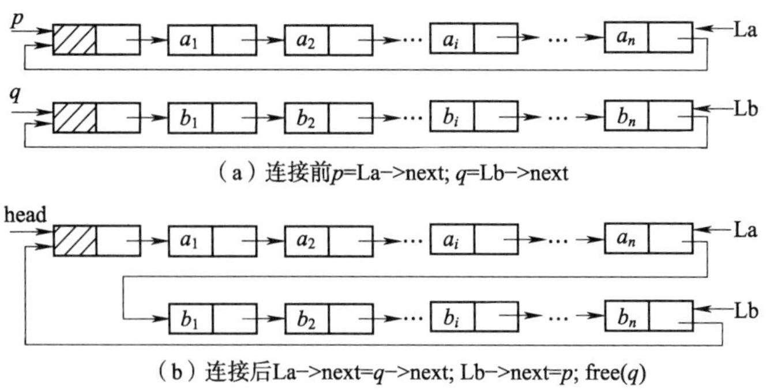

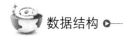

（a）连接前p=La->next; q=Lb->next

（b）连接后La->next=q->next; Lb->next=p; free(q)

图 2-14 两个循环链表首尾相接进行合并

```
template<class ElemType>
void LinkList<ElemType> list_merge(LinkList<ElemType>&La, LinkList<ElemType>&Lb)
{
    LinkList<ElemType>*p,*q;
    p=La->next;                    //指针 p 指向 La 链表头
    q=Lb->next;                    //指针 q 指向 Lb 链表头
    La->next=q->next;              //使链表 Lb 链接到 La 尾部，并去掉 Lb 的头结点
    Lb->next=p;                    //设置 Lb 为链表的尾指针
    head=p;
}
```

2.3.4 双向链表

单链表只有一个指向后继的指针来表示结点间的逻辑关系，故从任一结点开始找其后继结点很方便，但要找前驱结点则比较困难。双向链式是用两个指针表示结点间的逻辑关系。即增加了一个指向其直接前驱的指针域，这样形成的链表有两条不同方向的链：前驱和后继，因此称为双链表。在双链表中，根据已知结点查找其直接前驱结点可以和查找其直接后继结点一样方便。这里仅讨论带头结点的双链表。仍假设数据元素的类型为 ElemType。

双向链表结点的结构如图 2-15 所示。

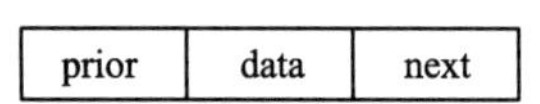

图 2-15 双向链表结点结构图

在双向链表中也可采用与单链表类似的方法，用头指针标识链表的开头，也可以带头结点。在双向链表中，每个结点都有一个指向直接前驱结点和一个指向直接后继结点的指针。链表中第一个结点的前驱指针和最后一个结点的后继指针可以为空，不做任何指向，这是简单的双向链表。

在图 2-16 中，如果某指针变量 p 指向了一个结点，则通过该结点的指针 p 可以直接访问它的后继结点，即由指针 p->next 所指向的结点；也可以直接访问它的前驱结点，由指针 p->prior 指出。这样在需要查找前驱的操作中，就不必再从头开始遍历整个链表。这种结构极大地简化了某些操作。

（a）空双向链表

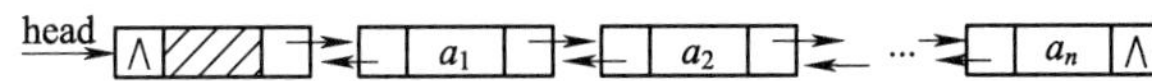

（b）非空双向链表

图 2-16　带头结点的双向链表

1. 双向链表结点的定义

```
template<class ElemType>
struct DLinkNode{                //链表结点
    DLinkNode *prior;            //指向前驱
    ElemType data;               //数据域
    DLinkNode *next;             //指向后继
};
```

2. 双向链表类定义

```
template<class ElemType>
class DuLinkList {
    private:
        DLinkNode<ElemType> *head;
    public:
        DuLinkList();
        DuLinkList(ElemType shows[],int number);
        ~DuLinkList();
        bool ListInsert_DuL(ElemType x,int index);
        bool deletes(ElemType x,int index);
        void display();
        void Reverse();
};
```

3. 创建空的双向链表

```
template<class ElemType>
DuLinkList<ElemType>::DuLinkList() {
    head=new DLinkNode<ElemType>;
    head->prior=head->next=NULL;
}
```

4. 根据数组创建双向链表

```
template<class ElemType>
DuLinkList<ElemType>::DuLinkList(ElemType shows[],int number){
    head=new DLinkNode<ElemType>; //生成头结点
    head->prior=head->next = NULL;
    for(int i=number-1;i>=0;i--) {
        DLinkNode<ElemType> *s=new DLinkNode<ElemType>;
        s->data=shows[i];
        if(head->next!=NULL) head->next->prior=s;
        s->prior=head;
        s->next=head->next;
        head->next=s;
    }
}
```

5. 双向链表释放

```
template<class ElemType>
DuLinkList<ElemType>::~DuLinkList() {
    DLinkNode<ElemType> *q;
    while(head!=NULL) {              //释放单链表的每一个结点的存储空间
        q=head;                      //暂存被释放结点
        head=head->next;
        delete q;
    }
}
```

6. 双向链表的结点插入

双向链表中结点的插入过程如图 2-17 所示。

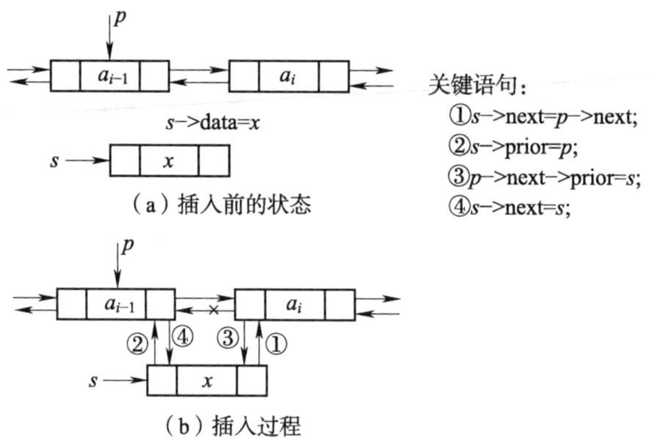

图 2-17　双链表插入结点示意图

注意：在图 2-17 中，关键语句指针操作序列既不是唯一也不是任意的。操作①必须在操作③之前完成，否则*p 的前驱结点就丢掉了。

参考代码如下：

```
template<class ElemType>
bool DuLinkList<ElemType>::ListInsert_DuL(ElemType x,int index) {
    DLinkNode<ElemType> *p=head,*s=NULL;          //工作指针 p 初始化
    int count=0;
    while(p!=NULL && count<index-1) {             //查找第 i-1 个结点
        p=p->next;          //工作指针 p 后移
        count++;
    }
    if(p==NULL)
        return false;       //没有找到第 i-1 个结点
    else{
        s=new DLinkNode<ElemType>;
        s->data=x;          //申请结点 s，数据域为 x
        s->next=p->next;
        s->prior=p;
        p->next->prior=s;
        p->next=s;          //将结点 s 插入到结点 p 之后
```

```
    }
    return true;
}
```

7. 双向链表的结点删除

双向链表中完成结点元素删除运算如图 2-18 所示。

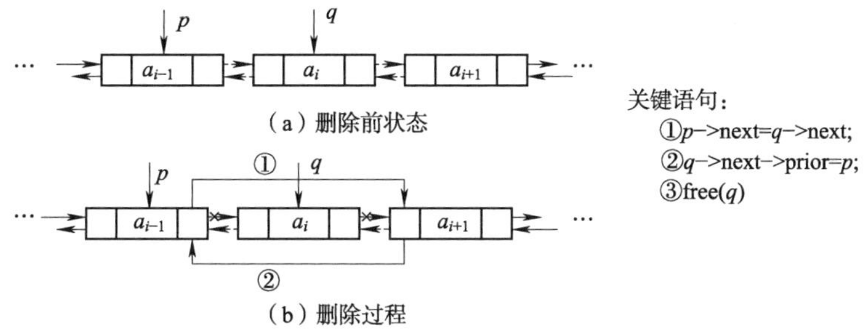

图 2-18　双链表的删除结点示意图

先保证删除位置 i 的正确性，然后在双向链表中找到删除位置的前一个结点，由 p 指向它，q 指向要删除的结点。删除操作如下：①将*p 的 next 域改为指向待删结点*q 的后继结点；②若*q 不是指向最后的结点，则将*q 之后结点的 prior 域指向*p。

注意：在双向链表中进行插入和删除时，对指针的修改需要同时修改结点的前驱指针和后继指针的指向。

当然，如果读者习惯用指针 p 来指向被删除点，那么可以参照图 2-18 所示写出对应的算法。参考代码如下：

```
template<class ElemType>
bool DuLinkList<ElemType>::deletes(int i) {
    ElemType x;
    DLinkNode<ElemType> *p=head,*q=NULL;    //工作指针 p 指向头结点
    int count=0;
    while(p!=NULL && count<i-1) {            //查找第 i-1 个结点
        p=p->next;
        count++;
    }
    if(p==NULL)                //结点 p 不存在
      return false;
    else{
        q=p->next;
        x=q->data;             //暂存被删结点
        p->next=q->next;       //摘链
        if(q->next!=NULL)
            q->next->prior=p;
        delete q;
    }
    return true;
}
```

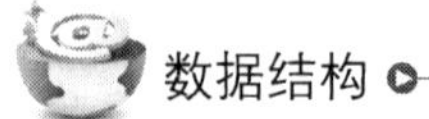

8. 双向链表的输出

为了便于观察双向链表的操作效果，此处提供用于输出整个链表的成员函数 display(),其参考代码如下：

```
template<class ElemType>
void DuLinkList<ElemType>::display() {
    DLinkNode<ElemType> *p;
    p=head->next;
    while(p!=NULL){
        cout<<p->data<<"";
        p=p->next;
    }
    cout<<endl;
}
```

【例 2-7】用前面双向链表类的定义，写出将双向链表 DL 倒置的算法。即第 1 个元素变为最后一个元素，第 2 个元素变为倒数第 2 个元素，…，最后一个元素变为第 1 个元素。

【解】算法思路：扫描双向链表 DL，交换每个结点的前驱和后继指针的指向即可。本书将该功能的代码实现作为双向链表的一个成员函数。参考代码如下：

```
template<class ElemType>
void DuLinkList<ElemType>::Reverse()          //双链表结点逆置
{   DLinkNode<ElemType> *p=head->next,*q;    //p 指向第一个结点
    head->next=NULL;                          //构造只有头结点的双链表 L
    while(p!=NULL)                            //扫描 L 的数据结点
    {   q=p->next;                            //用 q 保存其后继结点
        p->next=head->next;                   //采用头插法将*p 结点插入
        if(head->next!=NULL)                  //修改其前驱指针
            head->next->prior=p;
        p->prior=head;
        head->next=p;
        p=q;//让 p 重新指向其后继结点
    }
}
```

2.3.5 循环双链表

与循环单链表一样，也可以使用循环双链表。循环单链表和循环双链表可通过尾结点找到头结点，也常作为编辑器的数据结构，尤其是循环双链表。

图 2-19 是带头结点且有 n 个结点的循环双链表。

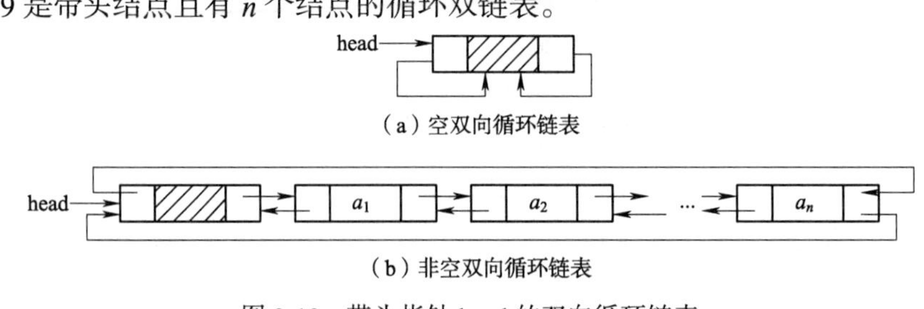

图 2-19 带头指针 head 的双向循环链表

在循环双向链表中，对于一些只涉及一个方向指针且存储结构不变的操作（如查找、求表长等），其算法实现与单链表相同。在进行插入或删除等结构变化的操作时，与双链表相同，必须同时修改两个方向上的指针，操作过程比单链表复杂。

链式存储结构克服了顺序存储结构的缺点，它的结点空间可以动态申请和释放；它的数据元素的逻辑次序靠结点的指针来指示，进行数据插入或删除时不需要移动数据元素。但是，链式存储结构也有不足之处：①每个结点中的指针域需额外占用存储空间，当每个结点的数据域所占字节不多时，指针域所占存储空间的比重就显得很大；②链式存储结构是一种非随机存储结构。对任一结点的操作都要从指针链查找到该结点，这增加了算法的复杂度。

2.3.6 静态链表

有些高级程序设计语言中没有指针类型，这可以通过定义一个结构体数组实现类似于“链表”结构的形式，即为数组中每一个元素附加一个链接指针，从而形成静态链表结构。实际上它在不改变各元素物理位置基础上，通过重新链接就能够改变数组元素逻辑顺序。数组元素以记录形式构成。由于它是利用数组定义的，在整个运算过程中存储空间的大小不会发生变化，因此称这种结构为静态链表。

设存放静态链表的数组 st[MaxSize]的定义如下：

```
#define MaxSize 100
template<class ElemType>
class Snode                     //链表结点
{
   friend class LinkList<ElemType>;
private:
   ElemType data;               //数据域
   int next;                    //静态指针
   SNode(ElemType element);//构造函数
};
                                //结点类型
ElemType st[MaxSize];
```

静态链表中的每个结点都有数据域 data 和指针域 next。这里的指针不同于前面所介绍的链表中的指针，它是结点的相对地址，称为静态指针。这种链表可以带表头结点，如图 2-20 所示。在链表没有使用前，各个结点已经形成一个链，指针 AV 指示链表的第一个结点。由 AV 指向的链表称为可利用空间表，可用于管理结点的分配和回收。当用户需要结点时，就从 AV 为头指针的链中摘下第一个结点分配出去，并通过指针 p 指示它；头指针 AV 移动到可利用空间表的第二个结点，该指针实际指示的是下一次可分配的结点地址，用语句可表示如下：

```
if(AV!=-1)
{   p=AV;
   AV=st[AV].next;
}
```

当用户不再需要某个结点时，只需把它链入 AV 所指示的链表的最前端，并让 AV 指示它即可，用语句表示如下：

```
st[p]=AV;
AV=p;
```

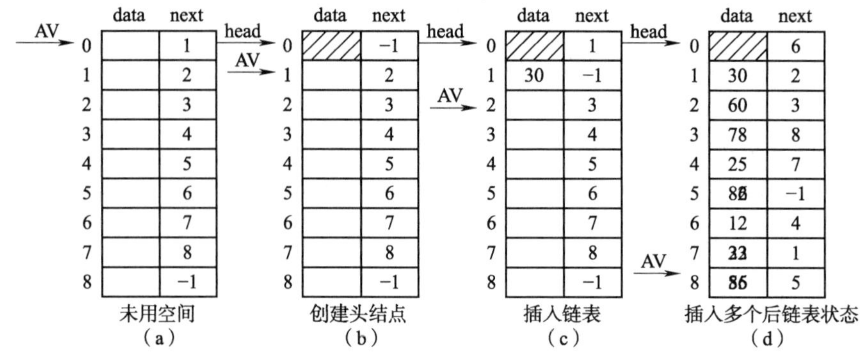

图 2-20　静态链表结构

从图 2-20 中可以看出，表头结点一般在第 0 个位置。它的 next 指针指向链表中第一个结点。链表中最后一个结点的 next 指针为-1，表示链表结束。

2.4　线性表的应用——一元多项式计算

2.4.1　一元多项式表示

链式存储结构的典型应用之一是在高等数学的多项式方面。本节主要讨论采用链表结构表示的一元多项式的操作处理。在数学上，一个一元多项式 $P_n(x)$可以表示为

$$P_n(x)=a_0+a_1x+a_2x^2+\ldots+a_nx^n \quad （最多有 n+1 项）$$

a_ix^i 是多项式的第 i 项（$0\leqslant i\leqslant n$）。其中 a_i 为系数；x 为自变量；i 为指数。多项式中有 n+1 个系数，而且是线性排列。

一个多项式由多个 a_ix^i（$1\leqslant i\leqslant n$）项组成，每个多项式项采用以下结点存储：

coef	expn	next

其中，coef 数据域存放系数 c_i；expn 数据域存放指数 e_i；next 域是一个链域，指向下一个结点。由此，一个多项式可以表示成由这些结点链接而成的单链表（假设该单链表是带头结点的单链表）。

在计算机中，多项式可用一个线性表 listP 来表示：listP=$(p_0,p_1,p_2,\cdots,p_n)$。但这种表示无法分清每一项的系数和指数。所以可以采用另一种表示一元多项式的方法：listP=$\{(a_0,e_0),(a_1,e_1),(a_2,e_2),\cdots,(a_n,e_n)\}$。在这种线性表描述中，各个结点包括两个数据域，对应的类型描述如下：

```
typedef struct node
{   double coef;                    //系数为双精度型
    int expn;                       //指数为正整型
    struct node *next;              //指针域
}polynode;
```

在顺序存储结构中，采用基类型为 polynode 的数组可以很方便地表示出多项式中的各项。如 $p[i]$.coef 和 $p[i]$.expn 分别表示多项式中第 i 项的系数和指数。但多项式中并不完全包含 n 个项，其中一些项的系数为 0。如多项式 $A(x)=a_0+a_1x+a_2x^2+a_6x^6+a_9x^9+a_{15}x^{15}$ 中包括 16 项，其中只有 6 项系数不为 0。顺序存储结构可以使多项式相加算法变得十分简单。但是，当多项式中存在大量的零系数时，这种表示方式就会浪费大量的存储空间。为了有效而合理地利用存储空间，可以用链式存储结构来表示多项式。

在链式存储结构中，多项式中每一个非零项构成链表中的一个结点，而对于系数为零的项则不需要表示。

注意：表示多项式的链表应该是有序链表。

2.4.2 一元多项式相加

假设用单链表表示多项式：$A(x)=12+7x+8x^{10}+5x^{17}$，$B(x)=8x+15x^7-6x^{10}$，头指针 Ah 与 Bh 分别指向这两个链表，如图 2-21 所示。

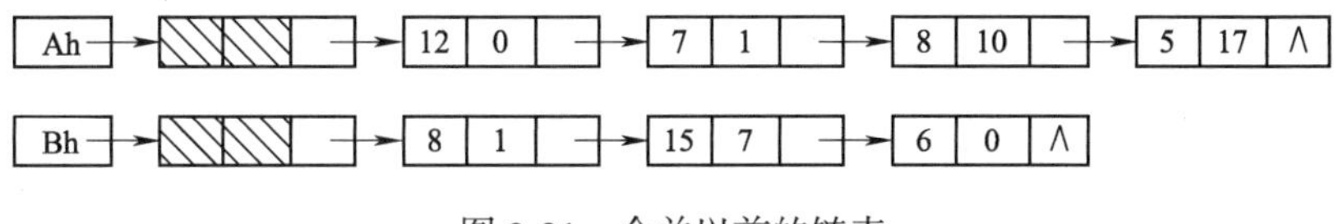

图 2-21 合并以前的链表

对两个多项式进行相加运算，其结果为 $C(x)=12+15x+15x^7+2x^{10}+5x^{17}$，如图 2-22 所示。

图 2-22 合并以后的链表

对两个一元多项式进行相加操作的运算规则是：假设指针 qa 和 qb 分别指向多项式 $A(x)$ 和 $B(x)$中当前进行比较的某个结点，则需比较两个结点数据域的指数项，有三种情况：

（1）指针 qa 所指结点的指数值 < 指针 qb 所指结点的指数值时，则保留 qa 指针所指向的结点，qa 指针后移。

（2）指针 qa 所指结点的指数值 > 指针 qb 所指结点的指数值时，则将 qb 指针所指向的结点插入到 qa 所指结点前，qb 指针后移。

（3）指针 qa 所指结点的指数值 = 指针 qb 所指结点的指数值时，将两个结点中的系数相加。若和不为零，则修改 qa 所指结点的系数值，同时释放 qb 所指结点；反之，从多项式 $A(x)$ 的链表中删除相应结点，并释放指针 qa 和 qb 所指结点。

多项式相加算法实现如下：

```
polynode* add_poly(polynode* Ah,polynode* Bh){
    polynode *qa,*qb,*s,*r,*Ch;
    double x;
    qa=Ah->next;
    qb=Bh->next;
    r=Ah;//r 代表 qa 的前驱
```

```
    Ch=Ah;
    while(qa!=NULL&&qb!=NULL){
        if(qa->expn==qb->expn){
            x=qa->coef+qb->coef;
            if(x!=0){
                qa->coef=x;//将 x 赋值给当前 qa
                r=qa;
                qa=qa->next;
                s=qb; qb=qb->next; delete s;
            }
            else{
                //系数相加为 0，删除当前 qa 结点和 qb 结点
                r->next=qa->next;
                s=qa; qa=qa->next; delete s;
                s=qb;
                qb=qb->next; delete s;
            }
        }
        else if(qa->expn<qb->expn){
            r=qa;
            qa=qa->next;
        }
        else{
            s=qb->next;
            qb->next=qa;
            r->next=qb;
            r=qb;
            qb=s;
        }
    }
    if(qa==NULL)
        r->next=qb;
    else
        r->next=qa;
    return Ch;
}
```

上述算法的时间复杂性为 $O(n)$。采用相同的方法还可以完成多项式的其他运算。

2.5 顺序表和链表的比较

线性表的逻辑结构及它的两种存储结构为顺序表和链表。这两种表各有短长，在实际应用中应根据问题的要求和性质来选择使用。

顺序存储有三个优点：

（1）方法简单，各种高级语言中都有数组，容易实现。

（2）不用为表示结点间的逻辑关系而增加额外的存储开销。

（3）具有按元素序号随机访问的特点。

但它也有两大缺点：

（1）在顺序表中做插入/删除操作时，平均移动大约表中一半的元素，因此当 n 较大时顺序表的操作效率低。

（2）需要预先分配足够大的存储空间。若估计过大，容易导致顺序表后部大量闲置；预先分配过小，又会造成溢出。

链表的优缺点恰好与顺序表相反。在实际中究竟怎样选取合适的存储结构？通常可考虑以下几点。

1. 基于空间的考虑

顺序表的存储空间是静态分配的，在程序执行前必须明确规定它的存储规模。若线性表长度 n 变化较大，则存储规模很难预先正确估计。估计太大将造成空间浪费，估计太小又将使空间溢出机会增多。所以当对线性表的长度或存储规模难以估计时，不宜采用顺序存储结构。存储密度是指一个结点中数据元素所占的存储单元和整个结点所占的存储单元之比。顺序表的存储密度为 1。

链表不用事先估计存储规模，是动态分配。只要内存空间尚有空闲，就不会产生溢出。因此，当线性表的长度变化较大，难以估计其存储规模时，以采用动态链表作为存储结构为好。但链表的存储密度较低。链式存储结构的存储密度小于 1。

2. 基于时间的考虑

随机存取结构，就是对表中任一结点都可在 $O(1)$时间内直接取得。若对线性表主要做查找，很少做插入和删除操作，则采用顺序存储结构为宜；而在链表中按序号访问的时间性能为 $O(n)$。所以，如果经常做的运算是按序号访问数据元素，显然顺序表优于链表。

在顺序表中做插入、删除操作时，要平均移动表中一半的元素；尤其是当每个结点的信息量较大时，移动结点的时间开销就相当可观，这一点不应忽视。在链表中的任何位置上进行插入和删除，都只需要修改指针。对于频繁进行插入和删除的线性表，宜采用链表做存储结构。若表的插入和删除主要发生在表的首尾两端，则宜采用尾指针表示的单循环链表。

3. 基于环境的考虑

顺序表容易实现，任何高级语言中都有数组类型；链表的操作是基于指针的，其使用受语言环境的限制，这也是用户应该考虑的因素之一。

总之，两种存储结构各有特点。选择哪种结构根据实际使用的主要因素决定。通常“较稳定”的线性表选择顺序存储结构；而插/删频繁“动态性”较强的线性表宜选择链式存储结构。

小　结

本章主要论述的基本概念是：

线性表：一个线性表是 $n\geqslant 0$ 个数据元素 $a_0,a_1,a_2,\cdots,a_n$ 的有限序列。

线性表的顺序存储结构：在计算机中用一组地址连续的存储单元依次存储线性表的各个数据元素，称为线性表的顺序存储结构。

线性表的链式存储结构：线性表的链式存储结构就是用一组任意的存储单元——结点（可以是不连续的）存储线性表的数据元素。表中每一个数据元素都由存放数据元素值的数据域和存放直接前驱或直接后继的地址——指针域组成。

循环单链表：循环链表（circular linked list）是将单链表的最后一个结点的指针指向链表的表头结点，使整个链表形成环，从表中任一结点出发都可找到表中其他结点。

双向链表：双向链表中的每一个结点除了数据域外，还包含两个指针域：一个指针（next）指向该结点的后继结点，另一个指针（prior）指向它的前驱结点。

除基本概念以外，本章还论述了线性表的基本操作（初始化、插入、删除、存取、复制、合并）、线性表的顺序存储结构和链式存储结构的表示及其算法的实现，一元多项式 $P_n(x)$的加法等。通过本章学习，要求读者不仅要了解基本概念，还要掌握顺序表和单链表基本操作的实现算法。

习　题

一、单项选择题

1. *L* 是线性表，已知 Length(*L*)的值是 5，经运算 Delete(*L*,2)后，length(*L*)的值是（　　）。
   A. 5　　B. 0　　C. 4　　D. 6
2. 线性表中，（　　）只有一个直接前驱和一个直接后继。
   A. 首元素　　B. 尾元素
   C. 中间的元素　　D. 所有的元素
3. 带头结点的单链表为空的判定条件是（　　）。
   A. hcad==NULL　　B. head->next==NULL
   C. head->next=head　　D. head!=NULL
4. 不带头结点的单链表 head 为空的判定条件是（　　）。
   A. head==NULL　　B. head->next==NULL
   C. head->next=head　　D. head!=NULL
5. 非空的循环单链表 head 的尾结点 *p* 满足（　　）。
   A. *p*->next==NULL　　B. *p*==NULL
   C. *p*->next==head　　D. *p*==head
6. 线性表中各元素之间的关系是（　　）关系。
   A. 层次　　B. 网状　　C. 有序　　D. 线性
7. 在循环链表的一个结点中有（　　）个指针。
   A. 1　　B. 2　　C. 0　　D. 3
8. 在单链表的一个结点中有（　　）个指针。
   A. 1　　B. 2　　C. 0　　D. 3
9. 在双向链表的一个结点中有（　　）个指针。
   A. 1　　B. 2　　C. 0　　D. 3
10. 在一个单链表中，若删除 *p* 所指结点的后继结点，则执行（　　）。
    A. *p*->next=*p*->next->next;　　B. *p*=*p*->next;*p*->next=*p*->next->next;

C. p->next=p->next; D. p=p->next->next;

11. 指针 p 指向循环链表 L 的首元素的条件是（　　）。

A. p==L B. p->next==L

C. L->next==p D. p->next==NULL

12. 在一个单链表中，若在 p 所指结点之后插入 s 所指结点，则执行（　　）。

A. s->next=p;p->next=s; B. s->next=p->next;p->next=s;

C. s->next=p->next;p=s; D. p->next=s;s->next=p;

13. 在一个单链表中，已知 q 是 p 的前驱结点，若在 q 和 p 之间插入结点 s，则执行(　　)。

A. s->next=p->next;p->next=s;

B. p->next=s->next;s->next=p;

C. q->next=s;s->next=p;

D. p->next=s;s->next=q;

14. 假设双链表结点的类型如下：

```
typedef struct LinkNode
{   int  data;                      //数据域
    struct LinkNode  *llink;        //指向前驱结点的指针域
    struct LinkNode  *rlink;        //指向后继结点的指针域
}bnode
```

现将一个 q 所指新结点作为非空双向链表中的 p 所指结点的前驱结点插入到该双链表中，能正确完成此要求的语句段是（　　）。

A. q->rlink=p;
q->llink=p->llink;
p->llink=q;
p->llink->rlink=q;

B. p->llink=q;
q->rlink=p;
p->llink->rlink=q;
q->llink=p->llink;

C. q->llink=p->rlink;
q->rlink=p;
p->link->rlink=q;
p->llink=q;

D. 以上都不对

15. 在一个长度为 n（n>1）的单链表上，设有头和尾两个指针，执行（　　）操作与链表的长度无关。

A. 删除单链表中的第一个元素

B. 删除单链表中最后一个元素

C. 在单链表第一个元素前插入一个新元素

D. 在单链表最后一个元素后插入一个新元素

二、填空题

1. 在线性表的顺序存储中，元素之间的逻辑关系是通过__________决定的；在线性表的链式存储中，元素之间的逻辑关系是通过__________决定的。

2. 在一个单链表中，指针 p 所指结点为最后一个结点的条件是__________。

3. 在一个单链表最后一个结点 r 之后插入结点 s，则需执行的三条语句是__________；

r=s; r->next=NULL。

4. 对于一个具有 n 个结点的单链表，在已知 p 所指结点后插入一个新结点的时间复杂度是____________；在值域为给定值的结点后插入一个新结点的时间复杂度是____________。

5. 单链表是____________的链接存储表示。

6. 单链表中设置头结点的作用是____________。

7. 在单链表中，除头结点外，任一结点的存储位置由____________指示。

8. 在非空双向循环链表中，在结点 q 的前面插入结点 p 的过程如下：

```
p->prior=q->prior;q->prior->next=p;
p->next=q;____________;
```

9. 在双向链表中，每个结点有两个指针域，一个指向__________，另一个指向__________。

10. 顺序表中逻辑上相邻的元素的物理位置____________紧邻。单链表中逻辑上相邻的元素的物理位置____________紧邻。

三、简答题

1. 在单链表和双向链表中，能否从当前结点出发访问到任一结点？

2. 线性表的顺序存储结构具有三个不足：

① 插入或删除过程中需要移动大量的数据元素；

② 在顺序存储结构下，线性表的存储空间不便扩充；

③ 线性表的顺序存储结构不便于对存储空间的动态分配。

线性表的链式存储结构是否一定都能够克服上述三点不足？说明之。

3. 用线性表的顺序存储结构描述一个城市的设计和规划是否合适？为什么？

4. 若较频繁地对一个线性表进行插入和删除操作，该线性表宜采用哪种存储结构？为什么？

5. 简述以下算法的功能。

```
Status A(LinkedList L)
{   //L是无表头单链表
    f(L&&L->next)
       Q=L;L=L->next;P=L;
    while(P->next)
       p=P->next;
       p->next=Q;
       Q->next=NULL;
    }
    return OK;
}
```

6. 线性表有两种存储结构：一是顺序表，二是链表，试问：

（1）如果有 n 个线性表同时存在，并且在处理过程中各表的长度会动态地发生变化，线性表的总数也会自动地变化。在此情况下，应选哪种存储结构？为什么？

（2）如线性表的总数基本稳定，且很少进行插入和删除，但要求以最快的速度存取线性表中的元素，那么应采取哪种存取结构？为什么？

7. 链表所表示的元素是否是有序的？如果有序，则有序性体现在何处？链表所表示的元素是否一定要在物理上是相邻的？有序表的有序性又如何理解？

四、算法设计题

1. 给定（已生成）一个带头结点的单链表，设 head 为头指针，结点的结构为（data,next），data 为整数元素，next 为指针。试写出算法：按递增次序输出单链表中各结点的数据元素并释放结点所占的存储空间。（要求：不允许使用数组作辅助空间）

2. 已知数组线性表数据类型如下,写一个算法，删除线性表中小于 0 的所有元素。

```
#define maxlen     //定义一个具体数字
typedef struct
{   int elem[maxlen];
    int last;
}Listtp
```

3. 有一个单链表，其头指针为 head，编写一个函数计算数据域为 x 的结点个数。

4. 编写算法，实现在无头结点的线性链表 L 中删除第 i 个结点的操作 Delete(L,i)。

5. 编写算法，实现在无头结点的线性链表 L 中第 i 个结点前插入数据为 e 的结点的操作 insert(L,I,e)。

6. 设计将一个双向循环链表逆置的算法。

7. 已知递增有序的单链表 A、B 分别存储了一个集合，请设计算法以求出两个集合 A 和 B 的差集 A–B（即仅由 A 中出现而不在 B 中出现的元素所构成的集合），并以同样的形式存储，同时返回该集合的元素个数。

8. 已知两个整数集合 A 和 B，它们的元素分别依元素值递增有序存放在两个单链表 Ha 和 Hb 中，编写一个函数求出这两个集合的并集 C，并要求表示集合 C 的链表 Hc 的结点仍依元素值递增有序存放。

9. 已知 A、B 和 C 为三个递增有序的线性表，现要求对 A 表作如下操作：删去那些在 B 表中出现又在 C 表中出现的元素。试对单链表编写实现上述操作（要求释放表 A 中的无用结点空间）的算法，并分析算法的时间复杂度（注意：题中没有特别指明表中的元素各不相同）。

10. 有两个单链表 A 和 B，$A=\{a_1,a_2,\cdots,a_n\}$，$B=\{b_1,b_2,\cdots,b_n\}$，编写函数将其合并成一个链表 C，$C=\{a_1,b_1,a_2,b_2,\cdots,a_n,b_n\}$。

11. 假设由两个按元素递增有序排列的线性表 A 和 B，均以单链表做存储结构。请编写算法，将表 A 和表 B 归并成一个按元素值非递减有序（允许值相同）排列的线性表 C，并要求利用原表（即表 A 和表 B）的结点空间存放表 C。

12. 设在一个带表头结点的单链表中所有元素结点的数据值按递增顺序排列，试编写一个函数，删除表中所有大于 min 小于 max 的元素（若存在）。

13. 有两个循环链表，链头指针分别为 L1 和 L2，要求将 L2 链表链到 L1 链表之后，且链接后仍保持循环链表形式，试写出程序并估计时间复杂度。

第 3 章

栈和队列

栈和队列是两种操作受限的线性表。本章主要讲解栈和队列的定义及运算，并在此基础上介绍栈和队列的两种存储表示方式——顺序存储结构和链式存储结构及其运算的实现与运用。

学习目标

通过本章学习，读者应掌握以下内容：

- 栈和队列的特点。
- 栈和队列的顺序存储及实现方法。
- 栈和队列的链式存储及实现方法。
- 栈和队列的具体应用。

3.1 栈

视频

栈的定义

3.1.1 定义及其基本运算

栈（stack）是一种运算受限的线性表，其限制是指仅允许在表的一端进行插入和删除操作，这一端称为栈顶（top）；相对地，把另一端称为栈底（bottom）。把新元素放到栈顶元素的上面，使之成为新的栈顶元素称为入栈、进栈或压栈（push）；把栈顶元素删除，使其相邻的元素成为新的栈顶元素称为出栈或退栈（pop）。这种受限的运算使栈拥有“先进后出”的特性（first in last out）。举个例子：你在洗碗时把洗好的碗编号为1，2，…，n 依次摞起来，1 号在最下面，向上编号依次增加，然后再从上到下把碗放好，这样先洗好的碗，就后被放好。

栈 S 是由 n（$n\geqslant0$）个具有相同属性的数据元素 $a_1, a_2, a_3,\cdots, a_n$ 组成的有限序列，其中序列中元素的个数 n 称为栈的长度。当 n=0 时称为空栈，即不含有任何元素。一个非空栈通常记为 $S=\{a_1,a_2,\cdots,a_n\}$，其中 a_1 为栈底元素，a_n 为栈顶元素。若这 n 个数据元素按照 $a_1, a_2,\cdots, a_n$ 的顺序依次入栈，那么出栈的次序则相反，即 a_n 第一个出栈，而 a_1 最后一个出栈。其操作示意图如图 3-1 所示。

需要注意的是，栈只是对线性表的插入和删除操作的位置进行了限制，并没有限定插入和删除操作进行的时间，也就是说，出栈可随时进行，只要某个元素位于栈顶就可以出栈了。例如，假定有三个元素 a、b、c 按 a、b、c 的次序依次入栈，且每个元素只允许进一次栈，则可能的出栈序列有 abc、acb、bac、bca、cba 五种。

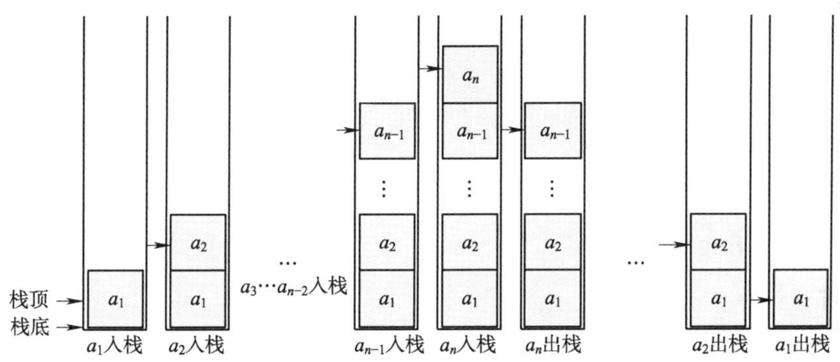

图 3-1　栈的操作示意图

在日常生活中，栈有很多常见的例子。例如，摞在一起的餐盘。另外，Word 的撤销功能、编译器对表达式的语法分析、函数的调用也可以用栈来实现。

与线性表一样，栈的运算是定义在逻辑结构层次上的，而运算的具体实现是建立在物理存储结构层次上的。因此，把栈的操作作为逻辑结构的一部分，而每个操作的具体实现只有在确定栈的存储结构之后才能完成。栈的基本运算不是它的全部运算，而是一些常用的基本运算。栈的基本操作包括初始化、判断栈是否为空、入栈、出栈以及获取栈顶元素等。下面给出栈的抽象数据类型的定义：

```
ADT Stack {
    数据对象：
        D={ai|ai∈ElemType,i=1,2,…,n,n≥0 }          //ElemType 为元素类型
        Top                                         //栈顶元素指示器
    数据关系：
        R={<ai-1,ai>|ai-1,ai∈D,i=2,…,n }            //约定 an 端为栈顶，a1 端为栈底
    基本操作：
        InitStack()         //构造空栈
        GetLen()            //返回栈的长度，即元素个数 n
        IsEmpty()           //判断是否空栈
        GetTop()            //返回栈的栈顶元素
        Push(e)             //将元素 e 入栈
        Pop(e)              //栈顶元素出栈，并用 e 返回其值
        Print()             //输出栈中所有元素
        DestroyStack()      //销毁栈
} ADT Stack
```

以上只给出了定义在逻辑结构上栈的最基本运算，在实际应用中可借助这些基本运算构造出更为复杂的运算。

下面就队列的基本运算进行说明。

1. 求栈的长度：GetLen( )

初始条件：栈存在。

操作结果：返回栈中数据元素的个数。

2. 判断栈是否为空：IsEmpty( )

初始条件：栈存在。
操作结果：如果栈为空返回 true，否则返回 false。

3. 获取栈顶元素：GetTop( )

初始条件：栈存在且不为空。
操作结果：返回栈顶元素的值，栈顶不发生变化。

4. 入栈操作：Push(*e*)

初始条件：栈存在。
操作结果：将值为 *e* 的新数据元素添加到栈中，栈顶发生变化。

5. 出栈操作：Pop(*e*)

初始条件：栈存在且不为空。
操作结果：将栈顶元素从栈中弹出，栈顶发生变化。

6. 输出栈：Print( )

初始条件：栈存在
操作结果：将栈所有元素输出。

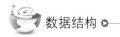

视 频

顺序栈

3.1.2 顺序栈及基本运算

和线性表类似，栈也分顺序栈和链式栈两种。下面先讨论栈的顺序存储结构的特点以及各种基本运算的实现。

栈的顺序存储结构是利用内存中的一片起始位置确定的连续存储区域来存放栈中的所有元素，另外为了指示栈顶的准确位置，还需要引入一个栈顶指示变量 Top。采用顺序存储结构的栈称为顺序栈（Sequence Stack），通常使用数组作为底层数据结构来实现顺序栈。假设数组 Data[MaxSize]为栈的存储空间，其中 MaxSize 是一个预先设定的常数，为允许入栈结点的最大可能数目，即栈的容量。鉴于 C/C++语言中数组的下标从 0 开始，为了避免混淆，用 Top = −1 表示栈空。

由于栈是一个动态结构，而数组是一个静态结构，因此在栈的操作过程中会出现“溢出”问题。当 Top = −1 栈已空，此时再进行出栈运算，会产生“下溢”问题。当 Top= MaxSize − 1 栈已满，此时再进行入栈运算，则会产生“上溢”问题；因此，为了避免溢出问题的发生，应该在对栈进行入栈和出栈运算前，分别检测是否栈满或栈空。

【例 3-1】以容量为 5 的栈顺序存储空间为例，解释栈的操作过程。栈所用一维数组的大小 MAXSIZE=5，当栈顶指示器 Top = −1 时为空栈状态，然后将 *A*、*B*、*C* 顺序入栈后，此时 Top=3。分析这时三个元素 *D*、*E*、*F* 顺序入栈的过程。

【解】首先，Top++，得 Top=4，将第一个元素 *D* 入栈；然后，Top++，得 Top=5，再将第二个元素 *E* 入栈。这时由于 Top=MaxSize−1，表示栈已满，无法再放进元素 *F*。

这时，如果需要将栈顶元素 *E* 出栈，则需先将 *E* 取出赋给某一指定的变量，然后再 Top--即可，再将 *F* 入栈。整个过程如图 3-2 所示。

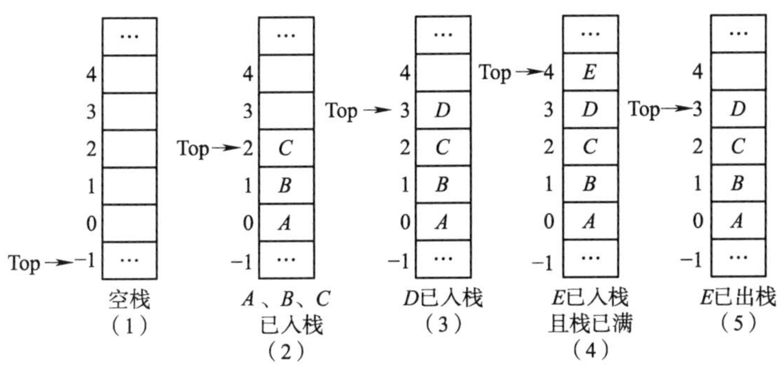

图 3-2　栈的操作过程

一个顺序栈需要两个分量，通常将它们定义在一个结构体类型中。此处的元素类型用 ElemType 来表示，具体应用时再将其定义为一个特定类型即可，如下面的 SqStack。综上所述，在 C++语言中，可用下述类定义来描述顺序栈：

```
template <class T>
class SqStack {
    private:
        T *Data;                //存储栈中元素的数组
        int Top;                //栈顶指示器
        int MaxSize;            //栈的最大长度
    public:
        SqStack();
        SqStack(int);
        int GetLen();
        bool IsEmpty();
        bool IsFull();
        bool GetTop(T &e);
        bool Push(T e);
        bool Pop(T &e);
        void Print();
        ~SqStack();
};
```

同线性表类似，在实际应用中，可以根据顺序栈动态变化过程中的一般规模来决定开辟存储空间量，设置足够的数组长度，以备扩展。

上面定义了栈的顺序存储结构，接下来将讨论如何实现顺序栈的各种基本运算。

1. 初始化栈的实现

顺序栈的初始化即构造一个空栈，顺序栈 S 是否为空取决于其元素个数是否为 0，这时只要将栈顶指示器设置为−1，同时分配数组空间给 Data 指针，就可以实现建空栈的功能。在 C++中可以通过构造函数实现。

```
//无参构造函数
template <class T>
SqStack<ElemType>::SqStack(){
    MaxSize=20;   //默认栈的最大长度 MaxSize 为 20
    Data=new T[MaxSize];
```

```
    Top=-1;
}
//带参构造函数
template <class T>
SqStack<T>::SqStack(int n){
    MaxSize=n;   //设置栈的最大长度 MaxSize 为 n
    Data=new T[MaxSize];
    Top=-1;
}
```

2. 求栈长 GetLen( )的实现

求顺序栈的长度相对简单，只要将栈顶指示器加 1 返回即可。算法如下：

```
template <class T>
SqStack<T>::GetLen(){
    return Top+1;
}
```

3. 空栈判断 IsEmpty( )的实现

判断顺序栈是否为空，仅需判断栈顶指示器是否等于−1 即可。算法实现如下：

```
template <class T>
bool SqStack<T>::IsEmpty(){
    return Top==-1;
}
```

4. 栈满判断 IsFull( )的实现

判断顺序栈是否为满，仅需判断栈顶指示器是否等于 MaxSize−1 即可。算法实现如下：

```
template <class T>
bool SqStack<T>::IsFull(){
    int N=sizeof(Data)/sizeof(T);
    return Top==MaxSize-1;
}
```

5. 取栈顶 GetTop(*T*&*e*)的实现

取顺序栈的栈顶元素时，要判断是否空栈。若顺序栈空，则取栈顶元素失败，否则直接借助栈顶指示器取出所指元素即可。

```
template <class T>
T SqStack<T>::GetTop(T &e){
    if(IsEmpty()) return false;
    e=Data[Top];
    return true;
}
```

6. 入栈运算 Push(*T e*)的实现

顺序栈入栈时，需要考虑栈满的情况。若栈满，则无法入栈，否则栈顶指示器加 1，然后将元素放入即可。具体实现代码如下：

```
template <class T>
bool SqStack<T>::Push(T e){
    if(IsFull())return false;
    Top++;
    Data[Top]=e;
    return true;
}
```

7. 出栈运算 Pop(*T&e*)的实现

顺序栈出栈时，需要考虑栈空的情况。若栈空，则没有元素可以出栈导致出栈失败，否则首先将栈顶元素取出，然后将栈顶指示器减去 1 即可。具体实现代码如下：

```
template <class T>
bool SqStack<T>::Pop(T &e){
    if(IsEmpty())return false;
    e=Data[Top];
    Top--;
    return true;
}
```

8. 输出运算 Print( )的实现

借助循环结构和栈顶指示器 Top，可以将栈中的所有元素输出。实现代码如下：

```
template <class T>
void SqStack<T>::Print()
{
   cout<<"top→";
   for(int i=Top-1;i>=0;i--)    //逐个输出栈中元素的值
      cout<<Data[i]<<" ";
    cout<<"←botom"<<endl;
}
```

9. 销毁运算的实现

该运算在 C++中可以通过析构函数实现顺序栈的销毁，借助 delete 可以释放链栈所占存储空间。实现代码如下：

```
template <class T>
SqStack<T>::~SqStack(){
    delete[] Data;
}
```

顺序栈的上述基本运算的时间复杂度均为 $O(1)$，即算法的运行时间和栈的长度无关。

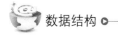

【例 3-2】利用顺序栈的上述基本运算，编写判断一个字符串是否是回文串的算法。

【解】本题的算法思路是：将原字符串的每个字符按顺序连续入栈，然后再将字符连续出栈，即可得到和原字符串顺序相反的新字符串。若新字符串和原字符串相同，说明所给字符串是回文串。本题的算法如下：

```
bool IsPalindromic(char str[]){
    int i;
    SqStack<char> S;
    for(i=0;str[i]!='\0';i++)S.Push(str[i]);
    for(i=0;str[i]!='\0';i++){
        if(str[i]!=S.Pop()){
            return false;
        }
        return true;
    }
}
```

在实际应用中，当一个程序中同时使用多个顺序栈时，为了避免“上溢”现象，需要为每一个栈分配一个较大的空间。但这样可能会出现某个栈空间不足而其他栈空余空间很多的情况，造成空间的浪费。如果这多个顺序栈共同占用同一个数组的存储空间，便可以相互补充，减少栈中溢出发生的可能性，从而提高存储空间的利用率。通常，将这种栈称为“共享栈”。

图 3-3 是一个共享栈的示意图。共享栈中的两个栈共享一个数组空间，栈底分别设在数组的两端，各自的栈顶向中间延伸，仅当两个栈的栈顶相遇（即充满了整个数组）时才可能发生“上溢”。这样，当一个栈的元素较多，而另一个栈的元素较少时，前者就可以占用后者的部分空间。因此，一个长度为 2*N* 的双向栈，比两个长度分别为 *N* 的栈发生溢出的概率要小得多。

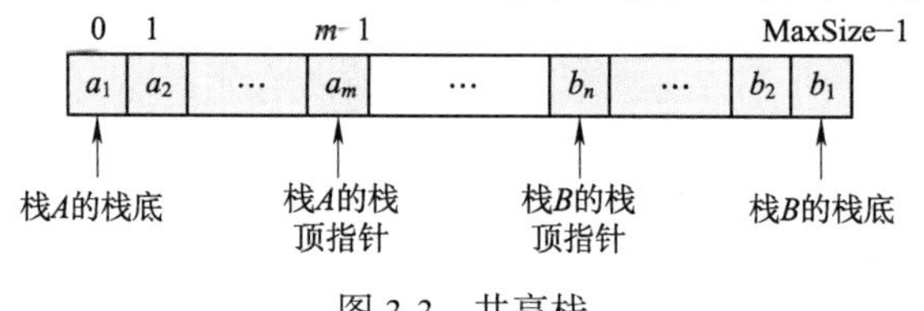

图 3-3　共享栈

链栈

3.1.3　链式栈及基本运算

采用链式存储结构的栈，简称链栈（Linked Stack）。同单链表一样，考虑到带“头结点”的优点，在以后讨论链栈时，不加特别说明，其结点结构类似于单链表。这样，栈底就是链表的最后一个结点，而栈顶指针总是指向栈顶结点的前一个结点，即链表头结点。由 Top->Next 便可唯一确定栈顶结点元素，新入栈的元素始终为链栈中新的第一个结点。当 Top->=NULL 时表示栈空，同单链表一样，链式栈不存在栈满的情况，如图 3-4 所示。

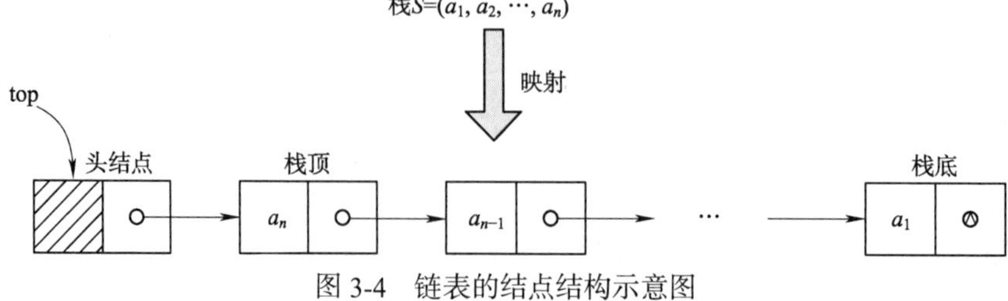

图 3-4　链表的结点结构示意图

链栈中结点类型 LinkNode 及链栈类 LinkStack 的描述如下：

```
//结点头文件: LinkNode.h
template <class T>
struct LinkNode
{
    T Data;
    LinkNode<T> *Next;
    LinkNode(){
       Next=NULL;
    }
    LinkNode(T e){
        Data=e;
        Next=NULL;
    }
};
//链栈类文件: LinkStack.h
template <class T>
class LinkStack{
    private:
        LinkNode<T> *Top;           //栈顶指针 top->Next==NULL 表示为空栈
    public:
        LinkStack();
        int GetLen();
        bool IsEmpty();
        void Push(T e);
        bool Pop(T &e);
        bool GetTop(T &e);
        void Print();
        ~LinkStack();
};
```

基于上述所给链栈的类定义，下面给出其基本运算的实现。

1. 初始化栈的实现

链栈的初始化同样是构造一个空栈，这时只要将栈顶指示器设置为 NULL 即可实现空栈的创建。实现代码如下：

```
template <class T>
LinkStack<T>::LinkStack(){
    Top=new LinkNode<T>);
}
```

2. 求栈长 GetLen( )的实现

求链栈的长度，同链表一样通过指针变量对数据数组进行遍历即可。实现代码如下：

```
template <class T>
int LinkStack<T>::GetLen(){
```

```
    int len=0;
    LinkNode<T> *p=Top->Next;
    while(p)
    {
        len++;
        p=p->next;
    }
    return len;
}
```

3. 空栈判断 IsEmpty( )的实现

判断链栈是否为空，仅需判断栈顶指针是否为空即可。实现代码如下：

```
template <class T>
bool LinkStack<T>::IsEmpty(){
    return Top->Next==NULL;
}
```

4. 取栈顶 GetTop( )的实现

取链栈的栈顶元素时，首先要判断是否空栈。若顺序栈不空，再直接借助栈顶指针取出所指元素即可，否则取栈顶元素失败。

```
template <class T>
bool LinkStack<T>::GetTop(){
    if(IsEmpty()) return false;
    e=Top->Next->Data;
    return true;
}
```

5. 入栈运算 Push(*T*)的实现

链栈进栈时，不存在栈满的情况。通过修改指针的方式直接元素放入链栈即可。具体实现代码如下：

```
template <class T>
void LinkStack<T>::Push(T e){
    LinkNode<T> *p=new LinkNode<T>;
    p-> Next=Top->Next;
    Top->Next=p;
}
```

6. 出栈运算 Pop(*T e*)的实现

链栈入栈时，同样需要考虑栈空的情况。若栈空，则导致出栈失败，否则首先将栈顶元素取出，然后修改头结点 Next 指针指向被删除结点的 Next 指针所指结点即可。具体实现算法如下：

```
template <class T>
bool LinkStack<T>::Pop(T e){
```

```
    if(this->IsEmpty()) return false;
    LinkNode<T> *p=this.Top;
    Top->Next=p->next;
    e=p->Data;
    delete p;
    return true;
}
```

7. 链栈输出 print( )的实现

同链表一样，借助指针从栈顶结点开始，依次输出每个结点元素即可，该操作在实际应用中，一般不提供，此处只是为了便于观察验与证链栈操作的效果。

```
template <class T>
void LinkStack<T>::Print() {
LinkNode<T> *p=Top->Next;
while(p){
    cout<<"->"<<p->Data;
    p=p->Next;
    }
}
```

8. 销毁运算的实现

该运算在 C++中可以通过析构函数实现链栈的销毁，通过指针遍历数据数组，释放所占存储空间。实现代码如下：

```
template <class T>
LinkStack<T>::~LinkStack(){
    LinkNode<T> *p=NULL;
    while(p)
    {
        p=Top->next;
        delete Top;
        Top=p;
    }
}
```

在实际应用中，顺序栈根据栈顶指示器可以快速定位并读取非栈顶的内部元素，此时，顺序栈读取内部元素的时间复杂度为 $O(1)$，即常数时间。但顺序栈存在存储元素个数的限制和空间浪费的问题，而链栈只有指针域开销，无须事先确定长度，不存在栈满的情况。所以当栈元素长度变化较大时，用链栈比较适宜，而且可以增加一个头结点，用其数据域中存放链栈的长度。

3.2 栈的应用

栈所具有的后进先出特性，使得栈成为程序设计中非常有用的工具，比如表达式四则运算、正整数进制转换、回文（数）判断以及函数的调用过程。鉴于篇幅受限，本节只讨论栈应用于表达式四则运算的典型例子。

视 频
表达式计算

3.2.1 中缀表达式

任何一个表达式都是由操作数（operand）、运算符（operator）或界限符（delimiter）组成，其中，操作数可以是常数、被说明为变量或常量的标识符、表达式；运算符可以是单目运算符、双目运算符或三目运算符；界限符通常是指括号或空格字符。为了简便起见，仅讨论双目运算符，并且仅限于加、减、乘、除这四种运算。

在计算机中表达式有三种不同的表示方法：前缀表达式、中缀表达式和后缀表达式。例如，常见的表达式 5+(9–6)*8 便是中缀表达式，运算符都是在两个操作数中间，也称波兰式；而 5 9 6 – 8 * +则是后缀表达式，运算符都在操作数的后面，也称逆波兰式。

3.2.2 后缀表达式

由于计算机无法预料运算符的次序，后面可能会出现更高优先级的运算符，导致计算结果出错，所以计算机一般不能直接计算中缀表达式，而是要将中缀表达式转换成后缀表达式，再进行计算。常用的转换方式有三种：加括号、利用栈和语法树，因为语法树涉及二叉树的内容，在此只讲解前两种方法。

【例 3-3】下面以中缀表达式 5−(4+3/2)*6 为例，给出其转换过程。

（1）加括号法。

① 先按照运算符的优先级对中缀表达式加括号，变成(5−((4+(3/2))*6))。

② 将运算符移到括号的后面，变成(5((4(3 2)/)+6)*)−。

③ 去掉括号，即可得到后缀表达式 5 4 3 2 / + 6 * −。

（2）利用栈。

自左向右依次读取中缀表达式字符串中的字符，当遇到操作数时，直接输出；当遇到左括号时，直接进栈；当遇到右括号时，不断弹出并输出栈顶运算符，直到遇到左括号（弹出但不输出）；当遇到运算符时，不断弹出并输出栈顶运算符，直到优先级高于栈顶运算符或栈空时再进栈。当读取完毕时，再将栈中剩余运算符依次弹出即可。

表 3-1 给出了中缀表达式 5−(4+3/2)*6 转换为后缀表达式的具体过程。

表 3-1 转换过程

读到字符	输出结果	运算符栈	说　明
5	5		①操作数"5"直接进栈
–	5	–	④运算符"–"进栈
(	5	– (	②左括号"("进栈
4	5 4	– (	①操作数"4"直接进栈
+	5 4	– (+	④运算符"+"进栈
3	5 4 3	– (+	①操作数"3"直接进栈
/	5 4 3	– (+ /	④运算符"–"进栈
2	5 4 3 2	– (+ /	①操作数"2"直接进栈

续表

读到字符	输出结果	运算符栈	说　　明
)	5 4 3 2 / +	−	③遇右括号")"，依次弹出栈顶元素"+"、"/"
*	5 4 3 2 / +	− *	④运算符"*"进栈
6	5 4 3 2 / + 6	− *	①操作数"6"直接进栈
\0	5 4 3 2 / + 6 * −		读取完毕，弹出栈中剩余运算符"−"、"*"

说明：表中运算符栈，左侧为栈底，右侧为栈顶。

下面给出用顺序栈实现转换过程的主要代码：

```
/*获取运算符的优先级*/
int GetPr(char op){
    switch(op){
        case '*':
        case '/':
            return 1;
        case '+':
        case '-':
            return 0;
        default:
            return -1;
    }
}
/*中缀转后缀函数*/
void Change(char in[],char post[]){
    int i=0,k=0;
    char e;
    SqStack<char> S;
    while(in[i]!='\0'){
        while(in[i]>='0'&&in[i]<='9')post[k++]=in[i++];    //操作数直接输出
        switch(in[i]){
            case '(':   //左括号直接入栈
                S.Push(in[i]);
                break;
            case ')':
                S.Pop(e);
                while(e!='('){
                    post[k++]=e;
                    S.Pop(e);
                }
                break;
            case '+':
            case '-':
            case '*':
            case '/':
                while(!S.IsEmpty()){
                    e=S.GetTop();
```

```
                    if(GetPr(in[i])>GetPr(e))break;
                    S.Pop(e);
                    post[k++]=e;
                }
                S.Push(in[i]);
                break;
            case '\0':
                break;
            default:
                throw "输入格式错误! ";
                exit(1);
        }
        i++;
    }
    while(!S.IsEmpty()){
        S.Pop(e);
        post[k++]=e;
    }
}
```

3.2.3　后缀表达式求值

后缀表达式求值规则：从左到右遍历表达式的每个操作数和运算符，遇到操作数时入栈，遇到运算符时将处于栈顶的两个操作数出栈，进行运算，运算结果入栈，一直到最终获得结果。

【例 3-4】下面以例 3-3 所得到后缀表达式 5432/+6*−为例，分析其计算过程，见表 3-2。

表 3-2　计算过程

读到字符	栈	说　明
5	5	操作数"5"入栈
4	5,4	操作数"4"入栈
3	5,4,3	操作数"3"入栈
2	5,4,3,2	操作数"2"入栈
/	5,4,1	遇运算符"/"，计算"3/2"，其值"1"入栈
+	5,5	遇运算符"+"，计算"4+1"，其值"5"入栈
6	5,5,6,	操作数"6"入栈
*	5,30	遇运算符"*"，计算"5*6"，其值"30"入栈
−	−25	遇运算符"−"，计算"5−30"，其值"−25"入栈

说明：为了便于理解，栈中操作数之间用逗号隔开。

下面给出用顺序栈实现后缀表达式计算代码：

```
double Calculate(char in[]){
    int i=0,e,t;
    SqStack<int> S;
```

```
    while(in[i]!='\0'){
        while(in[i]>='0'&&in[i]<='9')S.Push(in[i++]-48);//操作数直接入栈
        S.Pop(e);
        S.Pop(t);
        switch(in[i]){
            case '+':
                S.Push(t+e);
                break;
            case '-':
                S.Push(t-e);
                break;
            case '*':
                S.Push(t*e);
                break;
            case '/':
                if(e==0)throw "表达式除零错误！";
                S.Push(t/e);
                break;
            default:
                throw "表达式格式错误！";
        }
        i++;
    }
    S.Pop(t);
    return t;
}
```

3.3 栈与递归

3.3.1 递归定义

递归是指函数直接或间接调用自己的方法。如函数 *A* 调用了函数 *B* 为直接递归，若函数 *A* 调用函数 *B*，函数 *B* 又调用了函数 *A*，则为间接递归。

一般来说，能够用递归解决的问题应该满足以下三个条件：

（1）待解决的问题可以简化为子问题来求解，而子问题与原问题求解方法相同。

（2）递归调用的次数必须是有限的。

（3）存在递归终止的边界条件。

递归只需少量的程序就可描述出解题过程所需要的多次重复计算，大大地减少了程序的代码量。递归适用于解决一些可以迭代的问题。

递归程序的基本模板如下：

```
函数类型 函数名(变量)
{
    if(递归结束条件)
```

```
    {
        结束时的状态;
    }
    else
    {
        函数调用;
    }
    return 返回值;
}
```

3.3.2 递归过程

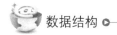

递归过程总是一个函数还未执行完就去执行另一个函数，如此反复，一直执行到边界条件，这个“去”的过程便是“递”。执行完余下的函数后，返回上一次未执行完的函数执行，如此反复，直到回到起始位置，这个“回来”的过程便称为“归”。

在高级语言程序设计中，调用函数与被调函数之间的链接和信息交换必须通过栈进行。在程序运行期间，当在一个函数调用另一个函数之前，需要先完成三件事：

（1）将所有的实参数、返回地址等信息传递给被调用函数保存。

（2）为被调用函数的局部变量分配存储区。

（3）将控制转移到被调用函数的入口。

在从被调用函数返回到调用函数之前，应该完成三件事：

（1）保存被调函数的计算结果。

（2）释放被调函数的数据区。

（3）依照被调函数保存的返回地址将控制转移到调用函数。

在函数被调用时，栈用来传递参数和返回值。由于栈的后进先出特点，所以栈特别方便用来保存/恢复调用现场。多个函数嵌套调用时，内存恰好实行“栈式”管理，实现后调用函数的先返回。

由于递归过程的入栈和出栈，时间和空间都有很大的消耗，所以虽然递归的代码比较简洁，但使用起来要谨慎。

3.3.3 应用举例

下面分别以典型“汉诺塔”“八皇后”为例讲解递归的应用。

【例 3-5】有一个汉诺塔，塔内有三个柱子 A、B、C，A 柱上有若干盘子，盘子大小不等，大的在下，小的在上，如图 3-5 所示。把这些盘子从 A 柱移到 C 柱，中间可以借用 B 柱，但每次只能允许移动一个盘子，并且在移动过程中，三个座上的盘子始终保持大盘在下，小盘在上。

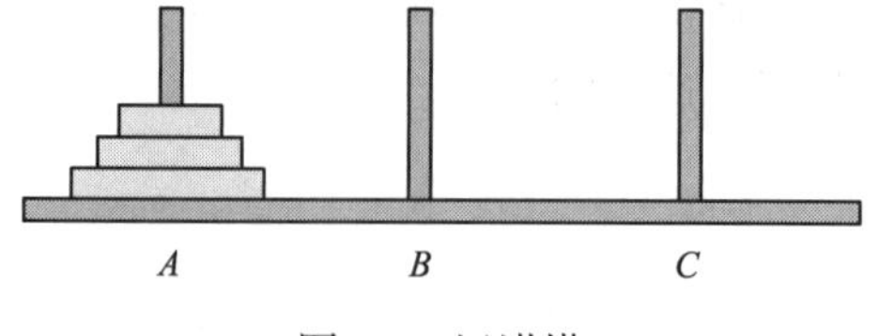

图 3-5　汉诺塔

递归方程：

$$\text{hanio}(n,a,b,c)=\begin{cases}a\to c,n=1\\ \text{hanio}(n-1,a,c,b)a\to c,\text{hanio}(n-1,b,a,c)n!=1\end{cases}$$

参考代码：

```
void hanio(int n,char a,char b,char c)
{
    if(n==1)
        cout<<n<<"号盘: "<<a<<"→"<<c<<endl;
    else
    {
        hanio(n-1,a,c,b);    //把上面 n-1 个盘子从 a 借助 b 移到 c
        cout<<n<<"号盘: "<<a<<"→"<<c<<endl;    //紧接着直接把 n 移动 c
        hanio(n-1,b,a,c);    //再把 b 上的 n-1 个盘子借助 a 移到 c
    }
}
int main()
{
    hanio(3,'A','B','C');
    return 0;
}
```

【例 3-6】八皇后问题是在 8×8 格的国际象棋上（见图 3-6）摆放八个皇后，使其不能互相攻击，即任意两个皇后都不能处于同一行、同一列或同一斜线上，问有多少种摆法。

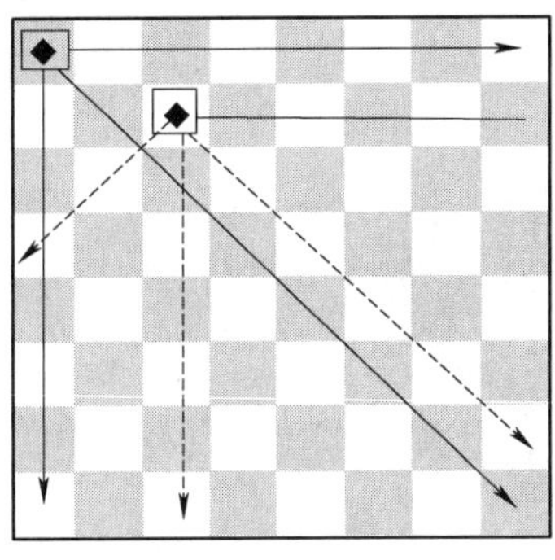

图 3-6 八皇后

参考代码：

```
#include<iostream>
using namespace std;
class Queen
{
    private:
        int n,count;
        int *queen;
        bool Conflict(int i,int j)//判断某个皇后是否与已有皇后冲突
```

```
        {
            for(int k=1;k<i;k++)
            {
                if(j==queen[k])return false;            //同一列冲突
                if((i-k)==(j-queen[k]))return false;    //主对角线冲突
                if((i-k)+(j-queen[k])==0)return false;  //副对角线冲突
            }
            return true;
        }
        void Find(int k)                //在第 k 行找能放皇后的位置
        {
            for(int i=1;i<9;i++)        //从遍历这一行的 8 个空位
            {
                if(Conflict(k,i))       //若第 i 个位置可用，就记录下第 k 个皇后位置
                {
                    queen[k]=i;
                    if(k==8)            //如果 8 个皇后都放满了统计一下
                    {
                        count++;
                        Print();
                        return;
                    }
                    Find(k+1);          //还有皇后没放递归放下一个皇后
                }
            }
            queen[--k]=0;               //重新为上一个皇后寻找新的可放位置
            return;
        }
    public:
        void Place(int k)
        {
            count=0;
            n=k;
            queen=new int[n+1];
            Find(1);
        }
        void Print()
        {
            cout<<"第"<<count<<"种方案: "<<endl;
            for(int i=1; i<n+1; i++)
            {
                for(int j=1; j<n+1; j++)
                    if(queen[i]==j)
                        cout<<'Q';
                    else
                        cout<<'+';
                cout<<endl;
            }
```

```
            }
};

int main()
{
    Queen Q;
    Q.Place(8);
    return 0;
}
```

3.4 队　　列

3.4.1 定义及其基本运算

队列（queue）和栈类似，也是一种操作受限制的特殊线性表。和栈不同的是，队列只允许在表的一端进行插入操作，而在另一端进行删除操作。允许删除元素的一端称为队头（front），而允许插入元素的另一端称作队尾（rear）。

在队列中插入一个队列元素称为入队，从队列中删除一个队列元素称为出队。因为队列只允许在一端插入，在另一端删除，所以只有最早进入队列的元素才能最先从队列中删除，所以队列操作是按照先进先出（first in first out，FIFO）或后进后出（last in last out，LILO）的原则进行的。

通常将 n 个元素的非空队列记为 $Q=\{a_1,a_2,\cdots,a_n\}$，元素的个数 n 称为队列的长度，不含有任何元素的队列则称为空队列，即 $n=0$。其中，a_1、a_n 分别为队头、队尾元素。队列中的元素是按照 $a_1,a_2,\cdots,a_n$ 的顺序入队的，出队时也只能按照这个次序依次出队，也就是说，只有在 $a_1,a_2,\cdots,a_{n-1}$ 都离开队列之后，a_n 才能出队，其操作示意图如图 3-7 所示。

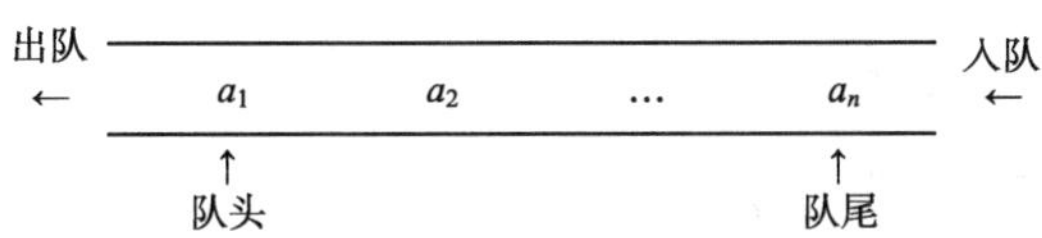

图 3-7　队列操作

【例 3-7】 若元素的入队顺序为 1234，能否得到 3142 的出队序列？若入栈顺序为 1234，能否得到 3142 的出栈序列？

【解】 由于队列是先进先出的特点，出队顺序只有一种，那就是入队顺序，所以按 1234 的顺序入队，只能得到 1234 的出队序列，而得不到 3142 的出队序列。

由于栈时后进先出的特点，为了让 3 先出栈，需要将 1、2、3 依次入栈，然后 3 再出栈。这时因为栈顶元素是 2，可以让 2 出栈或让 4 入栈，但不能让 1 出栈。因此，得不到 3142 的出栈序列。

在实际生活中有许多类似于队列的例子。例如，在 ATM 机上排队取钱，先来的先取，后来的排在队尾。再如，盛放羽毛球的球桶，总是从球托所指的一端将球取出，而从另一端把球纳入桶中。因此，如果将球托所指的一端理解为队头，另一端理解为队尾，则桶中的羽毛球即构成一个队列，其中每只球是属于该队列的一个元素。

队列的操作是线性表操作的一个子集。队列的操作主要包括在队尾插入元素、在队头删除元素、取队头元素和判断队列是否为空等。与栈一样，队列的运算是定义在逻辑结构层次上的，而运算的具体实现是建立在物理存储结构层次上的。因此，把队列的操作作为逻辑结构的一部分，每个操作的具体实现只有在确定队列的存储结构之后才能完成。

队列的运算与栈的运算类似，不同的是插入和删除分别在表的两端进行。下面给出队列的抽象数据类型的定义：

```
ADT Stack {
    数据对象：
        D={ai|ai∈ElemType,i=1,2,…,n,n≥0 }              //ElemType 为元素类型
        Front                                          //队头元素指示器
        Rear                                           //队尾元素指示器
    数据关系：
        R={<ai-1,ai>|ai-1,ai∈D,i=2,…,n}                //约定 a1 端为队头,an 端为队尾
    基本操作：
        InitQueue()         //构造空队列
        GetLen()            //返回队列的长度，即元素个数 n
        IsEmpty()           //判断是否空队列
        GetFront()          //获取队头元素
        In(e)               //将元素 e 入队
        Out(e)              //队头元素出队，并用 e 返回其值
        Print()             //输出队列中所有元素
        DestroyQueue()      //销毁队列
} ADT Queue
```

下面就队列的基本运算进行说明。

1. 求队列的长度：GetLen( )

初始条件：队列存在。
操作结果：返回队列中数据元素的个数。

2. 判断队列是否为空：IsEmpty( )

初始条件：队列存在。
操作结果：如果队列为空返回 true，否则返回 false。

3. 获取队头元素：GetFront( )

初始条件：队列存在且不为空。
操作结果：返回队头元素的值，队列不发生变化。

4. 入队操作：In(*e*)

初始条件：队列存在。
操作结果：将值为 item 的新数据元素添加到队尾，队列发生变化。

5. 出队操作：Out(*e*)

初始条件：队列存在且不为空。

操作结果：将队头元素从队列中取出，队列发生变化。

6. 输出队列：Print( )

初始条件：队列存在

操作结果：将队列所有元素输出。

3.4.2 顺序队列及基本运算

队列也是线性表，因此与线性表和栈类似，队列也有顺序存储和链式存储两种存储表示。用一片连续的存储空间来存储的队列称为顺序队列（sequence queue）。类似于顺序栈，用一维数组来存放顺序队列中的数据元素之外，还需要设置两个指示器 front 和 rear 分别指示队头和队尾。

在 C++语言中，顺序队列的类描述如下：

```
template <class T>
 class SqQueue {
    private:
        T *Data;                //存储顺序队列中元素的数组
        int front,rear;         //队头、队尾指示器
        int MaxSize;            //存放队列的最大长度
    public:
        SqQueue();
        SqQueue(n);
        int GetLen();
        bool IsEmpty();
        bool IsFull();
        T GetFront();
        bool In(T);
        bool Out(T&);
        void Print();
        ~ SqQueue();
 };
```

为了运算方便，在此约定：在非空队列中，队头指示器 front 始终指向队头元素前一个位置，而队尾指示器 rear 始终指向队尾元素。初始化空队列时，令 front=rear =–1，每当插入一个新的队尾元素后，队尾指示器 rear 的值加 1；每当删除一个队头元素之后，队头指示器 front 的值加 1，如图 3-8 所示。

当有数据元素入队时，队尾指示器 rear 加 1，当有数据元素出队时，队头指示器 front 加 1。当 front=rear 时，表示队列为空；当队列非空时，队列中元素的个数可以由 rear–front 求得；队尾指示器 rear 为数组上限而 front 为–1 时，队列为满。

从图 3-8 中可以看到，随着入队出队的进行，会使整个队列整体向后移动，这样就出现了溢出现象：队尾指示器已经移到了最后，再有元素入队就会出现溢出，而事实上此时队中还有空闲位置，这种现象为“假溢出”。

为了能充分利用空间，解决顺序队列的“假溢出”问题，常用的方法是将顺序队列看

视 频

循环队列

成头尾相接的圆环，即将队列的数据区 data[0...MaxSize-1]看成头尾相接的循环结构，使得 data[0]接在 data[MaxSize-1]之后，这就是循环队列。在循环队列中，当队列为空时，有 front=rear，而当所有队列空间全占满时，也有 front=rear。为了区别这两种情况，规定循环队列最多只能有 MaxSize-1 个队列元素。其示意图如图 3-9 所示。

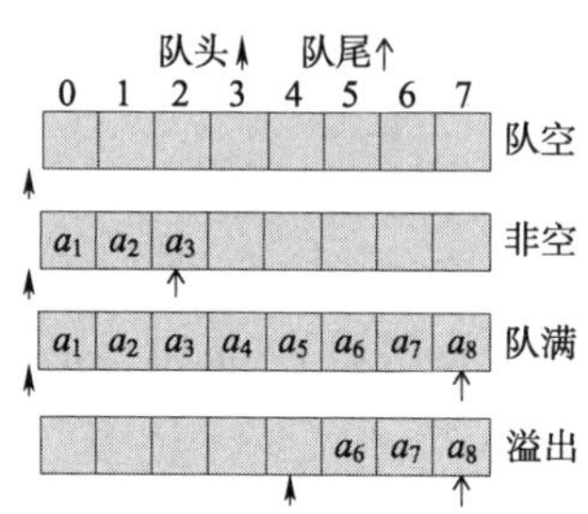

图 3-8　队列的变化

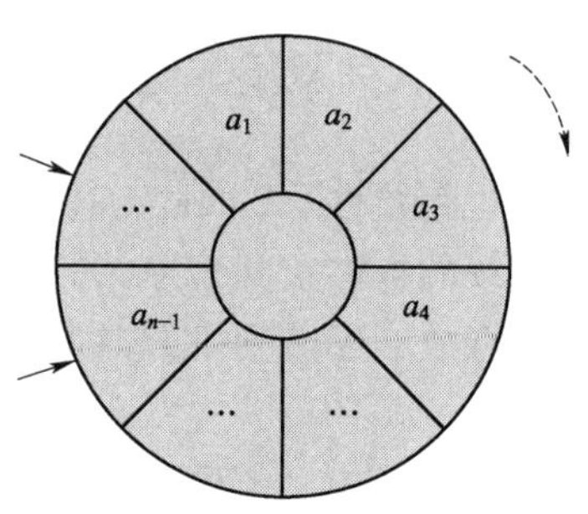

图 3-9　循环队列

当循环队列中只剩下一个空存储单元时，队列就已经满了。因此，队列判空的条件仍然是 front=rear，但队列判满条件需要修改如下：

```
front=(rear+1)% MaxSize
```

而队头、队尾指示器的加 1 操作分别修改如下：

```
front=(front+1)% MaxSize
rear=(rear+1)% MaxSize
```

下面给出用 C++语言实现的队列的基本运算：

1. 初始化队列的实现

顺序队列的初始化同样是为了构造一个空队列。这时只需分配数组空间给 Data 指针，再令队尾与队头指示器相等，即可实现空队列的创建。在 C++中常使用构造函数实现。

```
//无参构造函数
template <class T>
SqQueue<T>:: SqQueue(){
    MaxSize=20;
    Data=new T[MaxSize];
    front=rear=-1;
    MaxSize=20;
}
//有参构造函数
template <class T>
SqQueue<T>::SqQueue(int n){
    MaxSize=n;
    Data=new T[Max Size];   //可以动态指定数组长度
    front=rear=-1;
}
```

2. 求队列长 GetLen( )的实现

求顺序队列的长度相对简单，只要将表达式(rear−front+MaxSize)%MaxSize 返回即可。代码实现如下：

```
template <class T>
SqQueue <T>::GetLen(){
    return(rear-front+MaxSize)%MaxSize;
}
```

3. 空队列判断 IsEmpty( )的实现

根据前面的分析，判断顺序队列是否为空，仅需返回表达式 front==rear 即可。代码实现如下：

```
template <class T>
bool SqQueue <T>::IsEmpty(){
    return front==rear;
}
```

4. 队列满判断 IsFull( )的实现

根据前面的分析，判断顺序队列是否为空，仅需返回表达式 front==(rear+1)%Maxsize 的值即可。代码实现如下：

```
template <class T>
bool SqQueue <T>::IsFull(){
    int MaxSize=sizeof(Data)/sizeof(T);
    return front==(rear+1)% MaxSize;
}
```

5. 取队头元素 GetFront( )的实现

取顺序队列的队头元素时，要判断是否空队列。若顺序队列为空，则取栈顶元素失败，否则直接借助队头指示器 front 取出所指元素即可。代码实现如下：

```
template <class T>
ElemType SqQueue <T>::GetFront(){
    if(IsEmpty())exit(1);
    return Data[front+1]%MaxSize;
}
```

6. 入队运算 In(*T*)的实现

顺序队列入队，需要考虑队满的情况。若队满，则无法入队，否则队尾指示器加 1，然后将元素放入即可。实现代码如下：

```
template <class T>
bool SqQueue <T>::In(T e){
    if(IsFull())return false;
```

```
    rear=(rear+1)% MaxSize;
    Data[rear]=e;
    return true;
}
```

7. 出队列运算 Out( )的实现

顺序队列出队时，需要考虑队列空的情况。若队列空，则没有元素可以出队导致出队失败，否则首先将队头元素取出，然后将队头指示器加 1 即可。具体实现代码如下：

```
template <class T>
bool SqQueue <T>::Out(T &e){
    if(IsEmpty())return false;
    front=(front+1)% MaxSize;
    e=Data[front];
    return true;
}
```

8. 输出运算 Print( )的实现

借助循环结构和两个指示器 front、rear，可以将顺序队列中的所有元素输出。实现代码如下：

```
void SqQueue<T>::Print(){
    cout<<"front→";
    int f=front;
    while(f!=rear){ //逐个输出栈中的元素值
        f=(f+1)% MaxSize;
        cout<<Data[f]<<" ";
    }
    cout<<"←rear"<<endl;
}
```

9. 销毁运算的实现

在 C++中可以通过析构函数实现顺序队列的销毁，释放所占存储空间。

```
template <class T>
SqQueue <T>::~ SqQueue(){
    delete[] Data;
}
```

顺序队列的上述基本运算的时间复杂度均是 $O(1)$，即算法的运行时间跟队列的长度无关。

3.4.3 链式队列及基本运算

链式队列（linked queue），即队列的链式存储结构。它是仅在表头删除和表尾插入的单链表，因此一个链式队列需要设置两个分别指示队头元素和队尾元素的指针。为了操作方便，给链式队列添加一个头结点，并让队头指针指向头结点。由此，空的链式队列的判决条件为队头指针和队尾指针均指向头结点。图 3-10 所示就是一个空队列。

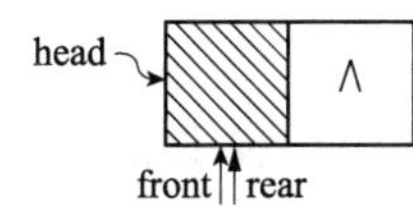

图 3-10 一个空队列

链式队列结点类型 LinkNode 与链栈完全相同，下面只给出链式队列 LinkQueue 类：

```
template <class T>
class LinkQueue{
    private:
        LinkNode<T> *front,*rear;
    public:
        LinkQueue();
        int GetLen();
        bool IsEmpty();
        void In(T);
        bool Out(T&);
        T GetFront();
        ~ LinkQueue();
};
```

基于上述所给链式队列类的定义，下面给出其基本运算的实现。

1. 初始化队列的实现

链式队列的初始化同样是构造一个空队列，这时只要将队头指示器设置为 NULL 即可实现空队列的创建。实现代码如下：

```
template <class T>
LinkQueue<T>::LinkQueue(){
    LinkNode<T> *head=new LinkNode<ElemType>;
    head->Data=NULL;
    head->Next=NULL;
    front=rear=head;
}
```

2. 求队列长 GetLen( )的实现

求链式队列的长度与链表类似，用指针变量进行从队头开始遍历即可。实现代码如下：

```
template <class T>
int LinkQueue<T>::GetLen(){
    int len=0;
    LinkNode<T> *p=front->Next;
    while(p)
    {
        len++;
        p=p->Next;
    }
    return len;
}
```

3. 空队列判断 IsEmpty( )的实现

判断链式队列是否为空，仅需判断队列的队头指针是否等于队尾指针即可。代码如下：

```
template <class T>
bool LinkQueue<T>::IsEmpty(){
    return front==rear;
}
```

4. 取队头元素 GetFront( )的实现

取链式队列的队头元素时，要判断是否空队列。若链式队列为空，则取队头元素失败，否则直接借助队头指针取出元素即可。代码实现如下：

```
template <class T>
ElemType LinkQueue<T>:: GetFront(){
    return front->Data;
}
```

5. 入队运算 In(*T*)的实现

链式队列入队时，不存在队满的情况。直接通过队尾指针将元素放入即可。具体实现代码如下：

```
template <class T>
void LinkQueue<T>:: In(T e){
    LinkNode<T> *p=new LinkNode<T>;
    p->Data=e;
    p->Next=NULL;
    rear->next=p;
    rear=p;
}
```

6. 出队运算 Out(*T*&*e*)的实现

链式队列出队时，若队列空，则导致出队失败，不空则首先将队头元素取出，然后修改指针指向被删除结点的下一个结点，再删除结点即可。具体代码实现如下：

```
template <class T>
bool LinkQueue<T>::Out(T &e){
    if(IsEmpty())return false;
    LinkNode<T> *p=front->Next;
    e=p->Data;
    front->Next=p->next;
    delete p;
    return true;
}
```

7. 销毁运算的实现

在 C++中可以通过析构函数和指针变量实现链式队列的销毁，释放所占存储空间。实现代码如下：

```
template <class T>
LinkQueue<T>::~LinkQueue(){
    LinkNode<T> *p=front;
    while(*p){
        front=p->next;
        delete p;
        p=front;
    }
}
```

循环队列与链式队列的基本操作都是常数时间，即时间复杂度都是 $O(1)$。但循环队列必须实现分配固定长度的空间，所以就有了存储元素个数和空间浪费的问题；而链式队列除了指针域会产生空间上的少数开销之外，不存在其他开销。所以在能够预测队列长度的情况下，建议用循环队列，否则用链式队列。

3.3.4 队列应用举例

【例 3-8】编程判断一个字符串是否是回文。回文是指一个字符序列以中间字符为基准两边字符完全相同，如字符序列“ACBDEDBCA”是回文。

【分析】判断一个字符序列是否是回文，就是把第一个字符与最后一个字符相比较，第二个字符与倒数第二个字符比较，依此类推，第 i 个字符与第 $n-i$ 个字符比较。如果每次比较都相等，则为回文，如果某次比较不相等，就不是回文。因此，可以把字符序列分别入队列和栈，然后逐个出队列和出栈并比较出队列的字符和出栈的字符是否相等，若全部相等则该字符序列就是回文，否则就不是回文。

【解】本例采用循环顺序队列和顺序栈来实现。程序中假设输入的都是英文字符而没有其他字符，对于输入其他字符情况的处理读者可以自己去完成。使用循环顺序队列和顺序栈实现的程序代码如下：

```
#include "SqStack.h"
#include "SqQueue.h"
int main(){
    SqStack<char> *s=new SqStack<char>(20);
    SqQueue<char> *q=new SqQueue<char>(20);
    char str[20];
    cin>>str;
    for(int i=0;str[i];i++){
        s->Push(str[i]);
        q->In(str[i]);
    }
    s->Print();
    q->Print();
    char se,qe;
    while(!s->IsEmpty()&& !q->IsEmpty()){
        s->Pop(se);
        q->Out(qe);
```

```
        if(se!=qe){
            break;
        }
    }
    if(!s->IsEmpty()|| !q->IsEmpty()){
        cout<<str<<"不是回文!"<<endl;
    } else {
        cout<<str<<"是回文!"<<endl;
    }
}
```

【例 3-9】若干个小孩围成一圈，从指定的第 1 个开始报数，报到第 m 个时，该小孩出列，然后从下一个小孩开始报数，仍是报到 m 个出列，如此重复下去，直到所有的小孩都出列（总人数不足 m 个时将循环报数），求小孩出列的顺序。假设参与报数游戏的小孩人数不能超过 50 人。

【解】本题可用循环队列来存储所有小孩，报数时小孩出队，未数到 m 时，接着入队；数到 m 时，输出小孩的名字，该小孩不再入队，如此直到所有小孩出队，队列为空时停止报数。采用顺序循环队列实现的程序代码如下：

```
#include <iostream>
#include "SqQueue.h"
#include <string>
using namespace std;

int main() {
    string e=new char[6];
    int n,p,q,i;
    cin>>n;
    SqQueue<string> *s=new SqQueue<string>(n);
    while(n--){
        cin>>e;
        s->In(e);
    }
    cout<<"初始队列: ";s->Print();
    cin>>p;cin.ignore(1,',');cin>>q;
    for(i=1; i<p; i++){
       s->In(s->GetFront()); //处理从第几个孩子开始报数
       s->Out(e);
    }
    cout<<"调整队列: ";s->Print();
    cout<<"出列顺序: "<<endl;
    i=1;
    while(!s->IsEmpty()){
        if(i%q==0){ //第 q 个孩子出队
            s->Out(e);
            cout<<e<<endl;
     }  else{ //否则加入队尾
```

```
            s->Out(e);
            s->In(e);
        }
        i++;
    }
    return 0;
}
```

小　　结

栈和队列是两种常见的数据结构，它们都是运算受限的线性表。栈的插入和删除均是在栈顶进行，它是后进先出的线性表；队列的插入在队尾，删除在队头，它是先进先出的线性表。在具有后进先出（或先进先出）特性的实际问题中，可以使用栈（或队列）这种数据结构求解。

和线性表类似，依照存储表示的不同，栈分为顺序栈和链栈，队列分为顺序队列和链队列。实际中使用的顺序队列是循环队列。本章分别论述了顺序栈、链栈、循环队列和链队列的基本运算的实现。通过本章学习，要求读者不仅要了解基本概念，还要掌握栈和队列基本操作的实现算法。

习　　题

一、单项选择题

1. 一个栈的输入序列为$(1,2,\cdots,n)$，若输出序列的第 1 个元素是 n，则输出序列的第 i（$1\leqslant i\leqslant n$）个元素是（　　）。

A. 不确定　　B. $n-i+1$　　C. i　　D. $n-i$

2. 设栈 S 和队列 Q 的初始状态为空，元素 e_1、e_2、e_3、e_4、e_5和 e_6依次进入栈 S，一个元素出栈后即进入 Q，若 6 个元素出队的序列是 e_2、e_4、e_3、e_6、e_5和 e_1，则栈 S 的容量至少应该是（　　）。

A. 2　　B. 3　　C. 4　　D. 6

3. 若一个栈以数组 v[1..n]存储，初始栈顶指示器 top 为 n+1，则下面 x 入栈的正确操作是（　　）。

A. top=top+1; v[top]=x　　B. v[top]=x;top=top+1

C. top=top−1; v[top]=x　　D. v[top]=x;top=top−1

4. 如果用数组 a[1..100]来实现一个大小为 100 的栈，并且用变量 top 来指示栈顶，top 的初值为 0，表示栈空。在 top 为 100 时，再进行入栈操作，会产生（　　）。

A. 正常动作　　B. 溢出　　C. 下溢　　D. 上溢

5. 栈可以在（　　）中应用。

A. 递归调用　　B. 子程序调用

C. 表达式求值　　D. A、B 和 C

6. 设计算法，判别一个表达式中左、右括号是否配对。采用（　　）数据结构最佳。

A. 线性表的顺序存储结构　　B. 队列

C. 线性表的链式存储结构　　D. 栈

7. 用不带头结点的单链表存储队列时，若队头指示器指向队头结点，队尾指示器指向队尾结点，则在进行删除运算时（　　）。

A. 仅修改队头指示器　　B. 仅修改队尾指示器

C. 队头、队尾指示器都要修改　　D. 队头、队尾指示器都可能要修改

8. 循环队列用数组 $a[0..m-1]$存放其元素值，用 front 和 rear 分别表示队头和队尾指示器，则当前队列中的元素个数为（　　）。

A. (rear−front+m)%m　　B. rear−front+1

C. rear−front−1　　D. rear−front

9. 若用一个大小为 6 的数组来实现循环队列，且当前 rear 和 front 的值分别为 0 和 3，从队列中删除一个元素，再加入两个元素后，rear 和 front 的值分别为（　　）。

A. 1 和 5　　B. 2 和 4　　C. 4 和 2　　D. 5 和 1

10. 栈和队列的共同点是（　　）。

A. 都是先进先出　　B. 都是先进后出

C. 只允许在端点处插入和删除元素　　D. 没有共同点

11. 在一个链队列中，假定 front 和 rear 分别为队头和队尾指示器，则插入*s 结点的操作为（　　）。

A. front->next=s;front= s;　　B. s−next=rear;rear=s;

C. rear−next=s;rear=s;　　D. s->next=front;front=s;

12. 判定一个栈 S（元素个数最多为 MaxSize）为空和为满的条件分别为（　　）。

A. S->Top!=−1 和 S−Top!=MaxSize−1

B. S−Top=−1 和 S−Top=MaxSize−1

C. S->Top=−1 和 S->Top!=MaxSize−1

D. S->Top!=−1 和 S->Top=MaxSize−1

13. 采用共享栈的好处是（　　）。

A. 减少存取时间，降低发生上溢的可能

B. 节省存储空间，降低发生上溢的可能

C. 减少存取时间，降低发生下溢的可能

D. 节省存储空间，降低发生下溢的可能

14. 最不适合用作链队列的链表是（　　）。

A. 只带队头指示器的非循环双链表　　B. 只带队头指示器的循环双链表

C. 只带队尾指示器的循环双链表　　D. 只带队尾指示器的循环单链表

15. 下列数据结构中（　　）常用于系统程序的作业调度。

A. 栈　　B. 队列　　C. 链表　　D. 数组

16. 若栈采用顺序存储方式存储，现两栈共享空间 $v[1..m]$，top[i]代表第 i 个栈（i=1,2）栈顶，栈 1 的底在 $v[1]$，栈 2 的底在 $v[m]$，则栈满的条件是（　　）。

A. |top[2]−top[1]|=1　　B. top[1]+1=top[2]

C. top[1]+top[2]=m　　D. top[1]=top[2]

17. 若让元素 1，2，3，4，5 依次入栈，则出栈次序不可能是（　　）。

A. 5，4，3，2，1　　B. 2，1，5，4，3

C. 4，3，1，2，5　　D. 2，3，5，4，1

18. 若已知一个栈的入栈序列是 1，2，3，…，n，其输出序列为 p_1，p_2，p_3，…，p_n，若 $p_1=n$，则 p_i 为（　　）。

A. i　　B. $n-i$　　C. $n-i+1$　　D. 不确定

19. 表达式 $a*(b+c)-d$ 的后缀表达式是（　　）。

A. $abcd*+-$　　B. $abc+*d-$　　C. $abc*+d-$　　D. $-+*abcd$

20. 三个不同元素依次进栈，能得到（　　）种不同的出栈序列。

A. 4　　B. 5　　C. 6　　D. 7

二、填空题

1. 栈是________的线性表，其运算遵循________的原则。队列是限制插入只能在表的一端，而删除在表的另一端进行的线性表，其运算遵循________的原则。

2. 设有一个空栈，栈顶指示器为 1000H（十六进制），现有输入序列为(1,2,3,4,5)，经过 push、Push、Pop、Push、Pop、Push 和 Push 之后，输出序列是________，而栈顶指针值是________H。设栈为顺序栈，每个元素占 4 字节。

3. 循环队列的引入是为了克服________。

4. 与中缀表达式 23+((12*3−2)/4+34*5/7)+108/9 等价的后缀表达式为________。

5. 在做入栈运算时，应先判别栈是否为________；在做退栈运算时，应先判别栈是否为________；当栈中元素为 n 个时，作入栈运算时发生上溢，则说明该栈的最大容量为________。为了增加内存空间的利用率和减少溢出的可能性，由两个栈共享一片连续的空间，应将两栈的________分别设在内存空间的两端，这样只有当________时才产生溢出。

6. 在不带头结点的链队列 Q 中，判断只有一个结点的条件是________。

7. 若用不带头结点的单链表来表示链栈 S，则创建一个空栈所需要执行的操作是________。

8. 无论对于顺序存储还是链式存储的栈和队列，进行插入和删除运算的时间复杂度均为________。

9. 在顺序队列中，当队尾指示器等于数组的上界时，即使队列不满，做入队操作也会产生溢出，这种现象称为________。

10. 设元素(1,2,3,4,5)依次入栈，若要得到输出序列 34251，则应进行的操作序列为 Push(S,1)，Push(S,2)，________，Pop(S)，Push(S,4)，Pop(S)，________，________，Pop(S)，Pop(S)。

三、算法填空

下面是在带表头结点的循环链表表示的队列上，进行出队操作，并将出队元素的值保留在 x 中的函数，其中 rear 是指向队尾结点的指针。请在横线空白处填上适当的语句。

```
typedef struct node
{   int data;
    node *next;
}lklist;
```

```
void del(lklist rear,int &x);
{   lklist p,q;
    q=rear-> next;    //q为头结点
    if(________________)                     //第【1】空
       printf("it is empty!\n" );
    else {
       p=q->next;
       x=p->data;
       ______________________ ;       //删除首元结点，第【2】空
       if(______________________) rear=q;    //第【3】空
       delete p;
    };
};
```

四、应用题

1. 将编号为 0 和 1 的两个栈存放于一个数组空间 $V[m]$中，栈底分别处于数组的两端。当第 0 号栈的栈顶指针 top[0]等于–1 时该栈为空，当第 1 号栈的栈顶指针 top[1]等于 m 时该栈为空。两个栈均从两端向中间增长。试编写双栈初始化，判断栈空、栈满、进栈和出栈等算法的函数。双栈数据结构的定义如下：

```
class DblStack
{   public:
    int top[2],bot[2];        //栈顶和栈底指针
    SElemType *V;             //栈数组
    int m;                    //栈最大可容纳元素个数
};
```

2. 回文是指正读反读均相同的字符序列，如“abba”和“abdba”均是回文，但“good”不是回文。试写一个算法判定给定的字符向量是否为回文。（提示：将一半字符入栈）

3. 设从键盘输入一整数的序列：$a_1, a_2, a_3,\cdots,a_n$，试编写算法实现：用栈结构存储输入的整数，当 $a_i\neq-1$ 时，将 a_i 进栈；当 $a_i=-1$ 时，输出栈顶整数并出栈。算法应对异常情况（入栈满等）给出相应的信息。

4. 如果允许在循环队列的两端都可以进行插入和删除操作。要求：

① 写出循环队列的类型定义。

② 写出“从队尾删除”和“从队头插入”的算法。

```
void test(int& sum)
{
    int x;
    cin>>x;
    if(x==0)sum=0;
    ________ else {test(sum);(*sum)+=x;}
    cout<<setw(5)<<sum<<endl;
}
```

5. 试将下列递归函数改写为非递归函数。

```
void test(int& sum)
{
    int x;
    cin>>x;
    if(x==0)sum=0;
    ________ else {test(sum);(*sum)+=x;}
    cout<<setw(5)<<sum<<endl;
}
```

6. 设计一个算法，对于输入的十进制非负整数，将它转换为 R 进制数并输出（$R\in[2,26]$）。（提示：可以用'A'～'Z'代表数码，分别表示 10～35）。

7. 已知 f 为单链表的表头指针，链表中存储的都是整型数据，试写出实现下列运算的递归算法：

① 求链表中的最大整数。

② 求链表的结点个数。

③ 求所有整数的平均值。

第 4 章

串 «

计算机处理非数值对象基本上都是字符串数据，字符串一般简称为串。从数据结构角度来讲，串是一重要的线性结构，其特殊性在于串是由字符构成的序列，它是一种内容受限的线性表。串广泛用于信息检索系统、文字编辑程序、自然语言处理系统等。本章主要讲解了串的定义、串的各种基本运算及其实现。

学习目标

通过本章学习，读者应该掌握以下内容：

- 掌握串的基本概念及其基本运算。
- 掌握串的存储结构。
- 熟练掌握串的各种基本运算的实现。
- 理解串的模式匹配运算。

4.1 串及其运算

串是一种以字符作为数据元素的特殊线性表，它的数据对象是字符集合。串的特殊性表现在其一串中的一个元素是一个字符，其二操作的对象一般不再是单个元素，而是一组元素。

4.1.1 串的逻辑结构

视 频

串的逻辑结构

串即字符串，是由零个或多个字符组成的有穷序列。通常用双引号括起来表示，如

$$A="a_0a_1\cdots a_{n-1}"$$

其中，A 是串名；双引号中的字符序列是串的值。双引号本身不是串的内容，仅作为串的标志，避免串与标识符（如变量名等）相混淆。a_i（$0\leqslant i\leqslant n-1$）表示一个任意的字符，可以是字母、数字或其他合法字符。

串中所含字符的个数称为该串的长度。例如，串 S="12a"，串名为 S，串的值为 12a，串的长度为 3。不包含任何字符的串称为空串，其长度为 0。特别需要注意的是，空串与空格串是不同的，空串是""，长度为 0，而空格串是由一个或多个空格组成的串，长度为所含空格的个数。

当且仅当两个串的长度相等并且各个对应位置上的字符都相同时，这两个串才是相等的。

串中任意个连续字符组成的序列称为该串的子串。包含子串的串称为主串。例如，"com"、"om"、"a"和"man"都是"commander"的子串。子串在主串中的位置是指子串中第一个字符在主串中的位置序号。例如，子串"man"在主串"commander"中的位置为 4。

串是一种简单的数据结构，它的逻辑结构与线性表十分相似，区别仅在于串的数据对象是字符集。而串的基本运算与线性表的基本运算有很大差别。通常在串的基本运算中，以“串的整体”作为操作对象；而在线性表的基本运算中，大多以“单个元素”作为操作对象。

4.1.2 串的基本运算

为了对字符串进行处理，程序设计语言中已经将串作为一种变量类型，即变量的取值为串。同时提供了串的许多基本运算，对于串的其他运算可以借助串的基本运算来完成。

串的抽象数据类型 String 声明如下：

```
ADT String {
数据对象: D={ai|ai∈CharSet,i=1,2,…,n,n≥0 }
数据关系: R={<ai-1,ai>|ai-1,ai∈D,i=2,3,…,n }
基本操作:
    Init(s)                       //初始化一个空串，在 C++中常用构造函数实现
    Strassign(s,chars)            //将一个串值赋值给串变量
    Assign(s,t)                   //将一个串值复制给串变量
    Equal(s,t)                    //判串 s 和 t 是否相等，s>t 为正，s=t 为零，s<t 为负
    Length(s)                     //求字符串长度
    Concat(s,t)                   //将一个串连接到另一串的后面，形成一个新串
    SubStr(s,pos,len)             //求子串，取串中从某个位置起的若干字符
    Empty(s)                      //判串空，串空返回 True，否则返回 False
    Insert(s,pos,t)               //将一个串插入到另一个串的某位置处
    Delete(s,pos,len)             //删除串中从某位置开始的一个子串
    Replace(s,pos,len,t)          //用一个串插入替换成另一个串的子串
    Index(s,t)                    //查找某子串在主串中的位置（也称模式匹配）
    Destroy(s)                    //销毁一个字符串，在 C++中常用析造函数实现
}ADT String;
```

以上只给出了定义在逻辑结构上串的最基本运算，在实际应用中可借助于这些基本运算构造出更为复杂的运算。

串的常用基本运算主要有：

1. Strassign(*s*,chars)

功能：赋值运算。将串常量 chars 的值赋给串变量 *s*。

例如：执行 Strassign(*s*,"abcd")运算之后，*s* 的值为"abcd"。

2. Assign(*s*,*t*)

功能：赋值运算。将串变量 *t* 的值赋给串变量 *s*。

例如：*t*="abcd"，则执行 Assign(*s*,*t*)运算之后，*s* 的值为"abcd"。

3. Equal(*s*,*t*)

功能：判相等运算。若 *s* 与 *t* 的值相等则运算结果为 1，否则为 0。

例如：*s*="ab"，*t*="abcd"，则 Equal(*s*,*t*)的运算结果为 0。

4. Length (*s*)

功能：求串长运算。求串 *s* 序列中字符的个数，即串的长度。

例如：*t*="abcd"，则 Length (*t*)的运算结果为 4。

5. Concat (*s*,*t*)

功能：连接运算。将串 *t* 的第一个字符紧接在串 *s* 的最后一个字符之后，连接得到一个新串。

例如：*s*="man",*t*="kind"，则执行 Concat(*s*,*t*)运算后得到的新串为"mankind"。

6. SubStr (*s*,pos,len)

功能：求子串运算。求出串 *s* 中从第 pos 个字符起长度为 len 的子串。

例如：SubStr ("commander",4,3)的运算结果为"man"。显然必须满足起始位置和长度之间的约束关系：1≤pos≤Length (*s*)+1 且 0≤len≤Length (*s*)−pos+1，才能求得一个合法的子串。允许 len 的下限为 0，因为空串也是合法串。但通常求长度为 0 的子串没有意义。

7. Empty (*s*)

功能：判空串运算。若 *s* 为空串，则运算结果为 1，否则为 0。

8. Insert (*s*,pos,*t*)

功能：插入运算，当 1≤pos≤Length (*s*)+1 时，在串 *s* 的第 pos 个字符之前插入串 *t*。

例如：*s*="chater"，*t*="rac"，pos=4，则 Insert (*s*, pos, *t*)的运算结果为"character"。

9. Delete (*s*,pos,len)

功能：删除运算。当 1≤pos≤Length (*s*)且 0≤len≤Length (*s*)−pos+1 时，从串 *s* 中删去从第 pos 个字符起长度为 len 的子串。

例如：*s*="Microsoft"，pos=4，len=5，则 Delete (*s*, pos, len)的运算结果为"Mict"。

10. Replace (*s*,pos,len,*t*)

功能：置换运算。当 1≤pos≤Length(*s*)且 0≤len≤Length(s)−pos+1 时，用串 *t* 替换串 *s* 中从第 pos 个字符起长度为 len 的子串。

例如：假设 *s*="abcac<u>abca</u>ca"，pos=6，len=4 和 *t*="x"，则替换后的结果为 *s*="abcac<u>x</u>ca"。

11. Index (*s*,*t*)

功能：定位运算。若主串 *s* 中存在和串 *t* 相同的子串，则运算的结果为该子串在主串 *s* 中第一次出现的位置；否则运算的结果为 0。注意 *t* 是非空串。

例如：Index("This is a pen","is")，运算结果为 3。

【例 4-1】已知 *s*=" (xyz)+*"，*t*="(x+z)*y"。试利用连接、求子串和置换等基本运算，将 *s* 转换为 *t*。

【解】算法实现如下：

```
void trans()
{
    char a[10]="(xyz)+*";
    string s,t,s1,s2,s3,s4,s5;
    strassign(s,a);
    s1=SubStr(s,3,1);                          //s1="y"
    s2=SubStr(s,6,1);                          //s2="+"
    s3=substr(s,7,1);                          //s3="*"
    s4=SubStr(Replace(s,3,1,s2),1,5);          //s4="(x+z)"
    s5=concat(s4,s3);                          //s5="(x+z)*"
    t=concat(s5,s1);                           //t="(x+z)*y"
}
```

4.2 串的存储结构

4.2.1 串的顺序存储结构及其基本运算的实现

视 频

串的顺序存储结构

1. 顺序存储结构

串的顺序存储结构是采用与其逻辑结构相对应的存储结构，将串中的各个字符按顺序依次存放在一组地址连续的存储单元里，逻辑上相邻的字符在内存中也相邻。通常称之为顺序串。

这是一种静态存储结构，串值的存储分配是在编译时完成的。因此，需要预先定义串的存储空间大小。如果定义的空间过大，则会造成空间浪费；如果定义的空间过小，则会限制串的某些运算，如连接、置换运算等。

2. 基本运算在顺序存储结构上的实现

在顺序存储结构中，串的类型定义描述如下：

```
const int MaxLen=20;              //定义能处理的最大的串长度
class SString {
  private:
      char str[MaxLen+1];         //定义可容纳 MaxLen 个字符的字符数组
      int curLen;                 //定义当前实际串长度
  public:
      SString() {
         str[0]='\0';
         curLen=0;
      }
      SString(const char *s) {
         int len;
         for(len=0;s[len]!='\0';len++);
            if(len>MaxLen) {
               cout<<"串太长，空间不足！";
               exit(1);
```

```
            }
            for(int i=0;i<len;i++)  str[i]=s[i];
            curLen=len;
            str[curLen]='\0';
        }
    static SString Concat(SString s,SString t);         //串的连接
    static SString SubStr(SString s,int pos,int len);
    static SString Replace(SString s,int pos,int len,SString t);
    static int strcmp(SString s,SString t);             //串的比较
    static void print(SString s);                       //串的输出
    static int getLen(SString s){return s.curLen;}      //串的长度
    static char getchar(SString s,i){return s.str[i];}//获取字符
};
```

以下给出采用顺序存储结构，实现串的连接、求子串和置换基本运算。

（1）Concat(t)。

```
SString SString::Concat(SString s,SString t) {
//将串 t 的第一个字符紧接在串 s 的最后一个字符之后
   if(s.curLen+t.curLen>MaxLen) {
      cout<<"两串太长，空间不足！";
      exit(1);
   }
   SString ch;
   int i;
   ch.curLen=s.curLen+t.curLen;
   //将 s.str[0]~s.str[s.curLen-1]复制到 ch
   for(i=0; i<s.curLen; i++)
       ch.str[i]=s.str[i];
   //将 t.str[0]~t.str[t.curLen-1]复制到 ch
   for(i=0; i<t.curLen; i++)
       ch.str[s.curLen+i]=t.str[i];
   ch.str[ch.curLen]='\0';
   return ch;
}
```

（2）SubStr(pos, len)。

```
SString SString::SubStr(SString s,int pos,int len) {
//求出串 s 中从第 pos 个字符起长度为 len 的子串
   SString ch;
   int k;
   ch.curLen=0;
   if(pos<0||pos>s.curLen-1||len<0||pos+len-1>s.curLen)
      return ch;            //参数不正确时返回空串
   //将 s.str[pos]~s.str[pos+len-1]复制至 ch
   for(k=0; k<len; k++) ch.str[k]=s.str[pos+k];
   ch.curLen=len;
   ch.str[ch.curLen]='\0';
   return ch;
}
```

（3）Replace(pos,len,*t*)。

```
SString SString::Replace(SString s,int pos,int len,SString t) {
    //用串 t 替换串 s 中从第 pos 个字符起长度为 len 的子串
    int k;
    SString ch;
    ch.curLen=0;
    if(pos<0||pos>s.curLen-1||pos+len-1>s.curLen)
    return ch;                  //参数不正确时返回空串
    //将 s.str[0]~s.str[pos-1] 复制到 ch
    for(k=0; k<pos; k++)
        ch.str[k]=s.str[k];
    //将 t.str[0]~t.str[t.curLen-1] 复制到 ch
    for(k=0; k<t.curLen; k++)
        ch.str[pos+k]=t.str[k];
    //将 s.str[pos+len]~s.str[s.curLen-1]复制到 ch
    for(k=pos+len; k<s.curLen; k++)
        ch.str[k-len+t.curLen]=s.str[k];
    ch.curLen=s.curLen-len+t.curLen;
    ch.str[ch.curLen]='\0';
    return ch;
}
```

【例 4-2】设计算法：采用串的顺序存储结构，实现两个串的比较运算 strcmp(*s*,*t*)。

【解】两个字符串的比较，算法设计思路如下：

（1）当 $s=t$ 时，返回值为 0。

（2）当 $s\neq t$ 时，如果 $s>t$，则输出正数；否则输出负数。

算法如下：

```
int SString::StrCompare(const SString &t)
{
    int i;
    for(i=0; i<curLen && i<t.curLen; i++)
       if(ch[i]!=t.ch[i])
          return ch[i]-t.ch[i];
    //相对应位置上字符的 ASCII 码比较
    return curLen-t.curLen;
    //如果相对应位置上字符的 ASCII 码均相等则长度相减
}
```

4.2.2 串的链式存储结构及其基本运算的实现

串的链式存储结构

1. 链式存储结构

与线性表的链式存储结构相类似，也可以采用链表方式存储串值，即串的链式存储结构。用链表方式表示串比顺序表示方式更便于进行串的运算。在链表方式中，每个结点设定一个字符域 str，存放字符；设定一个指针域 next，存放所指向的下一个结点的地址。如果每个结点的 str 域只存放一个字符，串的运算最容易进行，运算速度最快，但每个字符都要设置一个 next 指针域，会导致存储空间利用率较低。为了提高存储空间的利用率，结点的 str 域可以存放多个字符，通常将每个结点所存储的字符个数称为结点的大小。这种链表存储空间利用率较高，但运算速度较单字符结点的链表方式要慢。图 4-1 和图 4-2 分别表示同一个串"ABCDEFGHIJKLMN"的字符域大小为 4 和 1 的链式存储结构。

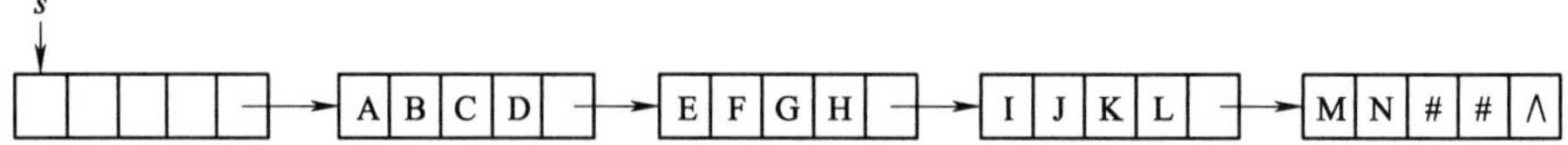

图 4-1　结点大小为 4 的链式存储结构

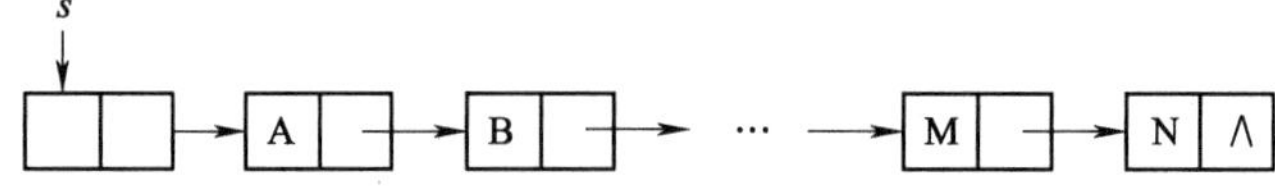

图 4-2　结点大小为 1 的链式存储结构

当结点字符域的大小大于 1（例如 4）时，链表的最后一个结点的 str 域不一定总能被字符占满。此时，应在这些未占用的 str 域里补上不属于字符集的特殊符号（例如#），以示区别，如图 4-1 中的最后一个结点。

2. 基本运算在链式存储结构上的实现

用 C++语言实现的链式串的结点定义如下：

```
const int CHUNKSIZE=4;    //CHUNKSIZE 为结点的串长
struct Node {             //结点结构
    char str[CHUNKSIZE];
    Node *next;
    Node(){};
    Node(const char *s){
        int i;
        for(i=0;i<CHUNKSIZE && s[i]!='\0';i++) str[i]=s[i];
        while(i<CHUNKSIZE)  str[i++]='#';
        next=NULL;
     }
     Node(Node *p){
     for(int i=0; i<CHUNKSIZE; i++) str[i]=p->str[i];
     next=NULL;
     }
};
```

用 C++语言实现链串的定义如下：

```
class LString {
    private:
      Node *head;
      static char *charArray(LString *s){
          char *t=new char(length(s));
          int k=0;
```

```
            Node *p=s->head;
            while(p!=NULL) {
                for(int i=0; i<CHUNKSIZE; i++)
                    if(p->str[i]!='#') t[k++]=p->str[i];
                p=p->next;
            }
            t[k]='\0';
            return t;
        }
    public:
    LString() {   //构造最多容纳CHUNKSIZE个字符的字符串
            head=NULL;
        }

    LString(const char *s) { //串构造函数
            const char *sp=s;
            Node *p;
            int nodeCount=strlen(sp)/CHUNKSIZE;
            if(strlen(sp)%CHUNKSIZE>0) nodeCount++;
            for(int i=1;i<=nodeCount;i++){
                Node *q=new Node(sp);
                if(i==1)
                    head=q;
                else
                    p->next=q;
                p=q;
                sp=sp+CHUNKSIZE;
            }
        }
    ~LString() { //析构函数
            Node *p=head;
            while(p!=NULL) {
                delete head;
                p=head->next;
                head=p;
            }
            delete p;
        }

    static LString *Concat(LString *s,LString *t);
    static LString *SubStr(LString *s,int pos,int len);
    static LString *Replace(LString *s,int pos,int len,LString *t);
    static int StrCmp(LString *s,LString *t);
    static int length(LString *s);
    static void print(LString *s);
};
```

以下给出采用链式存储结构（结点大小为1），实现串的连接、求子串以及串的置换基本运算。

（1）Concat (*s*,*t*)。

```
//连接串 s 和串 t 形成新串,并返回指针
LString* LString::Concat(LString *s,LString *t) {
    LString *st=new LString(charArray(s)),*st2;
    if(t->head==NULL) return st;
    char* tt=charArray(t);
    Node *p=st->head;
    while(p->next)  p=p->next;
int Nrear=length(s)%CHUNKSIZE;  //串 s 最后一个结点的实际字符个数
    if(Nrear>0){
        for(int i=Nrear;i<CHUNKSIZE;i++)
             p->str[i]=t->head->str[i-Nrear];
        st2=new LString(tt+CHUNKSIZE-Nrear);
    }else
        st2=new LString(tt);
   p->next=st2->head;
   return st;
}
```

（2）SubStr (*s*, pos, len)。

```
//返回串 s 的第 pos 个字符起长度为 len 的子串
LString* LString::SubStr(LString *s,int pos,int len) {
    if(pos+len-1>length(s)){
     cout<<"参数有误，程序退出！";
        exit(1);
    }
    const char *ss=charArray(s);
    char *tt=new char[len+1];
    for(int i=0;i<len;i++)  tt[i]=ss[pos-1+i];
    tt[len]='\0';
    LString *st=new LString(tt);
    return st;
}
```

（3）Replace (*s*,pos,len,*t*)。

```
//用串 t 替换串 s 中从第 pos 个字符起长度为 len 的子串
LString* LString::Replace(LString *s,int pos,int len,LString *t) {
    LString *st=new LString(charArray(SubStr(s,1,pos-1)));
    LString *st2=new LString(charArray(t));
    LString *st3=new LString(charArray(SubStr(s,pos,length(s)-pos+1)));
    Node *p=st->head;
    while(p->next)p=p->next;
    p->next=st2->head;
    while(p->next)  p=p->next;
    p->next=st3->head;
    return st;
}
```

（4）length(*s*)。

```
//获取链串的长度
int LString::length(LString *s) {
    Node *p=s->head;
    int i=0 ;
    while(p->next!=NULL) {
        i+=CHUNKSIZE;
        p=p->next;
    }
    for(int j=0;p->str[j]!='#' && j<CHUNKSIZE;j++)
        i++;
   return i;
}
```

【例 4-3】设计一个算法，采用串的链式存储结构（结点大小为 1），实现两个串的比较运算 strcmp(*s*,*t*)。

【解】算法设计思路：当 $s=t$ 时返回 0；当 $s>t$ 时，返回正数；当 $s<t$ 时返回负数。

```
//比较链串 s 和 t
int LString::StrCmp(LString *s,LString *t) {
    Node *p=s->head,*q=t->head;
    while(p&&q) {
        for(int i=0;i<CHUNKSIZE;i++)
            if(p->str[i]!=q->str[i]) return p->str[i]-q->str[i];
        p=p->next;
        q=q->next;
    }
    if(!p)return -1;
    else if(!q)return 1;
    else return 0;
}
```

在这种存储结构中，结点大小的选择直接影响到串的运算效率。当结点大小较小（如结点大小为 1）时，运算处理方便，但存储空间利用率较低；当结点大小较大时，存储空间利用率较高，但一些运算（如插入、删除、置换等）复杂化，且可能引起大量字符移动，如在串中插入一个子串时可能需要分割结点。在实际应用中，可以将串的链式存储结构和串的顺序存储结构结合起来使用。

4.2.3 串的堆分配存储结构及其基本运算的实现

视 频

串的堆分配存储结构

1. 堆分配存储结构

由于串的链式存储结构和顺序存储结构都存在不足，因此在很多实际应用中采用另一种存储结构，即堆分配存储结构。这种存储结构具有的特点：每个串变量的串值各自占用一组地址连续的存储单元，这组地址连续的存储单元是在程序执行过程中动态分配而得的。系统将一个容量很大、地址连续的存储空间作为串值的存储空间，每次产生新串时，系统就会从中分配一个与串长度相同大小的空间，用于存放新串的值。

2. 基本运算在堆分配存储结构上的实现

在 C++语言中可利用 new 和 delete 两个关键字实现动态存储分配。关键字 new 为每个新产生的串分配一块实际所需大小的空间，若分配成功，则返回一个指向该空间起始地址的指针，作为新串的基址。另外，为了便于串的运算，在存储结构中包含串的长度。C++语言对堆分配存储结构的定义如下：

```
class HString {
    private:
    char *str;                          //存储字符串
        int maxLen;
    int curLen;                         //定义当前实际串长度
    public:
        HString(int n=50) {             //构造最多容纳 n 个字符的字符串
            maxLen=n;
            str=new char[maxLen+1];
            curLen=0;
            str[0]='\0';
        }
        HString(const char *s) {    //串构造函数
            int len;
        for(len=0; s[len]!='\0'; len++);//判定字符数组可容纳的字符个数应为多少
            maxLen=(len>maxLen)?len:maxLen;
            str=new char[maxLen+1];
            for(int i=0; i<len; i++)str[i]=s[i];
            curLen=len;
            str[curLen]='\0';
        }
        HString(const HString &s) { //复制构造函数
            curLen=s.curLen;
            maxLen=s.maxLen;
            str=new char[maxLen];
            for(int i=0; i<curLen; i++)  str[i]=s.str[i];
            str[curLen]='\0';
        }
        ~HString() {   //释放字符串所占内存
            delete[] str;
        }
    static HString Concat(HString s,HString t);         //串的连接
    static HString SubStr(HString s,int pos,int len); //求子串
    static HString Replace(HString s,int pos,int len,HString t); //置换
    static int strcmp(HString s,HString t);             //串的比较
    static void Print(HString s);
};
```

采用堆分配存储结构时，除了上述定义中实现的构造函数和析构函数，其他成员函数的实现与顺序串类似，此处不再累述。

4.3 串的模式匹配

判断串 t 是否是串 s 的子串，若是，则须给出其在串 s 中的位置，这就是串的定位运算。通常把串 s 称为目标串，把串 t 称为模式串，把串的定位运算称为模式匹配。模式匹配成功是指在目标串 s 中找到一个模式串 t；模式匹配不成功则指目标串 s 中不存在模式串 t。

本节主要讨论两种串的模式匹配算法，都采用顺序存储结构。

视 频

BF 算法

4.3.1 Brute-Force 算法

Brute-Force 算法即暴力算法，简称 BF 算法。其基本思想是：从目标串 s 的第一个字符起和模式串 t 的第一个字符进行比较，若相等，则继续逐个比较后续字符，否则从串 s 的第二个字符起再重新和串 t 进行比较。依此类推，直至串 t 中的每个字符依次和串 s 的一个连续的字符序列相等，则称模式匹配成功，此时串 t 的第一个字符在串 s 中的位置就是 t 在 s 中的位置，否则模式匹配不成功。

假设 s="cddcdc"，t="cdc"，则模式匹配过程如图 4-3 所示。

第一次匹配	s=cddcdc |||≠ t=cdc	i=2 j=2	失败
第二次匹配	s=cddcdc ≠ t=cdc	i=1 j=0	失败
第三次匹配	s=cddcdc ≠ t=cdc	i=2 j=0	失败
第四次匹配	s=cddcdc ||||| t=cdc	i=5 j=2	成功

图 4-3 模式匹配过程

第一次匹配，从串 s 的第一个字符"c"与串 t 的第 1 个字符"c"开始比较，由于两个字符相等，于是继续逐个比较后续字符，当比较到第三个字符时，s 和 t 的对应字符不等，第一次匹配过程结束。

第二次匹配，将串 t 向右移动一位，从串 s 的第二个字符"d"开始重新与串 t 进行比较，第一次比较时，s 和 t 的对应字符不相等，结束第二次匹配过程。

第三次匹配，将串 t 向右移动一位，从串 s 的第三个字符"d"开始重新与串 t 进行比较，第一次比较时，s 和 t 的对应字符不相等，结束第三次匹配过程。

第四次匹配，继续将串 t 向右移动一位，从串 s 的第四个字符"c"开始重新与串 t 进行比较，在串 s 中找到一个连续的字符序列与串 t 相等，模式匹配成功。

Brute-Force 算法的 C++语言描述如下：

```
int Index(string s,string t)
{
    int i,j;
```

```
    i=0;                                //指向串 s 的第 1 个字符
    j=0;                                //指向串 t 的第 1 个字符
    while((i<s.getLen())&&(j<t.getLen()))
        if(s.getchar[i]==t.getchar[j])      //比较两个子串是否相等
        {   ++i;                        //继续比较后继字符
            ++j;
        }
        else
        {   i=i-j+1;                    //串 s 指针回溯重新开始寻找串 t
            j=0;
        }
    if(j>=t.curlen)
        return(i-t.curlen);             //匹配成功，返回模式串 t 在串 s 中的起始位置
    else
        return 0;                       //匹配失败返回 0
}
```

一般情况下，上述算法的实际执行效率与字符 t.str[0]在串 s 中是否频繁出现有密切关系，例如，s 是一般的英文文稿，t ="hello"，s 中有 5% 的字母是"h"，则在上述算法执行过程中，对于 95% 的情况可以只进行一次对应位的比较就将 t 向右移动一位，时间复杂度下降为 O (s.curlen)，这时算法接近最好情况。然而，在有些情况下，该算法效率却很低。例如，当 s="aaaaaaaaaaaaaaaaaaaaaaaaaaaaaaaaaaaaaaaaaaaaab"，t="aaaaaab"时，由于模式串 t 的前 6 个字符均为"a"，而目标串 s 的前 45 个字符均为"a"，每次匹配都是在模式串的最后一个位置上字符不相等，整个过程需要匹配的次数为(s.getLen( )−t.getLen( ))次，总的比较次数为 t. getLen( ) × (s.getLen( )−t.getLen( ))，由于通常有 t.getLen( )<<s. getLen( )，因此最坏情况的时间复杂度为 O(s.getLen( ) × t.getLen( ))。

4.3.2 KMP 算法

由 D. E. Knuth、J. H. Morris 和 V. R. Pratt 共同提出了一个改进算法，消除了 Brute-Force 算法中串 s 指针的回溯，完成串的模式匹配时间复杂度为 O(s.curlen+t.curlen)，这就是 Knuth-Morris-Pratt 算法，简称 KMP 算法。

KMP 算法比 Brute-Force 算法快的主要原因在于：消除匹配过程中串 s 指针 i 的回溯，充分利用已经得到的部分匹配结果完成后续的匹配过程，避免了许多不必要的比较。

为了进一步讨论 KMP 算法，首先讨论一个例子。假设 s="abacabab"，t="abab"，第一次匹配过程如图 4-4 所示。

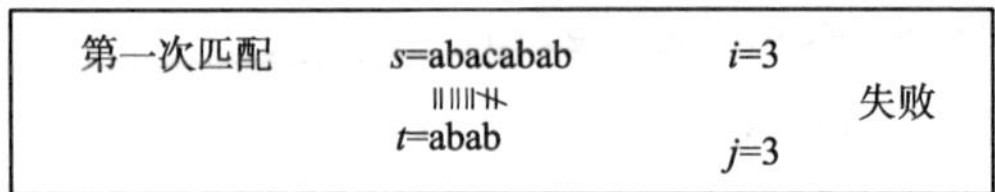

图 4-4　第一次匹配过程

此时不必从 i=1，j=0 重新开始第二次匹配。因为 t.str[0]≠t.str[1]，s.str[1]=t.str[1]，必有 s.str[1]≠t.str[0]，又因 t.str[0]= t.str[2]，s.str[2]= t.str[2]，所以必有 s.str[2]=t.str[0]。因此，第二次匹配可直接从 i=3，j=1 开始。再进一步分析，t.str[1]=t.str[3]，s.str[3]≠t.str[3]，必定

s.str[3] $\neq t$.str[1]，所以第二次匹配也不必进行，可以直接进行第三次匹配，即 i=3，j=0。由此可见，当 s.str[i]和 t.str[j]比较不相等时，串 s 的指针 i 不必回溯。

现在讨论一般情况。设 s="$s_0s_1\ldots s_i\ldots s_{n-1}$"，$t$="$t_0t_1\ldots t_j\ldots t_{m-1}$"，当 $s_i\neq t_j$（$0\leqslant i\leqslant n-1$，$0\leqslant j\leqslant m-1$）时，存在

$$\text{"}t_0t_1\cdots t_{j-2}t_{j-1}\text{"}=\text{"}s_{i-j}s_{i-(j-1)}\cdots s_{i-2}s_{i-1}\text{"} \tag{4-1}$$

即在 s_i 和 t_j 进行比较之前，s 和 t 对应位置上的字符均相等。接下来要解决的问题是：下一次匹配时，模式串 t 应向右移动多远，即 s_i 应与串 t 的哪个字符进行比较？

假设 s_i 应与模式串 t 的字符 t_k 进行比较，显然 $k<j$，此时 t_k 前的字符必须满足

$$\text{"}t_0t_1\cdots t_{k-2}t_{k-1}\text{"}=\text{"}s_{i-k}s_{i-(k-1)}\cdots s_{i-2}s_{i-1}\text{"} \tag{4-2}$$

即 t 的子串"$t_0t_1\cdots t_{k-2}t_{k-1}$"和 s 的子串"$s_{i-k}s_{i-(k-1)}\cdots s_{i-2}s_{i-1}$"已经匹配。又根据已经得到的部分匹配结果[见式（4-1）]可以得到

$$\text{"}t_{j-k}t_{j-(k-1)}\cdots t_{j-2}t_{j-1}\text{"}=\text{"}s_{i-k}s_{i-(k-1)}\cdots s_{i-2}s_{i-1}\text{"} \tag{4-3}$$

由式（4-2）和式（4-3）推出

$$\text{"}t_0t_1\cdots t_{k-2}t_{k-1}\text{"}=\text{"}t_{j-k}t_{j-(k-1)}\cdots t_{j-2}t_{j-1}\text{"} \tag{4-4}$$

因此，如果模式串 t 中存在满足式（4-4）的两个子串，则当匹配过程中出现 $s_i\neq t_j$ 时，需将模式串向右移到 t_k 与 s_i 对齐，s 的指针 i 不必回溯，下一次匹配直接从模式串的字符 t_k 与串 s 的字符 s_i 开始进行比较。

若令 next[j]=k，则 next[j]表示当 $s_i\neq t_j$ 时，在模式串 t 中需要下次与 s_i 进行比较的字符位置。next 函数定义如下：

$$\text{next}[j]\begin{cases}\max\{k\mid 0<k<j，且\text{"}t_0t_1\cdots t_{k-1}\text{"}=\text{"}t_{j-k}t_{j-(k-1)}\cdots t_{j-2}t_{j-1}\text{"}\} & 当此集合非空时\\ -1 & 当\ j=0时\\ 0 & 其他情况\end{cases} \tag{4-5}$$

（1）若模式串 t 中存在子串"$t_0t_1\cdots t_{k-2}t_{k-1}$"="$t_{j-k}t_{j-(k-1)}\cdots t_{j-2}t_{j-1}$"，则 next[$j$]=$k$，下一次匹配从 s_i 和 t_k 开始进行比较。

（2）当 j=0 时，令 next[j]=−1，表示如果遇到 $s_i\neq t_j$，则 t 中任何字符都不需再与 s_i 进行比较，下一次匹配从 s_{i+1} 和 t_0 开始进行比较。

（3）若模式串 t 中不存在子串"$t_0t_1\cdots t_{k-2}t_{k-1}$"="$t_{j-k}t_{j-(k-1)}\cdots t_{j-2}t_{j-1}$"，则 next[$j$]=0，下一次匹配从 s_i 和 t_0 开始进行比较。

综上所述，KMP 算法的基本思想：设目标串为 s，模式串为 t，i 和 j 分别为指示 s 和 t 的指针，i 和 j 的初值均为 0。若有 $s_i=t_j$，则 i 和 j 分别增 1；否则，i 不变，j 退回至 j=next[j]的位置（也可理解为串 s 不动，模式串 t 向右移动到 s_i 与 $t_{\text{next}[j]}$ 对齐），比较 s_i 和 t_j。若相等则指针各增 1；否则 j 再退回到下一个 j=next[j]的位置（即模式串继续向右移动），再比较 s_i 和 t_j。依此类推，直到下列两种情况之一：

（1）j 退回到某个 j=next[j]时有 $s_i=t_j$，则指针各增 1，继续匹配。

（2）j 退回至 j=−1，此时令指针各增 1，即下一次比较 s_{i+1} 和 t_0。

KMP 算法的描述如下：

```
#define MaxLen <最大串的长度>                    //定义最大串存储空间
int Index_KPM(string s,string t)
{
```

```
    int i,j,next[MaxLen];
    GetNext(t,next);                        //先求得模式串的 next 函数值
    i=0;                                    //指向串 s 的第 1 个字符
    j=0;                                    //指向串 t 的第 1 个字符
    while((i<s.curlen)&&(j<t.curlen))
        if((j==-1)||(s.str[i]==t.str[j]))
           { ++i;++j;}
        else
           j=next[j];                       //i 不变，j 回退
    if(j>=t.curlen)
        return(i-t.curlen);                 //匹配成功
    else
        return(0);                          //匹配失败
}
```

由函数 next[j]的定义可知，模式串的 next[j]值只与模式串本身有关，而与目标串无关。下面给出求解 next[j]的递归方法。

当 j=0 时，由定义 next[j]=−1。

设 next[j]=k，即模式串 t 中存在子串"$t_0t_1\cdots t_{k-2}t_{k-1}$"="$t_{j-k}t_{j-(k-1)}\cdots t_{j-2}t_{j-1}$"，$0<k<j$，且不可能存在 $k'>k$ 满足式（4-4），即 k 是满足式（4-4）的最大值。求 next[j+1]分两种情况：

（1）若 $t_k=t_j$，则满足"$t_0t_1\cdots t_{k-2}t_{k-1}t_k$"="$t_{j-k}t_{j-(k-1)}\cdots t_{j-2}t_{j-1}t_j$"，且不存在 $k'>k$ 满足该等式，此时有 next[j+1]= k+1=next[j] +1。

（2）若 $t_k\neq t_j$，则存在"$t_0t_1\cdots t_{k-2}t_{k-1}t_k$"≠"$t_{j-k}t_{j-(k-1)}\cdots t_{j-2}t_{j-1}t_j$"，此时可以将求 next[$j$+1]看作一个模式匹配问题，整个模式串 t="$t_0t_1\cdots t_{j-2}t_{j-1}t_j$"既是目标串，又是模式串，而当前在匹配的过程中，已有 $t_{j-1}=t_{k-1}$，$t_{j-2}=t_{k-2}$，…，$t_{j-k}=t_0$，则当 $t_k\neq t_j$ 时应将模式串向右移动到模式串的字符 $t_{\text{next}[k]}$ 和目标串中的字符 t_j 对齐，并进行比较。若 next[k]=k'，且 $t_j=t'_k$，则说明在目标串的字符 t_{j+1} 之前存在一个长度为 k' 的最长子串满足

$$"t_0t_1\cdots t'_{k-2}t'_{k-1}t'_k"="t_{j-k'}t_{j-(k'-1)}\cdots t_{j-2}t_{j-1}t_j"\ (0<k'<k<j) \tag{4-6}$$

也就是说，next[j+1]= k'+1=next[k] +1。

同理，若 $t'_k\neq t_j$，则将模式串继续向右移动直到将模式中字符 $t_{\text{next}[k']}$和目标串中的字符 t_j 对齐，依此类推，直到 t_j 和模式中某个字符匹配成功或者不存在任何 k'（$0<k'<j$）满足式（4-6），则 next[j+1]=1。求 next 函数值的算法如下：

```
void GetNext(string t,int *next)
{  //串 t 既作为目标串又作为模式串
   int i,j;
   i=0;next[0]=-1;j=-1;
   while(i<t.curlen)
       if(j==-1||t.str[i]==t.str[j]){
           ++i;++j;
           next[i]=j;
       }
       else
       j=next[j];
}
```

表 4-1 中给出了"ababcaabc"的 next 函数值。

表 4-1 求" ababcaabc "的 next 函数值

j	0	1	2	3	4	5	6	7	8
模式串	a	b	a	b	c	a	a	b	c
Next[*j*]	-1	0	0	1	2	0	1	1	2

4.3.3 Sunday 算法

Sunday 算法是 Daniel M.Sunday 于 1990 年提出的一种字符串模式匹配算法。其效率在匹配随机的字符串时比其他匹配算法还要更快。Sunday 算法的实现可比 KMP，BM 的实现容易太多。

其核心思想是：在匹配过程中，模式串并不被要求一定要按从左向右进行比较还是从右向左进行比较，它在发现不匹配时，算法能跳过尽可能多的字符以进行下一步的匹配，从而提高了匹配效率。

Sunday 算法与 KMP 算法一样是从前往后匹配，在匹配失败时关注的是主串中参加匹配的最末位字符的下一位字符。

（1）如果该字符没有在模式串中出现则直接跳过，即移动位数=模式串长度+1。

（2）否则，其移动位数=模式串长度-该字符最右出现的位置（以 0 开始）=模式串中该字符最右出现的位置到尾部的距离+1。

其算法实现如下：

```
#include <iostream>
#include <string>
#define MAX_CHAR 256
#define MAX_LENGTH 1000
using namespace std;
void GetNext(string & p,int & m,int next[])
{
    for(int i=0;i<MAX_CHAR;i++)
       next[i]=-1;
    for(int i=0;i<m;i++)
       next[p[i]]=i;
}
void Sunday(string & s,int & n,string & p,int & m)
{
   int next[MAX_CHAR];
   GetNext(p,m,next);
   int j;  //s 的下标
   int k;  //p 的下标
   int i=0;
   bool is_find=false;
   while(i<=n-m)
```

```
    {
        j=i;
        k=0;
        while(j<n && k<m && s[j]==p[k])
            j++,k++;
        if(k==m)
        {
            cout <<"在主串下标 "<< i <<" 处找到匹配\n";
            is_find=true;
        }
        if(i+m<n)
             i+=(m-next[s[i+m]]);
        else
             break;
    }
    if(!is_find)
        cout <<"未找到匹配\n";
}
```

4.4 串的应用

文本编辑程序是一个面向用户的应用服务程序，广泛用于源程序与文稿的编辑和修改、报刊和书籍的编辑排版以及办公室公文书信的起草和润色等。文本编辑是串的一个重要运用。虽然各种文本编辑程序的功能强弱不同，但其基本功能大致相同，一般都包括串的查找、插入、删除和修改等基本操作。

为了编辑方便，用户可以通过换页符和换行符将文本划分为若干页或将每页划分为若干行。可将整个文本看作一个文本串，页是文本串的子串，而行则是页的子串。

假设有下列一段 C 源程序：

```
main(){
    float a,b,max;
    scanf("%f,%f",&a,&b);
    if(a>b) max=a;
    else  max=b;
}
```

若用\n 表示换行符，该文本串在内存中的存储映像如图 4-5 所示。

m	a	i	n	(	)	{	\n			f	l	o	a	t		a	,	b	,
m	a	x	;	\n			s	c	a	n	f	(	"	%	f	,	%	f	"
,	&	a	,	&	b	)	;	\n			i	f		a	>	b			m
a	x	=	a	;	\n			e	l	s	e			m	a	x	=	b	;
\n	}	\n																	

图 4-5　文本串的内存存储映像

为了管理文本串中的页和行，在进入文本编辑时，编辑程序先为文本串建立相应的页表和行表，即建立各子串的存储映像。页表的每一项列出页号和该页的起始行号，行表的每一项则指示每一行的行号、起始地址和该行子串的长度。以图 4-5 为例，假设文本串只占一页，起始行号为 100，起始地址为 200，则该文本串的行表见表 4-2。

表 4-2　行表

行　号	起 始 地 址	长　度	行　串
100	200	8	main(){\n
101	208	17	__ __float__a,b,max;\n
102	225	24	__ __scanf("%f,%f",&a,&b);\n
103	249	17	__ __if__a>b__ __max=a;\n
104	266	15	__ __else__ __max=b;\n
105	281	2	}\n

在文本编辑程序中设立页指针、行指针和字符指针，分别指示当前操作的页、行和字符。如果在某行内插入或删除若干字符，则要修改行表中该行的长度。若该行长度因插入而超出了原分配给它的存储空间，则要为该行重新分配存储空间，并修改该行的起始位置。当插入或删除一行时，必须同时对行表也进行插入和删除，若被删除的行是所在页的起始行，则还要修改页表中相应页的起始行号（应修改成下一行的行号）。为了查找方便，行表是按行号递增的顺序存储的。因此对行表进行插入或删除时需要移动操作之后的全部表项。页表的维护与行表类似，在此不再赘述。由于对文本的访问是以页表和行表作为索引的，因此在删除一页或一行时，可以只对页表或行表作相应修改，不必删除所涉及的字符，从而节省时间。以上概述了文本编辑程序的基本操作，其具体算法请读者自行编写。

小　结

串是一种特殊的线性表，其元素为字符。本章讨论了串的顺序存储结构、链式存储结构和堆分配存储结构。基于串的存储结构，可以实现串的各种基本运算，完成对串的处理。采用不同的存储结构，串的运算效率不同。

串的模式匹配是一种较复杂的串运算，是模式串在目标串中的定位运算。Brute-Force 算法简单易懂，但效率较低。KMP 算法对它进行了改进，消除了目标串指针的回溯，提高了算法的效率。

习　题

一、单项选择题

1. 串是一种特殊的线性表，其特殊性体现在（　　）。

　A. 可以顺序存储　　　　B. 数据元素是一个字符

C. 可以链式存储　　D. 数据元素可以是多个字符若

2. 串下面关于串的叙述中，(　　) 是不正确的？

A. 串是字符的有限序列

B. 空串是由空格构成的串

C. 模式匹配是串的一种重要运算

D. 串既可以采用顺序存储，也可以采用链式存储

3. 串 “ababaaababaa” 的 next 数组为 (　　)。

A. 012345678999　　B. 012121111212

C. 011234223456　　D. 0123012322345

4. 串 “ababaabab” 的 nextval 为 (　　)。

A. 010104101　　B. 010102101　　C. 010100011　　D. 010101011

5. 串的长度是指 (　　)。

A. 串中所含不同字母的个数　　B. 串中所含字符的个数

C. 串中所含不同字符的个数　　D. 串中所含非空格字符的个数

6. 下列关于串的叙述中正确的是 (　　)。

A. 空串是由一个空格字符组成的串

B. 一个串的长度至少是 1

C. 一个串的字符个数即该串的长度

D. 两个串 s_1 和 s_2 若长度相同，则这两个串相等

7. 设有两个串 s_1 和 s_2，求 s_2 在 s_1 中首次出现的位置的运算称为 (　　)。

A. 模式匹配　　B. 连接　　C. 求子串　　D. 求串长

8. (　　) 为空串。

A. *s*=""　　B. *s*=" "　　C. *s*="　a"　　D. *s*="b　"

9. s_1="bc cad cabcadf"，s_2="abc"，则 s_2 在 s_1 中的位置是 (　　)。

A. 7　　B. 8　　C. 6　　D. 9

10. 设 *s*="I_am_a_teacher"，其长度为 (　　)。

A. 11　　B. 12　　C. 13　　D. 14

二、填空题

1. 串是一种特殊的________，组成串的数据元素只能是________。

2. 两个串相等的充分必要条件是________。

3. 空串长度等于________；空格串长度等于________。

4. 一个字符串中________称为该串的子串。

5. INDEX ("DATASTRUCTURE", "STR") =________。

6. 设正文串长度为 n，模式串长度为 m，则串匹配的 KMP 算法的时间复杂度为________。

7. 设 T 和 P 是两个给定的串，在 T 中寻找等于 P 的子串的过程称为________，又称 P 为________。

8. 设串 S_1="ABCDEFG"，S_2="PQRST"，函数 CONCAT(X,Y)返回 X 和 Y 串的连接串，SUBSTR(S,I,J)返回串 S 从序号 I 开始的 J 个字符组成的字串，LENGTH(S)返回串 S 的长度，则 CONCAT(SUBSTR(S_1,2,LENGTH(S_2)),SUBSTR(S_1,LENGTH(S_2),2))的结果串是________。

9. 实现字符串拷贝的函数 strcpy 为:

```
void strcpy(char *s , char *t) /*copy t to s*/
{  while(________);
}
```

10. 下列程序判断字符串 s 是否对称，对称则返回 1，否则返回 0；如 f("abba")返回 1，f("abab")返回 0。

```
int f(________){
   int i=0,j=0;
   while (s[j])________;
     for(j--; i<j && s[i]==s[j]; i++,j--);
       return(________)
}
```

三、应用题

1. 用 KMP 法求出串 t="abcaabbabcab"的 next 和 nextval 函数值。

2. 设目标为 t="abcaabbabcabaacbacba"，模式为 p="abcabaa":

① 计算模式 p 的 naxtval 函数值。

② 不写出算法，只画出利用 KMP 算法进行模式匹配时每一趟的匹配过程。

四、算法题

1. 用顺序存储结构存储串 s，编写算法删除 s 中第 i 个字符开始的连续 j 个字符。

2. 对于采用顺序存储结构的串 s，编写一个函数删除其值等于 ch 的所有字符。

3. 编写一个算法统计在输入字符串中各个不同字符出现的频度并将结果存入文件（字符串中的合法字符为 A～Z 这 26 个字母和 0～9 这 10 个数字）。

4. 编写一个递归算法来实现字符串逆序存储，要求不另设串存储空间。

5. 编写算法，实现下面函数的功能。函数 void insert(char*s,char*t,int pos)将字符串 t 插入到字符串 s 中，插入位置为 pos。假设分配给字符串 s 的空间足够让字符串 t 插入。（说明：不得使用任何库函数）

6. 已知字符串 s_1 中存放一段英文，写出算法 format(s_1,s_2,s_3,n)，将其按给定的长度 n 格式化成两端对齐的字符串 s_2，其多余的字符送 s_3。

第 5 章

数组和广义表 «‹

本章主要讲解数组、稀疏矩阵和广义表的存储结构及相关算法设计。数组是具有相同类型的数据元素的有限序列，多维数组可以看作线性表的推广。稀疏矩阵就是一种特殊的二维数组。广义表也可以看作线性表的推广，它是采用递归的方法定义的。

学习目标

通过本章学习，读者应该掌握以下内容：

- 熟悉数组在以行序或列序为主序的存储结构中的地址计算方法。
- 熟悉特殊矩阵压缩存储时的下标变换过程。
- 理解稀疏矩阵的两种压缩存储方式的特点。
- 熟悉广义表的定义和存储结构，学会运用表头表尾的方式分析广义表的构成。
- 学习编写递归算法。

5.1 数　　组

数组是常用的数据结构之一，与线性表一样，数组中所有数据元素都必须属于同一个数据类型，其特点是每个数据元素又可以是一个线性表结构，若线性表中的数据元素为简单元素，则称为一维数组或向量，若一维数组中的数据元素又是一维数组，则称为二维数组，依此类推，因此线性表结构可以看作数组结构的一个特例，而数组结构则是线性表结构的扩展。

5.1.1 数组的定义

视频

数组的定义

数组（array）是由 n（n>1）个相同类型数据元素 $a_0, a_1, \cdots, a_i, \cdots, a_{n-1}$ 构成的有限序列。n 是数组的长度。其中数组中的数据元素 a_i 是一个数据结构，即 a_i 可以是线性表中的一个元素，本身也可以是一个线性表，而线性子表中的每一个数据元素还可以再分解。根据数组元素 a_i 的组织形式不同，数组可以分为一维数组、二维数组以及多维（n 维）数组。有时也把一维数组称为向量，把二维数组称为矩阵。

数组中每个元素都是由一个值和一组下标来确定的。同线性表一样，数组中的所有数据元素都必须属于同一数据类型。元素下标的个数称为数组的维数。显然，当维数为 1 时，数组就退化为定长的线性表。

一维数组记为 $A[n]$ 或 $A=(a_0,a_1,\cdots,a_i,\cdots,a_{n-1})$。

在一维数组中，一旦 a_0 的存储地址 $LOC(a_0)$ 确定，一个数据元素所占的存储单元数 k 确定，则任一数据元素 a_i 的存储地址 $LOC(a_i)$ 就可由式（5-1）求出：

$$LOC(a_i)=LOC(a_0)+i\times k \quad (0\leqslant i<n) \tag{5-1}$$

式（5-1）说明，一维数组中任一数据元素的存储地址可直接由计算得到。因此，一维数组是一种随机存储结构。同样，二维、三维及多维数组也满足随机存储特性。

二维数组中的每个元素又是一个定长的线性表（一维数组），都要受到两个关系即行关系和列关系的约束，也就是每个元素都同属于两个线性表。例如，图 5-1（a）所示是一个二维数组，以 m 行 n 列的矩阵形式表示。它可以看作一个线性表

$$A=(a_0,a_1,\cdots,a_j,\cdots,a_{n-1}) \tag{5-2}$$

其中每个数据元素 a_j 是一个列向量形式的线性表

$$a_j=(a_{0j},a_{1j},\cdots,a_{m-1,j}) \quad (0\leqslant j<n)$$

如图 5-1（b）所示。它也可以看作一个线性表

$$A=(a_0,a_1,\cdots,a_i,\cdots,a_{n-1}) \tag{5-3}$$

其中每个数据元素 a_i 是一个行向量形式的线性表

$$a_i=(a_{i0},a_{i1},\cdots,a_{i,n-1}) \quad (0\leqslant i<m)$$

如图 5-1（c）所示。

$$\mathbf{A}_{m\times n}=\begin{bmatrix} a_{0,0} & a_{0,1} & \cdots & a_{0,n-1} \\ a_{1,0} & a_{1,1} & \cdots & a_{1,n-1} \\ \vdots & \vdots & & \vdots \\ a_{m-1,0} & a_{m-1,1} & \cdots & a_{m-1,n-1} \end{bmatrix}$$

（a）矩阵形式

$$\mathbf{A}_{m\times n}=\left[\begin{bmatrix} a_{0,0} \\ a_{1,0} \\ \vdots \\ a_{m-1,0} \end{bmatrix}\begin{bmatrix} a_{0,1} \\ a_{1,1} \\ \vdots \\ a_{m-1,1} \end{bmatrix}\cdots\begin{bmatrix} a_{0,n-1} \\ a_{1,n-1} \\ \vdots \\ a_{m-1,n-1} \end{bmatrix}\right]$$

（b）列向量形式

$$\mathbf{A}_{m\times n}=((a_{0,0},a_{0,1},\cdots,a_{0,n-1}),(a_{1,0},a_{1,1},\cdots,a_{1,n-1}),\cdots,(a_{m-1,0},a_{m-1,1},\cdots,a_{m-1,n-1}))$$

（c）行向量形式

图 5-1 二维数组图例

一个二维数组可以看作每个数据元素都是相同类型的一维数组。依此类推，任何多维数组都可以看作一个线性表，这时线性表中的每个数据元素也是一个线性表。多维数组是特殊的线性表，是线性表的推广。例如，推广到 n 维数组，不妨把它看作一个由 $n-1$ 维数组作为数据元素的线性表；或者这样理解，它是一种较复杂的线性表结构，由简单的数据结构即线性表——辗转合成而得。

数组具有以下性质：

（1）数组中的数据元素数目固定。一旦定义了一个数组，其数据元素数目不再有增减变化。它属于静态分配存储空间的数据结构。

（2）数组中的数据元素必须具有相同的数据类型。

（3）数组中的每个数据元素都有一组唯一的下标值。

（4）数组是一种随机存取结构。可随机存取数组中的任意数据元素。

5.1.2 数组的基本操作

数组一旦被定义，其维数和每一维的上、下界均不能再变，数组中元素之间的关系也不

再改变。数组的基本操作一般不会含有元素的插入或删除等操作，通常只有访问数组元素和改变数组元素的值这两种运算：

（1）value(A,index$_1$,index$_2$,⋯,index$_d$)：A 是已存在的 d 维数组，index$_1$,index$_2$,⋯,index$_d$ 是指定的 d 个下标值，且这些下标均不超过对应维的上界。其运算结果是返回由下标指定的 A 中的对应元素的值。

（2）assign(A,e,index$_1$,index$_2$,⋯,index$_d$)：A 是已存在的 d 维数组，e 为元素变量，index$_1$,index$_2$,⋯,index$_d$ 是指定的 d 个下标值，且这些下标均未越界。其运算结果是将 e 的值赋给由下标指定的 A 中的对应元素。

（3）disp(A)：输出数组 A 的所有元素。

在大多数程序设计语言中，取数组元素值操作 value(A,index$_1$,index$_2$,⋯,index$_d$) 通常直接写作 A[index$_1$][index$_2$]…[index$_d$]，而对数组元素的赋值操作 assign(A,e,index$_1$,index$_2$,⋯,index$_d$) 写作 A[index$_1$][index$_2$]…[index$_d$]=e，或者类似的形式。

视 频

数组的存储结构

5.1.3 数组的存储结构

由于数组一般不作删除或插入运算，所以一旦数组被定义后，数组中的元素个数和元素之间的关系就不再变动。通常采用顺序存储结构表示数组。对于一维数组，数组的存储结构关系为式（5-1）。对于二维数组，由于计算机的存储单元是一维线性结构，用线性的存储结构存放二维数组元素就有行/列次序问题。常用两种存储方法：以行序（row major order）为主序的存储方式和以列序（column major order）为主序的存储方式，如图 5-2 所示。

以行序为主序的存储方式（或简称行主序）是先存储第 0 行，然后存储第 1 行……最后存储第 m–1 行。此时，二维数组的线性排列次序为

$$a_{0,0},a_{0,1},\cdots,a_{0,n-1},a_{1,0},a_{1,1},\cdots,a_{1,n-1},\cdots,a_{m-1,0},a_{m-1,1},\cdots,a_{m-1,n-1}$$

几乎所有的程序设计语言都把数组类型设定为固有类型。在大多数程序设计语言中，如C、Pascal、BASIC 等都采用以行序为主序的存储方式，如图 5-2（b）所示。在 FORTRAN 等少数程序设计语言中，采用的是以列序为主序的存储方式，如图 5-2（c）所示。列主序存储的二维数组的线性排列次序为

$$a_{0,0},a_{1,0},\cdots,a_{m-1,0},a_{0,1},a_{1,1},\cdots,a_{m-1,1},\cdots,a_{0,n-1},a_{1,n-1},\cdots,a_{m-1,n-1}$$

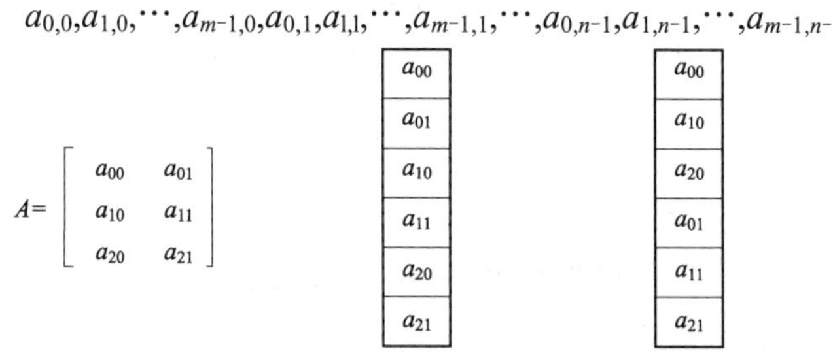

（a）二维数组　　（b）行序为主序　　（c）列序为主序

图 5-2　二维数组的两种存储方式

对一个以行序为主序的计算机系统，当二维数组 $A_{m\times n}$ 的第一个数据元素 $a_{0,0}$ 的存储地址 LOC($a_{0,0}$)以及每个数据元素所占用的存储单元 k 确定后，该二维数组中任一数据元素 $a_{i,j}$ 的存储地址可由下式确定：

$$LOC(a_{i,j})=LOC(a_{0,0})+(i\times n+j)\times k \quad (0\leqslant i<m，0\leqslant j<n) \tag{5-4}$$

其中，n 为每行中的列数。

式（5-4）表示，在内存中，数组元素 $a_{i,j}$ 的前面已存放了 i 行，即存放了 $i\times n$ 个元素，占用了 $i\times n\times k$ 个内存单元，在第 i 行中 $a_{i,j}$ 元素的前面已存放了 j 个数据元素，占用了 $j\times k$ 个内存单元，该数组是从基地址 $LOC(a_{0,0})$开始存放的。所以，数组元素 $a_{i,j}$ 的内存地址为上述三部分之和，此处 i 和 j 均从 0 开始计数。

同理可推出在以列序为主序的计算机系统中有

$$LOC(a_{i,j})=LOC(a_{0,0})+(j\times m+i)\times k \quad (0\leqslant i<m，0\leqslant j<n) \tag{5-5}$$

其中，$LOC(a_{0,0})$ 是二维数组 $A_{m\times n}$ 中第一个数据元素（下标为(0,0)）的存储地址，称为数组的“基地址”或“基址”，m 为行数。

从式（5-4）和式（5-5）可以得知，一旦二维数组的下标值确定，数据元素类型确定，对应数组元素的存储位置也就可以确定，即二维数组具有随机存取特性。

一般情况下，假设二维数组行下界是 c_1，行上界是 d_1，列下界是 c_2，列上界是 d_2，即数组 $A[c_1..d_1,c_2..d_2]$，则式（5-4）可改写为

$$LOC(a_{i,j})=LOC(a_{c1,c2})+[(i-c_1)\times(d_2-c_2+1)+(j-c_2)]\times k \tag{5-6}$$

式（5-5）可改写为

$$LOC(a_{i,j})=LOC(a_{c1,c2})+[(j-c_2)\times(d_1-c_1+1)+(i-c_1)]\times k \tag{5-7}$$

【例 5-1】给定二维数组 float　a[3][4]。

（1）计算数组 a 中的数组元素数目。

（2）若数组 a 的起始地址为 1 000，且每个数组元素长度为 32 位（即 4 个字节），计算数组元素 a[2][3]的内存地址。

【解】（1）由于 C 语言中数组的行、列下标值的下界均为 0，该数组行上界为 3−1=2，列上界为 4−1=3，所以该数组的元素数目共有 3×4=12 个。

（2）由于 C 语言采用行序为主序的存储方式，根据式（5-4），有

$$\begin{aligned}LOC(a_{2,3})&=LOC(a_{0,0})+(i\times n+j)\times k\\&=1\,000+(2\times 4+3)\times 4\\&=1\,044\end{aligned}$$

【例 5-2】若矩阵 $\boldsymbol{A}_{n\times m}$ 中存在某个元素 a_{ij}，满足 a_{ij} 是第 i 行中最大值且是第 j 列中的最小值，则称该元素为矩阵 $\boldsymbol{A}$ 的一个鞍点，试编写一个算法，找出矩阵 $\boldsymbol{A}$ 中所有鞍点。

题目分析：在矩阵 $\boldsymbol{A}$ 中求出第 i 行的最大值元素，并记录其在第 i 行的哪一列，然后判断该元素是否是它所在列中的最小值，如果是，则打印输出，接着处理下一行。

设矩阵 $\boldsymbol{A}$ 用一个二维数组表示，其列数 m 的值为 3，其算法如下：

```
void saddle(int A[][3],int n,int m)     //n,m是矩阵A的行和列
{
   int i,j,jmax,k;
   int flag=1,count=0;
   for(i=0;i<n;i++){                    //按行处理
   int max=A[i][0];
   for(j=0;j<m;j++){               //求出第i行最大值max以及其位于第几列
      if(A[i][j]>=max){
         max=A[i][j];
```

```
            jmax=j;               //jmax 记录第 i 行最大值 max 位于第几列
        }
    }
    flag=1;                       //默认 flag=1,该点为鞍点
    for(k=0;k<n;k++){             //判断 max 是否是第 jmax 列的最小值
        //若第 jmax 列中存在比 max 小的数,则该点不是鞍点,flag=0
        if(A[k][jmax]<max){
            flag=0;
            break;
        }
    }
    if(flag){                     //flag 为 1，说明此元素是鞍点，输出
        cout<<i<<jmax<<A[i][jmax];
        count++;                  //count 计算鞍点个数
    }
  }
  if(count==0) cout<<"此矩阵不存在鞍点";  else  cout<<count;
}
```

该算法的时间复杂度为 $O(n(m+n))$。

5.2 矩阵的压缩存储

矩阵是很多科学与工程计算问题研究的数学对象，在高级语言程序设计中，常用二维数组来存储矩阵元素。有些程序语言还提供了各种方便用户使用的矩阵运算，但是，对于在数值分析中经常出现的一些阶数很高，且矩阵中有许多值相同的元素或者是 0 元素的特殊矩阵，不适合用二维数组来存储，因为会造成大量存储空间的浪费。为了节省存储空间，对这类矩阵进行压缩存储，既为多个值相同的元素只分配一个存储空间，又对 0 元素不分配空间。本节主要研究特殊矩阵及稀疏矩阵的压缩存储问题。

5.2.1 特殊矩阵的压缩存储方法

视频

特殊矩阵的压缩存储

所谓特殊矩阵，是指非零元素或零元素的分布有一定规律的矩阵。其主要形式有对称矩阵、三角矩阵和对角矩阵等。

1. 对称矩阵的压缩存储

对称矩阵是一个 n 阶方阵。若一个 n 阶矩阵 $\boldsymbol{A}$ 中的元素满足 $a_{i,j}=a_{j,i}$（$0\leqslant i, j\leqslant n-1$），则称 $\boldsymbol{A}$ 为 n 阶对称矩阵。由于对称矩阵中的元素关于主对角线对称，因此可以为每一对对称的矩阵元素分配一个存储空间，则 n 阶矩阵中的 $n\times n$ 个元素就可以被压缩到 $n(n+1)/2$ 个元素的存储空间中去。

以行序为主序存储对称矩阵为例，只需要存储包括对角线元素的下三角矩阵。假设以一维数组 sa[$n(n+1)/2$]作为 n 阶对称矩阵 $\boldsymbol{A}$ 的存储结构，在 sa 中只存储对称矩阵的下三角元素，则 $\boldsymbol{A}$ 中任一元素 $a_{i,j}$ 的下标值(i,j)和相应的一维数组元素 sa[k]的下标值 k 之间存在着如下对应关系：

$$k=\begin{cases}\dfrac{i(i+1)}{2}+j & i\geqslant j\\ \dfrac{j(j+1)}{2}+i & i<j\end{cases} \tag{5-8}$$

对于任意给定的一组下标(i,j)，均可在sa中找到矩阵元素a_{ij}；反之，对所有的k=0, 1, 2, …, $\dfrac{n(n+1)}{2}-1$，都能确定 sa[k]中元素在矩阵中的位置(i,j)。由此，称一维数组 sa[$n(n$+1)/2]为 n 阶对称矩阵 $\boldsymbol{A}$ 的压缩存储。其存储对应关系如图 5-3 所示。该压缩存储按式（5-8）做映射即可实现矩阵元素的随机存取。

k	0	1	2	3	4	…	$n(n$+1)/2		$n(n$+1)/2−1
sa[k]	$a_{0,0}$	$a_{1,0}$	$a_{1,1}$	$a_{2,0}$	$a_{2,1}$	…	$a_{n-1,0}$	…	$a_{n-1,n-1}$
隐含元素		$a_{0,1}$		$a_{0,2}$	$a_{1,2}$	…	$a_{0,n-1}$	…	

图 5-3　对称矩阵的压缩存储

2. 三角矩阵的压缩存储

三角矩阵也是一个 n 阶方阵，有上三角矩阵和下三角矩阵。下（上）三角矩阵是主对角线以上（下）元素均为零或常数 c 的 n 阶矩阵。设以一维数组 sb[0..$n(n$+1)/2]作为 n 阶三角矩阵 $\boldsymbol{B}$ 的存储结构，仍采用按行存储方式，则 $\boldsymbol{B}$ 矩阵中任一元素 $b_{i,j}$ 和 sb[k]之间存在着如下对应关系：

上三角矩阵：

$$k=\begin{cases}\dfrac{i(2n-i+1)}{2}+j-i & i\leqslant j\\ \dfrac{n(n+1)}{2} & i>j\end{cases} \tag{5-9}$$

下三角矩阵：

$$k=\begin{cases}\dfrac{i(i+1)}{2}+j & i\geqslant j\\ \dfrac{n(n+1)}{2} & i<j\end{cases} \tag{5-10}$$

其中，sb[$n(n$+1)/2]中存放常数 c 或 0。

3. 对角矩阵的压缩存储

对角方阵（或称带状矩阵）是指所有的非零元素（简称非零元）都集中在以主对角线为中心的带状区域中，即除了主对角线上和紧靠着主对角线上下方若干条对角线上的元素外，所有其他元素皆为零的矩阵。图 5-4（a）是一个具有 m（$1\leqslant m<n$）条非零元素带的 n 阶对角矩阵。

对于 n 阶有 m（m 必为奇数，因为副对角线关于主对角线对称）条非零元素带的对角矩阵，只需存放对角区域内的所有非零元素即可。

以三对角矩阵 $\boldsymbol{A}$ 为例[（见图 5-4（b）]，除了第 0 行和第 n−1 行分别有两个非零元素外，其余每行都有 3 个非零元素，所以需要 $3\times n-2$ 个空间来存储。按行优先来存储，用一维数组 sa[$3\times n-2$]存储图 5-4（b）中的三对角矩阵。

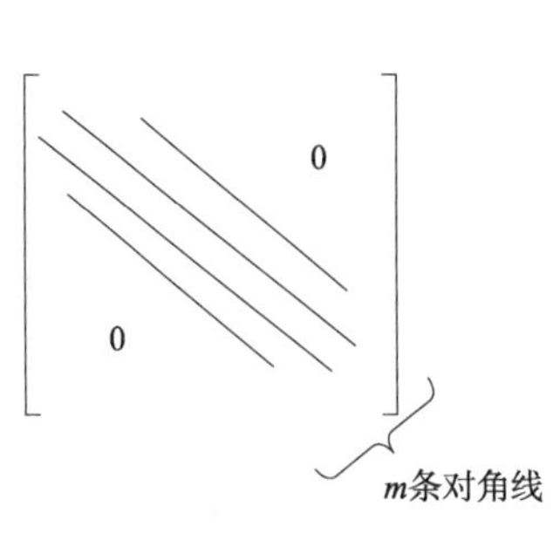

（a）m对角矩阵

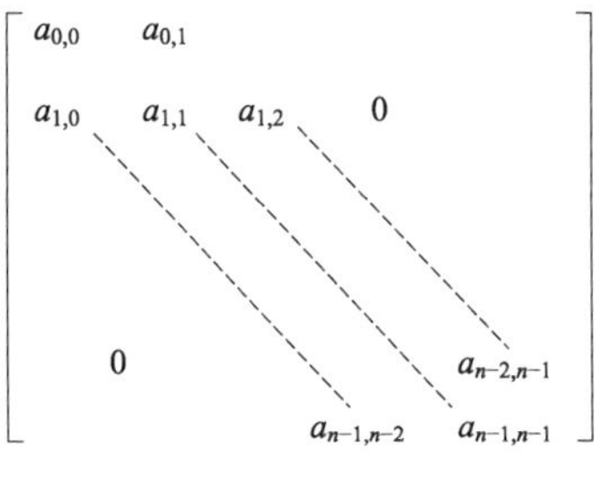

（b）三对角矩阵

图 5-4　对角矩阵

在 sa 中只存储三对角线上的元素，则 $\boldsymbol{A}$ 中任一元素 $a_{i,}j$ 的下标值(i,j)和相应的一维数组元素 sa[k]的下标值 k 之间存在的对应关系是 k=2i+j。推导如下：

假如 a_{ij} 在某一条对角线上，在 a_{ij} 之前共存储了 i 行（从第 0 行到第 i−1 行），除第 0 行存储了 2 个元素外，每一行都存储 3 个元素，所以从第 0 行到第 i−1 行共存储 $2+(i-1)\times3=3\times i-1$ 个元素。在第 i 行上，a_{ij} 之前存储的元素个数是：$j-(i-1)=j-i+1$(第 i 行有 i−1 个零元素)。所以，在 a_{ij} 之前共存储的元素个数为 $3\times i-1+j-i+1=2\times i+j$。所以 $k=2i+j$。

对于任意给定的一组下标(i,j),均可在 sa 中找到矩阵元素 a_{ij}；反之，对所有的 k=0, 1, 2,⋯, $3\times n-3$，都能确定 sa[k]中元素在矩阵中的位置(i,j)。由此，称一维数组 sa[$3\times n-2$]为 n 阶三对角矩阵 $\boldsymbol{A}$ 的压缩存储。其存储对应关系如图 5-5 所示。

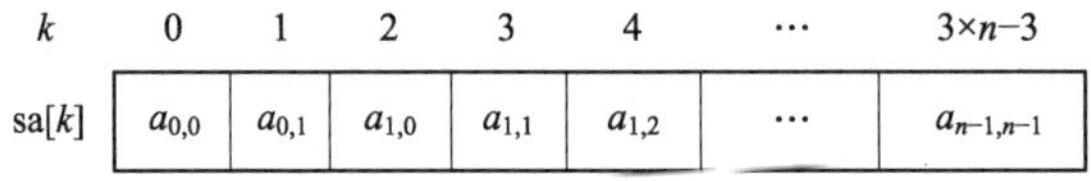

k	0	1	2	3	4	⋯	$3\times n-3$
sa[k]	$a_{0,0}$	$a_{0,1}$	$a_{1,0}$	$a_{1,1}$	$a_{1,2}$	⋯	$a_{n-1,n-1}$

图 5-5　三对角矩阵的压缩存储

除了上述方法外，对角矩阵还可以采用按列存储、按对角线存储等压缩方式。按列存储计算过程同上；按对角线存储需要设计好对角线存储次序，如先存主对角线，再依次向左存左边副对角线（$i>j$），最后依次向右存其余的副对角线。

回顾上述几种特殊矩阵的存储方案，可以得到如下结论：对特殊矩阵的压缩存储实质上就是将二维矩阵中的部分元素按照某种方案排列到一维数组中，不同的排列方案对应不同的存储方案，设定排列方案的同时应该给出计算公式——从二维矩阵元素的下标值 i 和 j 到一维数组下标值 k 的映射公式。

5.2.2　稀疏矩阵的压缩存储方法

视频

稀疏矩阵的压缩存储

如果一个矩阵中有很多元素的值为零，即零元素的个数远远大于非零元素的个数，则称该矩阵为稀疏矩阵。稀疏矩阵在许多工程计算、数值分析等实际问题中经常用到。由于稀疏矩阵中的非零值元素的分布没有一定的规律，所以它的压缩存储方法不同于前面讨论过的特殊矩阵，可以只考虑非零元素的存储。为了能够容易地找到矩阵中的任何元素，在存储非零值时必须增加一些附加信息加以辅助。

根据存储时所附加信息的不同，稀疏矩阵的顺序存储方法包括三元组表示法、带辅助行向量的二元组表示法和伪地址表示法，其中以三元组表示法最为常用。本书主要介绍稀疏矩阵的三元组表示方法。

三元组表示法就是在存储非零元的同时，存储该元素所对应的行下标和列下标。稀疏矩阵中的每一个非零元素由一个三元组(i, j, a_{ij})唯一确定。矩阵中所有非零元素存放在由三元组组成的数组中。由线性表的两种不同存储结构可以得到稀疏矩阵压缩的不同的存储方法。

假设有一个 6×7 阶稀疏矩阵 ***A***，其元素情况以及非零元对应的三元组表（以行序为主序）如图 5-6 所示。

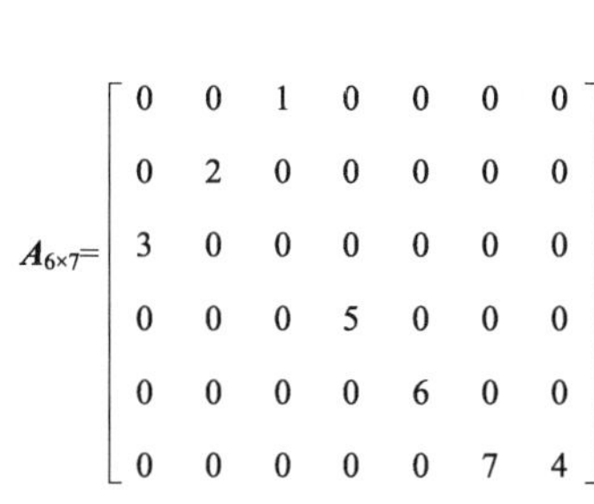

（a）稀疏矩阵

序号	行	列	值
0	6	7	7
1	0	2	1
2	1	1	2
3	2	0	3
4	3	3	5
5	4	4	6
6	5	5	7
7	5	6	4

（b）三元组表

图 5-6　稀疏矩阵及三元组表

三元组表中的第一行分别存储稀疏矩阵 ***A*** 的行数、列数和非零元的个数。显然，非零元素的三元组是按行号递增的顺序、相同行号的三元组按列号递增的顺序排列的。

1. 稀疏矩阵的三元组顺序表表示

对于稀疏矩阵只需要存储其非零元素，所以必须保存每一个非零元素的行、列下标和值。可以采用一个三元组<row,col,value>来唯一地确定一个矩阵元素。那么可以用一个三元组顺序表来存储稀疏矩阵。各矩阵元素的三元组按照行优先的顺序依次存放，另外还要存储原矩阵的行数、列数和非零元素的个数。下面先给出三元组结构体 Trituple 的定义。

```
const int defaultSize=100;
template <class T>
struct Trituple{
int row,col;
T value;
Trituple<T> & operator=(Trituple<T> &x)   //重载赋值运算符
{   row=x.row;col=x.col; value=x.value; return *this;}
};
```

然后给出三元组顺序表表示的稀疏矩阵类 TSMatrix 的定义。

```
template <class T>
classTSMatrix{                    //稀疏矩阵的类的定义
   friend ostream& operator<<(ostream& out,TSMatrix<T> &M);
   friend istream& operator>>(istream& in,TSMatrix<T> &M);
public:
   TSMatrix(int maxsize=defaultSize);       //构造函数
   TSMatrix(TSMatrix<T> &x);                //复制构造函数
```

```
    ~TSMatrix(){delete[] TSArray;}          //析构函数
    TSMatrix<T>&operator=(const TSMatrix<T> &M);
    TSMatrix<T> Transpose();                //矩阵转置
    TSMatrix<T> FastTranspose();            //矩阵的快速转置
private:
    int mu,nu,tu;                  //分别是行数、列数和非零元的个数
    Trituple<T> *TSArray;          //非零元三元组表,动态分配空间
    int maxTerms;                  //在三元组表 TSArray 中三元组个数的最大值
};
```

稀疏矩阵类 TSMatrix 的模板函数的实现如下：

```
template<class T>
TSMatrix<T>::TSMatrix(int maxsize):maxTerms(maxsize)//构造函数
{
    if(maxsize<1){ cerr<<"矩阵大小错误！"<<endl;exit(1);  }
    TSArray =new Trituple<T> [maxsize]; //为 TSArray 动态分配空间
    if(TSArray==NULL){ cerr<<"存储分配错误！"<<endl;exit(1);  }
    mu=nu=tu=0;
}
template<class T>
TSMatrix<T>::TSMatrix(TSMatrix<T> &x) //复制构造函数
{
    mu=x.mu;nu=x.nu;tu=x.tu;
    maxTerms=x.maxTerms;
    TSArray=new Trituple<T> [maxTerms];
    if(TSArray==NULL) { cerr<<"存储分配错误！"<<endl;exit(1);  }
    for(int i=0;i<tu;i++)   //复制三元组表
        TSArray[i]=x.TSArray[i];
}
template<class T>
TSMatrix<T>& TSMatrix<T>::operator=(const TSMatrix<T> &M)
{  //赋值运算符重载函数
    if(maxTerms<M.maxTerms)
    {
        delete[] TSArray;
        TSArray=new Trituple<T> [M.maxTerms];
    }
    mu=M.mu;nu=M.nu;tu=M.tu;
    for(int i=0;i<M.tu;i++)
        TSArray[i]=M.TSArray[i];
    maxTerms=M.maxTerms;
    return *this;
}
```

其中 mu 和 nu 分别是稀疏矩阵的行数和列数，tu 是稀疏矩阵非零元素的个数，maxTerms 是在三元组表 TSArray 中三元组个数的最大值。稀疏矩阵中的三元组<row,col,value>表示一个非零元素。

定义稀疏矩阵 TSMatrix 的友元函数“<<”和“>>”，用来输出和输入稀疏矩阵。以下是这两个友元函数的实现。

```
ostream& operator<<(ostream& out,TSMatrix <T>& M)
{
    out<<"行数="<<M.mu<<endl;
    out<<"列数="<<M.nu<<endl;
    out<<"非零元素的个数="<<M.tu<<endl;
    for(int i=0;i<M.tu;i++)
    out<<"M["<<M.TSArray[i].row<<"]["<<M.TSArray[i].col<<"]="
    <<M.TSArray[i].value<<endl;
    return out;
}
istream& operator>>(istream& in,TSMatrix<T> &M)
{
    cout<<"请输入行数、列数和非零元素的个数: "<<endl;
    in>>M.mu>>M.nu>>M.tu;
    if(M.tu>M.maxTerms)
    { cerr<<"非零元素的个数超出限制! "<<endl;exit(1);  }
    for(int i=0;i<M.tu;i++)
    {
       cout<<"输入三元组的行号、列号和值: "<<i+1<<endl;
       in>>M.TSArray[i].row>>M.TSArray[i].col>>M.TSArray[i].value;
    }
    return in;
}
```

矩阵的转置运算是矩阵中一种最简单的基本运算。对于一个 $m\times n$ 的矩阵 $\boldsymbol{A}_{m\times n}$，其转置矩阵是一个 $n\times m$ 的矩阵，设为 $\boldsymbol{B}_{n\times m}$，且满足 $a_{i,j}=b_{j,i}$，其中 $0\leqslant i\leqslant m-1$，$0\leqslant j\leqslant n-1$。

三元组表示的稀疏矩阵的转置常用算法有以下两种：

（1）矩阵的列序转置（传统的转置算法）。

矩阵 **A** 是按行序为主序存储的，若按列序为主序进行转置就可以得到矩阵 **A** 的转置矩阵 **B**。矩阵 **A** 的三元组存入其私有成员一维数组 TSArray 中，只要在数组中按三元组的列域 col 的值开始扫描，从第 0 列至第 $n-1$ 列，依序将三元组列下标与行下标对换，并顺次存入 **B** 矩阵的私有成员数组一维数组 TSArray 中。矩阵转置算法如下：

```
template<class T>
TSMatrix<T> TSMatrix<T>::Transpose()
{
    TSMatrix<T> b(maxTerms);     //转置得到的b矩阵
    b.mu=nu;b.nu=mu;b.tu=tu;         //行数、列数互换
    if(tu>0)
    {
       int k,q=0,i;
       for(k=0;k<nu;k++)      //按照列序转置
       for(i=0;i<tu;i++)      //扫描每一个非零元素
          if(TSArray[i].col==k)
```

```
        {
            b.TSArray[q].row=TSArray[i].col;
            b.TSArray[q].col=TSArray[i].row;
            b.TSArray[q].value=TSArray[i].value;
            q++;
        }
    }
    return b;
}
```

以上算法的时间复杂度分析：nu 为转置矩阵的列数，tu 为矩阵中非零元素个数，则算法的时间花费主要在两个循环上，所以其时间复杂度为 $O(\mathrm{nu} \times \mathrm{tu})$。也就是说，时间的花费和矩阵 ***A*** 的列数和非零元素个数的乘积成正比。我们知道，一般矩阵的转置算法如下：

```
for(col=0;col<=nu;col++)
    for(row=0;row<=mu; row++)
        b[col][row]=a[row][col];
```

此时，时间复杂度为 $O(\mathrm{mu} \times \mathrm{nu})$。比较两种算法，若非零元的个数 tu 和 mu × nu 同数量级时，三元组表存储的稀疏矩阵的转置算法的时间复杂度就是 $O(\mathrm{mu} \times \mathrm{nu}^2)$。由此可见，本算法仅适用存在大量的非零元素的稀疏矩阵。

（2）快速矩阵转置。

假设将矩阵 ***A*** 转置后放到矩阵 ***B*** 中，快速矩阵转置的算法思想为：对 ***A*** 矩阵预先扫描一次，先确定矩阵 ***A*** 中每一列（即 ***B*** 中每一行）的第一个非零元在矩阵 b. TSArray 中的位置，二次扫描时可以对 a. TSArray 中的每一个元素依次作转置，依据前面得到的位置关系可以将 a. TSArray 中的非零元直接放到 b. TSArray 中的确定位置。因此确定 a.TSArray 中每一列的第一个非零元在 b. TSArray 中的位置是此算法的关键。

为了预先确定 a. TSArray 中的每一列的第一个非零元素在 b. TSArray 中的位置，需要先求得 a. TSArray 中的每一列中非零元素的个数。因为 a. TSArray 中每一列的第一个非零元素在 b. TSArray 中的位置等于 a. TSArray 中前一列第一个非零元素的位置加上其前一列非零元素的个数。

为此，需要设置两个向量 num[nu]和 rpos[nu]。

num[nu]：统计矩阵 ***A*** 中每列非零元素的个数。

rpos[n]：由递推关系得出 a. TSArray 中的每一列的第一个非零元在 b. TSArray 中的位置。rpos[col]存储 a. TSArray 中第 col 列的第一个非零元在 b. TSArray 中的确定位置。显然有：

```
rpos[0]=0;
rpos[col]=rpos[col-1]+num[col-1];1<=col<A.nu;
```

例如，对图 5-6（a）所示的稀疏矩阵 ***A***，num 和 rpos 的值见表 5-1。

表 5-1　矩阵 ***A*** 的向量 num 和 rpos 的值

col	0	1	2	3	4	5	6
num[col]	1	1	1	1	1	1	1
rpos[col]	0	1	2	3	4	5	6

快速转置算法如下：

```
template<class T>
TSMatrix<T> TSMatrix<T>::FastTranspose()
{
    int *num=new int[nu];
    int *rpos=new int[nu];
    TSMatrix<T> b(maxTerms);
    b.mu=nu;b.nu=mu;b.tu=tu;
    int col,j,i;
    for(i=0;i<nu;i++)    num[i]=0;
    //求每一列含非零元素的个数存储在 num 数组
    for(i=0;i<tu;i++) num[TSArray[i].col]++;
    rpos[0]=0;
    for(col=1;col<nu;col++)
    //求第 col 列中第一个非零元在 b 矩阵的 TSArray 数组中的位置
    rpos[col]=rpos[col-1]+rpos[col-1];
    for(i=0;i<tu;i++)            //扫描每一个非零元素
    {
        //求得当前非零元在 b.TSArray 中的位置 j
        j=rpos[TSArray[i].col];
        b.TSArray[j].row=TSArray[i].col;
        b.TSArray[j].col=TSArray[i].row;
        b.TSArray[j].value=TSArray[i].value;
        rpos[TSArray[i].col]++;
    }
    delete[] num;
    delete[] rpos;
    return b;
}
```

算法的控制结构为四个并列的循环，其中两个循环次数和矩阵 ***A*** 的列数 nu 成正比，另两个的循环次数和 ***A*** 矩阵的非零元的个数 tu 成正比，显然，算法的时间复杂度为 $O(\mathrm{nu}+\mathrm{tu})$。

从转置算法可见，三元组顺序表表示方法便于进行按行依次存取元素的矩阵运算，但不便进行需要随机存取某一行元素的矩阵运算。

2. 十字链表

用三元数组的结构来表示稀疏矩阵，在某些情况下可以节省存储空间并加快运算速度。但在运算过程中，若稀疏矩阵的非零元素位置发生变化，必将会引起数组中元素的频繁移动。这时，采用链式存储结构（十字链表）表示三元组的线性表更为恰当。

十字链表（orthogonal list）是稀疏矩阵的另一种存储结构。它是用多重链表来存储稀疏矩阵。十字链表适用于操作过程中非零元素的个数及元素位置变动频繁的稀疏矩阵。

十字链表为矩阵中的每一行设置一个单独链表，同时也为每一列设置一个单独链表。这样，矩阵中的每个非零元就同时包含在两个链表（即所在行和所在列的链表）中。这就大大降低了链表的长度，方便了算法中行方向和列方向的搜索，大大降低了算法的时间复杂度。当然，链表的操作要比单链表复杂一些。

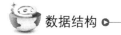

对于一个 $m \times n$ 的稀疏矩阵，每个非零元用一个含有五个域的结点来表示，如图 5-7 所示。其中各分量含义如下：

（1）矩阵中非零元素的行下标 i。

（2）矩阵中非零元素的列下标 j。

（3）矩阵中非零元素的值 value。

（4）向右域 right，用以链接同一行中的下一个非零元素。

（5）向下域 down，用以链接同一列的中下一个非零元素。

即同一行的非零元素通过 right 域链接成一个链表，同一列的非零元素通过 down 域链接成一个链表，每一个非零元既是某个行链表中的结点，同时又是某个列链表中的结点。整个矩阵构成了一个十字交叉的链表，故称十字链表。用一维数组 rhead 存储所有的行链表的头指针，用 chead 存储所有的列链表的头指针。

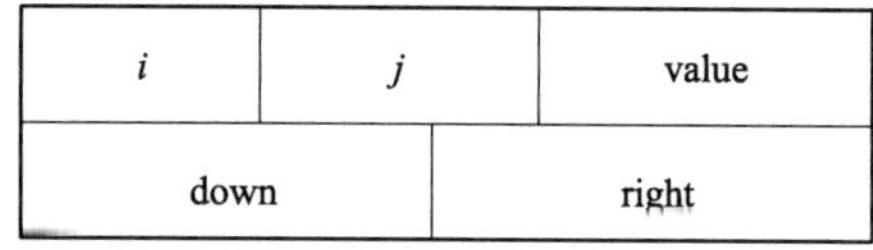

图 5-7　十字链表结点结构

例如，假设稀疏矩阵 $\boldsymbol{B}_{3\times4}$ 为

$$\boldsymbol{B}_{3\times4}=\begin{bmatrix}1 & 0 & 0 & 2\\0 & 0 & 3 & 0\\0 & 0 & 0 & 4\end{bmatrix}$$

对于矩阵 $\boldsymbol{B}_{3\times4}$ 的十字链表表示如图 5-8 所示。

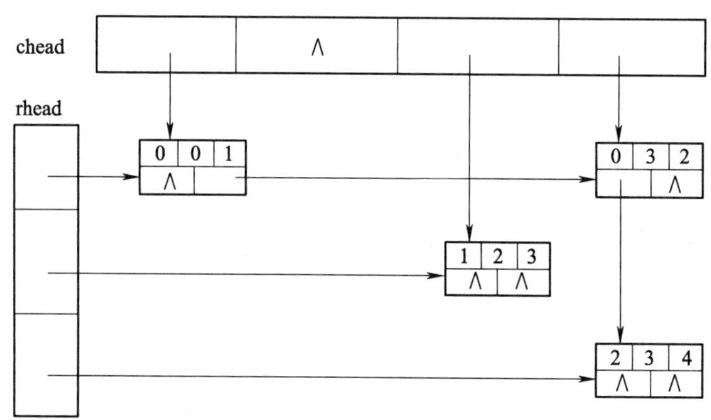

图 5-8　稀疏矩阵的十字链表表示

十字链表类的定义如下：

```
template<class T>
struct OLNode{                    //十字链表结点的类型定义
int i,j;                          //行、列下标
T e;                              //元素值
OLNode *right, *down;             //指向向右和向下的下一个结点的指针
OLNode():i(0),j(0),right(NULL),down(NULL) {}//构造函数
```

```
};
template<class T>
class OLMat{                                         //十字链表类的定义
    friend istream& operator>>(istream& in,OLMat<T>& mat);
    friend ostream& operator<<(ostream& out,OLMat<T>& mat);
public:
    OLNode<T> *rhead,*chead;
    int mu,nu,tu;
    OLMat():                                          //构造函数,初始化数据成员
        rhead(NULL),chead(NULL),mu(0),nu(0),tu(0){}
    ~OLMat();                                         //析构函数
    bool OLMatCreate(int nrows,intncols);             //创建十字链表
    bool OLMatInsert(int i,int j,T e);                //插入值为 e 的结点
    void OLMatTranspose();                            //矩阵转置
};
```

十字链表的操作实际上就是前面介绍的链表操作的综合，因为每个操作都要在行链表和列链表两个链表上同时进行，过程较单链表自然麻烦些，但是基本概念和规则完全相同。下面给出十字链表的初始化函数、插入矩阵元素、矩阵转置和析构函数等成员函数的算法实现。

```
template<class T>
bool OLMat<T>::OLMatCreate(int nrows, int ncols)//创建十字链表
{
    rhead=new OLNode<T>[nrows]; //动态分配 rhead 的存储空间
    if(!rhead) return false;
    chead=new OLNode<T>[ncols]; //动态分配 chead 的存储空间
    if(!chead) {
        delete rhead;
        return false;
    }
    mu=nrows;nu=ncols;tu=0;
    return true;
}
template<class T>
bool OLMat<T>::OLMatInsert(int i,int j,T e)  //插入矩阵元素 e
{
    if(i<0||i>=mu||j<0||j>=nu) {
        cerr<<"Index out of bound."<<endl;
        return false;
    }
    OLNode<T> *rprior=rhead+i;
    while(rprior->right && rprior->right->j<j)
      rprior=rprior->right;
    if(rprior->right && rprior->right->j==j)
    {  rprior->right->e=e;  }
    else
    {
        OLNode<T> *pcur=new OLNode<T>;
```

```
        if(!pcur) return false;
         //插入到所在行的链表中
        pcur->i=i; pcur->j=j; pcur->e=e;
        pcur->right=rprior->right;
        rprior->right=pcur;
        ++tu;
        //插入到所在列的链表中
        OLNode<T>* cprior=chead+j;
        while(cprior->down && cprior->down->i<i)
            cprior=cprior->down;
        pcur->down=cprior->down;
        cprior->down=pcur;
    }
    return true;
}
template<class T>
void OLMat<T>::OLMatTranspose()      //矩阵转置
{
    for(int i=0;i<mu;++i) {              //按行处理
       OLNode<T>* rprior=rhead+i;//rprior指向第i行的第一个结点
       while(rprior) {
          OLNode<T> * rnext=rprior->right;
          //每个非零元结点的i和j互换
          int t=rprior->i;
          rprior->i=rprior->j;
          rprior->j=t;
          //每个非零元结点的right和down指针互换
          OLNode<T> * tp=rprior->right;
          rprior->right=rprior->down;
          rprior->down=tp;
          rprior=rnext;
       }
   }
   for(int j=0;j<nu;++j)
        chead[j].right=chead[j].down;
   int t=mu;mu=nu;nu=t;
    //rhead和chead互换
    OLNode<T>* tp=rhead;rhead=chead;chead=tp;
}
template<class T>
OLMat<T>::~OLMat()           //析构函数
{
    for(int i=0;i<mu;++i) {
       OLNode<T> * rprior=rhead+i;
       while(rprior->right) {
           OLNode<T> * pcur=rprior->right;
           rprior->right=pcur->right;
           delete pcur;
```

```
        }
    }
    delete rhead;
    delete chead;
    mu=nu=tu=0;
}
```

输入和输出矩阵的友元函数的实现代码如下：

```
template<class T>
istream& operator>>(istream& in,OLMat<T>& mat)//重载>>运算符
{
    cout<<"num of nonzeros: "<<endl;
    cin>>mat.nu;
     int i,j;
     T e;
    cout<<"i, j, e: "<<endl;
    for(int n=0;n<mat.nu;++n)
    {
        cin>>i>>j>>e;
        if(!mat.OLMatInsert(i,j,e))
            cout<<"input failed."<<endl;
     }
return in;
}
template<class T>
ostream& operator<<(ostream& out,OLMat<T>& mat)//重载<<运算符
{
    for(int i=0;i<mat.mu;++i) {
        OLNode<T> * pcur = mat.rhead[i].right;
        int nextj=0;
        while(pcur) {
            while(nextj!=pcur->j) {
               out<<"0 ";
               ++nextj;
        }
        out<<pcur->e<<" ";
            pcur=pcur->right;
            ++nextj;
        }
        while(nextj!=mat.nu) {
          out<<"0 ";
          ++nextj;
          }
        out<<endl;
        }
    return out;
}
```

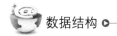

将十字链表类 OLMat 的定义存储在 OLMat.h，将其成员函数及友元函数的实现存储在实现文件 OLMat.cpp 中，实现稀疏矩阵十字链表表示（见图 5-8）的完整程序如下：

```
#include  "OLMat.h"           //引入头文件 OLMat.h
int main(){
    OLMat<int> M;
    M.OLMatCreate(3,4);       //矩阵初始化
    cin>>M;
    M.OLMatTranspose();       //矩阵转置
    cout<<M;
    return 0;
}
```

输入：

```
num of nonzeros:
    4↙
    i, j, e:
    0 0 1
    0 3 2
    1 2 3
    2 3 4↙
```

输出：

```
    1 0 0
    0 0 0
    0 3 0
    2 0 4
```

5.3 广　义　表

5.3.1 广义表的定义

视 频

广义表

广义表也是线性表的一种推广，是一种多层次的线性结构，主要用于人工智能领域的表处理语言 LISP 语言。

广义表是 n（$n \geqslant 0$）个元素的序列，记为 $GL=(a_1,a_2,\cdots,a_i,a_{i+1},\cdots,a_n)$。若 $n=0$ 时为空表。记为 GL=( )。其中，GL 是广义表的名称；n 是广义表的长度；a_i（$1 \leqslant i \leqslant n$）是广义表的第 i 个数据元素。如果 a_i 属于原子类型（原子类型的值不可分解，如 C/C++ 语言中的整型、实型和字符型等），则称 a_i 是广义表 GL 的原子；如果 a_i 又是一个广义表，则称其为广义表 GL 的子表。

广义表具有以下重要的性质：

（1）广义表中数据元素具有相对次序。

（2）广义表的长度定义为最外层包含元素的个数。

（3）广义表的深度定义为所含括弧的重数，其中原子的深度为 0，空表的深度为 1。

（4）广义表可以共享，一个广义表可以被其他广义表共享，这种共享广义表称为再入表。

（5）广义表可以是递归的表，一个广义表可以是自己的子表，这种广义表称为递归表。递归表的深度是无穷值，而长度是有限的。

为清楚起见，一般用小写字母表示原子名，用大写字母表示广义表的表名。例如：

```
A=( )
B=(e)
C=(a,(b,c,d))
D=(A,B,C)=((),(e),(a,(b,c,d)))
E=((a,(a,b),((a,b),c)))
F=(a,F)=(a,(a,(a,…)))
```

其中：

A 是一个空表，其长度为 0，深度为 1；

B 是一个只含有原子 *e* 的表，其长度为1，深度为 1；

C 中有两个元素，一个是原子，另一个是子表，*C* 的长度为 2，深度为 2；

D 中有三个元素，每个元素又都是一个表，*D* 的长度为 3，深度为 3；

E 中只含有一个元素，该元素是一个表，*E* 的长度为1，深度为 3。

F 中含有两个元素，一个是原子，另一个是 *F* 表本身，所以 *F* 是一个无限递归的表，*F* 的长度为 2，深度为无穷值。

如果把每个表的名字（若有）写在其表的前面，则上面的广义表可相应地表示如下：

```
A( )
B(e)
C(a,(b,c,d))
D(A(),B(e),C(a,(b,c,d)))
E((a,(a,b),((a,b),c)))
F(a,F(a,F(a,…)))
```

广义表的数据元素之间除了存在次序关系外，还存在层次关系，这种关系可以用图形表示。上面前五个广义表的图形表示如图 5-9 所示。图中的圆形图符表示广义表，方形图符表示原子。

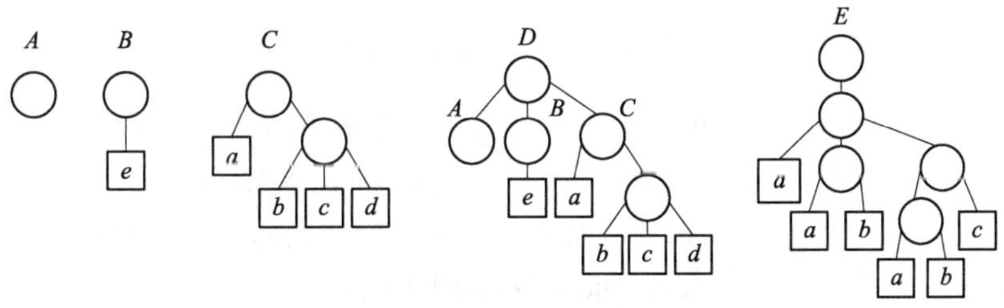

图 5-9　广义表的图形表示

从图 5-9 中可以看出，广义表的图形表示像倒着画的一棵树，树根结点代表整个广义表，各层树枝结点代表相应的子表，树叶结点代表原子或空表（如 *A* 表）。

当广义表 GL 非空（$n>0$）时，第一个数据元素 a_1 称为广义表的表头（head），记为 head(GL)=a_0，其余数据元素组成的表($a_1,\ldots,a_{n-1}$)称为广义表 GL 的表尾（tail），记为 tail(GL)=($a_2,\ldots,a_n$)。因此，可以说一个广义表是由表头和表尾构成的。注意：空表没有表头和表尾。

由于广义表的表头定义为表中第一个数据元素，因此它可能是原子，也可能是个广义表，而它的表尾必定是个广义表，但可能是个空的广义表。仍取用上面的例子：

```
A  无表头和表尾
head(B)=e;  tail(B)=( )
head(C)=a;  tail(C)=((b,c,d))
head(D)=( ); tail(D)=((e),(a,(b,c,d)))
head(E)=(a,(a,b),((a,b),c));tail(E)=( )
head(F)=a;  tail(F)=(F)
```

可以利用 head 和 tail 在广义表 *D* 中取出单元素 *c*，过程如下：

```
head(tail(head(tail(head(tail(tail(D)))))))
```

一个广义表中括号嵌套的最大重数为它的深度。在图形表示中，广义表深度是指从树根结点到每个树枝结点所经过的结点个数的最大值。例如，广义表 *A* 和 *B* 的深度为 1（注意广义表 *A* 和广义表 *B* 的深度相同，因它们均只有一重括号），广义表 *C*、*D*、*E* 的深度分别为 2、3 和 4，*F* 表的深度为无穷大。

5.3.2　广义表的存储结构

广义表是一种递归的数据结构，其存储结构显然要比线性表复杂得多。表中的数据元素可以有不同的结构，既可以是原子，也可以是广义表，所以很难用顺序存储结构表示。通常采用链表存储结构。需要两种结构的结点：

（1）表结点：用以表示广义表。由三个域组成：标志域 tag、指向表头的指针域 sublist 和指向下一个结点的指针域 next，如图 5-10（a）所示。

（2）原子结点：用以表示原子项。由三个域组成：标志域 tag、值域 data 和指向下一个元素结点的指针域 next，如图 5-10（b）所示。

（a）表结点　　（b）元素结点

图 5-10　广义表的链表结点

其中，标志域 tag 用于区分两类结点。若 tag=0，表示该结点为原子结点，第二个域 data 存放相应原子结点的数据信息；若 tag=1，表示该结点为表结点，则第二个域 sublist 存放其子表第一个元素对应结点的地址。next 域存放与本元素同一层的下一个元素所在结点的地址，当本元素是所在层的最后一个元素时，next 域为 NULL。

例如，广义表 *C* 的链表存储结构如图 5-11 所示。

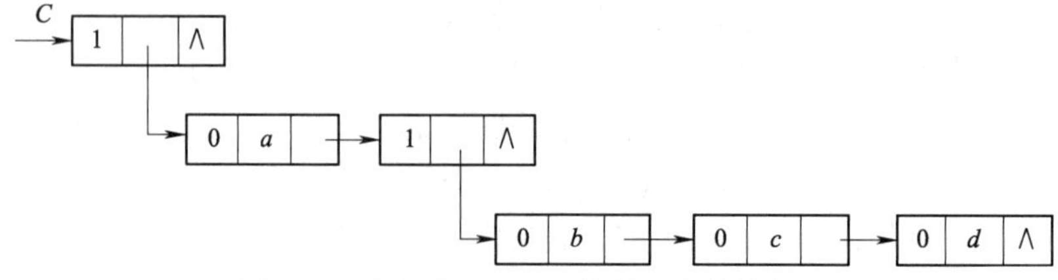

图 5-11　广义表$(a,(b,c,d))$的链表存储结构图

链表存储的广义表的结点结构定义如下：

```
struct GLNode                                //广义表的结点类型
{
    int tag;                                 //结点类型标识，0 是原子，1 是表/子表
    union
    {
        ElemType data;                       //原子值
        GLNode *sublist;                     //指向子表的指针
    } val;
    GLNode *next;                            //指向下一个元素（又称兄弟）的指针
    GLNode(int type=1,char value='\0') //广义表结点类型的构造函数
    :tag(type),next(NULL){
        if(type==0)  val.data=value;
    }
};
```

用指向广义表头结点的指针即可唯一确定一个广义表，所以广义表类只有一个数据成员，即指向其头结点的指针 link。广义表类 GList 的定义如下：

```
class GList{
public:
GList(char *&str):link(NULL)                     //构造函数
   {link=CreateGList(str); }
   GList(const GList &x)                         //复制构造函数
   {link=GListCopy(x.link);}
   ~GList(){DestroyGList(link);}                 //析构函数
   GListDepth(){GListDepth(link);}               //求广义表的深度
   int GListLength();                            //求广义表的长度
   void DispGList(){DispGList(link);}            //输出广义表
   GLNode *GetHead();                            //求表头
   GLNode *GetTail();                            //求表尾
   bool DelNode(char e){DelNode(link,e);} //删除值为 e 的结点
private:
   GLNode *link;      //指向广义表的表头结点的指针
   GLNode *CreateGList(char *&s);
   GLNode *GListCopy(GLNode *h);
   int  GListDepth(GLNode *h);
   void  DispGList(GLNode *h);
   GLNode *GetTail(GLNode *h);
   bool  DelNode(GLNode *&h,char e);
   void DestroyGList(GLNode *g);
};
```

为了避免类的调用者访问 GList 类的私有成员 link，在公有函数如构造函数、析构函数以及输出函数等中调用了相应的私有函数，例如，在公有函数 DispGList( )中调用了私有函数 DispGList(link)，在构造函数中调用了 CreateGList(str)等。

5.3.3 广义表的基本操作

广义表的基本操作主要有求广义表的长度和深度、向广义表插入元素和从广义表中查找或删除元素、建立广义表的存储结构、输出广义表和复制广义表等。由于广义表是一种递归的数据结构，所以对广义表的运算一般采用递归的算法。

下面讨论广义表的常用基本操作的实现算法。

1. 求广义表的长度

在广义表中，同一层次的结点是通过 next 域链接起来的，所以可把它看作由 next 域链接起来的单链表。这样，求广义表的长度就是求单链表的长度，可以采用以前介绍过的求单链表长度的方法求其长度。求广义表长度的递归算法如下：

```
int GList::GListLength()        //求广义表 g 的长度
{
    int n=0;
    GLNode *g1;
    g1=link->val.sublist;       //g 指向广义表的第一个元素
    while(g1!=NULL)
    {
        n++;                    //累加元素个数
        g1=g1->next;
    }
    return n;
}
```

2. 求广义表的深度

广义表深度的递归定义是：它等于所有子表中表的最大深度加 1。若一个表为空或仅由原子所组成，则深度为 1。求广义表深度的递归函数的递归模型如下：

$$GListDepth(h)=\begin{cases}1 & \text{若 } h \text{ 为空表或只有原子构成}\\ 0 & \text{若 } h \text{ 是原子}\\ \max\{GListDepth(sh)\mid sh \text{ 为 } h \text{ 的子表}\}+1 & \text{其他情况}\end{cases}$$

下面是求一个广义表深度的算法：

```
int GList::GListDepth( GLNode *h)  //求以 h 为头结点指针的广义表的深度
{
    GLNode *g1;
    int maxd=0,dep;
    if(h->tag==0)               //为原子时返回 0
        return 0;
    g1=h->val.sublist;          //g1 指向第一个元素
    if(g1==NULL)                //为空表时返回 1
        return 1;
    while(g1!=NULL)             //遍历表中的每一个元素
    {
        if(g1->tag==1)          //元素为子表的情况
```

```
            {
                dep=GListDepth(g1);  //递归调用求出子表的深度
                if(dep>maxd)         //maxd为同一层所求过的子表中深度的最大值
                    maxd=dep;
            }
            g1=g1->next;             //使g1指向下一个元素
        }
        return(maxd+1);              //返回广义表的深度
    }
```

在该递归算法中，函数调用的参数必须一致，由于求深度的函数中的参数为指向广义表的头指针，则求子表深度的语句中的参数也必须是相应子表的头指针。

3. 建立广义表的存储结构

假定广义表中的元素类型 ElemType 为 char 型，每个原子的值被限定为英文字母。并假定广义表是一个表达式，其格式为：元素之间用一个逗号分隔，表元素的起止符号分别为左、右圆括号，空表在其圆括号内不包含任何字符。例如，$(a,(b,c,d))$就是一个符合上述规定的广义表格式。

建立广义表存储结构的算法同样是一个递归算法。该算法使用一个具有广义表格式的字符串参数 s，算法返回由字符串 s 生成的广义表存储结构的头结点指针 g。在算法的执行过程中，需要从头到尾扫描 s 的每一个字符。当碰到“(”时，表明它是一个表元素的开始，则应建立一个由 g 指向的表结点，并用它的 sublist 域作为子表的表头指针进行递归调用，来建立子表的存储结构；当碰到一个英文字母时，表明它是一个原子，则应建立一个由 g 指向的原子结点；当碰到一个“)”时，表明它是一个空表，则应置 g 为空。当建立了一个由 g 指向的结点后，接着碰到逗号字符时，表明存在后继结点，需要建立当前结点（即由 g 指向的结点）的后继表；否则表明当前所处理的表已结束，应该置当前结点的 next 域为空。

根据以上分析，编写出生成广义表的算法如下：

```
 GLNode * GList::CreateGList(char *&s)
//创建由括号表示法表示s的广义表链式存储结构
 {
    GLNode *g;
    char ch=*s++;                               //取一个字符
    if(ch!='\0')                                //串末结束判断
    {
        g=(GLNode *)malloc(sizeof(GLNode));     //创建一个新结点
        if(ch=='(')                             //当前字符为'('时
        {
            g->tag=1;                           //新结点作为表头结点
            g->val.sublist=CreateGList(s);      //递归构造子表
        }
        else if(ch==')')
            g=NULL;                         //遇到')'字符,g置为空
        else if(ch=='#')                    //'#'字符表示为空表
            g=NULL;
        else                                //为原子字符
```

```
        {
            g->tag=0;                           //新结点作为原子结点
            g->val.data=ch;
        }
    }
    else                                        //串结束,g 置为空
        g=NULL;
    ch=*s++;                                    //取下一个字符
    if(g!=NULL)                                 //继续构造兄递结点
        if(ch==',')                             //当前字符为','
            g->next=CreateGList(s);             //递归构造兄弟结点
        else          //没有兄弟了,将兄弟指针置为 NULL
            g->next=NULL;
    return g;
}
```

该算法需要扫描输入的广义表中的所有字符，并且处理每个字符都是简单的比较或赋值操作，其时间复杂度为 $O(1)$，所以整个算法的时间复杂度为 $O(n)$，n 表示广义表中所有字符的个数。在这个算法中，既包含子表的递归调用，也包含兄弟的递归调用，所以递归调用的最大深度不会超过生成的广义表中所有结点的个数，因而其空间复杂度也为 $O(n)$。

4. 输出广义表

以 h 作为带表头附加结点的广义表的表头指针，打印输出该广义表时，需要对子表进行递归调用。当 h 结点为表元素结点时，应首先输出作为一个表的起始符号的“(”，然后再输出以 h->sublist 为表头指针的表；当 h 结点为原子结点时，则应输出该元素的值。当以 h->sublist 为表头指针的表输出完毕后，应在其最后输出一个作为表终止符的“)”。h 结点输出结束后，若存在后继结点，则应首先输出一个逗号作为分隔符，然后再递归输出由指针 h->next 所指向的后继表。输出一个广义表的算法描述如下：

```
void GList::DispGList(GLNode *h)          //输出以 h 为头结点指针的广义表
{
    if(h!=NULL)  //表不为空
    {
        if(h->tag==0)                     //为原子时
            cout<<h->val.data;            //输出原子值
        else                              //为子表时
        {
            cout<<"(";                    //输出'('
            if(h->val.sublist==NULL)      //为空表时
                cout<<" ";
            else                          //为非空子表时
                DispGList(h->val.sublist); //递归输出子表
            cout<<")";       //输出')'
        }
        if(h->next!=NULL)
        {
            cout<<",";                    //输出','
```

```
            DispGList(h->next);          //递归输出后继表的内容
        }
    }
}
```

该算法的时间复杂度和空间复杂度与建立广义表存储结构的情况相同，均为 $O(n)$，n 为广义表中所有结点的个数。

5. 广义表的复制

复制一个广义表的过程如下：对于广义表的头结点*h，若为空，则返回空指针；若为表结点，则递归复制子表，否则，复制原子结点；然后再递归复制其兄弟。返回复制后的广义表链表的指针。其算法如下：

```
GLNode * GList::GListCopy(GLNode *h)
{
    GLNode *q;
    if(h==NULL)                                  //为空表时
        q=NULL;
    else                                         //为非空表时
    {
        q=new GLNode;                            //创建新结点
        q->tag=h->tag;
        if(h->tag==1)                            //为表/子表时
            q->val.sublist= GListCopy(h->val.sublist);
        else
            q->val.data=h->val.data;             //为原子时
        q->next=GListCopy(h->next);              //递归调用复制后继表的内容
    }
    return q;
}
```

6. 求广义表的表头

求广义表的表头只对非空表有意义，且由于广义表的表头定义为表中第一个数据元素，因此表头可能是原子，也可能是个广义表。

判断是否是空表，如果是空表则返回 NULL，空表不能求表头；再判断是否是原子，如果是原子则返回 NULL，原子不能求表头。

定义一个指针变量 p，先让 p 指向广义表的第一个结点，即 p=link->val.sublist；然后判断 p 所指的结点是原子还是子表，如果是原子则复制 p 结点到 q，返回 q；如果 p 所指结点是子表，则构造虚子表 t，复制 t 到 q，返回 q。

```
GLNode * GList::GetHead( )              //求表头
 {
    if(link==NULL)                      //空表不能求表头
    {cout<<"空表不能求表头\n"; return NULL;}
    else if(link->tag==0)               //原子不能求表头
    {cout<<"原子不能求表头\n"); return NULL;}
```

```
    GLNode *p=link->val.sublist;    //p 指向第一个元素
    GLNode *q,*t;
    if(p->tag==0)                   //p 为原子结点时，创建新结点
    {
       q=new GLNode; q->tag=0;
       q->val.data=p->val.data; q->next=NULL;
    }
    else                            //p 为子表时，构造虚子表 t
    {
       t=new GLNode; t->tag=1;
       t->val.sublist=p->val.sublist; t->next=NULL;
       q=GListCopy(t);              //将虚子表 t 复制到 q
       delete t;
    }
    return q;                       //返回 q
}
```

7. 求广义表的表尾

广义表的表尾是去掉表头元素后的其余部分。显然，广义表的表尾必定是个广义表，但可能是个空的广义表。所以算法中应首先判断是否为空表，空表不能求表尾，如果是空表，则返回 NULL；再判断是否为原子，原子不能求表尾，如果是原子，则返回 NULL；接着执行 *p*=link->val.sublist->next，那么 *p* 或者为空或者指向第二个元素结点。最后用 *p* 所指的表创建虚表 *t*，用 GListCopy(*t*)将 *t* 复制到 *q*，返回 *q*。

```
GLNode * GList::GetTail( )              //求表尾
 {
    if(link==NULL)                      //空表不能求表尾
    { cout<<"空表不能求表尾\n";   return NULL; }
    else if(link->tag==0)               //原子不能求表尾
    { cout<<"原子不能求表尾\n"   return NULL;}
    GLNode *p=link->val.sublist->next;  //p 为空或指向第二个元素结点
    GLNode *q,*t;
    //创建一个虚表 t
    t=new GLNode;t->tag=1;t->next=NULL;
    t->val.sublist=p;
    q=GListCopy(t);
    delete t;
    return q;
}
```

【例 5-3】设计一个算法 DelNode(**h*,*x*)，删除以 *h* 为头结点指针的广义表中所有值为 *x* 的元素。例如，删除广义表((*a*),*b*,(*c*,*a*))中'*a*'的结果为(( ),*b*,(*c*))。

【解】算法的思路是：定义一个指向 GLNode 类型结点的指针 *p*，首先让 *p* 指向广义表的第一个元素，即 *h*->val.sublist，再循环处理所有的元素。删除元素的过程如下：当 *p* 为原子时，如果其 data 值为 *x*，则删除之（分是否为第一个元素两种情况，若为第一个元素，则又

分是否有兄弟两种情况）；若 p 为子表，则递归处理该子表。算法如下：

```
bool GList::DelNode(GLNode * &h,char x)     //h为广义表的表头结点指针
{
    GLNode *p=h->val.sublist,*pre,*q;         //pre指向p的前驱结点
    if(h==NULL)  return false;                //为空表时
    while(p!=NULL)
    {
        if(p->tag==0)                         //为原子的情况
          {
          if(p->val.data==x)                  //原子结点的data域值为x
          {
              q=p;                            //q指向被删结点
              if(h->val.sublist==p)           //被删的是第一个结点
                  if(p->next==NULL)           //被删结点无后续结点
                      h->val.sublist=NULL;    //置为空表
                  else
                      h->val.sublist=p->next;
              else                            //被删的不是第一个结点
                  pre->next=p->next;
              p=p->next;
              delete q;
          }
          else                                //原子结点的data域值不为x时
          {pre=p;p=p->next;}
        }
        else                                  //为子表的情况
        {
          pre=p;
          DelNode(p,x);                       //递归删除子表中的x
          p=p->next;
        }
    }
    return true;
}
```

小　　结

数组作为一种数据类型，它是一种多维的线性结构，需要采用顺序存储结构，通常只进行存取或修改某个元素的值等操作。

对于特殊矩阵的压缩存储，实质就是将特殊矩阵的二维表中的数据按照一定的次序存放到一维数组中，元素 a_{ij} 的位置通过相应的地址计算公式（映射公式）来确定；对于稀疏矩阵，由于非零元素排列无规律，通常采用三元组法来实现压缩存储。三元组法具体采用哪种实现形式，取决于应用中矩阵的形态以及主要进行什么样的运算，比如三元

组顺序表或十字链表。

广义表是一种递归定义的线性结构，它兼有线性结构和层次结构的特点。若将广义表看作由表头和表尾合成的结构，则它的操作的实现类似于树的操作，而若将广义表看作 n 个子表的序列，则它的操作的实现是线性表操作的一种扩充。由于广义表自身定义的递归性，从而使几乎所有的广义表操作算法都是递归算法，因此，通过对本章广义表部分的学习，读者应该更好地掌握递归程序设计技巧。

习　题

一、单项选择题

1. 假设以行序为主序存储二维数组 A[1..100，1..100]，设每个数据元素占两个存储单元，基地址为 10，则 LOC(A[5,5])=（　　）。

A. 808　　B. 818　　C. 1010　　D. 1020

2. 同一数组中的元素（　　）。

A. 长度可以不同　　B. 不限

C. 类型相同　　D. 长度不限

3. 二维数组 A 的元素都是 6 个字符组成的串，行下标 i 的范围从 0 到 8，列下标 j 的范围从 1 到 10。从供选择的答案中选出应填入下列关于数组存储叙述中（　　）内的正确答案。

（1）存放 A 至少需要（　　）个字节；

（2）A 的第 8 列和第 5 行共占（　　）个字节；

（3）若 A 按行存放，元素 A[8][5]的起始地址与 A 按列存放时的元素（　　）的起始地址一致。

供选择的答案：

（1）A. 90　　B. 180　　C. 240　　D. 270　　E. 540

（2）A. 108　　B. 114　　C. 54　　D. 60　　E. 150

（3）A. A[8][5]　　B. A[3][10]　　C. A[5][8]　　D. A[0][9]

4. 数组与一般线性表的区别主要是（　　）。

A. 存储方面　　B. 元素类型方面

C. 逻辑结构方面　　D. 不能进行插入和删除运算

5. 设二维数组 A[1.. m，1.. n]按行存储在数组 B[1.. m×n]中，则二维数组元素 A[i,j]在一维数组 B 中的下标为（　　）。

A. $(i-1)\times n+j$　　B. $(i-1)\times n+j-1$

C. $i\times(j-1)$　　D. $j\times m+i-1$

6. 所谓稀疏矩阵指的是（　　）。

A. 零元素个数较多的矩阵

B. 零元素个数占矩阵元素中总个数一半的矩阵

C. 零元素个数远远多于非零元素个数且分布没有规律的矩阵

D. 包含有零元素的矩阵

7. 对稀疏矩阵进行压缩存储目的是（　　）。

A. 便于进行矩阵运算　　B. 便于输入和输出
C. 节省存储空间　　D. 降低运算的时间复杂度

8. 稀疏矩阵一般的压缩存储方法有两种，即（　　）。
A. 二维数组和三维数组　　B. 三元组和散列
C. 三元组表和十字链表　　D. 散列和十字链表

9. 有一个 100×90 的稀疏矩阵，非 0 元素有 10 个，设每个整型数占 2 字节，则用三元组表示该矩阵时，所需的字节数是（　　）。
A. 60　　B. 66　　C. 18 000　　D. 33

10. $A[N,N]$是对称矩阵，将下面三角（包括对角线）以行序存储到一维数组 $T[N(N+1)/2]$中，则对任一上三角元素 $a[i][j]$对应 $T[k]$的下标 k 是（　　）。
A. $i(i-1)/2+j$　　B. $j(j+1)/2+i$
C. $i(j-i)/2+1$　　D. $j(i-1)/2+1$

11. 已知广义表 $L=((x,y,z),a,(u,t,w))$，从 L 表中取出原子项 t 的运算是（　　）。
A. head(tail(tail(L)))　　B. tail(head(head(tail(L))))
C. head(tail(head(tail(L))))　　D. head(tail(head(tail(tail(L)))))

12. 广义表 $A=(a,b,(c,d),(e,(f,g)))$，则下面式子的值为（　　）。

```
Head(Tail(Head(Tail(Tail(A)))))
```

A. (g)　　B. (d)　　C. c　　D. d

13. 广义表$((a,b,c,d))$的表头是（　　），表尾是（　　）。
A. a　　B. (　)　　C. (a,b,c,d)　　D. (b,c,d)

14. 设广义表 $L=((a,b,c))$，则 L 的长度和深度分别为（　　）。
A. 1 和 1　　B. 1 和 3　　C. 1 和 2　　D. 2 和 3

15. 下面说法不正确的是（　　）。
A. 广义表的表头总是一个广义表
B. 广义表的表尾总是一个广义表
C. 广义表难以用顺序存储结构
D. 广义表可以是一个多层次的结构

二、填空题

1. 数组的存储结构采用__________存储方式。

2. 二维数组 $A[10][20]$每个元素占一个存储单元，并且 $A[0][0]$的存储地址是 200，若采用行序为主方式存储，则 $A[6][12]$的地址是____________，若采用列序为主方式存储，则 $A[6][12]$的地址是________________。

3. 三维数组 $a[4][5][6]$（下标从 0 开始计，a 有 4×5×6 个元素），每个元素的长度是 2，则 $a[2][3][4]$的地址是__________。（设 $a[0][0][0]$的地址是 1000，数据以行为主方式存储）

4. n 阶对称矩阵 a 满足 $a[i][j]=a[j][i],i,j=1..n$，用一维数组 t 存储时，t 的长度为______，以行主序存储下三角，当 $i=j$ 时，$a[i][j]=t$[____________]。

5. 当广义表中的每个元素都是原子时，广义表便成了__________。

6. 广义表的表尾是指除第一个元素之外，__________。

7. 广义表的__________定义为广义表中括弧的重数。

8. 设广义表 L=((),()), 则 head(L)是____________; tail(L)是____________; L的长度是__________; 深度是________________。

9. 利用广义表的 GetHead 和 GetTail 操作，从广义表 L=((apple,pear), (banana,orange))中分离出原子 banana 的函数表达式是_______。

10. 下列程序段 search(a,n,k)在数组 a 的前 n（$n \geqslant 1$）个元素中找出第 k（$1 \leqslant k \leqslant n$）小的值。这里假设数组 a 中各元素的值都不相同。

```
#define MAXN 100
int a[MAXN],n,k;
int search(int a[],int n,int k)
{
    int low, high,i,j,m,t;
    k--;low=0;high=n-1;
    do{
        i=low;j=high;t=a[low];
        do{
            while(i<j&&t<a[j]) j--;
            if(i<j) a[i++]=a[j];
            while(i<j&&t>=a[i]) i++
            if(i<j) a[j--]=a[i];
            }while(i<j);
        a[i]=t;
        if___(1)_____;
        if(i<k)
           low=___(2)_____ ;
        else
           high=___(3)_____;
      }while___(4)_____;
    return(a[k]);
}
```

11. 完善下列程序，下面是一个将广义表逆置的过程。例如，原来广义表为((a,b),c,(d,e))，经逆置后为((e,d),c,(b,a))。

```
typedef struct glistnode
{   int tag;
    struct glistnode *next;      //指向同层次的下一个元素
    union{
        char data;               //单元素
        struct{struct glistnode *hp,*tp;}ptr; //表头和表尾
    }val;
}*glist,gnode;
glist reverse(p)
glist p;
{   glist q,h,t,s;
    if(p==NULL)  q=NULL;
```

```
    else
    {   if  ____(1)____{ q=(glist)malloc(sizeof(gnode)); q->tag=0;
              q->val.data=p->val.data; }
        else{____(2)____;
           if  ____(3)____
           {   t=reverse(p->val.ptr.tp);
               s=t;
               while(s->val.ptr.tp!=NULL)
               s=s->val.ptr.tp;
               s->val.ptr.tp=(glist)malloc(sizeof(gnode));
               s=s->val.ptr.tp;s->tag=1;
               s->val.ptr.tp=NULL;
               s->____(4)____;
           }
           else
           {   q=(glist)malloc(sizeof(gnode));q->tag=1;
               q->____(5)____;
           }
        }
    }
    return(q);
}
```

三、判断题

1. 稀疏矩阵压缩存储后，必会失去随机存取功能。（　　）

2. 数组是同类型值的集合。（　　）

3. 数组可看作线性结构的一种推广，因此与线性表一样，可以对它进行插入、删除等操作。（　　）

4. 一个稀疏矩阵 $A_{m\times n}$ 采用三元组形式表示，若把三元组中有关行下标与列下标的值互换，并把 m 和 n 的值互换，则就完成了 $A_{m\times n}$ 的转置运算。（　　）

5. 广义表的取表尾运算，其结果通常是个表，但有时也可是个单元素值。（　　）

6. 若一个广义表的表头为空表，则此广义表亦为空表。（　　）

7. 广义表中的元素或者是一个不可分割的原子，或者是一个非空的广义表。（　　）

8. 所谓取广义表的表尾就是返回广义表中最后一个元素。（　　）

9. 广义表的同级元素（直属于同一个表中的各元素）具有线性关系。（　　）

10. 一个广义表可以为其他广义表所共享。（　　）

四、简答题

1. 在以行序为主序的存储结构中，给出三维数组 $A_{2\times 3\times 4}$ 的地址计算公式（下标从 0 开始计数）。

2. 数组 A 中，每个元素 $A[i,j]$的长度均为 32 个二进位，行下标从−1 到 9，列下标从 1 到 11，从首地址 S 开始连续存放主存储器中，主存储器字长为 16 位。求：

（1）存放该数组所需多少单元。

（2）存放数组第 4 列所有元素至少需多少单元。

（3）数组按行存放时，元素 $A[7,4]$的起始地址是多少。

（4）数组按列存放时，元素 $A[4,7]$的起始地址是多少。

3. 将数列 1，2，3，…，$n\times n$，依次存放在二维数组 $A[1..n,1..n]$中。例如：n=5 时，二维数组为

$$
\begin{matrix}
1 & 2 & 3 & 4 & 5 \\
6 & 7 & 8 & 9 & 10 \\
11 & 12 & 13 & 14 & 15 \\
16 & 17 & 18 & 19 & 20 \\
21 & 22 & 23 & 24 & 25
\end{matrix}
$$

4. 画出下列广义表的链接存储结构，并求其深度。

$$((((\ ),a,((b,c),(\ ),d),(((e))))$$

5. 已知广义表的链接存储结构如下，写出该图表示的广义表。

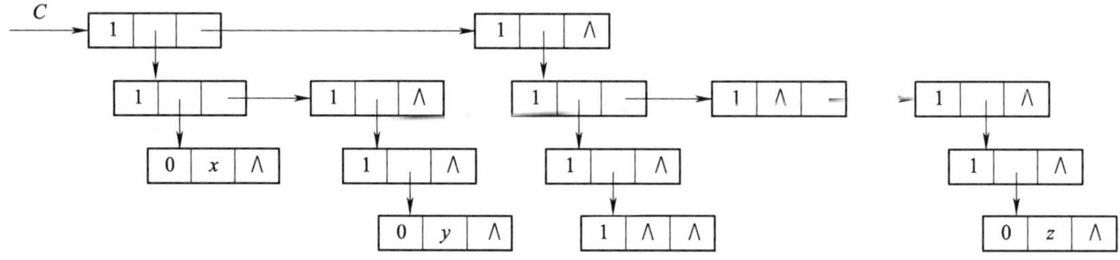

6. 设有广义 $K_1(K_2(K_5(a,K_3(c,d,e)),K_6(b,k)),K_3,K_4(K_3,f))$，要求：

（1）指出 K_1 的各个元素及元素的构成。

（2）计算表 K_1,K_2,K_3,K_4,K_5,K_6 的长度和深度。

（3）画出 K_1 的链表存储结构。

五、算法设计题

1. 对于二维整型数组 A[m,n]，分别编写相应函数实现如下功能：

（1）求数组 A 四边元素之和。

（2）当 $m=n$ 时分别求两条对角线上的元素之和，否则显示 $m\neq n$ 的信息。

2. 编写函数，将一维数组 $A[n*n]$（$n\leqslant 10$）中的元素按蛇形方阵存放在二维数组 $B[n][n]$中，即

$$B[0][0]=A[0];$$
$$B[0][1]=A[1];\quad B[1][0]=A[2];$$
$$B[2][0]=A[3];\quad B[1][1]=A[4];\quad B[0][3]=A[6];$$

依此类推，如下所示：

$$
\begin{bmatrix}
A[0] & A[1] & A[5] & A[6] & \cdots \\
A[2] & A[4] & A[7] & A[13] & \cdots \\
A[3] & A[8] & A[12] & \cdots & \cdots \\
A[9] & A[11] & \cdots & \cdots & \cdots \\
A[10] & \cdots & \cdots & \cdots & \cdots \\
\cdots & \cdots & \cdots & \cdots & \cdots
\end{bmatrix}
$$

3. 编写一个函数将两个广义表合并成一个广义表。合并是指元素的合并，如两个广义表$((a,b),(c))$与 $(a,(e,f))$合并后的结果是$((a,b),(c),a,(e,f))$。

第6章

树和二叉树 «‹‹

到目前为止，我们已经学习了线性结构。线性结构一般不适合于描述具有分支结构的数据。本章引入的树状结构则是以分支关系定义的层次结构，是一类重要的非线性数据结构，在计算机领域有着广泛的应用。例如，在文件系统和数据库系统中，树是组织信息的重要形式之一；在编译系统中，树用来表示源程序的语法结构；在查找中，树是提高查找效率的工具。本章主要讲解树和二叉树两种树状结构的基本概念和相关算法设计，最后讲解了哈夫曼树及其应用。

学习目标

通过本章学习，读者应掌握以下内容：

- 树的相关概念和表示。
- 二叉树的概念和性质。
- 二叉树的两种存储结构。
- 二叉树的基本运算的实现。
- 线索二叉树的概念和相关算法的实现。
- 树/森林和二叉树之间的转换。
- 树和森林的存储结构和遍历方法。
- 哈夫曼树及其应用。

6.1 树的基本概念

树状结构广泛存在于现实世界，例如，家族的家谱、公司的组织结构、书的章节目录、计算机资源管理器中的文件目录等。

6.1.1 树的定义和表示

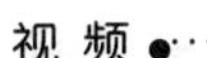
视 频

树的定义

树（tree）是由 n（$n \geqslant 0$）个结点组成的有限集合（记为 T）。其中，如果 $n=0$，则为空树。任意一棵非空树都满足以下两个条件：

（1）有且仅有一个结点被称为根结点（root）。

（2）除根结点以外，其余结点可分为 m（$m \geqslant 0$）个互不相交的有限子集 $T_1, T_2, \cdots, T_m$，其中每一个子集本身又是一棵树，并且称为根结点的子树（subtree）。

例如，一棵树如图 6-1 所示。该树除了根结点 A 之外，又分成了三个互不相交的集合 T_1、T_2 和 T_3，这三个集合本身又分别是一棵树，称为根结点 A 的子树。

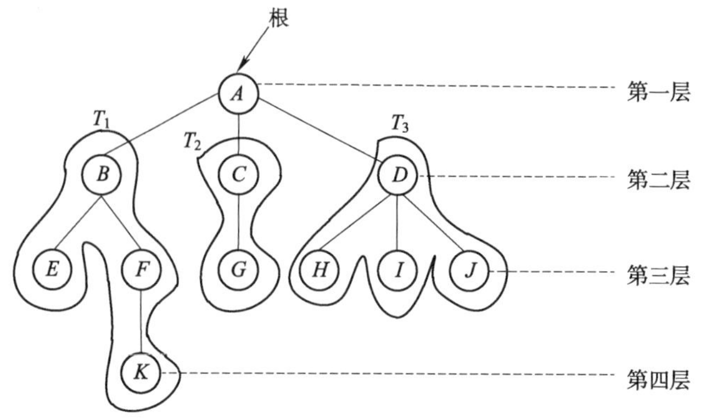

图 6-1　树的示意图

由此可知，树的定义是一个递归的定义，即树的定义中又用到了树的概念。

除了图 6-1 所描述的逻辑表示外，还有以下几种表示方法，如图 6-2 所示。图 6-2（a）是树的目录结构表示；图 6-2（b）是树的集合文氏图表示；图 6-2（c）是树的凹入表表示；图 6-2（d）是树的广义表表示。

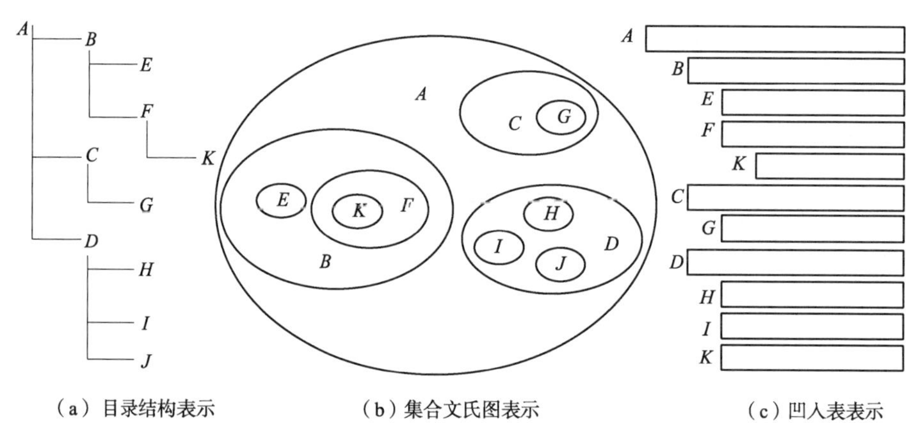

（a）目录结构表示　　（b）集合文氏图表示　　（c）凹入表表示

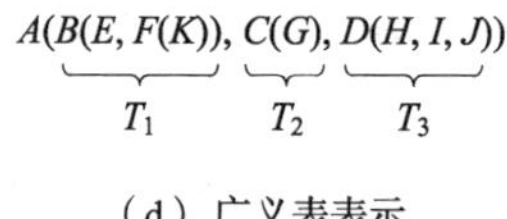

（d）广义表表示

图 6-2　树的其他表示方法

视 频

树的术语及特点

6.1.2　树的基本术语

下面介绍树的常用术语。

结点（node）——结点包含数据元素及若干指向子树的分支信息。例如，图 6-1 中的树中共有 11 个结点。

结点的度（node degree）——结点拥有的子树的个数。在图 6-1 中的树中，结点

A 和 D 的度为 3，结点 B 的度为 2，结点 C 和 F 的度为 1，结点 E、G、H、I、J 和 K 的度为 0。

树的度（tree degree）——树中结点的最大度数。图 6-1 中的树的度为 3。

终端结点（leaf）——度为 0 的结点，又称叶子结点。在图 6-1 的树中，$\{E, G, H, I, J, K\}$ 构成树的叶子结点集合。

分支结点（branch）——度大于 0 的结点，即除了叶子结点外的结点。在图 6-1 的树中，A、B、C、D、F 都是分支结点。

结点的层次（level）——从根结点到该结点的层数（根结点为第一层）。在图 6-1 的树中根结点 A 的层次是 1，结点 B、C、D 的层次是 2，结点 E、F、G、H、I、J 的层次是 3，结点 K 的层次是 4。

树的深度（高度）（depth）——所有结点中最大的层数。图 6-1 的树的高度是 4。

如果把树看作一个家谱，就成了一棵家谱树，如图 6-3 所示。

双亲结点、孩子结点——结点的子树的根结点称为该结点的孩子结点，该结点为其孩子结点的双亲结点。

兄弟结点（sibling）——双亲相同的结点互为兄弟结点。

堂兄弟结点（cousin）——双亲是兄弟的结点互为堂兄弟结点。

祖先结点（ancestor）——从该结点到根结点经过的所有结点称为该结点的祖先结点。

子孙结点（descendant）——结点的子树中的所有结点都称为该结点的子孙结点。

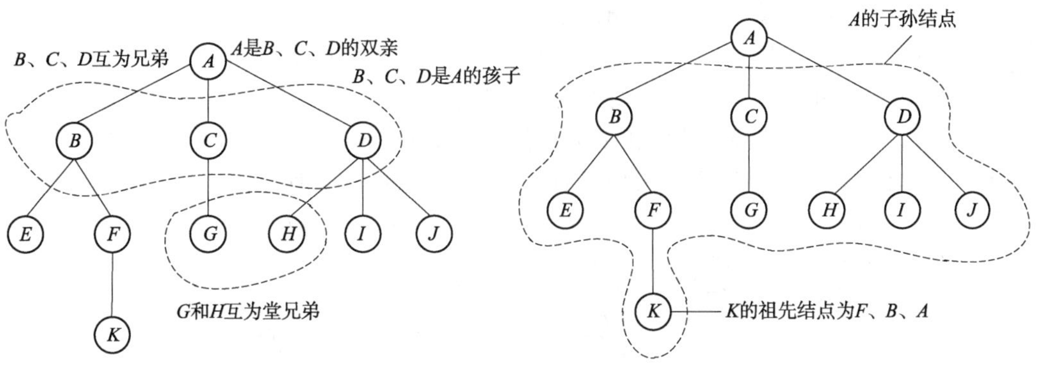

图 6-3　家谱树

根据树的各子树之间是否有序又分为有序树和无序树。

有序树——树中结点的各棵子树 T_1，T_2，…是有次序的，即为有序树。其中，T_1 称为根的第 1 棵子树，T_2 称为根的第 2 棵子树……

无序树——树中结点的各棵子树之间的次序不重要，可以互换位置。

森林——由 m（$m \geqslant 0$）棵互不相交的树组成的集合。

例如，图 6-1 中的树在删除树的根结点 A 之后，余下的三个子树构成一个森林，如图 6-4 所示。反之，只要给 m 棵独立的树加上一个结点，并把这 m 棵树作为该结点的子树，则森林就变成了一棵树，如图 6-5 所示。

从而，也可以这样定义树：任何一棵非空树是一个二元组 Tree=(root, F)，其中：root 被称为根结点，F 被称为子树森林，如图 6-5 所示。

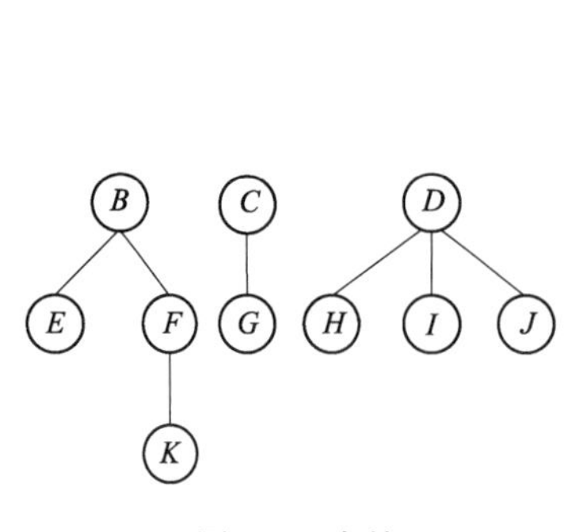

图 6-4　森林

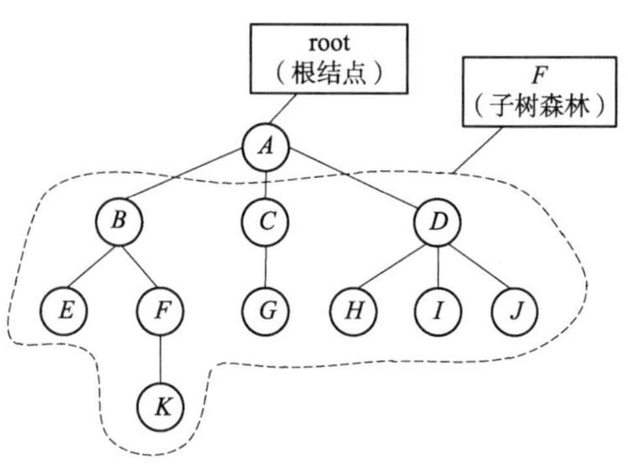

图 6-5　树与森林

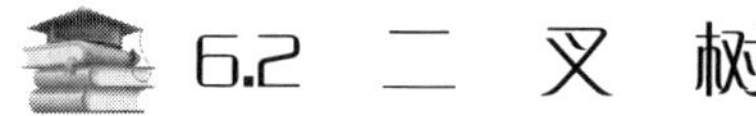

6.2 二 叉 树

6.2.1　二叉树的定义

视 频

二叉树的定义

二叉树（binary tree）是 n（$n \geqslant 0$）个结点构成的集合，它或为空树（$n=0$），或满足以下两个条件：

（1）有且仅有一个称为根的结点。

（2）除根结点外，其余结点分为两个互不相交的子集 T_1 和 T_2，分别称为 T 的左子树和右子树，且 T_1 和 T_2 本身都是二叉树。

二叉树是一种特殊的树状结构，它最多有两个子树，分别为左子树和右子树，二者是有序的，不可以互换。所以二叉树只有五种形态，如图 6-6 所示。

空树　只有根结点　右子树为空　左子树为空　左右子树均不为空

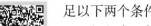

T_L　T_R　T_L　T_R

图 6-6　二叉树的五种不同形态

6.2.2　二叉树的性质

视 频

二叉树的性质

性质 1：在二叉树的第 i 层上至多有 2^{i-1} 个结点。

例如，一棵二叉树如图 6-7 所示。由于二叉树中每个结点最多有 2 个孩子，第 1 层只有根结点，有 1 个结点；第 2 层最多有 2 个结点；第 3 层最多有 4 个结点。因为上一层的每个结点最多有 2 个孩子，因此下一层的结点数最多是上一层结点数的 2 倍。

使用数学归纳法证明如下：

$i=1$ 时：只有一个根结点，$2^{i-1}=2^0=1$。

$i>1$ 时：假设 $i=k-1$ 时成立，即第 $k-1$ 层上最多有 2^{k-2} 个结点。因每个结点最多有两个孩子，当 $i=k$ 时，第 k 层结点数最多为 $2 \times 2^{k-2}=2^{k-1}=2^{i-1}$，得证。

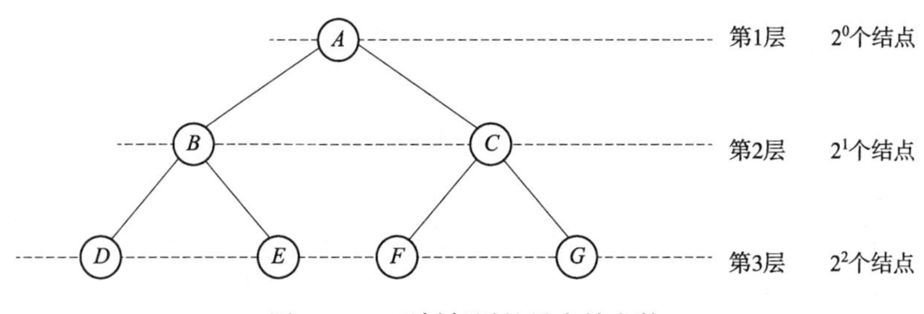

图 6-7 二叉树每层的最大结点数

性质 2：深度为 k 的二叉树至多有 2^k-1 个结点。

证明：如果深度为 k 的二叉树，每一层都达到最大结点数，把每一层的结点数加起来就是整个二叉树的最大结点数。

$$\sum_{i=1}^{k} 2^{i-1}=2^0+2^1+\cdots+2^{k-1}=2^k-1$$

也可以由数学归纳法证明以上公式。

当 $i=1$ 时：左$=2^0=1$，右$=2^1-1=1$，左=右。

假设 $i=k-1$ 时成立，即 $2^0+2^1+\cdots+2^{k-2}=2^{k-1}-1$，则当 $i=k$ 时，将以上等式两边同乘以 2，得到 $2^1+2^2+\cdots+2^{k-1}=2^k-2$，所以 $2^0+2^1+\cdots+2^{k-1}=2^k-1$，得证。

性质 3：对于任何非空二叉树 T，若叶子数为 n_0，度数为 2 的结点数是 n_2，则 $n_0=n_2+1$。

证明：二叉树的结点度数不超过 2，因此一共有 3 种结点，即度为 0、度为 1、度为 2 的结点，假设其结点数分别为 n_0、n_1 和 n_2。设二叉树的结点总数为 n，则 $n=n_0+n_1+n_2$。

而结点总数又等于分支数 $b+1$，即 $n=b+1$。为什么呢？如图 6-8（a）所示，从下向上看，每一个结点对应一个分支，只有根结点没有对应的分支，因此总的结点数等于分支数 $b+1$。

而分支数 b 怎么计算呢？如图 6-8（b）所示，从上向下看，每个度为 2 的结点产生 2 个分支，度为 1 的结点产生 1 个分支，度为 0 的结点没有分支，因此分支数 $b=n_1+2n_2$，则 $n=b+1=n_1+2n_2+1$。前面我们得到 $n=n_0+n_1+n_2$，两式联合得 $n_0=n_2+1$。

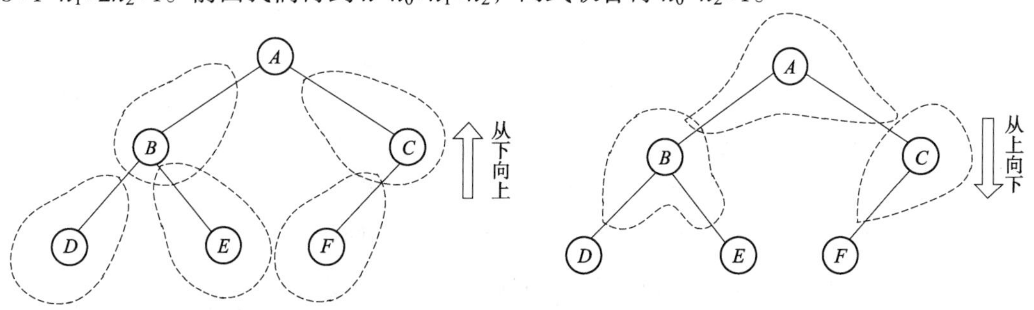

（a）二叉树的结点数（从下向上看）　（b）二叉树的结点数（从上向下看）

图 6-8 二叉树的结点数

有两种比较特殊的二叉树：满二叉树和完全二叉树。

满二叉树：一棵深度为 k 且有 2^k-1 个结点的二叉树。满二叉树每一层都“充满”结点，每一层都达到最大结点数，如图 6-9 所示。

完全二叉树：除了最后一层外，每一层都是满的，即每一层都达到最大结点数，最

视频
满二叉树

视频
完全二叉树

后一层结点是从左向右出现的。深度为 k 的完全二叉树，当且仅当其每一个结点都与深度为 k 的满二叉树中编号 $1\sim n$ 的结点一一对应。例如，如图 6-10 所示的完全二叉树，它和图 6-9 的满二叉树编号一一对应。完全二叉树除了最后一层，前面每一层都是满的，最后一层必须从左向右排列。也就是说，如果 3 号结点的结点没有左孩子，就不可能有右孩子；如果 2 号结点没有右孩子，3 号结点就不可以有左孩子。图 6-11 所示的二叉树就不是完全二叉树。

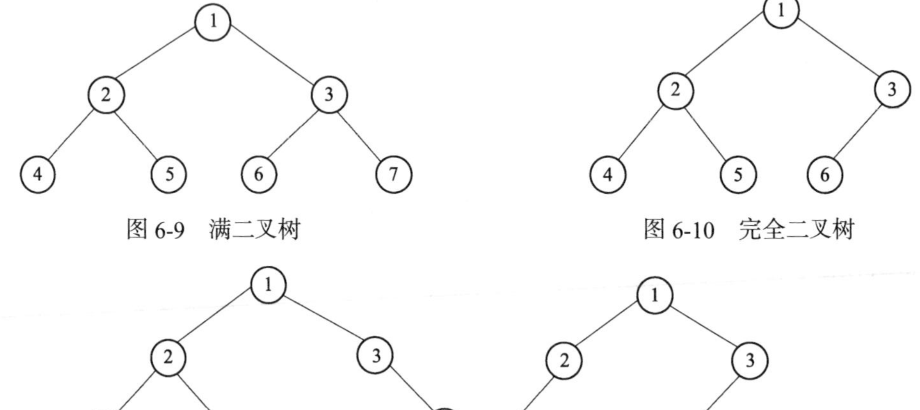

图 6-9 满二叉树

图 6-10 完全二叉树

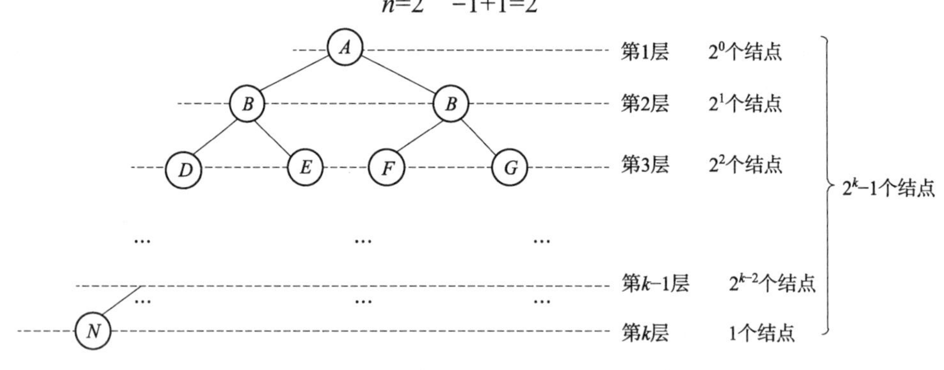

图 6-11 不是完全二叉树

性质 4：具有 n 个结点的完全二叉树的深度必为 $\lfloor \log_2 n \rfloor+1$。

证明：假设完全二叉树的深度为 k，那么除了最后一层外，前 k–1 层都是满的，最后一层最少有一个结点，如图 6-12 所示。根据性质 2 得知，这种情况下结点总数为

$$n=2^{k-1}-1+1=2^{k-1}$$

图 6-12 完全二叉树（最后一层只有 1 个结点）

最后一层最多可以充满结点，即最后一层有 2^{k-1} 个结点，根据性质 2 得知这种情况下总结点数 $n=2^k-1$，如图 6-13 所示。

因此，$2^{k-1}\leqslant n\leqslant 2^k-1$，即 $2^{k-1}\leqslant n<2^k$，两边同时取对数得到 $k-1\leqslant \log_2 n<k$，而 k 必是整数，所以 $k=\lfloor \log_2 n \rfloor+1$。其中$\lfloor\ \rfloor$表示取下限。例如$\lfloor 3.6 \rfloor=3$。

例如，一棵完全二叉树有 11 个结点，那么该完全二叉树的深度为 $k=\lfloor \log_2 11 \rfloor+1=4$。

性质 5：对于完全二叉树，若从上至下、从左至右编号，则编号为 i 的结点，其左孩子的编号必为 $2i$，其右孩子的编号必为 $2i+1$，其双亲的编号必为$\lfloor i/2 \rfloor$。

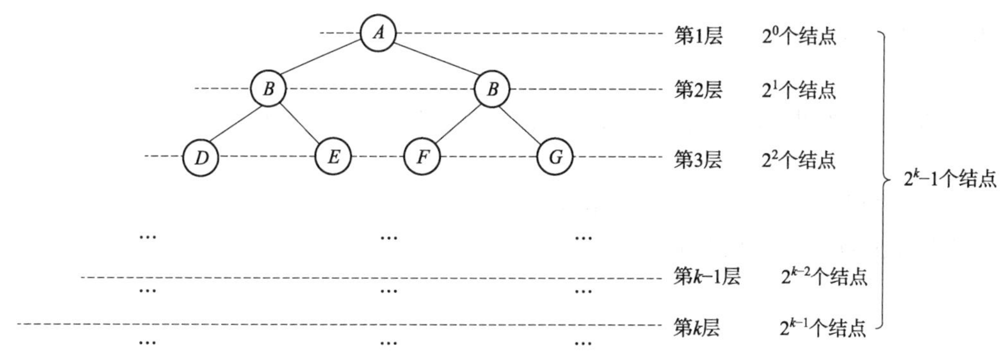

图 6-13　完全二叉树（最后一层有 2^{k-1} 个结点）

完全二叉树的编号如图 6-14 所示。例如，一棵完全二叉树，如图 6-15 所示，4 号结点的双亲结点编号是 2，左孩子结点的编号为 8，右孩子结点的编号为 9；3 号结点的双亲结点的编号是 1，左孩子结点的编号为 6，右孩子结点的编号是 7。

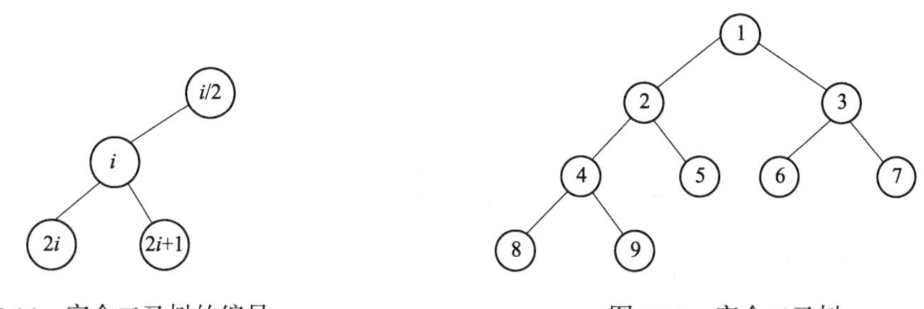

图 6-14　完全二叉树的编号　　图 6-15　完全二叉树

【例 6-1】一棵完全二叉树有 1 000 个结点，其中叶子结点的个数是多少？度为 1 的结点个数是多少？度为 2 的结点个数是多少？

【解】完全二叉树有 1 000 个结点，对其从上至下、从左至右编号，最后一个结点的编号就是 1 000，根据性质 5 得知，1 000 号结点的双亲结点的编号就是 500。根据性质 5 可知，500 号结点只有左孩子，没有右孩子，是唯一一个度为 1 的结点。

500 号结点也是最后一个拥有孩子的结点，其后面全是叶子，即有 1 000−500=500 个叶子，如图 6-16 所示。只有 500 号结点的度为 1，500 号之前的结点度都是 2，所以有 499 个度为 2 的结点。

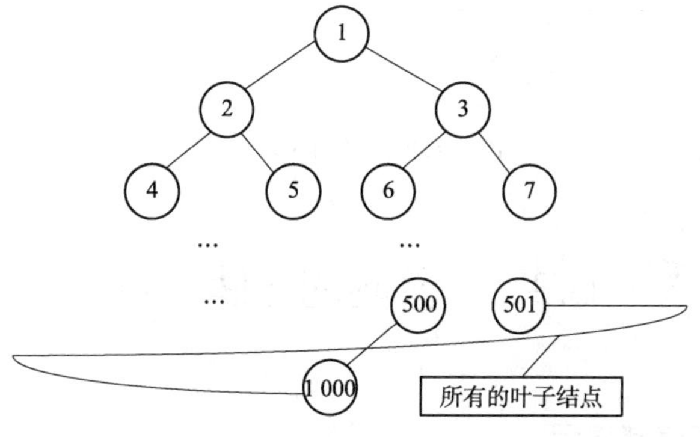

图 6-16　完全二叉树的叶子数

【例 6-2】一棵完全二叉树第 6 层有 8 个叶子，则该完全二叉树最少有多少个结点，最多有多少个结点？

【解】完全二叉树的叶子分布在最后一层或倒数第二层，因此该二叉树可能有 6 层或者 7 层。

结点最少的情况（6 层）：8 个叶子在最后一层，即第 6 层，前面 5 层都是满的。如图 6-17 所示，最少有 $2^5-1+8=39$ 个结点。

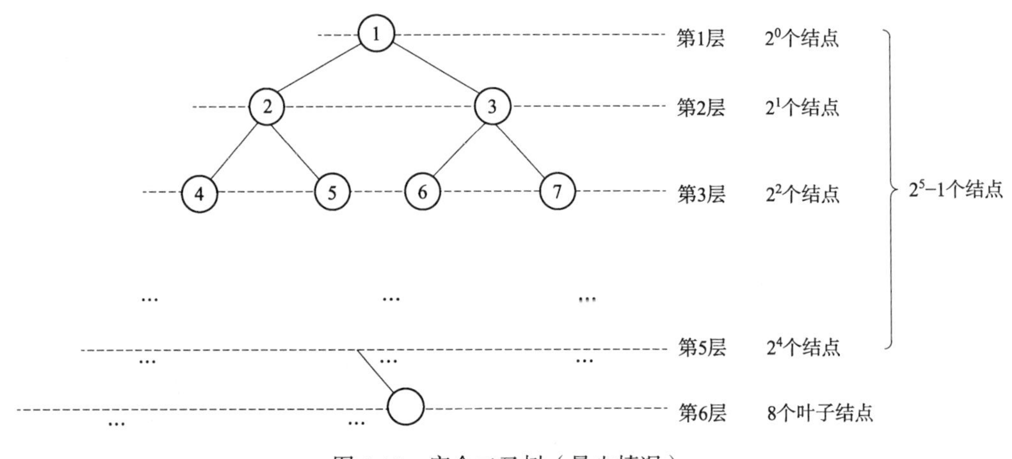

图 6-17　完全二叉树（最少情况）

结点最多的情况（7 层）：8 个叶子在倒数第二层，即第 6 层，前面 6 层是满的，第 7 层缺少了 $8\times2=16$ 个结点，因为第 6 层的 8 个叶子没有孩子结点，如果这 8 个结点生成孩子结点会有 16 个。那么第 7 层的结点数就是其最大结点数−16。如图 6-18 所示，最多有 $2^7-1-16=111$ 个结点。

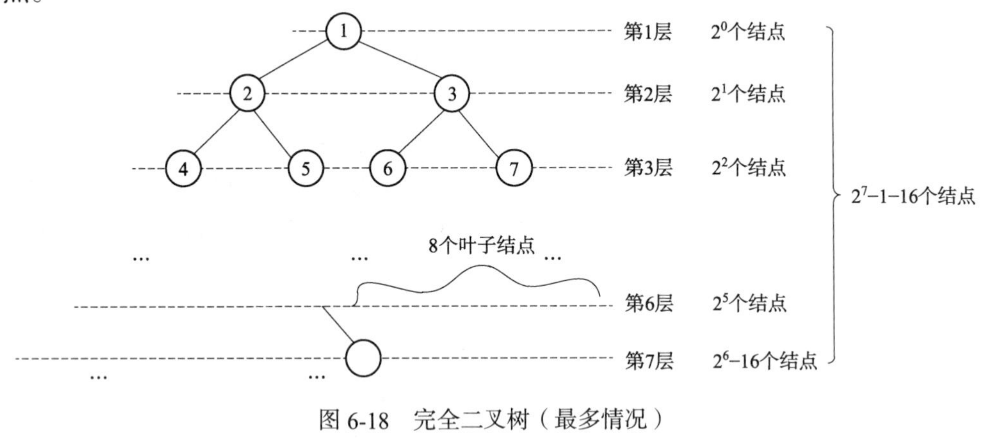

图 6-18　完全二叉树（最多情况）

6.3　二叉树的存储表示

6.3.1　二叉树的顺序存储表示

二叉树可以采用顺序结构存储，按完全二叉树的结点层次编号，依次将二叉树中的数据元素存储在下标从 1 开始的数组中。图 6-19（a）中的完全二叉树的顺序存储结构如图 6-19（b）所示。

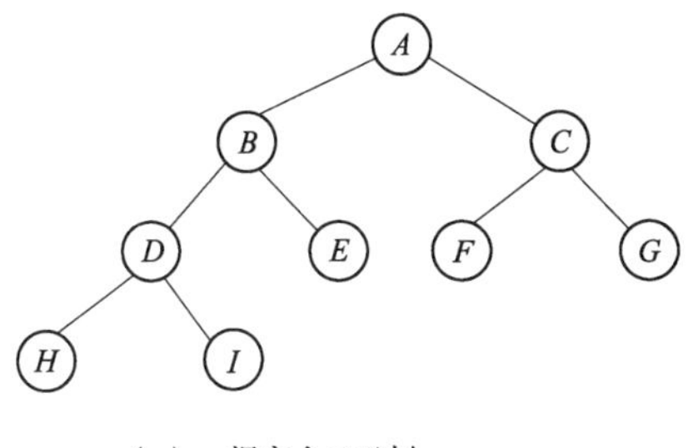

（a）一棵完全二叉树

下标	1	2	3	4	5	6	7	8	9
值	*A*	*B*	*C*	*D*	*E*	*F*	*G*	*H*	*I*

（b）完全二叉树的顺序存储结构

视频

二叉树的存储结构

图 6-19　一棵完全二叉树及其顺序存储结构

根据性质 5 可知，下标为 1 的数据元素 *A* 的左孩子的下标一定是 2（即结点 *B*），其右孩子的下标一定是 3（即结点 *C*）。下标为 3 的数据元素 *C* 的左孩子的下标一定是 6（即结点 *F*），其右孩子的下标一定是 7（即结点 *G*），其双亲的下标一定是 1（即结点 *A*）。所以这种顺序存储结构不仅存储了数据元素，数据元素之间的关系也被暗含在下标中。

完全二叉树很适合顺序存储方式，非常节省空间。第 9 章要讲解的堆排序中的堆就是用顺序存储结构存储的。而普通的二叉树（见图 6-20），在顺序存储时需要补全为完全二叉树，在对应完全二叉树没有孩子结点的位置补#，如图6-21所示。其顺序存储结构如图 6-22 所示。

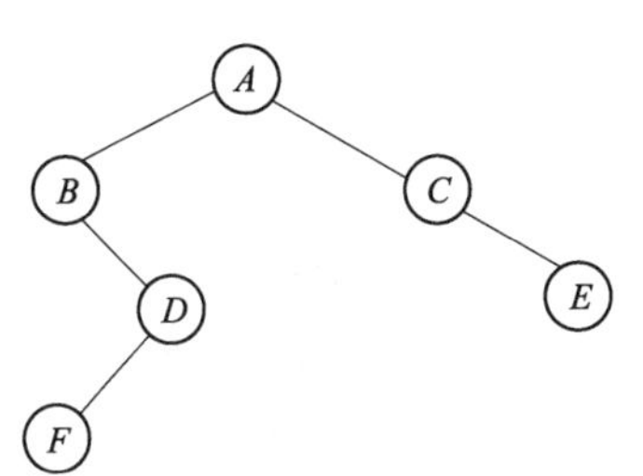

图 6-20　一棵普通的二叉树

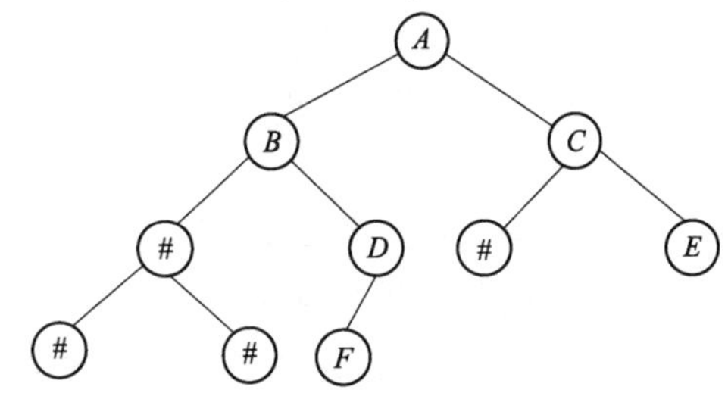

图 6-21　图 6-20 所示二叉树中空树补#

下标	1	2	3	4	5	6	7	8	9	10
值	*A*	*B*	*C*	#	*D*	#	*E*	#	#	*F*

图 6-22　图 6-20 所示二叉树的顺序存储结构

显然，普通二叉树不适合顺序存储方式。普通二叉树可以使用链式存储结构来存储。

6.3.2　二叉树的链式存储表示

1. 二叉链表（binary linked list）

二叉树最多有两个“叉”，即最多有两棵子树。二叉树中每个结点用链表中的一个结点来存储，每个结点包括一个数据域、一个指向左孩子的指针域 lchild 和指向右孩子的指针域 rchild，lchild 和 rchild 指针域分别存储左右孩子的存储地址。这种链式存储结构称为二叉链表。二叉链表的结点结构如下：

lchild	data	rchild

例如，图 6-23（a）所示的二叉树对应的二叉链表存储结构如图 6-23（b）所示。

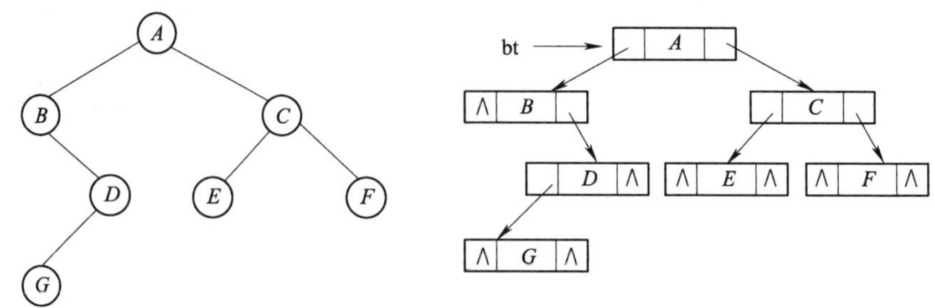

（a）一棵二叉树　　（b）二叉链表存储结构

图 6-23　二叉树及其二叉链表存储结构

可以用 C++语言中的结构体类型描述二叉链表的结点。由于二叉树中结点的数据域的数据类型不确定，所以采用 C++的模板机制来定义。

```
template <class ElemType>
struct BiTNode
{
    ElemType data;
    BiTNode <ElemType> *lchild,*rchild;
};
```

可以用 C++语言中的类实现基于二叉链表存储结构下二叉树的抽象数据类型定义。由于二叉树中结点的数据类型不确定，因此采用 C++的模板机制。为二叉树 BiTree 类设计了一个私有成员 root（指向根结点的指针，唯一标识一棵二叉树）。为了避免类的调用者访问 BiTree 类的私有成员 root，在公有函数如构造函数、析构函数以及遍历函数等中调用了相应的私有函数，例如，在公有函数 PreOrder( )中调用了私有函数 PreOrder(root)。

```
template <class ElemType>
class BiTree
{
public:
    BiTree(){root=CreateBiTree(root);} //构造函数，建立一棵二叉树
    ~BiTree(){ReleaseBiTree(root);}    //析构函数，释放各结点的空间
    void PreOrder(){PreOrder(root);}               //先序遍历二叉树
    void InOrder(){InOrder(root);}                 //中序遍历二叉树
    void PostOrder(){PostOrder(root);}             //后序遍历二叉树
    void LevelOrder(){LevelOrder(root);}           //层序遍历二叉树
    int CountNodes(){CountNodes(root);}            //二叉树的结点总数
    int Depth(){Depth(root);}                      //二叉树的高度或深度
    void PrintBiTree(){PrintBiTree(root);}         //打印二叉树
private:
    BiTNode<ElemType> *root;                       //指向根结点的指针
```

```
    BiTNode<ElemType> * CreateBiTree(BiTNode<ElemType> *bt);
                                                     //构造函数调用
    void ReleaseBiTree(BiTNode<ElemType> *bt); //析构函数调用
    void PreOrder(BiTNode<ElemType> *bt);      //先序遍历函数调用
    void InOrder(BiTNode<ElemType> *bt);       //中序遍历函数调用
    void PostOrder(BiTNode<ElemType> *bt);     //后序遍历函数调用
    void LevelOrder(BiTNode<ElemType> *bt);    //层次遍历函数调用
    int CountNodes(BiTNode<ElemType> *bt);     //二叉树结点数函数调用
    int Depth(BiTNode<ElemType> *bt);          //二叉树深度函数调用
    void PrintBiTree(BiTNode<ElemType> *bt);   //打印二叉树函数调用
};
```

例如，二叉树的结点的数据域是 char 类型的，那么指向根结点的指针 bt 应定义为 BiNode<char> *bt。二叉树 *T* 可定义为 BiTree <char> T。

二叉链表存储结构的特点：

（1）对于普通二叉树来说，二叉链表比较节省存储空间。占用的存储空间与树状没有关系，只与树中结点个数有关。

（2）在二叉链表中，找一个结点的孩子很容易，但找其双亲结点不方便。

2. 三叉链表（trifurcate linked list）

二叉链表存储结构的优点是对于一般的二叉树比较节省空间，在二叉链表中访问一个结点的孩子很方便，但是访问一个结点的双亲需要扫描所有结点，比较麻烦。如果为了高效访问一个结点的双亲结点，可以在每个结点中增加一个指向双亲结点的指针域 parent，这样就构成了三叉链表。图 6-23（a）所示的二叉树的三叉链表存储结构如图 6-24 所示。

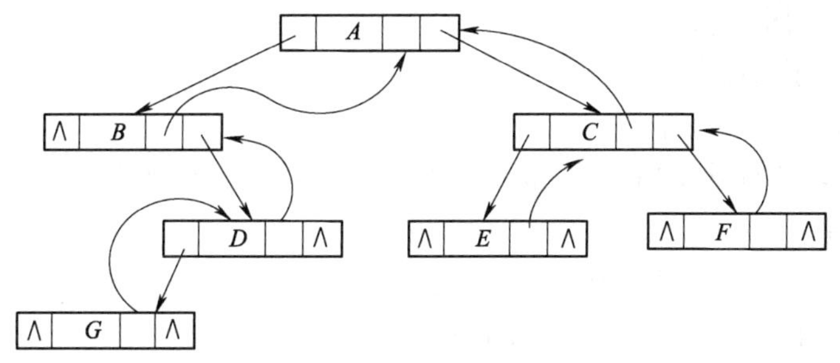

图 6-24　二叉树的三叉链表存储结构

【例 6-3】在 n 个结点的二叉链表中，空指针的个数是多少？

【解】二叉树有 n 个结点，那么就会有 $2n$ 个指针域。根据前面讲的分支数 b 等于 $n-1$，而每一个分支对应一个非空指针，所以非空指针域就有$n-1$ 个。空指针域个数=总的指针域个数–非空指针域个数=$2n-(n-1)=n+1$。例如，图 6-23（b）中的二叉链表有 7 个结点，有 8 个空指针域。

思考：这个题目还能怎么解？

6.4　二叉树的遍历及其应用

二叉树是最基本的树状结构，也是需要重点研究的对象。在二叉树上所有可用的操作中，遍历是最基本的运算，是其他运算的基础。所谓二叉树遍历（Binary Tree Traverse），就是按照一定次序访问二叉树中的所有结点，并且每个结点被访问一次，而且只访问一次。这里“访问”的意思就是对结点实施某些操作，例如，查找具有某种属性值的结点、输出结点的信息、修改结点的数据值等。

对线性结构而言，除最后一个数据元素外都只有一个后继结点，所以遍历的次序是线性的，比较简单。而二叉树是一种非线性数据结构，每个结点可能不止一个直接后继，这样就必须规定遍历的规则，按此规则遍历二叉树，最后得到二叉树结点的一个线性序列。

一棵二叉树是由根结点 D、左子树 L 和右子树 R 三个部分构成，如图 6-25 所示。

按照根、左子树和右子树的访问先后顺序不同，二叉树的遍历可以有六种方案：DLR、LDR、LRD、DRL、RDL、RLD。如果限定先左子树后右子树，则只有前三种遍历方案：DLR、LDR 和 LRD。按照根的访问顺序不同，根在前面称为先序遍历（DLR），根在中间称为中序遍历（LDR），根在后面称为后序遍历（LRD）。

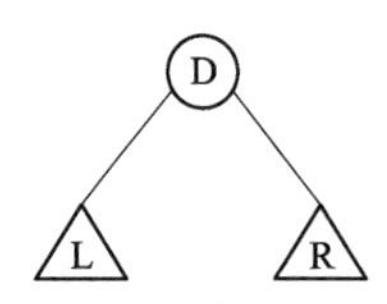

图 6-25　二叉树

因为二叉树的定义本身就是递归的，因此二叉树的基本操作采用递归算法很容易实现。下面分别介绍二叉树的三种遍历方法及其递归算法的实现。

6.4.1　二叉树遍历的递归算法

视频

二叉树的先序遍历

1. 二叉树的先序遍历

先序遍历二叉树的过程如下：

如果二叉树为空，则空操作，否则：

（1）访问根结点。

（2）先序遍历左子树。

（3）先序遍历右子树。

例如，一棵二叉树如图 6-26 所示，该二叉树先序遍历的过程如下：

（1）访问根结点 A。

（2）先序遍历 A 的左子树，依次访问结点 BDE。

（3）先序遍历 A 的右子树，依次访问结点 CFG。

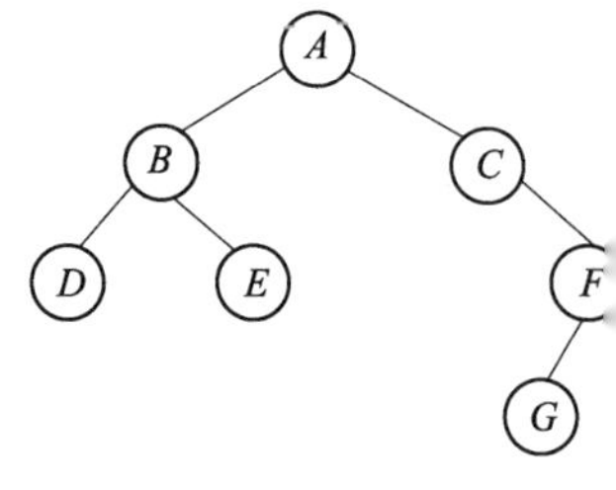

图 6-26　一棵二叉树

所以图 6-26 的二叉树先序遍历得到的序列是 $ABDECFG$。

二叉树的先序遍历的递归算法如下：

```
template <class ElemType>
void BiTree<ElemType>::PreOrder(BiTNode<ElemType> *bt)
{
    if(bt==NULL)  return;              //若是空树则返回
    else {                             //如果不是空树则先序遍历
        cout<<bt->data<<" ";           //访问根结点的 data
        PreOrder(bt->lchild);          //先序遍历左子树
        PreOrder(bt->rchild);          //先序遍历右子树
    }
}
```

2. 二叉树的中序遍历

视 频

二叉树的中序遍历

中序遍历二叉树的过程如下：

如果二叉树为空，则空操作，否则：

（1）中序遍历左子树。

（2）访问根结点。

（3）中序遍历右子树。

例如，一棵二叉树如图 6-26 所示，该二叉树中序遍历的过程如下：

（1）中序遍历 *A* 的左子树，依次访问结点 *DBE*。

（2）访问根结点 *A*。

（3）中序遍历 *A* 的右子树，依次访问结点 *CGF*。

所以，图 6-26 的二叉树中序遍历得到的序列是 *DBEACGF*。

二叉树的中序遍历的递归算法如下：

```
template <class ElemType>
void BiTree<ElemType>::InOrder(BiTNode<ElemType> *bt)
{
    if(bt==NULL)  return;                //若是空树则返回
    else {                               //如果不是空树则中序遍历
       InOrder(bt->lchild);              //中序遍历左子树
       cout<<bt->data<<" ";              //访问根结点的 data
       InOrder(bt->rchild);              //中序遍历右子树
    }
}
```

3. 二叉树的后序遍历

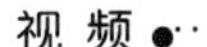

视 频

二叉树的后序遍历

后序遍历二叉树的过程如下：

如果二叉树为空，则空操作，否则：

（1）后序遍历左子树。

（2）后序遍历右子树。

（3）访问根结点。

例如，一棵二叉树如图 6-26 所示，该二叉树后序遍历的过程如下：

（1）后序遍历 *A* 的左子树，依次访问结点 *DEB*。

（2）后序遍历 *A* 的右子树，依次访问结点 *GFC*。

（3）访问根结点 *A*。

所以，图 6-26 的二叉树后序遍历得到的序列是 *DEBGFCA*。

二叉树的后序遍历的递归算法如下：

```
template <class ElemType>
void BiTree<ElemType>::PostOrder(BiTNode<ElemType> *bt)
{
    if(bt==NULL)  return;                //若是空树则返回
    else {                               //如果不是空树则后序遍历
       PostOrder(bt->lchild);            //后序遍历左子树
```

```
        PostOrder(bt->rchild);          //后序遍历右子树
        cout<<bt->data<<" ";            //访问根结点的 data
    }
}
```

很显然，这三种遍历算法的时间复杂度都是 $O(n)$（n 为二叉树中结点的个数）。因为是递归算法，所以需要栈作为辅助空间，栈的大小应该是二叉树的高度，所以这三个算法的空间复杂度是 $O(\text{depth})$（depth 为二叉树的高度）。

图 6-27 给出一棵二叉树的三种遍历的遍历路线。从图中可以看到，这三种遍历过程具有相同的遍历路线，但遍历的结果各不相同。对于每种遍历，二叉树中每个结点都要经过三次（对于叶子结点，其左右子树视为空子树）。但先序遍历在第一次遇到结点时立即访问，而中序遍历是在第二次遇到结点时才访问，后序遍历要到第三次遇到结点时才访问。

例如，对于图 6-27 所示的一个表达式 $a+b\times(c-d)-e/f$ 对应的语法树，执行先序遍历后得到 $-+a\times b-cd/ef$，这个线性序列就是表达式的前缀表示；对此语法树执行后序遍历后得到 $abcd-\times+ef/-$，这个线性序列就是表达式的后缀表示；执行中序遍历后得到 $a+b\times c-d-e/f$，这个线性序列就是表达式的中缀表示。发现三种遍历得到的序列中字符的相对顺序完全一致。

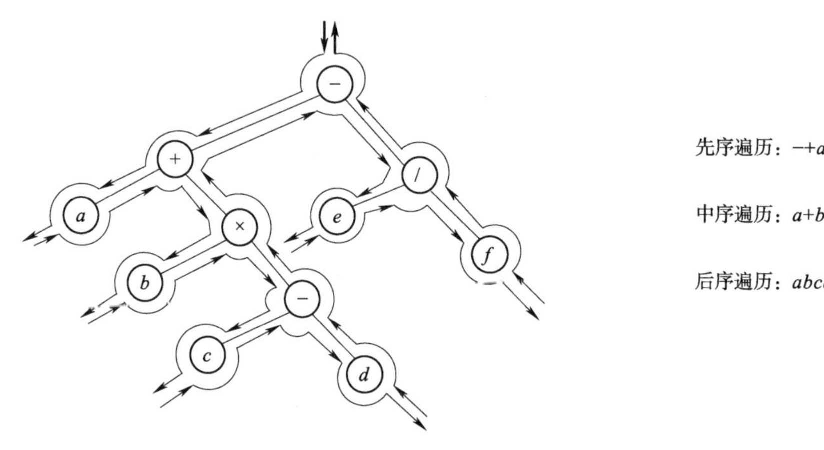

图 6-27　三种遍历的遍历路线相同

6.4.2　二叉树遍历的应用

视频

遍历思想的应用

以上二叉树遍历的方法是设计各种二叉树操作的基础。某些操作如果选用恰当的遍历方法可以简化实现。下面略举几例。

1. 二叉树的先序遍历的应用

（1）利用二叉树的先序遍历建立二叉树。可以在遍历过程中对结点进行各种操作，比如，对于一棵已知的二叉树可以求指定结点的双亲，求指定结点的孩子结点，判断结点所在的层次等，也可以在遍历过程中生成结点，建立二叉树的存储结构。

例如，下面的算法是一个按先序遍历建立二叉树的二叉链表存储的过程。对图 6-26 所示的二叉树，按顺序读入字符 *ABD##E##C#FG###*（其中#表示空）可以建立其二叉链表存储结构。

```
template <class ElemType>
BiTNode<ElemType> *  BiTree<ElemType>::CreateBiTree(BiTNode<ElemType> *bt)
{
    ElemType ch;
    cin>>ch;
    if(ch=='#') return bt=NULL;
    else{
        bt=new BiTNode<ElemType>; bt->data=ch;      //生成一个结点
        bt->lchild=CreateBiTree(bt->lchild);        //递归建立左子树
        bt->rchild=CreateBiTree(bt->rchild);        //递归建立右子树
    }
    return bt;
}
```

算法的基本思想是：读入一个字符就为它建立结点，以该结点作为根结点。然后分别对根的左、右子树递归地建立子树，直到读入“#”建立空子树递归结束。此算法是依据二叉树的先序遍历算法而得到的。

（2）利用二叉树的先序遍历输出二叉树。下面介绍如何将二叉树的二叉链表以广义表的形式打印出来。用广义表表示一棵二叉树的规则是：根结点作为广义表的表名放在由左、右子树组成的表的前面，而表是用一对圆括号括起来的。如对于图 6-26 所示的二叉树，其对应的广义表表示为 $A(B(D,E),C(,F(G)))$。因此，用广义表的形式输出一棵二叉树时，应首先输出根结点，然后再依次输出它的左子树和右子树。不过，在输出左子树之前要打印出左括号，在输出右子树之后要打印出右括号。另外，依次输出的左、右子树要求至少有一个不为空，若都为空就无须输出。

以上分析可知，输出二叉树的算法可在先序遍历算法的基础上作出适当修改后得到。

```
template <class ElemType>
void BiTree<ElemType>::PrintBiTree(BiTNode<ElemType> *bt )
{   if(bt!=NULL){                                   //树为空时结束递归
       cout<<bt->data;                              //输出根结点
       if(bt->lchild!=NULL||bt->rchild!=NULL){
           cout<<"(";                               //输出左括号
           PrintBiTree(bt->lchild);                 //递归输出左子树
           cout<<(",");                             //输出逗号分隔符
           if(bt->rchild!=NULL)                     //若右子树不为空
               PrintBiTree(bt->rchild);             //递归输出右子树
           cout<<")";                               //输出右括号
       }
    }
}
```

2. 二叉树后序遍历的应用

（1）计算二叉树的结点总数。计算二叉树的结点总数，可以通过分别遍历根结点的左子树和右子树，分别计算出左子树和右子树的结点个数，然后把后序遍历算法中的访问根结点的语句改为左子树的结点个数+右子树的结点个数+1（根结点），得到整个二叉树的结点个数。

```
template <class ElemType>
int BiTree<ElemType>::CountNodes (BiTNode<ElemType> *bt)
{
    int count,n,m;
    if(!bt)    count=0;                    //空树的结点总数为 0
    else{
        m=CountNodes(bt->lchild);    //递归求左子树的结点总数
        n=CountNodes(bt->rchild);    //递归求右子树的结点总数
        count=m+n+1;
        //二叉树的结点总数=左子树结点总数+左子树结点总数+1（根结点）
    }
    return count;
}
```

（2）计算二叉树的高度。计算二叉树的高度与上面的算法类似：如果二叉树为空，空树的高度为 0；否则先递归计算根结点左子树的高度和右了树的高度，再求出两者中的大者，并加 1（增加根结点时高度加 1），得到整个二叉树的高度。

```
template <class ElemType>
int BiTree<ElemType>::Depth (BiTNode<ElemType> *bt){
    int depthval,n,m;
    if(!bt) depthval=0;
    else{
        m=Depth(bt->lchild);
        n=Depth(bt->rchild);
        depthval=1+(m>n?m:n);
    }
    return depthval;
}
```

（3）二叉树的析构函数调用的 ReleaseBiTree( )函数。ReleaseBiTree( )函数作用是释放二叉树中所有结点的存储空间。先递归释放其左子树的结点空间，再递归释放其右子树的结点空间，最后释放根结点的空间。

```
template <class ElemType>
void BiTree<ElemType>::ReleaseBiTree(BiTNode<ElemType> *bt)
{
     if(bt!=NULL){
         ReleaseBiTree(bt->lchild);        //递归释放左子树
         ReleaseBiTree(bt->rchild);        //递归释放右子树
         delete bt;                        //释放根结点
     }
}
```

将二叉树类 BiTree 的定义存储在 BiTree.h，将其成员函数的实现都存储在实现文件 BiTree.cpp 中，为测试二叉树类 BiTree，设计以下 main 函数。

```
#include "BiTree.h"                    //引入头文件 BiTree.h
int main()
{
    cout<<"请以先序的顺序输入结点数据创建一棵二叉树"<<endl;
    BiTree<char>  T;                   //创建一棵二叉树
    cout<<"------先序遍历------ "<<endl;
    T.PreOrder();
    cout<<endl;
    cout<<"------中序遍历------ "<<endl;
    T.InOrder();
    cout<<endl;
    cout<<"------后序遍历------ "<<endl;
    T.PostOrder();
    cout<<endl;
    cout<<"------广义表形式输出二叉树----- "<<endl;
    T.PrintBiTree();
    cout<<endl;
    cout<<"结点总数: "<<T.CountNodes()<<"深度: "<<T.Depth();
    return 0;
}
```

输入：

```
ABD##E##C#FG###(创建图 6-26 中的二叉树)
```

输出：

```
------前序遍历------
A B D E C F G
------中序遍历------
D B E A C G F
------后序遍历------
D E B G F C A
------广义表形式输出二叉树-----
A(B(D,E),C(,F(G)))
结点总数: 7  深度: 4
```

6.4.3 二叉树遍历的非递归算法

三种不同次序遍历二叉树的递归算法结构相似，只是访问根结点及遍历左子树、遍历右子树的先后次序不同而已。如果暂时把访问根结点这个不涉及递归的语句抛开，则三个算法递归走过的路线是一样的。在递归执行过程中，先序遍历的情形是每进入一层递归调用时先访问根结点，再依次向它的左、右子树递归调用。中序遍历的情形是在从左子树递归调用退出时访问根结点，然后向它的右子树递归调用。后序遍历的情形是在从左子树递归调用退出时，再进入右子树递归调用，当从右子树递归调用退出时访问根结点。

为了把一个递归过程改为非递归，一般需要利用一个栈，记录遍历时的回退路径。我们通过分析一个实例的递归算法的执行过程，观察栈的变化，从而写成它的非递归算法。

1. 利用栈实现先序遍历的非递归算法

先序遍历的过程是先访问根结点，再先序遍历左子树，最后先序遍历右子树。需要在访问根结点之后先序遍历其左子树之前把其右孩子的地址用栈保存起来，否则就会在遍历完左子树之后丢失其右子树的地址。对应的非递归过程如下：

```
将根结点指针 bt 赋值给遍历指针 p;
空指针入栈;
while(p 不为空)
{
   访问 p 结点;                                    //访问结点
   若 p 有右孩子,则将右孩子进栈;                   //预先保存右孩子的地址
   若 p 有左孩子,则 p=p->lchild 即进入左子树;     //进入左子树
        否则出栈，并将出栈指针赋值给 p;            //左子树为空则退栈
}
```

图 6-28 为图 6-26 所示二叉树的二叉链表存储，图 6-29 显示了利用栈实现其先序遍历的过程。二叉树先序遍历的非递归算法如下：

```
template <class ElemType>
void BiTree<ElemType>::PreOrder(BiTNode<ElemType> *bt){
    BiTNode<ElemType> *p;                //p 为遍历指针
    Stack<BiTNode<ElemType> *> st;       //定义一个顺序栈 st
    st.Push(NULL);                       //空指针入栈
    p=bt;                                //p 初始为指向根结点的 bt 指针
    while(p)                             //当 p 不为空时循环
    {
        cout<<p->data;                   //访问结点 p
        if(p->rchild!=NULL)              //有右孩子时将其地址进栈
            st.Push(p->rchild);
        if(p->lchild!=NULL)              //有左孩子时进入左子树进行遍历
            p=p->lchild;
        else
            st.Pop(p);                   //没有左孩子则退栈
    }
}
```

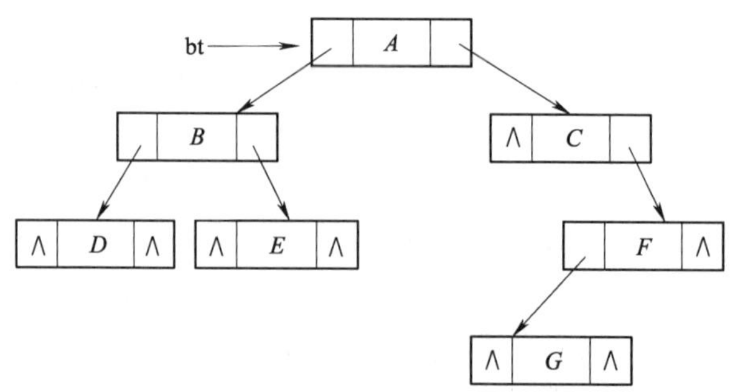

图 6-28　图 6-26 所示二叉树的二叉链表存储结构

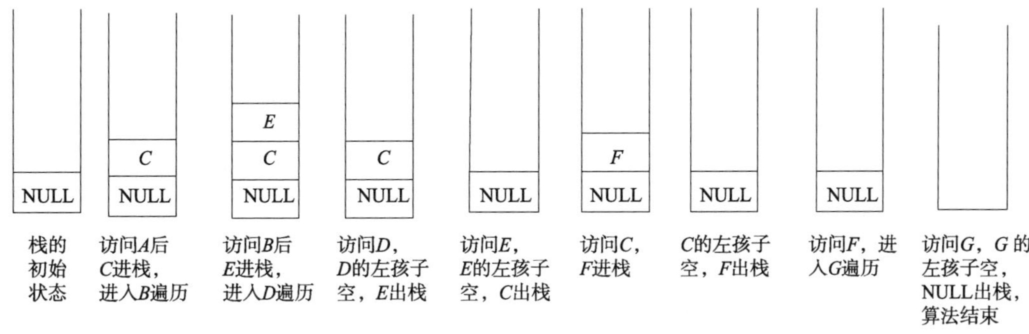

图 6-29 利用栈实现二叉树的先序遍历过程

2. 利用栈实现中序遍历的非递归算法

中序遍历顺序是左子树、根结点、右子树。中序遍历时访问的第一个结点，位于从根结点开始沿 lchild 链走到最左下角的结点，该结点的 lchild 指针为 NULL。从根结点开始，顺着 lchild 链遍历的过程中，这些结点还不能访问，因为它们的左子树还没有遍历，所以要记录遍历过程中经过的结点，要使用一个栈保存回退的路径。当到达根结点的最左下角结点时，它必位于栈顶的位置，这时候出栈并访问它，然后转向它的右子树，右子树也是二叉树，重复执行上面的过程。如果某结点的右子树遍历完或右子树为空，说明以这个结点为根的二叉树遍历完，此时从栈中出栈更上层的结点并访问它，再向它的右子树遍历下去，循环以上过程直至栈为空整个遍历结束。

对应的非递归过程如下：

```
将根结点指针 bt 赋值给遍历指针 p;
while(p 不空或者栈不为空)
{
    while(p 有左孩子)                              //走到子树的最左下角结点
    {
       p 进栈;
       p=p->lchild;
    }
    //此时栈顶结点（未被访问）没有左孩子，或者左子树已遍历过
    若栈不空则{
        出栈并赋值给 p，并访问 p 结点;              //出栈并访问结点
        p=p->rchild;                               //进入右子树遍历
    }
}
```

图 6-30 显示了利用栈对以图 6-28 所示二叉链表存储的二叉树进行中序遍历的过程。

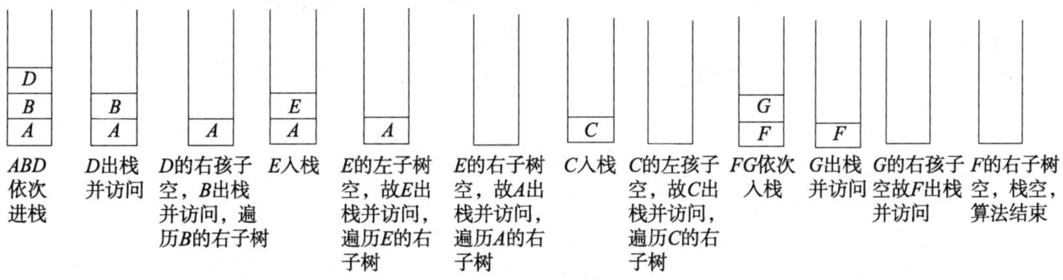

图 6-30 利用栈实现二叉树的中序遍历过程

二叉树中序遍历的非递归算法如下：

```
template <class ElemType>
void BiTree<ElemType>::InOrder(BiTNode<ElemType> *bt)
{   BiTNode<ElemType> *p;                   //p为遍历指针
    SqStack<BiTNode<ElemType> *> st;        //定义一个顺序栈st
    p=bt;                                   //p初始为指向根结点的指针bt
    while(!st.StackEmpty()||p!=NULL)        //当栈不为空或p不为空时循环
    {
        //寻找p最左下角的结点
        while(p!=NULL)                      //遍历指针未到最左下的结点并且不空时循环
        {
            st.Push(p);                     //遍历该子树沿途结点并进栈
            p=p->lchild;                    //遍历指针进到左孩子结点
        }
        if(!st.StackEmpty())                //如果栈不空
        {
            st.Pop(p);cout<<p->data;        //出栈，访问结点p
            p=p->rchild;                    //遍历指针进到右孩子结点
        }
    }
}
```

3. 利用栈实现后序遍历的非递归算法

后序遍历比先序和中序遍历的情况复杂。从根结点进入左子树，然后遍历左子树，遍历完左子树时还不能访问根结点，需要再从根结点进入右子树进行遍历右子树，待右子树遍历完后才能访问根结点。也就是说，经过根结点第三次时它才被访问。所以给每个结点增加访问经过次数属性 Pass。在二叉树的创建函数 CreateBiTree 中将每个结点的 Pass 属性设置为 0，遍历过程中每经过结点一次 Pass 加 1，直到遇到某结点其 Pass 为 2（第三次遇到）时才访问此结点。

```
template <class ElemType>
void BiTree<ElemType>::PostOrder(BiTNode<ElemType> *bt) {
    BiTNode<ElemType> *p,*q;            //p为遍历指针
    p=bt;                               //p初始为指向根结点的指针bt
    Stack<BiTNode<ElemType> *> st;      //定义一个顺序栈st
    while(p||!st.StackEmpty()) {        //p不为空或栈不为空时循环
      while(p){                         //顺着p的lchild链走到最左下角结点
        if(p->Pass==0) {                //p所指的结点没有被访问过
            p->Pass++;                  //结点的经过属性Pass加1
            st.Push(p);                 //结点第一次入栈，不访问
        }
        p=p->lchild;                    //p转向左子树
      }
      if(!st.StackEmpty()) {
        st.Pop(q);                      //栈不空则出栈
        p=q;
        if(p->Pass==2)    {             //第三次遇到此结点
```

```
                cout<<p->data;          //访问此结点
                p=NULL;                 //左右子树均已经访问过
            }
            else{                       //第二次遇到此结点
                p->Pass++;              //结点的 Pass 属性加 1
                st.Push(p);             //第二次入栈，不访问
                p=p->rchild;            //p 转向右子树
            }
        }
    }
}
```

4. 利用队列实现层次遍历算法

在层次序遍历中，先访问根结点，然后从左至右依次访问它的孩子结点，再按照次序依次访问每个孩子结点的孩子结点，依此类推。需要一个队列来辅助这个过程。在访问二叉树的某一层结点时，把其指向下一层孩子结点的指针预先存储在队列中，利用队列先进先出的特性安排访问的次序。

层次序遍历算法的步骤：

（1）根结点指针入队。

当队列不空时：

（2）队头的结点指针 p 出队并访问结点。

（3）如果 p 有左孩子，则左孩子指针入队。

（4）如果 p 有右孩子，则右孩子指针入队。

循环执行（2）（3）（4）直到队列为空为止。

图 6-31 显示了利用队列对图 6-28 所示二叉链表存储的二叉树进行层次序遍历的过程。二叉树层次遍历的算法如下：

```
template <class ElemType>
void BiTree<DataType>::LevelOrder(BiTNode<ElemType> *bt )
{
    BiTNode<ElemType> *p;                          //p 为遍历指针
    LinkQueue<BiTNode<ElemType> *>  Q;             //定义一个链队列 Q
    Q.enQueue(bt);                                 //根结点指针 bt 入队
    while(!Q.QueueEmpty()){                        //队列不为空时循环
        Q.deQueue(p);cout<<p->data;                //出队，访问结点
        if(p->lchild!=NULL)                        //p 有左孩子时将其入队
            Q.enQueue(p->lchild);
        if(p->rchild!=NULL)                        //p 有右孩子时将其入队
            Q.enQueue(p->rchild);
    }
}
```

我们前面学习了二叉树遍历的三种方法，请思考，如果给出任意的两种遍历序列，是否可以唯一确定一棵二叉树呢？

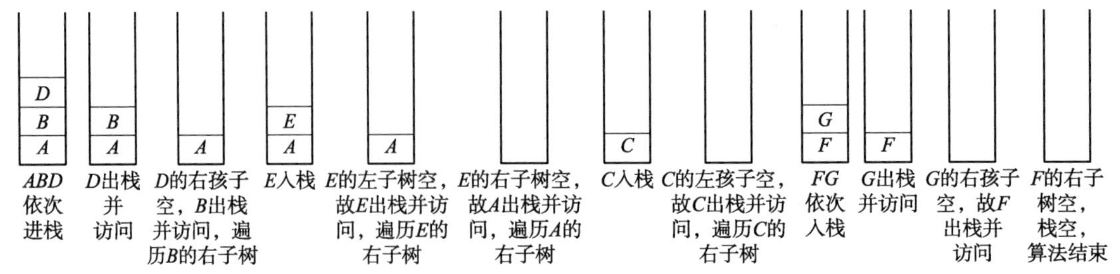

图 6-31　利用队列实现二叉树的层次遍历过程

如果有中序与先序的遍历序列或者中序与后序的遍历序列，就可以从这些序列中求得唯一的二叉树。不过如果只有先序和后序的遍历序列，则无法确定唯一的二叉树。请看下面的例子。

【例 6-4】二叉树的先序遍历序列为 *ABHJCDFGE*，中序遍历序列为 *HBJAFDGCE*，请画出唯一的二叉树。

【解】先序遍历：根—左子树—右子树；

中序遍历：左子树—根—右子树。

先序遍历中首先访问的一定是根结点。在中序遍历中找到这个根结点，根结点的左边一定它的左子树中的结点，根结点的右边一定是它的右子树中的结点。依此类推，就可以唯一确定一棵二叉树。

（1）从先序遍历序列中可以确定整个二叉树的根结点是 *A*。在中序遍历序列中可以确定 *HBJ* 是 *A* 的左子树中的结点，*FDGCE* 是 *A* 右子树中的结点，如图 6-32（a）所示。

（2）从先序遍历序列中可以确定 *A* 的左子树的根结点是 *B*。在中序遍历序列中的 *B* 左边是 *H*，右边是 *J*，如图 6-32（b）所示。

（3）从先序遍历序列中可以确定 *A* 的右子树的根结点是 *C*。在中序遍历序列中 *C* 的左边是 *FDG*，右边是 *E*，如图 6-32（c）所示。

（4）从先序遍历序列中可以确定 *C* 的左子树的根结点是 *D*。在中序遍历序列中 *D* 的左边是 *F*，右边是 *G*，如图 6-32（d）所示。

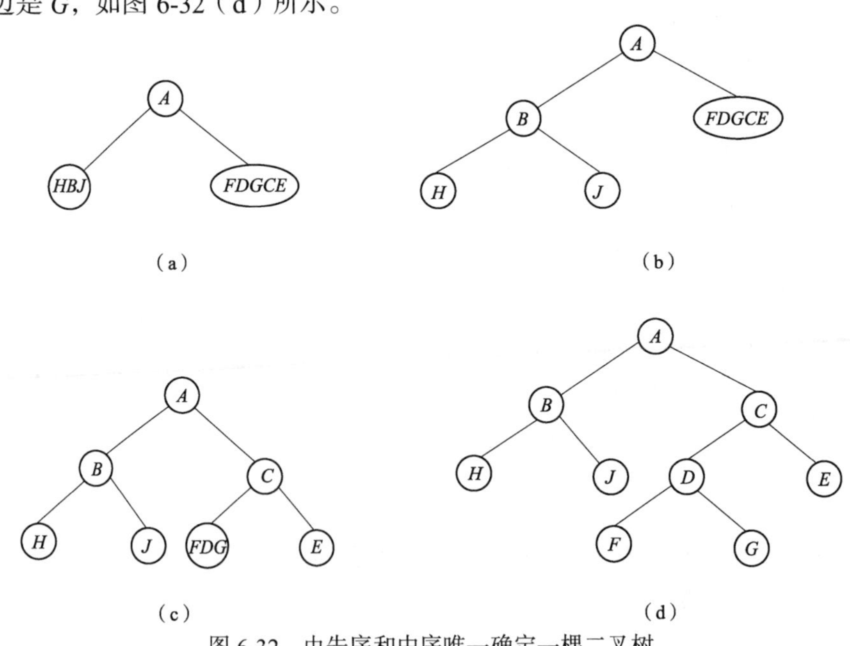

图 6-32　由先序和中序唯一确定一棵二叉树

二叉树的中序遍历序列为 *HBJAFDGCE*，后序遍历为 *HJBFGDECA*，请唯一确定这棵二叉树。这个问题留给读者自行完成。

6.5 线索二叉树

二叉树是非线性数据结构，而遍历序列是线性序列，二叉树的遍历实际上是将一个非线性结构进行线性化的操作。根据线性序列的特性，除了第一个元素外，每一个结点都有唯一的前驱；除了最后一个元素外，每一个结点都有唯一的后继。采用二叉链表存储时，只记录了左、右孩子的信息，无法直接得到结点的前驱和后继结点。我们在前面讲过，二叉链表存储结构中有 n+1 个空指针域，是否可以充分利用这些空指针域记录结点的前驱和后继信息，从而加快查找结点的前驱和后继的速度呢？

视 频

线索二叉树

6.5.1 线索二叉树的概念

遍历二叉树的结果是一个结点的线性序列，存储二叉树的二叉链表中有 n+1 个空指针域，可以利用这些空指针域存放结点的前驱结点和后继结点的地址。

可以规定：当某结点的左指针为空时，令该指针指向这个线性序列中该结点的前驱结点；当某结点的右指针为空时，令该指针指向这个线性序列中该结点的后继结点。

那么，怎么区分指针到底存储的是左孩子和右孩子的地址，还是前驱和后继结点的地址呢？为了避免混淆，增加两个标志域 ltag 和 rtag，结点的结构如下：

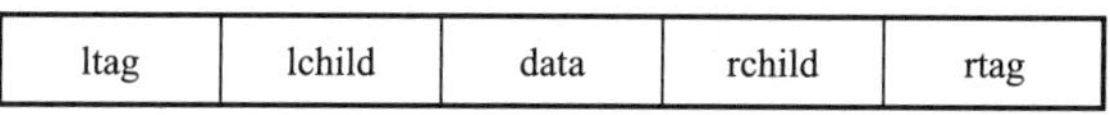

ltag	lchild	data	rchild	rtag

$$\text{左标志ltag}\begin{cases}0 & \text{表示lchild 指向左孩子结点，即指针}\\1 & \text{表示lchild 指向前驱结点，即线索}\end{cases}$$

$$\text{右标志rtag}\begin{cases}0 & \text{表示rchild 指向右孩子结点，即指针}\\1 & \text{表示rchild 指向后继结点，即线索}\end{cases}$$

由于二叉树中的结点的数据类型不确定，所以采用 C++的模板机制定义线索二叉树的结点类型。

```
template <class ElemType>
struct BiThrNode
{
   ElemType data;                    //结点数据域
   int ltag,rtag;                    //增加的标志域
   BiThrNode<ElemType> *lchild;      //指向左孩子或前驱结点的指针
   BiThrNode<ElemType> *rchild;      //指向右孩子或后继结点的指针
};
```

这种带有标志域的二叉链表称为线索链表，指向前驱和后继的指针就称为线索（thread），带有线索的二叉树称为线索二叉树（threaded binary-tree），以某种遍历方式将二叉树转化为线索二叉树的过程称为二叉树的线索化。

由于遍历方式的不同，产生的遍历线性序列也不同，会得到相应的线索二叉树。一般有先序线索二叉树、中序线索二叉树和后序线索二叉树。创建线索二叉树的目的是提高该遍历过程的效率。

为使创建线索二叉树的算法设计方便，在线索二叉树中增加一个头结点。头结点的 data 域为空；lchild 指向根结点，ltag 为 0；rchild 指向按某种方式遍历二叉树时的最后一个结点，rtag 为 1。图 6-33 为图 6-26 所示二叉树的线索二叉树，其中实线表示二叉树原来的指针，虚线表示线索二叉树所添加的线索。

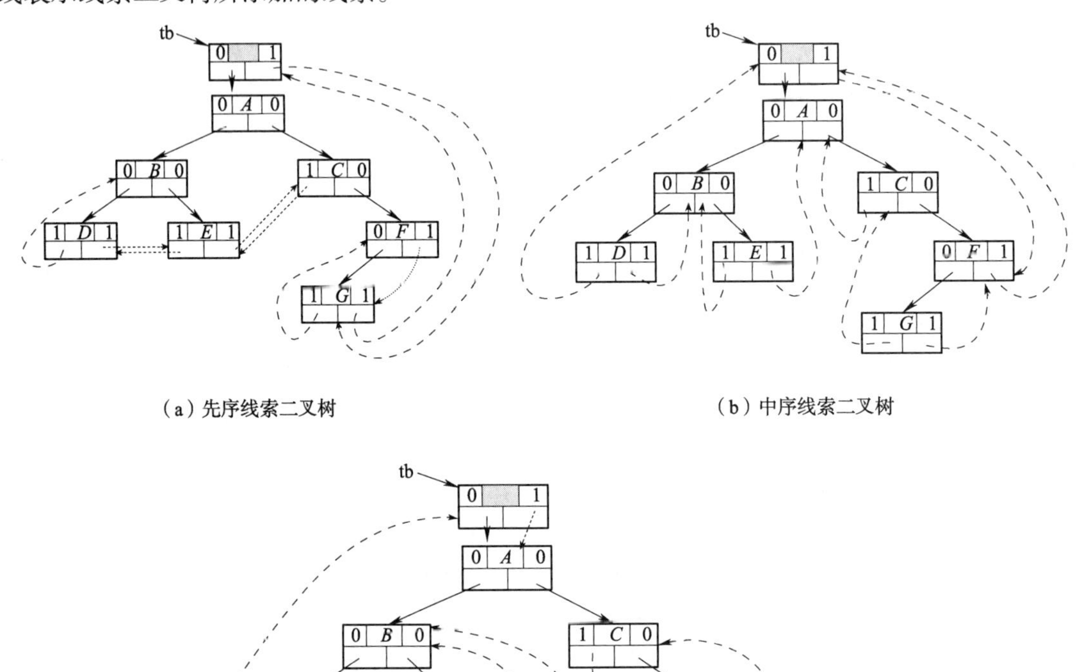

（a）先序线索二叉树

（b）中序线索二叉树

（c）后序线索二叉树

图 6-33　线索二叉树

用 C++语言中的类实现基于线索链表存储结构下二叉树的抽象数据类型定义。由于二叉树中结点的数据类型不确定，因此采用 C++的模板机制。为线索二叉树 BiThrTree 类设计了两个指针类型的私有成员 root（指向头结点）和 bt（指向二叉树的根结点）。为了避免类的调用者访问 BiThrTree 类的私有成员 root 和 bt，在公有函数如构造函数、析构函数以及线索化等函数中调用了相应的私有函数。例如，在公有函数 ThrInOrder()中调用了私有函数 ThrInOrder(bt)。

```
template <class ElemType>
class BiThrTree{
public:
   BiThrTree(){                                  //构造函数，构造一棵线索二叉树
```

```
        bt=CreateBiTree(bt);     //二叉树存储在线索链表中，ltag、rtag 都置 0
        root=CreateBiThrTree(bt);              //对二叉树进行线索化
    }
    ~BiThrTree(){ReleaseBiThrTree(root);}  //析构函数
    void ThrInOrder(){ThrInOrder(root);}    //中序遍历线索二叉树
private:
    BiThrNode<ElemType> *tb;                //tb 指向头结点
    BiThrNode<ElemType> *bt;                //bt 指向根结点
    BiThrNode<ElemType> *CreateBiTree(BiThrNode<ElemType> *b);
    BiThrNode<ElemType> *CreateBiThrTree(b);
    void  ReleaseBiThrTee(BiThrNode<ElemType> *b);
    void InThread(BiThrNode<ElemType> *&p)          //中序线索化二叉树
    void ThrInOrder(BiThrNode<ElemType> *bt);       //中序遍历线索二叉树
    …
};
```

6.5.2 中序线索化二叉树

下面讨论建立线索二叉树的算法。

CreateBiTree(*b*)算法的功能是将二叉树存储在线索链表中，每个结点的 ltag 和 rtag 被初始化为 0，默认 lchild 和 rchild 最初是指向其孩子结点的指针。

CreateBiThrTree(*b*)算法的功能是将二叉链表存储的二叉树 *b* 进行中序线索化，并返回线索化后头结点的指针 tb。

InThread(*p*)算法的功能是对以结点 *p* 为根的二叉树进行中序线索化。在整个算法中 *p* 总是指向当前被线索化的结点，而 pre 作为全局变量，指向刚刚访问过的结点。也就是说，pre 指向的结点为 *p* 指向结点的前驱，反之，*p* 指向的结点为 pre 指向结点的后继。在遍历过程中，如果当前结点 *p* 的左孩子为空，则设置该结点的 lchild 指向其前驱，即 *p*->lchild=pre，并修改 *p* 的 ltag 为 1；如果 pre 结点的右孩子为空，则设置 pre 结点的 rchild 指向其后继，即 pre->rchild=*p*，并修改 pre 的 rtag 为 1。

CreateBiThrTree(*b*)算法的思路是先创建头结点 tb，其 lchild 域指针，rchild 域为线索。如果二叉树的根结点 *b* 为空，则 tb 的 lchild 指向自身，否则指向根结点 *b*。开始时设置 *p* 指向根结点 *b*，pre 指向头结点 tb。再调用 InThread(*b*)对整个二叉树线索化，最后加入指向头结点的线索，并将头结点的 rchild 指针域线索化为指向最后一个结点（由于线索化直到 *p* 等于 NULL 为止，所以最后访问的结点是 pre 指向的结点）。

将二叉树存储在线索链表的 CreateBiTree(*b*)算法如下：

```
template <class ElemType>
BiThrNode<ElemType>*BiThrTee<ElemType>::CreateBiTree(BiThrNode<ElemType> *b){
   ElemType ch;
   cin>>ch;
   if(ch=='#') return b=NULL;
   else{
       b=new BiThrNode<ElemType> ;           //生成一个结点
       b->data=ch;
       b->rtag=b->rtag-0;                     //ltag 和 rtag 初始化为 0
```

```
        b->lchild=CreateBiTree(b->lchild);    //递归建立左子树
        b->rchild=CreateBiTree(b->rchild);    //递归建立右子树
    }
    return b;
}
```

下面以图 6-26 所示二叉树为例看一下中序线索化的过程。

（1）创建 BiThrNode 类型的头结点 tb，设置 tb 的 lchild 指向根结点 *b*，设置 tb–>ltag=0；设置 tb–>rtag=1，设置 tb 的 rchild 指向自身。遍历到最后一个结点的时候使 tb 的 rchild 再指向最后一个结点，如图 6-34 所示。初始时 *p* 指向根结点，pre 指向头结点。

（2）按照中序遍历的方式，*p* 顺着根的 lchild 链进行中序遍历，直到 *p* 指向最左下角的结点 *D*（*D* 的 ltag 为 0，没有左孩子），令 *p*–>lchild=pre，*p*–>ltag=1，如图 6-35 所示。

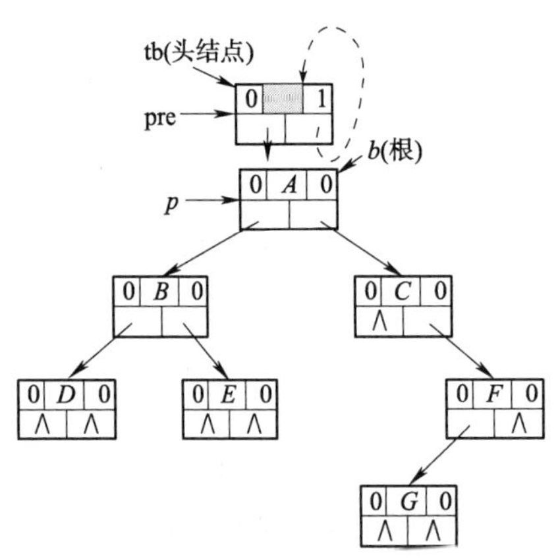

图 6-34　二叉树的中序线索化 1

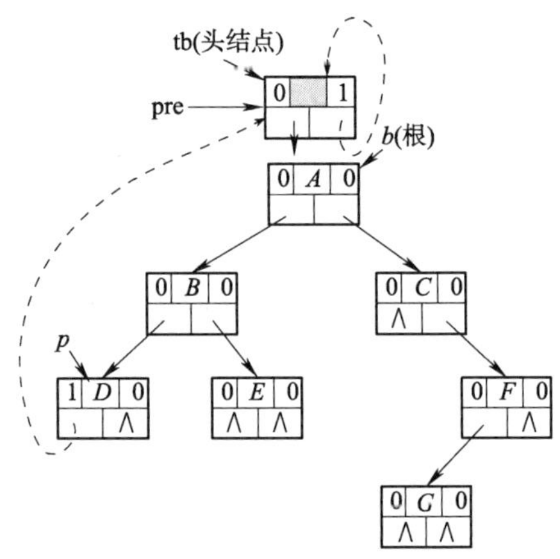

图 6-35　二叉树的中序线索化 2

（3）更新当前 pre 为 *p*，中序遍历 *p* 的右子树，*p* 的右子树为空，返回到 *B* 结点，*p* 指向 *B* 结点；此时 pre 的 rchild 为空，则令 pre–>rchild=p，pre–>rtag=1，如图 6-36 所示。

（4）更新当前 pre 为 *p*，中序遍历 *p* 的右子树，*p* 指向 *E* 结点；*E* 的左子树为空，则令 *p*–>lchild=pre，*p*–>ltag=1，如图 6-37 所示。

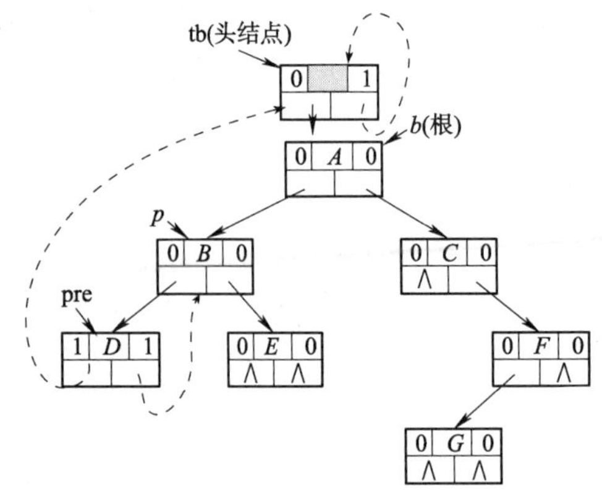

图 6-36　二叉树的中序线索化 3

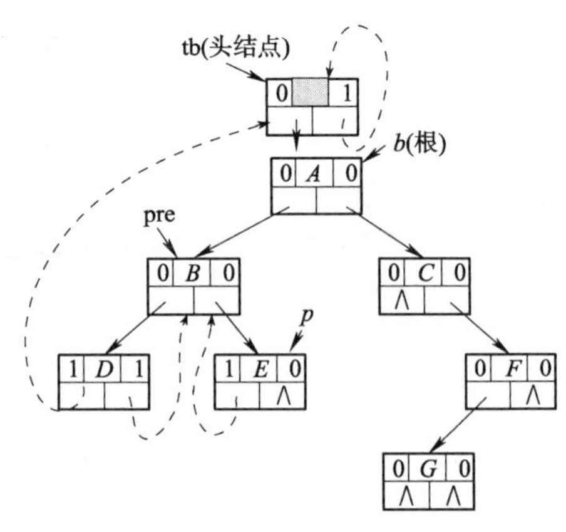

图 6-37　二叉树的中序线索化 4

（5）更新当前的 pre 为 p，中序遍历 p 的右子树，右子树为空，返回到 A 结点，p 指向 A 结点；此时 pre 的右子树为空，则令 pre->rchild=p，pre->rtag=1，如图 6-38 所示。

（6）更新当前 pre 为 p，中序遍历 p 的右子树，p 指向 C，中序遍历 C 的左子树，C 的左子树为空，则令 p->lchild=pre，p->ltag=1，如图 6-39 所示。

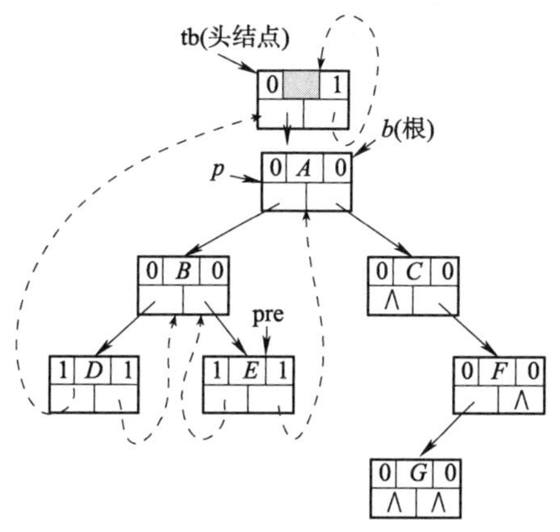

图 6-38　二叉树的中序线索化 5

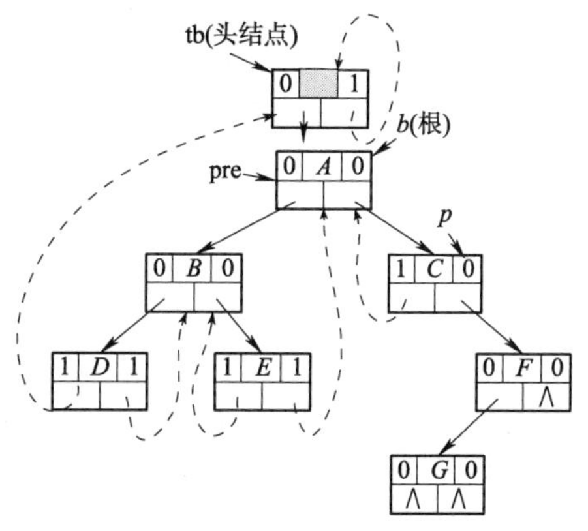

图 6-39　二叉树的中序线索化 6

（7）更新当前 pre 为 p，中序遍历 p 的右子树，p 指向 F 结点，中序遍历 F 的左子树，中序遍历 F 的左子树 G，p 指向 G 结点，G 的左子树为空，则令 p->lchild=pre，p->ltag=1，如图 6-40 所示。

（8）更新当前 pre 为 p，中序遍历 p 的右子树，其右子树为空，返回到 F 结点，p 指向 F 结点；此时 pre 的右子树为空，则令 pre->rchild=p，pre->rtag=1，如图 6-41 所示。

（9）更新当前 pre 为 p，中序遍历 p 的右子树（即 F 的右子树），F 右子树为空，即 p 为 NULL，那么 F 就是遍历过程中的最后一个结点。pre 指向了遍历过程中的最后一个结点，设置头结点 tb 的后继是最后一个结点，设置最后一个结点的后继是头结点，即 tb->rchild=pre，pre->rchild=tb，pre->rtag=1，如图 6-42 所示。

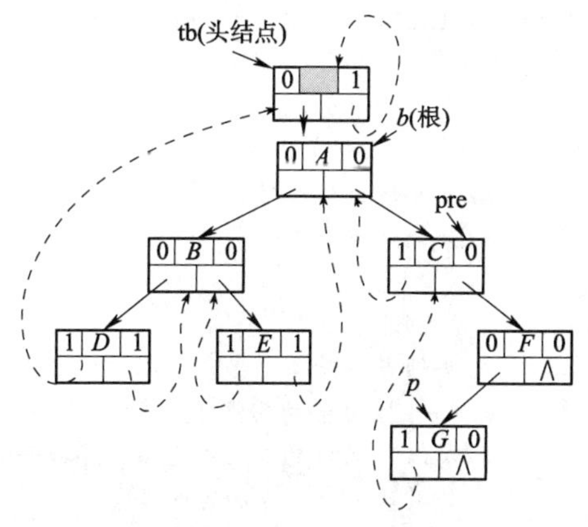

图 6-40　二叉树的中序线索化 7

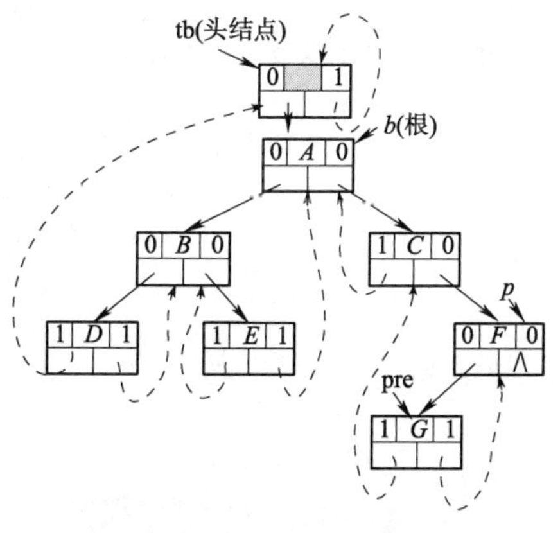

图 6-41　二叉树的中序线索化 8

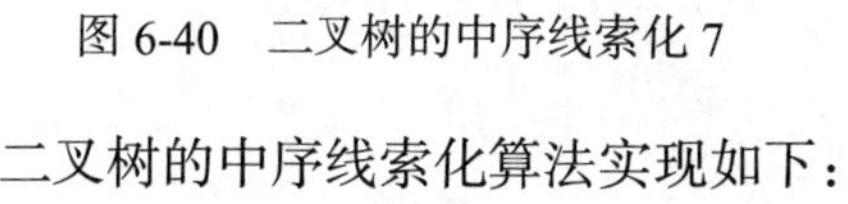

二叉树的中序线索化算法实现如下：

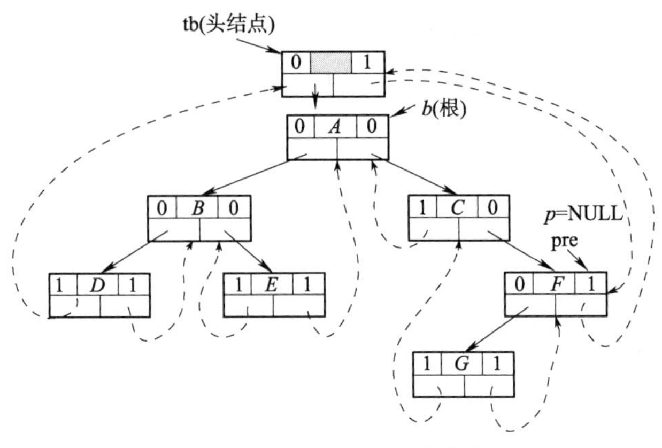

图 6-42　二叉树的中序线索化 9

```
template <class ElemType>
void  BiThrTee<ElemType>::InThread(BiThrNode<ElemType> *&p)
//对以 p 为根的二叉树中序线索化
{
    if(p!=NULL)
    {
        InThread(p->lchild);                          //左子树线索化
        if(p->lchild==NULL)                           //前驱线索化
        {  p->lchild=pre;p->ltag=1;}                  //建立 p 结点的前驱线索
        else  p->ltag=0;
        if(pre->rchild==NULL)                         //后继线索化
          { pre->rchild=p;pre->rtag=1;}               //建立 pre 结点的后继线索
        else   pre->rtag=0;
        pre=p;
        InThread(p->rchild);                          //右子树线索化
    }
}
template <class ElemType>
BiThrNode<ElemType> *BiThrTee<ElemType>::CreateBiThrTree(BiThrNode <ElemType> *b)
//创建中序线索二叉树，b 指向线索二叉链表的根结点，返回头结点
{
    tb=new  BiThrNode<ElemType>;                      //tb 为头结点指针
    tb->ltag=0;tb->rtag=1;tb->rchild=tb;              //初始化头结点指针
      if(b==NULL)  tb->lchild=tb;                     //如果是空二叉树
      else
      {
          tb->lchild=b;                               //头结点指针的 lchild 指向根结点
          pre=tb;                                     //pre 指向 p 的前驱结点,初始指向头结点
          InThread(b);                                //对以 b 为根的二叉树进行中序线索化
          pre->rchild=tb;pre->rtag=1;                 //为最后一个结点加后继线索
          tb->rchild=pre;                             //为头结点加后继线索
      }
    return tb;
}
```

6.5.3 遍历中序线索化二叉树

在线索二叉树中线索记录了前驱和后继信息，因此可以利用这些信息进行遍历，从而提高遍历或查找的速度。下面以中序线索二叉树的遍历为例，讲述遍历的过程。

算法步骤：

（1）指针 b 指向头结点，设置 p=b->lchild，即设置 p 指向二叉树的根结点。

（2）若 p 非空，则重复以下操作：

① 首先找到中序遍历中的第一个结点：p 指针沿着 lchild 链找到最左下角的结点，它是中序遍历的第一结点，此结点的 ltag=1；

② 访问 p 结点；

③ 寻找 p 的后继结点：沿着 p 的 rchild 链查找当前结点 p 的后继结点并访问，直到 rchild 为 0 或者遍历结束（即 p==b）。

（3）遍历 p 的右子树。

ThrInOrder(b)算法设计如下：

```
template <class ElemType>
void BiThrTee<ElemType>::ThrInOrder( BiThrNode<ElemType> *b)
                                                  //b 指向头结点
{
   BiThrNode<ElemType>* p=b->lchild;             //p 是遍历指针,初始指向根结点
   while(p!=b)                                    //p 不指向头结点则循环
   {
      while(p->ltag==0) p=p->lchild;              //找遍历中的第一个结点
         cout<<p->data;                           //访问第一个结点
      while(p->rtag==1&&p->rchild!=b)             //如果是后继线索则循环
      {p=p->rchild;cout<<p->data; }               //顺着后继线索遍历每一个结点
      p=p->rchild;                                //遍历 p 的右子树
   }
}
```

显然，该算法是非递归的，而且也没有使用栈。尽管时间复杂度仍然为 $O(n)$（n 为二叉树中结点的个数），但是空间效率得到了提高，空间复杂度为 $O(1)$。

将线索二叉树类 BiThrTree 的定义存储在 BiThrTree.h，将其成员函数的实现存储在实现文件 BiThrTree.cpp 中，为测试线索二叉树类 BiThrTree，设计以下 main 函数。

```
template <class ElemType>
struct BiThrNode                          //线索二叉树中结点的类型
{
   ElemType data;                         //结点的数据域
   int ltag,rtag;                         //增加的线索标记
   BiThrNode<ElemType> *lchild;           //指向左孩子或前驱结点的指针
   BiThrNode<ElemType> *rchild;           //指向右孩子或后继结点的指针
};
BiThrNode<char> *pre;         //遍历过程中指向当前结点的前驱结点，全局变量
#include "BiThrTree.h"                    //引入头文件
```

```
int main()
{
    BiThrTee<char> bt;
    bt.ThrInOrder();
    return 0;
}
```

运行程序，输入：

```
ABD##E##C#FG###(创建图 6-26 的二叉树)
```

输出：

```
DBEACGF        (中序遍历线索二叉树的结果)
```

6.6 树与森林

6.6.1 树的存储表示

有多种形式的存储结构来表示树，这里介绍三种常用的链表结构。

1. 双亲表示法

双亲表示法以一组连续的存储单元来存放树中的结点，每一个结点有两个域，一个是 data 域，用来存放数据元素；一个是 parent 域，用来存放指示其双亲结点在数组中的位置。例如，图 6-43 展示了一棵树及其双亲存储结构。

下标	data	parent
0	*A*	−1
1	*B*	0
2	*C*	0
3	*D*	0
4	*E*	1
5	*F*	1
6	*G*	2
7	*H*	3
8	*I*	3
9	*J*	3
10	*K*	5

图 6-43　一棵树及其双亲存储结构

这种存储结构利用了每个结点（除根结点外）只有唯一的双亲这一性质。在这种存储表示中找双亲结点的操作的时间复杂度为 $O(1)$，但找孩子结点的操作需遍历整个数组，时间复杂度是 $O(n)$，其中 n 是树中结点个数。这种存储表示适合经常寻找双亲结点的应用。

2. 孩子链表表示法

对于一般的树，树中每个结点具有的子树的个数可能不尽相同。如果像二叉链表那样，为每个结点设置多个指针域，其中每个指针指向一棵子树的根结点，每个结点需要的孩子指针个数各有不同，很难确定每个结点究竟要设置多少指针为宜。如果每个结点按树的度 d 来设置指针个数，则 n 个结点一共有 $d\times n$ 个指针域。但树的分支总数是 $n-1$，故树中空指针域有 $d\times n-(n-1)=n(d-1)+1$ 个。显然，d 越大，浪费的空间越多。不过这种存储方式的好处是易于管理。

data	$child_1$	$child_2$	…	$child_d$

若按每个结点的度来设置结点的指针域个数，并在结点中增加一个结点度数域 degree 来指明该结点包含的指针域数，那么各结点所占的存储空间各不相同，虽然节省了空间，但管理起来不便。

data	degree	$child_1$	$child_2$	…	$child_k$

比较好的解决方案是为树中每个结点设计一个孩子链表，并将这些结点的数据和对应孩子链表的头指针放在一个数组中，就构成了孩子链表表示。 例如，对于图 6-43 给出的树，其孩子链表表示如图 6-44（a）所示。

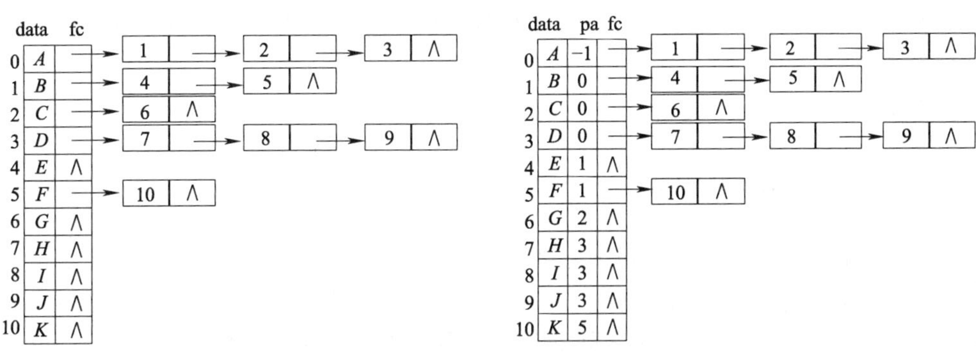

（a）树的孩子链表表示　　（b）树的双亲孩子链表表示

图 6-44　图 6-43 所示树的孩子链表表示法

对于这种存储表示，寻找孩子结点的操作只需要在孩子链表中查找，时间复杂度为 $O(d)$，d 是树的度。寻找双亲结点的操作需要遍历整个孩子链表头指针组成的数组及其后面的孩子链表，时间复杂度是 $O(n)$，n 是树中的结点个数。这种存储表示适合需要频繁查找孩子结点的应用。如果将双亲表示法和孩子链表表示法结合起来，则无论寻找双亲结点还是孩子结点都很方便，如图 6-44（b）所示。

3. 孩子-兄弟链表表示法

这种存储表示又称长子-兄弟表示法，或二叉链表表示法，即以二叉链表作为树的存储结构。它的每个结点由三个域组成：

data	firstchild	nextsibling

firstchild 指向该结点的第一个孩子结点，nextsibling 指向该结点的下一个兄弟。例如，对于图 6-43 给出的树，其孩子兄弟链表表示如图 6-45 所示。

这种存储表示中，每个结点的度 d=2，是最节省存储空间的树的链式存储表示。这种二叉链表存储结构便于实现各种树的操作。例如，若要查找某结点 x 的所有孩子结点，只需要先通过结点 x 的 firstchild 指针找到它的第一个孩子结点，再通过它的第一个孩子结点的 nextsibling 指针找到第二个孩子结点，再通过第二个孩子结点的 nextsibling 指针找到第三个孩子，依此类推，直到 nextsibling 指针为空为止。这实际是循着 nextsibling 链的一次遍历。

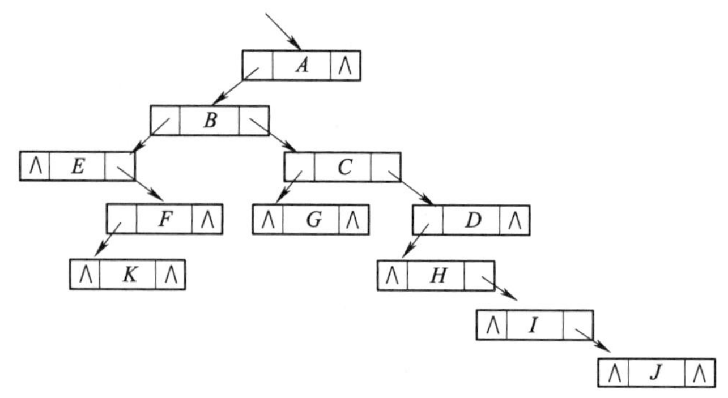

图 6-45　树的孩子兄弟表示法（二叉链表表示法）

这种表示与孩子链表一样适合于寻找孩子结点的应用，其时间复杂度是 $O(d)$，d 是树的度。例如，若要访问结点 x 的第 k 个孩子，只需从 x->firstchild 开始沿着 nextSibling 链连续走 $k-1$ 步即可。寻找双亲结点必须遍历二叉链表，时间复杂度为 $O(n)$，其中 n 是树的结点个数。为了寻找双亲结点方便，也可以为每个结点增设一个指向其双亲结点的指针域。这种结构便于实现各种树的操作。

6.6.2　树/森林与二叉树的转换

视 频

树与二叉树的转换

由于树可以用二叉链表作为存储结构，那么可以把二叉链表作为媒介实现树与二叉树之间的转换。而森林是树的有限集合，因此森林与二叉树之间也可以互相转换。

图 6-46 为树与二叉树之间的对应关系。从图中可以看到，对于给定的一棵树，根据它的二叉链表存储结构能找到唯一的一棵二叉树与之对应。从存储结构来看，这棵树和它转换得到的二叉树的二叉链表表示是完全相同的，只是解释不同而已。

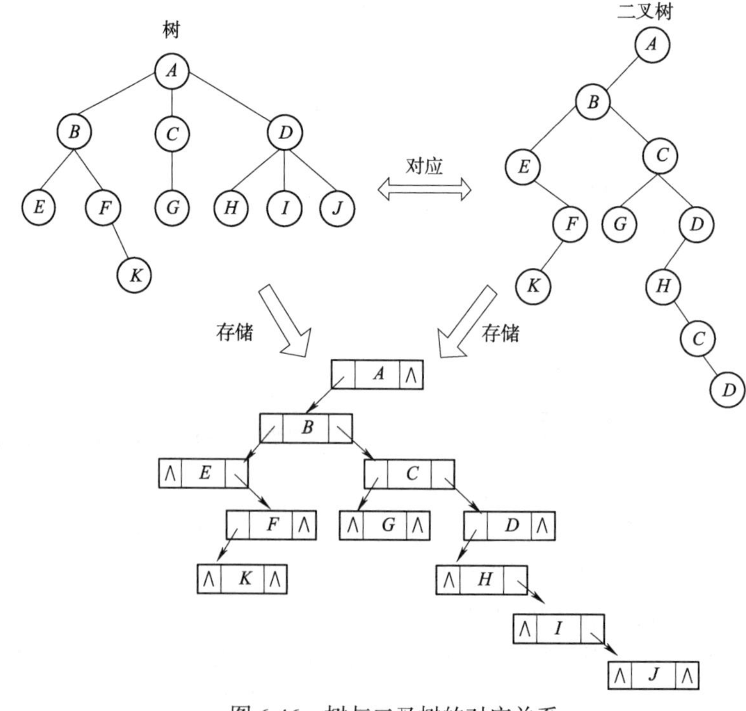

图 6-46　树与二叉树的对应关系

在它们的二叉链表表示中，都有两个指针，只是意义不同。在二叉树的二叉链表中一个指针指向左孩子，一个指向右孩子；而在树的二叉链表表示中一个指针指向第一个孩子，一个指向下一个兄弟。

可以看到，与树对应的二叉树其右子树必定是空的，因为根结点没有兄弟结点。但是对于森林来说，可以把第二课树的根结点看作第一棵树的根结点的兄弟，这样可以得到森林与二叉树的对应关系，实现森林与二叉树之间的转换。

图 6-47 所示为森林与二叉树之间的对应关系。

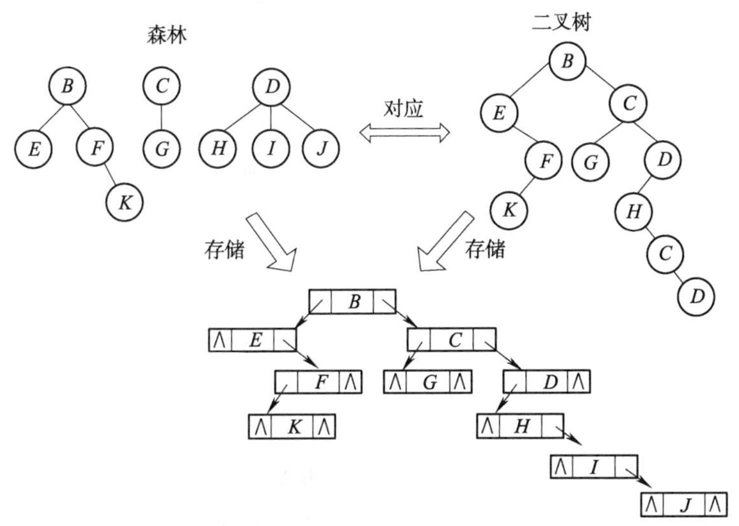

图 6-47　森林与二叉树的对应关系

由于森林或树与二叉树的一一对应关系，使得它们之间可以互相转换。

1. 森林/树转换为二叉树

将一棵树转换成二叉树的过程如下：

（1）在树中所有相邻的兄弟之间加一条连线。

（2）对树中的每个结点只保留它与第一个孩子之间的连线，删除与其他孩子之间的连线。

（3）顺时针转 45°，使之层次分明。

【例 6-5】将图 6-48（a）所示的树转换为二叉树。

【解】转换过程如图 6-48（b）～（d）所示，转换后的二叉树如图 6-48（d）所示。

假如树 T 转换得到二叉树 BT，我们肯定的是 BT 的根结点一定没有右孩子。这是因为树 T 的根结点没有兄弟。

森林中每棵树的根结点在同一层，可以看作互为兄弟，将森林转换为二叉树的过程如下：

（1）将森林中的每棵树转换为相应的二叉树。

（2）第一棵树不动，从第二棵二叉树开始，依次把后一棵二叉树的根结点作为前一棵二叉树根结点的右孩子结点，当所有二叉树连在一起后，此时得到的二叉树就是由森林转换得到的二叉树。

【例 6-6】将图 6-49（a）所示的森林转换为二叉树。

【解】转换过程如图 6-49（b）和（c）所示，转换后的二叉树如图 6-49（c）所示。

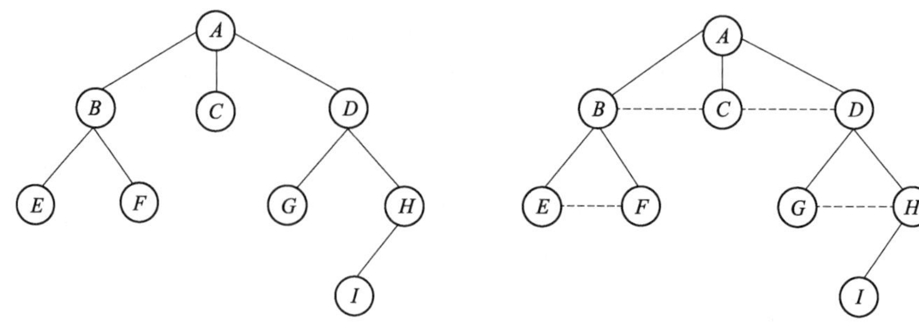

（a）一棵树　　（b）相邻兄弟之间加连线（虚线）

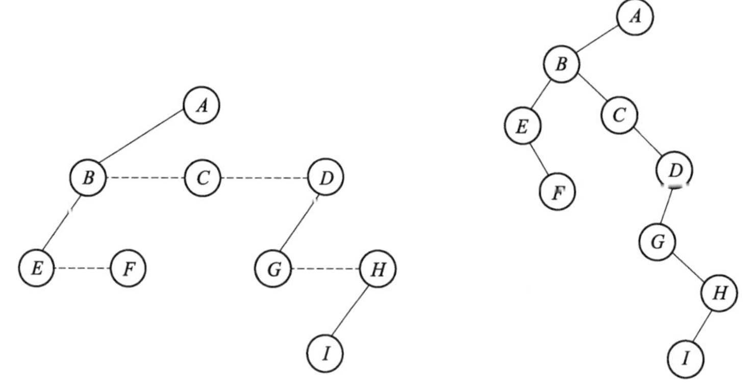

（c）删除与双亲结点的连线，保留第一个孩子与双亲结点的连线　　（d）转换得到的二叉树

图 6-48　树转换成二叉树的过程

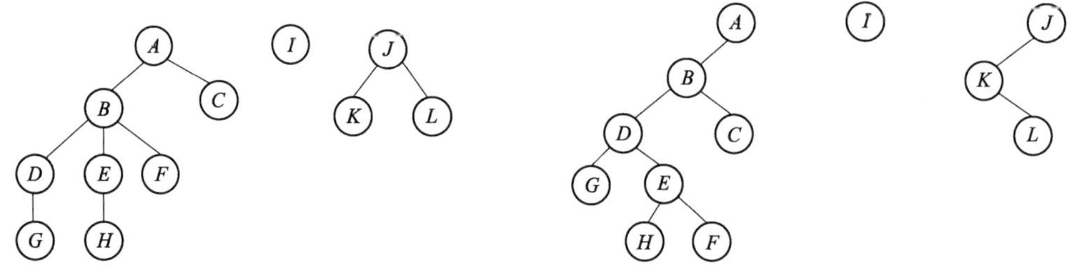

（a）森林　　（b）每棵树转换成的二叉树

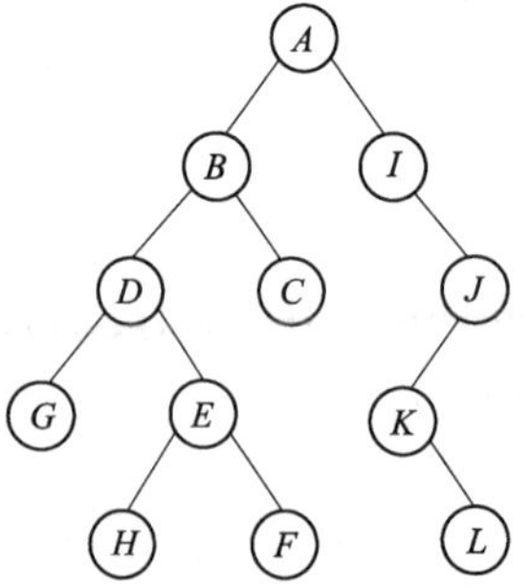

（c）所有的二叉树连接成一棵二叉树

图 6-49　森林转换成二叉树的过程

2. 二叉树还原为树/森林

二叉树还原为树/森林的过程实际是树/森林转换为二叉树的逆过程。只需将二叉树的左分支保持不变，将二叉树的右分支还原成兄弟关系即可。

【例 6-7】将图 6-50（a）所示的二叉树还原为森林。

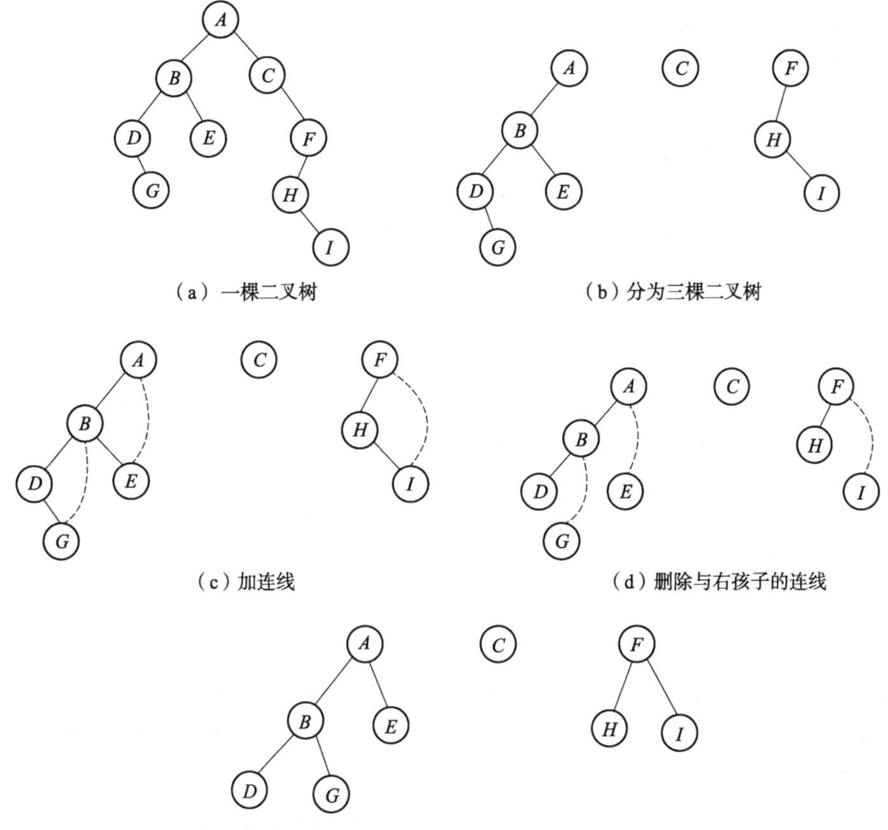

图 6-50　二叉树还原为森林的过程

【解】二叉树还原为森林的过程如图 6-50（b）～（e）所示，还原后的二叉树如图 6-50（e）所示。

6.6.3　树与森林的遍历

1. 树的遍历

树的遍历包括先根序遍历和后根序遍历两种方式。

树的先根序遍历：先访问树的根结点，然后依次先根序遍历根的每棵子树。

树的后根序遍历：先依次后根序遍历每棵子树，然后再访问根结点。

例如，对于图 6-48（a）的树进行先根序遍历得到的序列为 *ABEFCDGHI*，与其转换得到的二叉树[见图 6-48（d）]的先序遍历序列是相同的。对于图 6-48（a）的树进行后根序遍历得到的序列为 *EFBCGIHDA*，与其转换得到的二叉树[见图 6-48（d）]的中序遍历序列是相同的。

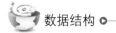

2. 森林的遍历

森林的遍历有先序遍历和中序遍历两种方式。

（1）森林的先序遍历。

如果森林非空，则：

① 访问森林中第一棵树的根结点；

② 先序遍历第一棵树中根结点的子树森林；

③ 先序遍历除去第一棵树之后剩余的树构成的森林。

（2）森林的中序遍历。

若森林非空，则：

① 中序遍历森林中第一棵树的根结点的子树森林；

② 访问第一棵树的根结点；

③ 中序遍历除第一棵树之外剩余的树构成的森林。

例如，对于图 6-49（a）所示的森林进行先序遍历得到的序列为 *ABDGEHFCIJKL*，与其转换得到的二叉树[见图 6-49（c）]的先序遍历序列是相同的。对于图 6-49（a）所示的森林进行中序遍历得到的序列为 *GDHEFBCAIKLJ*。与其转换得到的二叉树[见图 6-49（c）]的中序遍历序列是相同的。

既然树/森林的遍历与其转换得到的二叉树的遍历有以上对应关系，那么可以借用二叉树的遍历算法来实现树和森林的遍历算法，读者可以自行完成。

【例 6-8】已知森林的先序遍历序列为 *ABCDEFGHIJKL*，中序遍历序列为 *CBEFDGAJIKLH*，请画出此森林。

【解】我们知道，森林的先序遍历结果与其转换得到的二叉树的先序遍历结果相同，中序遍历结果与其转换得到的二叉树的中序遍历结果相同。那么，根据二叉树的先序遍历序列为 *ABCDEFGHIJKL*，中序遍历序列为 *CBEFDGAJIKLH*，可以确定森林转换得到的二叉树如图 6-51（a）所示。然后再将图 6-51（a）的二叉树转换为森林，即图 6-51（b）。

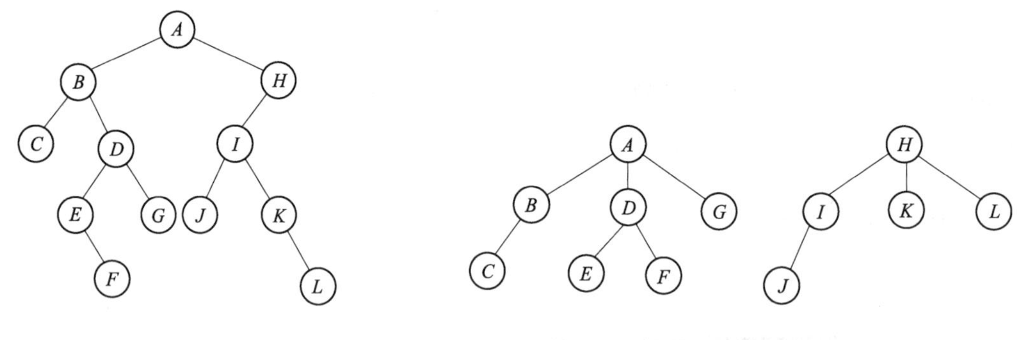

（a）唯一确定的二叉树　　（b）二叉树转换得到的森林

图 6-51　由先序和中序唯一确定森林的过程

6.7　哈夫曼树及其应用

哈夫曼树又称最优二叉树，是带权路径长度最短的二叉树，在编码设计、决策和算法设计等领域有着广泛的应用。

先看下面一段程序，将一个班级的成绩从百分制转换为五分制。

```
if(score<60) cout<<"E";
else if(score<70) cout<<"D";
    else if(score<80) cout<<"C";
        else if(score<90) cout<<"B";
            else cout<<"A";
```

在上面的程序中，如果成绩小于 60，需要一次判定；如果在成绩 60～70 之间，需要二次判定；如果在成绩在 70～80 之间，需要三次判定；如果成绩在 80～90 之间，需要四次判定；如果成绩在 90～100 之间，需要五次判定。

这段程序没有问题，但是效率不够高，它忽略了一个问题即成绩往往呈正态分布，如图 6-52 所示。

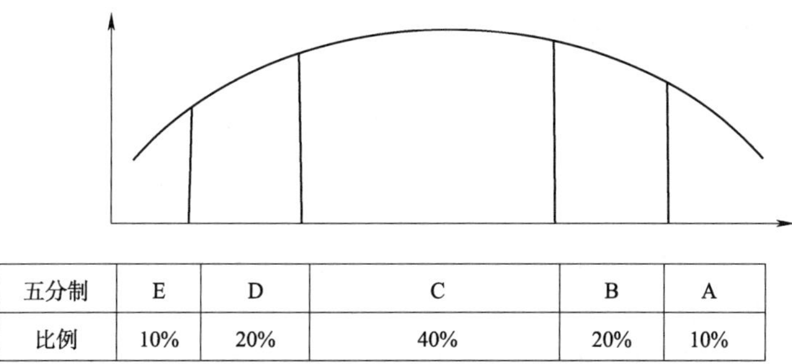

五分制	E	D	C	B	A
比例	10%	20%	40%	20%	10%

图 6-52　成绩的正态分布图

假设班级人数是 100 人，则将这些人的百分制成绩转换为五分制的过程中总的判定次数为

$100\times10\%\times1+100\times20\%\times2+100\times40\%\times3+100\times20\%\times4+100\times10\%\times5=300$（次）

如果把程序略加修改，看看会有什么变化。

```
if(score<80)
   if(score<70)
       if(score<60) cout<<"E";
       else cout<<"D";
    else cout<<"C";
else if(score<90) cout<<"B";
     else cout<<"A";
```

程序修改之后，如果成绩小于 60，需要三次判定；如果在成绩 60~70 之间，需要三次判定；如果在成绩在 70~80 之间，需要两次判定；如果成绩在 80~90 之间，需要两次判定；如果成绩在 90~100 之间，需要两次判定。那么总的判定次数为

$100\times10\%\times3+100\times20\%\times3+100\times40\%\times2+100\times20\%\times2+100\times10\%\times2=230$（次）

为什么会有这样的差别呢？下面看以下两个描述判定过程的判定树，如图 6-53 所示。

从图中可以看出，人数越多的分数区间越靠近树根（先判定），判定的总次数越少，程序的运行效率越高。

再来看一下编码的问题。通常的编码方法有两种：固定长度编码和不等长编码。设计一个最优的编码方案，目的是使总码长度最短。

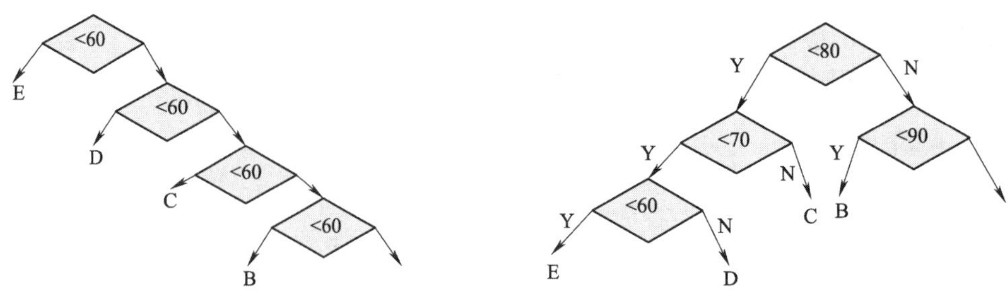

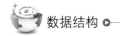

图 6-53　两种程序的判定树

如果每个字符的使用频率相等，那么固定长度编码是空间效率最高的，对 n 个不同的字符进行等长编码，需要 $\lceil \log_2 n \rceil$ 位。例如，5 个不同的字符 A、B、C、D、E，至少需要三位二进制数表示：A:000、B:001、C:010、D:011、E:100。

如果每个字符的使用频率不相等，再采用固定长度编码显然不是最优的。类比百分制转五分制的例子，可以根据字符的不同使用频率设计不等长的编码。

不等长编码方法需要解决两个关键问题。

（1）译码时不能有二义性。如果 ABCDE 这五个字符这样编码：

A:0　B:1　C:01　D:10　E:010

那么现在有一段编码 0100，该怎样翻译呢？是翻译为 EA，还是 CAA、ADA 呢？我们观察一下为什么会出现二义性？这是因为出现了一个字符的编码是另一个字符编码的前缀的情况。比如 A 的编码 0 是 C 和 E 编码的前缀，B 的编码是 D 编码的前缀。

所以，消除二义性的解决办法是要求任何一个字符的编码不能是另一个字符编码的前缀，这就是前缀码的特性。

（2）编码总长度尽可能短。使用频率高的字符编码较短，使用频率低的字符编码较长，使得编码总长度尽可能短，这种方法可以提高压缩率，节省空间，提高运算和通信效率。

1952 年，数学家 D. A. Huffman 提出用字符在文件中出现的频率表示各字符的最优编码方式，称为哈夫曼编码（Huffman code）。哈夫曼编码很好地解决了上述两个问题，被广泛应用于数据压缩，尤其是远距离通信和大容量数据存储，常用的 JPEG 图片就是采用哈夫曼编码压缩的。

哈夫曼编码的基本思想是以字符的使用频率作为权来构建哈夫曼树，然后利用哈夫曼树对字符进行编码。

后面先讲解哈夫曼树的构造，然后由哈夫曼树求得哈夫曼编码。在讲解哈夫曼树之前先来了解一下带权路径长度的概念。

6.7.1　带权路径长度

首先给出路径和路径长度的概念。

路径是从树中一个结点到另一个结点之间的分支构造这两个结点之间的路径。

路径长度是指路径上分支的个数。

树的路径长度是从树的根结点到每一个结点的路径长度之和。

结点的带权路径长度为从该结点到树的根结点之间的路径长度与结点上权的乘积。

树的带权路径长度是树中所有叶子结点的带权路径长度之和，通常记作 $WPL=\sum_{i=1}^{n}w_i l_i$。假设有 n 个权值 $\{w_1, w_2, \cdots, w_n\}$，构造一棵有 n 个叶子结点的二叉树，第 i 个叶子结点的权值为 w_i（$1\leqslant i\leqslant n$），则其中带权路径长度 WPL 最小的二叉树称为最优二叉树或哈夫曼树。

例如，图 6-54 中的三棵二叉树，都有五个叶子结点 a、b、c、d、e，它们的权值分别为 3、5、7、9、11。这三棵二叉树的带权路径长度分别为

（a）WPL=3×1+5×3+7×3+9×3+11×3=99。

（b）WPL=3×2+5×2+7×2+9×3+11×3=90。

（c）WPL=3×3+5×3+7×2+9×2+11×2=78。

其中以（c）树的带权路径长度最小。

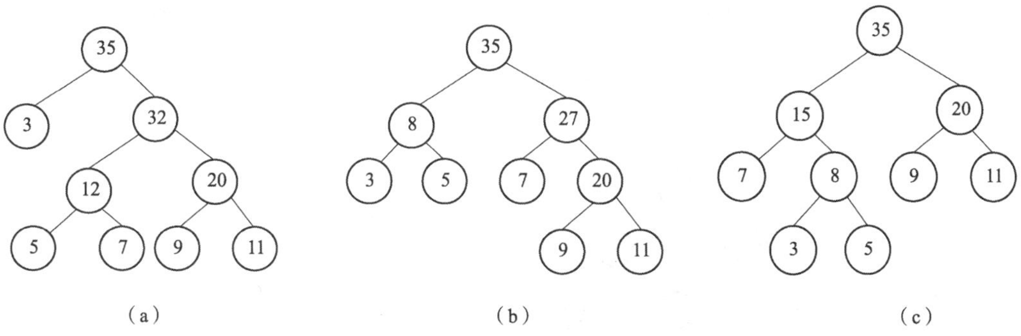

图 6-54　由五个叶子结点组成的不同的带权路径长度的二叉树

6.7.2　哈夫曼树

哈夫曼树

哈夫曼树是带权路径长度最短的二叉树，可以验证图 6-54（c）就是哈夫曼树，其带权路径长度在所有带权为 3、5、7、9、11 的五个叶子结点的二叉树中最小的。

那么，如何构造哈夫曼树呢？构造哈夫曼树的核心思想是让权值大的叶子离根结点近，采用的贪心策略是每次从树的集合中取出没有双亲且权值最小的两棵树作为左、右子树，构造一棵新树，新树的根结点的权值为其左、右孩子结点权值之和，并将新树插入树的集合。具体步骤如下：

（1）根据给定的 n 个权值 $\{w_1, w_2, \cdots, w_n\}$ 构造 n 棵只有一个根结点的二叉树，从而得到一个二叉树的集合 $F=\{T_1, T_2, \cdots, T_n\}$。

（2）在 F 中选取根结点的权值最小和次小的两棵二叉树作为左、右子树构造一棵新的二叉树，这棵新的二叉树根结点的权值为其左、右子树根结点权值之和。

（3）在集合 F 中删除作为左、右子树的两棵二叉树，并将新建立的二叉树加入到集合 F 中。

（4）重复（2）、（3）两步，当 F 中只剩下一棵二叉树时，这棵二叉树便是所要建立的哈夫曼树。

例如，有五个叶子结点 a、b、c、d、e，它们的权值分别为 3、5、7、9、11，图 6-55 展示了哈夫曼树的构造过程。

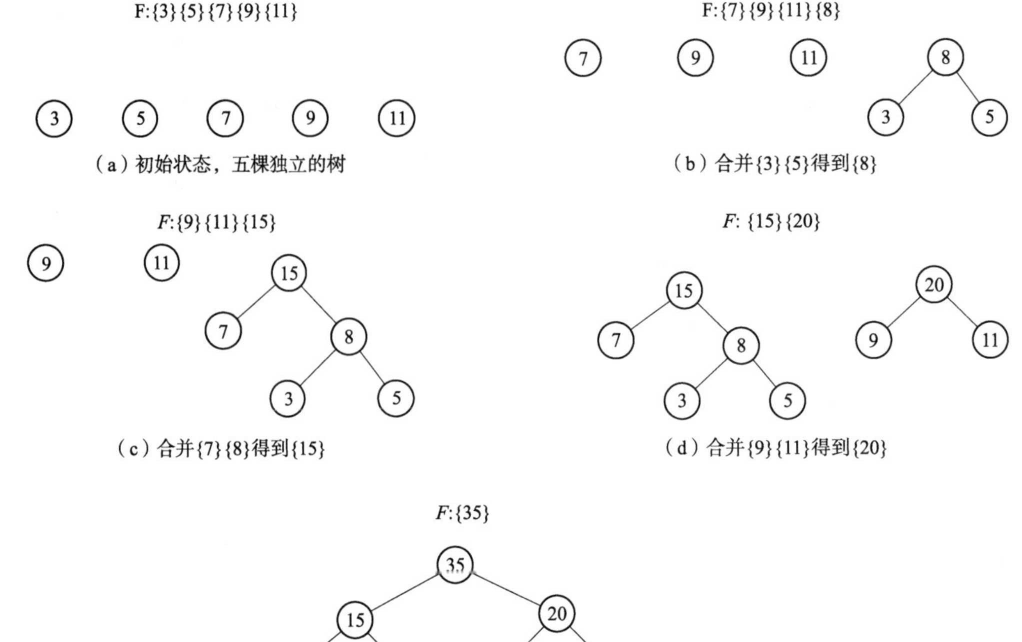

（a）初始状态，五棵独立的树

（b）合并{3}{5}得到{8}

（c）合并{7}{8}得到{15}

（d）合并{9}{11}得到{20}

（e）合并{15}{20}得到{35}

图 6-55　哈夫曼树的构造过程

下面来看看构造哈夫曼树的算法如何实现。

首先需要设计存储哈夫曼树的数据结构。

如何设计哈夫曼树中结点的结构更利于算法设计呢？在构造哈夫曼树之后，求字符编码时需要从叶子结点到根结点的路径（从叶子到根逆向求编码）；译码时需要从根到叶子结点的路径。通过分析，对每个结点来说，既需要知道其双亲的信息，又需要知道其孩子结点的信息。由此设计了以下哈夫曼树中结点的结构：

```
typedef struct htnode{              //哈夫曼树的结构体
   char data;                       //哈夫曼叶子结点的字符信息
   int weight;                      //权值
   int parent,lchild,rchild;        //双亲、左右孩子结点在数组中的序号
   int order;                       //结点在数组中的序号
   friend bool operator <(htnode node1,htnode node2)//定义两个结点间比较大小的规则
   {
      if( node1.weight>node2.weight) return  1;
                                    //根据两个结点的权值大小作为结点间比较大小的规则
      else return 0;
   }
}htnode,*hfmtree;                   //动态分配数组存储哈夫曼树
```

由于哈夫曼树中没有度为 1 的结点，则一棵有 n 个叶子结点的哈夫曼树共有 $2n-1$ 个结点。将 $2n-1$ 个结点存储在 HTNode 类型的大小为 $2n-1$ 的一维数组 HT 中即可。

构造哈夫曼树的算法步骤如下：

（1）初始化。构造每棵树只有一个结点的森林。即将存放哈夫曼树的数组 HT[]中所有的结点初始化，n 个结点的 parent、lchild 和 rchild 全部置为−1，表示每棵树只有一个根结点。以 *ABCDE* 五个叶子结点，权值为{3,5,7,9,11}为例，初始化之后 HT 数组如图 6-56 所示。

	data	weight	parent	lchild	rchild
1	*A*	3	0	0	0
2	*B*	5	0	0	0
3	*C*	7	0	0	0
4	*D*	9	0	0	0
5	*E*	11	0	0	0
6		0	0	0	0
7		0	0	0	0
8		0	0	0	0
9		0	0	0	0

图 6-56 存储哈夫曼树的数组的初态

（2）构造哈夫曼树。每次选择两个根结点（其 parent 为−1）的权值最小的二叉树，以它们为左、右子树构造新的二叉树，新的二叉树的权值为其左、右孩子的权值之和。执行 $n-1$ 次合并操作，最后得到一棵二叉树，即为哈夫曼树。

在图 6-56 所示的哈夫曼树的初始状态下，构造哈夫曼树的过程如下：

（1）选择权值最小的 *A* 和 *B* 构造一棵二叉树，其根结点的权值为 8，即为结点 d_1。

（2）选择权值最小的 *C* 和 d_1 构造一棵二叉树，其根结点的权值为 15，即为结点 d_2。

（3）选择权值最小的 *D* 和 *E* 构造一棵二叉树，其根结点的权值为 20，即为结点 d_3。

（4）选择权值最小的 d_2 和 d_3 构造一棵二叉树，其根结点的权值为 35，即为结点 d_4。

得到哈夫曼树的终态如图 6-57 所示。

	data	weight	parent	lchild	rchild
0	*A*	3	5	−1	−1
1	*B*	5	5	−1	−1
2	*C*	7	6	−1	−1
3	*D*	9	7	−1	−1
4	*E*	11	7	−1	−1
5	d_1	8	6	0	1
6	d_2	15	8	2	5
7	d_3	20	8	3	4
8	d_4	35	−1	6	7

图 6-57 存储哈夫曼树的数组的终态

构造哈夫曼树的算法设计如下：

```
#include <queue>            //算法中用到了优先队列，需要引入 queue 头文件
void CreateHuffmanTree( hfmtree &HT,int n,int weight[],char data[]) //构建哈夫曼树 HT
{
    //priority_queue 为优先队列，方便我们取权值最小的结点
    //less 表明 weight 小的值优先级高
    priority_queue<htnode, std::vector<htnode>, less<htnode> > Q;
    m=2*n-1; //n 个字符构造的哈夫曼树一共有 2n-1 个结点
    HT=(hfmtree)malloc((m+1)*sizeof(htnode));  //0 号单元未用
    for(i=1;i<=n;++i)              //构造 n 棵的树，每棵树只有一个结点
    {
        HT[i].data=data[i];
        HT[i].weight=weight[i];
        HT[i].parent=0;
        HT[i].lchild=0;
        HT[i].rchild=0;
        HT[i].order=i;
        Q.push(HT[i]);             //将每一个叶子结点压入优先队列
    }
    for(i=n+1;i<=m;++i)            //初始化 n-1 个非终端结点
    {
        HT[i].weight=0;
        HT[i].parent=0;
        HT[i].lchild=0;
        HT[i].rchild=0;
    }
    htnode node1,node2;
    for(i=n+1;i<=m;++i)            //通过 n-1 次合并构造哈夫曼树
    {   //从优先队列中弹出两个结点即权值最小的两个结点，将其序号分别赋给 s1 和 s2
        node1=Q.top();             //node1 为当前优先队列中权值最小的结点
        Q.pop();                   //node1 出队
        s1=node1.order;            //将 node1 在 HT 数组中的序号赋值给 s1
        node2=Q.top();             //node2 为当前优先队列中权值最小的结点
        Q.pop();                   //node2 出队
        s2=node2.order;            //将 node2 在 HT 数组中的序号赋值给 s2
        //构造 HT[i]和 HT[s1]、HT[s2]相互之间的双亲与孩子的关系
        HT[s1].parent=HT[s2].parent=i;
        HT[i].lchild=s1;
        HT[i].rchild=s2;
        HT[i].weight=HT[s1].weight+HT[s2].weight;
        HT[i].order=i;
        Q.push(HT[i]);             //将新构造的结点压入优先队列 Q 中
    }
}
```

6.7.3 哈夫曼编码

假设每种字符在电文中出现的次数是 w_i，其编码长度为 l_i，电文中有 n 种字符，则将此电文进行编码后的总码长度是 $\mathrm{WPL}=\sum_{i=1}^{n} w_i l_i$ 。对应到二叉树上，若置 w_i 为第 i 个叶子结点的权值，l_i 正好是从根到这个叶子的路径长度，则 $\sum_{i=1}^{n} w_i l_i$ 正好是二叉树的带权路径长度。从而可知，为有 n 种字符的电文设计总编码长度最短的二进制前缀编码就是以这 n 种字符设计一棵哈夫曼树，以字符在电文中出现的概率作为权值，由此得到的二进制前缀编码称为哈夫曼编码。

例如，对于图 6-55（e）中的哈夫曼树，在其左分支上标 0，右分支标 1，如图 6-58（a）所示。以从根结点到叶子结点的路径上 0、1 字符组成的字符串作为该叶子结点的编码。图 6-58（b）所示为 A、B、C、D、E 的哈夫曼编码。

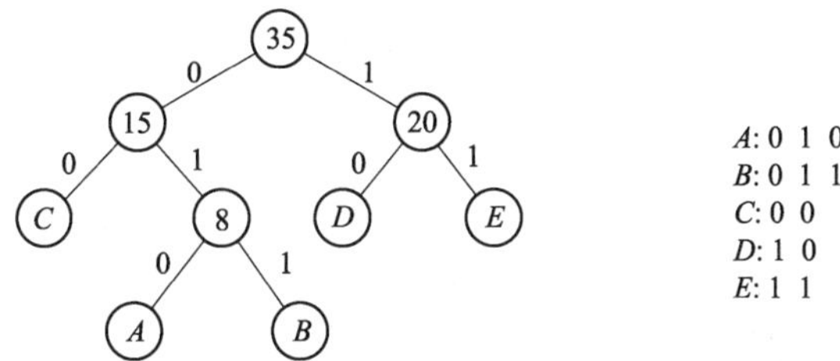

A: 0 1 0
B: 0 1 1
C: 0 0
D: 1 0
E: 1 1

（a）左分支标上字符'0'，右分支标上'1'　　（b）叶子结点的哈夫曼编码

图 6-58　哈夫曼编码

采用从叶子到根逆向求编码的方法，用动态分配的字符串数组存储哈夫曼编码表。

```
typedef string *hfmcode;
```

利用前面得到的哈夫曼树数组 HT，从叶子到根逆向求每一个字符的哈夫曼编码的算法如下：

```
#include "Stack.h"              //用栈将从叶子到根逆向求得的 0 或 1 串逆置
void HuffmanCoding(hfmtree HT,hfmcode HC,int n){
    //HT 为哈夫曼树数组，HC 为存储哈夫曼编码的字符串数组，n 为字符的个数
    Stack<char> S;
    S.InitStack();
    HC=new string[n+1];       //动态分配存储 n 个字符编码的数组，0 号空间不用
      for(i=1;i<=n;++i)       //逐个为 n 个字符求哈夫曼编码
      {
          //从叶子到根逆向求编码
          for(c=i,f=HT[i].parent;f!=0;c=f,f=HT[f].parent)
          {   //c 为当前结点，f 为当前结点的双亲结点，f=0 即为根结点
              if(HT[f].lchild==c)    //c 是 f 的左孩子
```

```
                S.Push('0');          //得到一位0
            else                      //c是f的右孩子
                S.Push('1');          //得到一位1
        }
        while(!S.StackEmpty()){
            S.Pop(e);
            HC[i]+=e;                 //HC[i]中存储的是第i个字符的哈夫曼编码
        }
    }
}
```

【例 6-9】 假定用于通信的电文仅由八个字母：a、b、c、d、e、f、g、h 组成，各字母在电文中出现的频率分别为 0.05、0.25、0.03、0.06、0.10、0.11、0.36、0.04。试为这八个字母设计哈夫曼编码，并求平均编码长度。

【解】 构造的哈夫曼树如图 6-59 所示，为所有的左分支标 0，所有的右分支标 1，从而得到各个字符的哈夫曼编码如下：

```
a:0110  b:10  c:0000  d:0111 e:001 f:010 g:11  h:0001
```

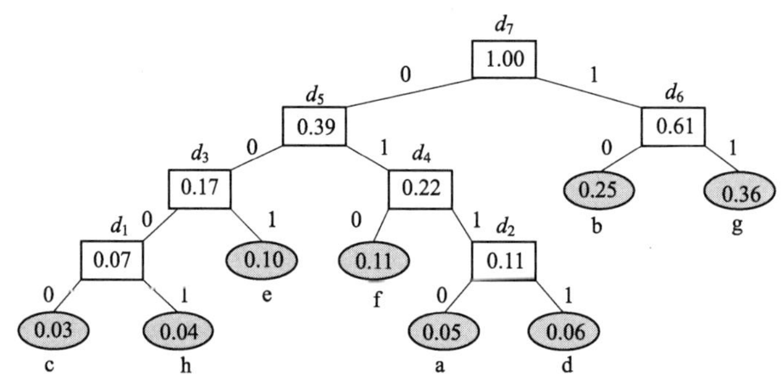

图 6-59　哈夫曼树

平均编码长度应该等于各个字符在电文中出现的频率乘以其编码的长度的和，即该哈夫曼树的带权路径长度：

$$\text{WPL}=0.05\times4+0.25\times2+0.03\times4+0.06\times4+0.10\times3+0.11\times3+0.36\times2+0.04\times4=2.57$$

小　　结

本章主要内容如下：

树：由 n（$n\geqslant0$）个结点组成的有限集合（记为 T）。其中，如果 n=0，为空树。任意一棵非空树，有且仅有一个结点被称为根结点，除根结点以外，其余结点可分为 m（$m\geqslant0$）个互不相交的有限子集 $T_1, T_2,\cdots, T_m$，其中每一个子集本身又是一棵树，并且称为根结点的子树。

二叉树：是 n（$n\geqslant0$）个结点构成的集合，它或为空树（n=0），或者有且仅有一个称为根的结点；除根结点外，其余结点分为两个互不相交的子集 T_1 和 T_2，分别称为 T 的左子树和右子树，且 T_1 和 T_2 本身都是二叉树。二叉树有五个重要的性质。

二叉树的存储结构：二叉树有顺序存储结构和链式存储结构。链式存储结构又包括二叉链表、三叉链表、线索链表等。

二叉树的遍历有先序遍历、中序遍历和后序遍历，可以用递归或非递归算法实现。

线索二叉树：指向前驱和后继的指针称为线索，带有线索的二叉树称为线索二叉树，以某种遍历方式将二叉树转化为线索二叉树的过程称为二叉树的线索化。由于遍历方式的不同，产生的遍历线性序列也不同，会得到相应的线索二叉树。一般有先序线索二叉树、中序线索二叉树和后序线索二叉树。

树和森林的存储结构：树和森林有双亲表示法、孩子表示法和孩子—兄弟表示法等存储结构。

树/森林的遍历方法：树有先根序遍历和后根序遍历；森林有先序遍历和中序遍历。

树/森林与二叉树之间的转换：树的先根序和后根序遍历结果分别与其转换得到的二叉树的先序和中序遍历结果是一致的；森林的先序和中序遍历结果分别与其转换得到的二叉树的先序和中序遍历结果是一致的。所以树/森林与二叉树之间可以互相转换。

哈夫曼树：带权路径长度最小的树称为哈夫曼树，也称最优二叉树。

哈夫曼编码：在哈夫曼树的左分支标上字符 0，右分支标上 1，从根结点到叶子结点的路径上 0、1 组成的字符串作为该叶子结点字符的编码，这样构造的编码就是哈夫曼编码。哈夫曼编码是一种编码长度最短的二进制前缀编码。

习　题

一、单项选择题

1. 一棵度为 4 的树中度为 1、2、3、4 的结点个数为 4、3、2、1，则该树的结点总数为(　　)。

A. 21　　B. 26　　C. 27　　D. 24

2. 具有 10 个叶子结点的二叉树中有(　　)个度为 2 的结点。

A. 8　　B. 9　　C. 10　　D. 11

3. 在一棵高度为 h（假定根结点的层号为 1）的完全二叉树中，所含结点个数不小于(　　)。

A. 2^{h-1}　　B. 2^{h+1}　　C. 2^h-1　　D. 2^h

4. 设树 T 的度为 4，其中度为 1、2、3、4 的结点个数分别为 4、2、1、1，则 T 中的叶子数为(　　)。

A. 5　　B. 6　　C. 7　　D. 8

5. 某二叉树的先序遍历序列和后序遍历序列正好相反，则该二叉树一定是(　　)。

A. 空树或只有一个结点　　B. 完全二叉树

C. 二叉排序树　　D. 高度等于其结点数

6. 在一棵二叉树的二叉链表中，空指针域数等于非空指针域数加(　　)。

A. 2　　B. 1　　C. 0　　D. −1

7. 对二叉树的结点从 1 开始进行连续编号，要求每个结点的编号大于其左、右孩子的编号，同一结点的左、右孩子中，其左孩子的编号小于其右孩子的编号，可采用(　　)遍历实现编号。

A. 先序　　B. 中序
C. 后序　　D. 从根开始按层次遍历

8. 若 x 是二叉中序线索树中一个有左孩子的结点，且 x 不为根，则 x 的前驱为（　　）。

A. x 的双亲　　B. x 的右子树中最左的结点
C. x 的左子树中最右的结点　　D. x 的左子树中最右叶结点

9. 若 x 是二叉中序线索树中一个有右孩子的结点，且 x 不为根，则 x 的后继为（　　）。

A. x 的双亲　　B. x 的左子树中最右的结点
C. x 的右子树中最左的结点　　D. x 的右子树中最右叶结点

10. 引入二叉线索树的目的是（　　）。

A. 加快查找结点的前驱或后继的速度
B. 为了能在二叉树中方便地进行插入与删除
C. 为了能方便地找到双亲
D. 使二叉树的遍历结果唯一

11. 图 6-60 所示的二叉树 T_2 是由森林 T_1 转换而来的二叉树，那么森林 T_1 有（　　）个叶子结点。

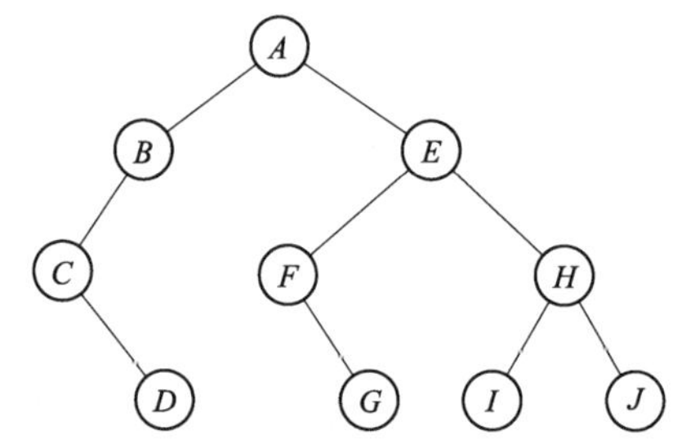

图 6-60　题 12 用图

A. 4　　B. 5　　C. 6　　D. 7

12. 利用二叉链表存储树时，根结点的右指针是（　　）。

A. 指向最左孩子　　B. 指向最右孩子
C. 空　　D. 非空

13. 根据使用频率为五个字符设计的哈夫曼编码不可能是（　　）。

A. 111，110，10，01，00　　B. 000，001，010，011，1
C. 100，11，10，1，0　　D. 001，000，01，11，10

14. 设哈夫曼树中有 199 个结点，则该哈夫曼树中有（　　）个叶子结点。

A. 99　　B. 100　　C. 101　　D. 102

二、填空题

1. 一棵具有 257 个结点的完全二叉树，它的深度为__________。

2. 设一棵完全二叉树具有 1 000 个结点，则此完全二叉树有__________个叶子结点，有__________个度为 2 的结点，有__________个结点只有非空左子树，有__________个结点只有非空右子树。

3. 由三个结点所构成的二叉树有_______种形态；由三个结点所构成的树有_________种形态。

4. 将含有 82 个结点的完全二叉树从根结点开始顺序编号，根结点为第 1 号，其他结点自上向下，同一层自左向右连续编号。则此完全二叉树有_________层，第 40 号结点的左孩子结点的编号为_________，右孩子的编号为_________。此二叉树最后一个结点的编号是_________，它是它双亲的________（填“左”或者“右”）孩子，它的双亲结点编号是_________。

5. 假定一棵二叉树的结点个数为 18，则它的最小高度为________，最大高度为__________。

6. 森林的先序遍历与其转换成的二叉树的________相同，森林的中序遍历与其转换成的二叉树的____________________相同。

7. 设森林 F 中有四棵树，第 1、2、3、4 棵树的结点个数分别为 n_1、n_2、n_3、n_4，当把森林 F 转换成一棵二叉树后，其根结点的左子树中有______个结点，右子树中有___________个结点。

8. 由于哈夫曼树中没有度为 1 的结点，则一棵有 n 个叶子结点的哈夫曼树共有__________个结点，其中有__________个非终端结点（度为 2 的结点）。

三、应用题

1. 若已知一棵二叉树的后序序列是 *FEGHDCB*，中序序列是 *FEBGCHD*，请画出这棵二叉树。

2. 设一棵二叉树的先序序列为 *ABDFCEGH*，中序序列为 *BFDAGEHC*。

（1）画出这棵二叉树。

（2）画出这棵二叉树的后序线索树。

（3）将这棵二叉树转换成对应的树（或森林）。

3. 设一棵树 T 中边的集合为$\{(A, B), (A, C), (A, D), (B, E), (C, F), (C, G)\}$，要求完成以下小题：

（1）画出这棵树。

（2）对这棵树进行先根序和后根序遍历。

（3）将该树转化成对应的二叉树。

（4）对转换得到二叉树进行先序和中序遍历。

（5）简述树的先根和后根序遍历与其转换得到二叉树的先序和中序遍历次序有怎样的对应关系。

4. 假设用于通信的电文仅由八个字母组成，字母在电文中出现的频率分别为 0.07、0.19、0.02、0.06、0.32、0.03、0.21、0.10。试为这八个字母设计哈夫曼编码。使用 0～7 的二进制表示形式是另一种编码方案。对于上述实例，比较两种方案的优缺点，哈夫曼编码的平均码长是等长编码的百分之几？

四、算法设计题

1. 编写算法判别给定二叉树是否为完全二叉树。

2. 已知 q 是指向中序线索二叉树上某个结点的指针，设计算法求指向 q 的后继结点的指针。

3. 已知 q 是指向中序线索二叉树上某个结点的指针，设计算法求指向 q 的前驱结点的指针。

4. 编写递归算法，计算二叉树中叶子结点的数目。

5. 编写递归算法，求用二叉链表存储的二叉树中以元素值为 x 的结点为根的子树的深度，并求以它为根的子树深度。

6. 编写按层次顺序（同一层自左至右）遍历二叉树的算法。二叉树用二叉链表存储。

7. 编写按层次顺序（同一层自左至右）遍历树的算法 BFSTraverse(CSTree *T*)，树采用二叉链表存储。

第 7 章

图

图是一种典型的非线性结构，是比树状结构更为特殊的一种数据结构。本章主要讲解图的基本概念、图的存储结构和有关图的一些常用算法。

学习目标

通过本章学习，读者应掌握以下内容：

- 了解图的定义和术语。
- 掌握图的各种存储结构。
- 掌握图的深度优先遍历和广度优先遍历算法。
- 理解最小生成树、最短路径、拓扑排序、关键路径等图的常用算法。

7.1 图及其基本运算

7.1.1 图的定义

图是由一个有限的非空结点集合 V 和在 V 上的结点偶对集合（边的集合）E 构成，记为 $G=(V,E)$。其中，有穷非空集合 V 中的结点是某种类型的数据元素，又称顶点。例如 V 中的顶点 $v_1, v_2, ..., v_i$；集合 E 是两个顶点之间关系的集合，它的数据元素是结点偶对，称为边或弧。边表示两结点间的一种可逆的对称关系，它没有方向性，通常用圆括号括起来的顶点偶对标识。例如(v_i, v_j)表示顶点 v_i 与 v_j 间的一条边，(v_i, v_j)和(v_i, v_j)所代表的是同一条边。弧表示从一个结点到另一个结点的单向关系，它有方向性，通常用尖括号括起来的顶点偶对标识。例如 $\langle v_i,v_j \rangle$ 为一条弧，顶点 v_i 称为弧的尾结点（或始点），顶点 v_j 称为弧的头结点（或终点），弧的方向是从顶点 v_i 到顶点 v_j，$\langle v_i, v_j \rangle$ 和 $\langle v_i, v_j \rangle$ 表示方向相反的两条弧。若集合 E 中的元素都是边，则称 G 为无向图；若集合 E 中的元素都是弧，则称 G 为有向图。在图 7-1 中，图 7-1（a）、（b）为无向图，其中 G_1 的顶点集合和边集合分别为

$V(G_1)=\{1, 2, 3, 4, 5, 6, 7\}$，

$E(G_1)=\{(1, 2), (l, 3), (2, 3), (3, 4), (3, 5), (5, 6), (5, 7)\}$。

图 7-1（c）、（d）为有向图，其中 $G3$ 的顶点集合和弧集合分别为

$V(G_3)=\{1, 2, 3, 4, 5, 6\}$，

$E(G_3)=\{<1, 2>, <1, 3>, <1, 4>, <3, 1>, <4, 5>, <5, 6>, <6, 4>\}$

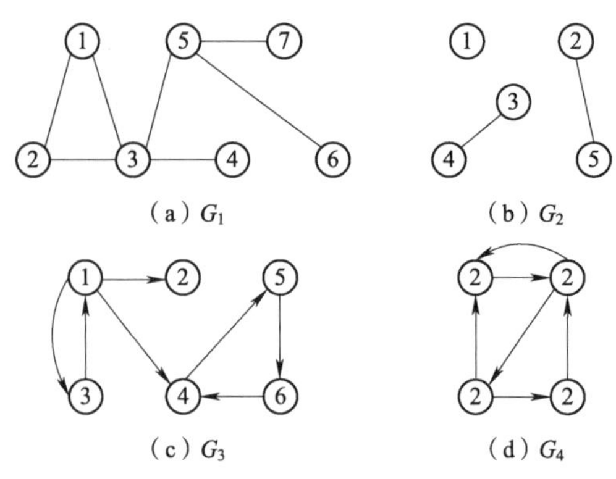

图 7-1　无向图和有向图

7.1.2　图的基本术语

1. 顶点的度

在无向图中，若有边$(v_i, v_j) \in E$，则称 v_i 与 v_j 互为邻接点，(v_i, v_j)是与顶点 v_i 和 v_j 相关联的边。与顶点 v_i 相关联的边的个数，称为顶点 v_i 的度，记作 TD(v_i)。例如图 7-1 中，G_1 中顶点 3 的度为 4，顶点 5 的度为 3。

在有向图中，以顶点 v_i 为弧尾的弧的个数，称为顶点 v_i 的出度，记作 OD(v_i)。以顶点 v_i 为弧头的弧的个数，称为顶点 v_i 的入度，记作 ID(v_i)。顶点 v_i 的度等于其出度和入度之和，即 TD(v_i)= OD(v_i)+ID(v_i)。例如在图 7-1 中，G3 中顶点 1 的出度 OD(1)=3，入度 ID(1)=1，其度 TD(1)=4。

在本章关于图的讨论中做如下约定：不考虑顶点到自身的边，并且不允许一条边或弧在图中重复出现。在此约定之下，对于包含 n 个顶点的无向图，其边数的最大值为 $n(n-1)/2$。边数等于 $n(n-1)/2$ 的无向图称为完全无向图。在完全无向图中，任何一个顶点 v_i 与其他顶点之间都存在边。对于包含 n 个顶点的有向图，其弧的条数最大值为 $n(n-1)$。弧的条数等于 $n(n-1)$ 的有向图是完全有向图。在完全有向图中，任何一个顶点 v_i 到其他顶点之间都存在两个方向的弧。在图 7-2 中，G_5 为完全无向图，其顶点个数 n=4，边的条数为 6 条；G_6 为完全有向图，其顶点个数 n=3，弧的条数为 6 条。

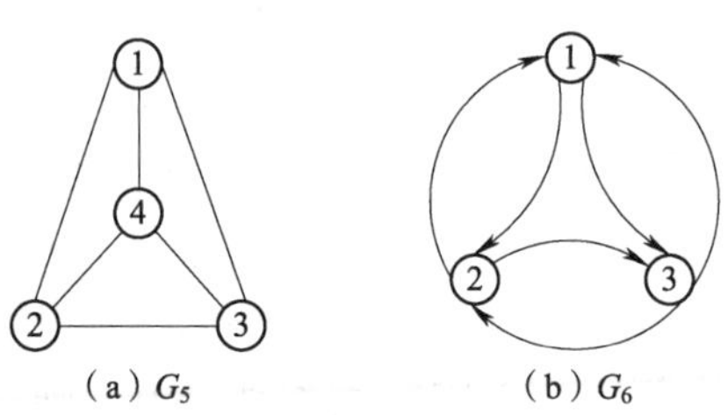

图 7–2　完全无向图和完全有向图

2. 路径和回路

在一个图中，若从某顶点 v_p 开始，通过一些相互衔接的边（或首尾相连的同方向的弧），经过顶点序列 $v_{i1}, v_{i2}, \cdots, v_{im}$ 到达顶点 v_q，则称顶点序列（$v_p, v_{i1}, v_{i2}, \cdots, v_{im}, v_q$）为从 v_p 到 v_q 的路径（path）。显然，对于有向图，路径也是有方向的，路径的方向与路径通过的各条弧的方向相同。在一条路径上除始点 v_p 和终点 v_q 之外，其他顶点 v_{i1},

$v_{i2},\cdots,v_{im}$都不重复，即路径经过每个顶点不超过一次，此类路径称为简单路径。$v_p=v_q$的简单路径称为简单回路或简单环路。在图7-1的有向图$G3$中，顶点序列{1, 4, 5, 6}是一条简单路径，顶点序列{5, 6, 4, 5}是一条简单环路。

3. 子图

设有两个图$G=(V, E)$和$G'(V',E')$，若V'是V的子集，即$V'\subseteq V$，且E'是E的子集，即$E'\subseteq E$，则称G'是G的子图。

视频

图的术语C

4. 连通性

在无向图$G=(V, E)$中，若从顶点v_i到顶点v_j存在路径，则称v_i和v_j是连通的。若图G中任意一对顶点v_i和v_j（v_i，$v_j\in V$）都是连通的，则称该图是连通图，否则称为非连通图。图7-1中G_1是连通图，G_2是非连通图。连通分量是指非连通图的每个连通部分，G_2中有3个连通分量，如图7-3（a）所示。

在有向图$G=(V, E)$中，如果对任意一对顶点v_i和v_j（$v_i, v_j\in V, v_i\neq v_j$），从顶点$v_i$到顶点$v_j$和从顶点$v_j$到顶点$v_i$都存在路径，则称有向图$G$为强连通图。图7-1中$G_4$是强连通图；$G_3$是非强连通图，但$G_3$中有3个强连通分量，如图7-3（b）所示。

5. 网络

给图的每条边加一个数字作为权，这种图称为带权的图。带权的连通图称为网，如图7-4所示。在实际应用中，边的权可能代表距离、耗费、时间或其他意义。

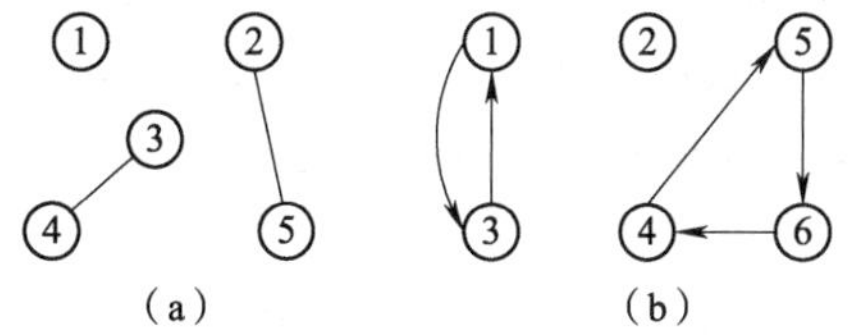

图7-3 连通分量和强连通分量

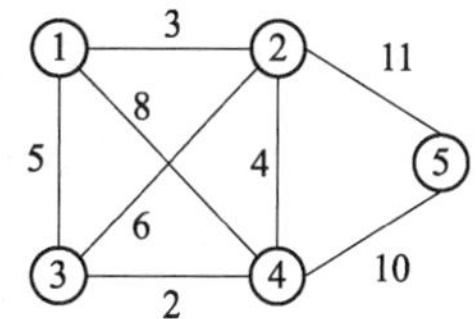

图7-4 网

7.1.3 图的基本运算

从图的逻辑结构定义可以看出，图的顶点之间不存在全序的关系（即无法将图中顶点排列成线性序列），任何一个顶点都可被看作第一个顶点；任何一个顶点的邻接点之间也不存在次序关系。但为了运算方便，需要人为地将图中各顶点按某种顺序排列起来。因此“顶点在图中的位置”是指该顶点在人为排列顺序中的位置（或序号）。同理，可对某个顶点的所有邻接点进行排列，在这个排列中自然形成第一个或第k个邻接点。其中，称第$k+1$个邻接点为第k个邻接点的下一个邻接点，而最后一个邻接点的下一个邻接点为“空”。

和其他数据结构一样，图的基本运算也包括查找、插入和删除。以下是图的几种基本运算：

（1）顶点定位运算：确定顶点v在图中的位置。

（2）取顶点运算：求取图中第i个顶点。

（3）求第一个邻接点运算：求图中顶点v的第一个邻接点。

（4）求下一个邻接点运算：已知w为图中顶点v的某个邻接点，求顶点w的下一个邻接点。

（5）插入顶点运算：在图中增添一个顶点 v 作为图的第 $n+1$ 个顶点，其中 n 为插入该顶点前图的顶点个数。

（6）插入弧运算：在图中增添一条从顶点 v 到顶点 w 的弧。

（7）删除顶点运算：从图中删除顶点 v 以及所有与顶点 v 相关联的弧。

（8）删除弧运算：从图中删除一条从顶点 v 到顶点 w 的弧。

7.2 图的存储结构

由于图的结构复杂，应用广泛，其存储表示方法多种多样。对于不同的问题可采用不同的表示方法。以下对常用的几种表示方法进行讨论。

7.2.1 邻接矩阵

视频

图的存储结构——邻接矩阵

1. 图的邻接矩阵表示法

对于含 n（$n>0$）个顶点的图 $G=(V, E)$，可用一个 $n\times n$ 的方阵表示图的边（或弧）的集合，即表示各顶点之间的邻接关系。对矩阵元素作如下定义：

$$A_{ij}=\begin{cases}1 & \text{对无向图若存在边}(v_i, v_j)\text{，对有向图若存在弧}\langle v_i,v_j\rangle \\ 0 & \text{反之}\end{cases}$$

且约定 $A_{ii}=0$（$i=1, 2, \ldots, n$）。矩阵元素 A_{ij} 表示从顶点 v_i 到顶点 v_j 间是否存在边（或弧），若（v_i, v_j）或 $\langle v_i, v_j\rangle$ 存在，则 $A_{ij}=1$；否则 $A_{ij}=0$。这种表示各顶点之间关系的 $n\times n$ 方阵称为邻接矩阵。图 7-5（a）的无向图的邻接矩阵如图 7-5（b）所示。图 7-6（a）的有向图的邻接矩阵如图 7-6（b）所示。

对于无向图，（v_i, v_j）和（v_j, v_i）表示同一条边，因此，在邻接矩阵中 $A_{ij}=A_{ji}$。所以无向图的邻接矩阵是（关于主对角线）对称矩阵，可用主对角线以上（或以下）的部分表示。对有向图，弧 $\langle v_i, v_j\rangle$ 和 $\langle v_j, v_i\rangle$ 表示方向不同的两条弧，A_{ij} 和 A_{ji} 表示不同的弧，所以有向图的邻接矩阵一般不具有对称性。

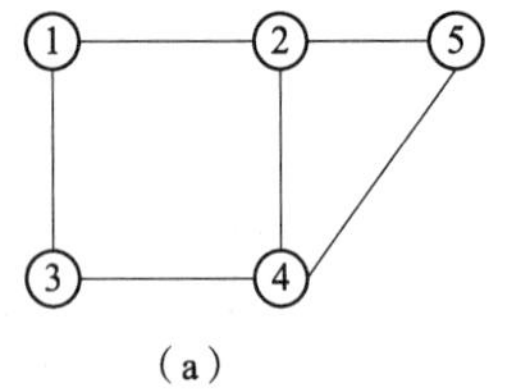

（a）

$$\begin{bmatrix}0&1&1&0&0\\1&0&0&1&1\\1&0&0&1&0\\0&1&1&0&1\\0&1&0&1&0\end{bmatrix}$$

（b）

图 7-5　无向图及其邻接矩阵

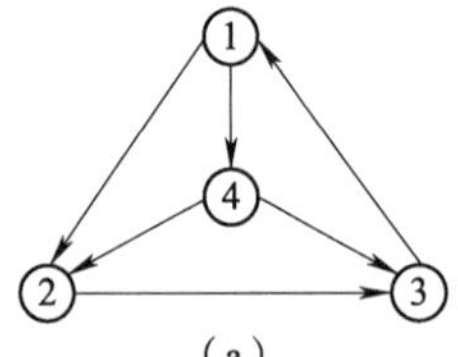

（a）

$$\begin{bmatrix}0&1&0&1\\0&0&1&0\\1&0&0&0\\0&1&1&0\end{bmatrix}$$

（b）

图 7-6 有向图及其邻接矩阵

邻接矩阵表示法适合于以顶点为主的运算。用邻接矩阵，很容易判断任意二顶点间是否有边或弧相连，并且便于计算出各个顶点的度。对于无向图，顶点 v_i 的度等于邻接矩阵第 i 行的元素之和，即

$$\mathrm{TD}(v_i)=\sum_{j=1}^{n}A[i,j]$$

对于有向图，顶点 v_i 的出度 OD(v_i)等于邻接矩阵第 i 行元素之和；顶点 v_i 的入度 ID(v_i)等于邻接矩阵第 i 列元素之和，即

$$\mathrm{OD}(v_i)=\sum_{j=1}^{n}A[i,j] \qquad \mathrm{ID}(v_i)=\sum_{j=1}^{n}A[j,i]$$

对于带权图的邻接矩阵，定义为：

$$A_{ij}=\begin{cases}W_{ij} & \text{若}(v_i, v_j)\text{或}\langle v_i,v_j\rangle\in E, W_{ij}\text{为该边或弧的权}\\ \infty & \text{反之}\end{cases}$$

使用邻接矩阵存储结构，可用一维数组表示图的顶点集合，用二维数组表示图的顶点之间关系（边或弧）的集合，数据类型定义如下：

```
#define MAXV<最大顶点个数>
int  V[MAXV];                //存放顶点信息
int  A[MAXV][MAXV];          //存放顶点之间关系（边或弧）的信息
```

由于一般图的边或弧较少，其邻接矩阵的非零元素较少，属稀疏矩阵，会造成一定存储空间的浪费。因此需要采用压缩存储结构，即稀疏矩阵中的相同元素（例如 0）只存储一个。

7.2.2 邻接表

邻接表是图的一种链式存储结构。在邻接表中为图中每个顶点建立一个单链表，用单链表中的一个结点表示依附于该顶点的一条边（或表示以该顶点为弧尾的一条弧），称为边（或弧）结点。每个边或弧结点由邻接点域 adjvex、链域 nextarc 和数据域 info 组成。对于顶点 v_i，其邻接点域 adjvex 指出该边或弧依附的另一个顶点在图中的位置；链域 nextarc 为一指针，指向依附于顶点 v_i 的下条边（或以该顶点为弧尾的下一条弧）；数据域 info 存储与该边或弧有关的信息，如权值等。邻接表为每个顶点的单链表设置一个表头结点，表头结点设两个域：顶点数据域 vexdata，存放顶点的序号等信息；链域 firstarc，指向依附于该顶点的第一条边或弧。边或弧结点、表头结点结构如下：

视 频

图的存储结构——邻接表

边或弧结点

adjvex	nextarc	info

表头结点

vexdata	firstarc

邻接表的数据类型定义如下：

```
#define MAXV10                       //最大顶点个数
template <typename InfoType>
struct ArcNode{                      //边或弧结点
   InfoType info;                    //该边或弧的相关信息
   int adjvex;                       //该边或弧依附的另一顶点的位置
   ArcNode *nextarc;                 //指向下一条边或弧的指针
```

```
};
template <typename VertexType>;
struct VNode{                         //表头结点
    VertexType data;                  //顶点信息
    ArcNode *firstarc;                //指向依附该顶点的第一条边或弧的指针
};
class ALGraph{                        //顶点之间关系(边或弧)的信息
public:
    Vnode<int> AdjList[MAXV];         //图的顶点信息，这里以 int 为例
    int n,e;
    //此处可以声明图的一些方法
};
```

各表头结点通常以顺序结构存储，便于随机访问任一顶点的单链表。图 7-7（a）为图 7-5（a）的无向图邻接表。将此邻接表与图 7-5（b）中的邻接矩阵比较，可见邻接表是对邻接矩阵的一种改进，它将邻接矩阵中每行的非零元素表示的边或弧链接起来，构成各顶点的单链表，从而省去了邻接矩阵的零元素占用的存储空间。在无向图的邻接表中，每个边对应两个边结点，例如边（v_1, v_3）的边结点既出现在 v_1 的单链表中，又出现在 v_3 的单链表中。对无向图，某顶点的度等于该顶点单链表中边结点的个数。

图 7-7（b）为图 7-6（a）的有向图邻接表。对于有向图，某顶点 v_i 的出度等于 v_i 单链表中弧结点的个数。计算顶点 v_i 的入度，必须将邻接表的每个链表扫视一遍，顶点 v_i 的入度等于邻接点域为 v_i 的弧结点个数。在图 7-7（b）邻接表的所有单链表中，邻接点域为 3 的结点有 2 个，故顶点 v_3 的入度为 2。也可通过有向图的逆邻接表，求顶点的入度。在逆邻接表中，任一顶点 v_i 的单链表链接了以 v_i 为弧头的各弧结点。图 7-7（c）为图 7-6（a）有向图的逆邻接表，在顶点 v_3 的单链表中有 2 个弧结点，故顶点 v_3 的入度为 2。

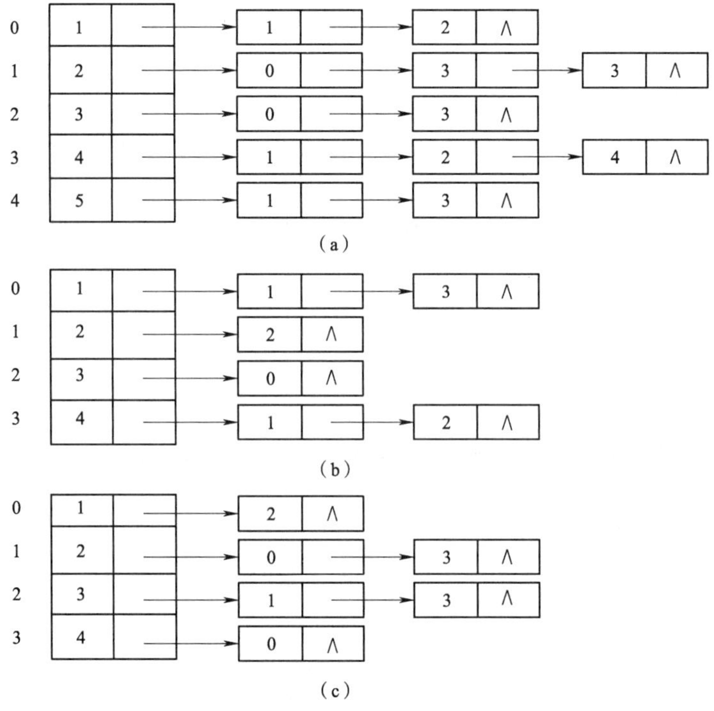

图 7-7　邻接表和逆邻接表

7.2.3 十字链表

十字链表是有向图的另一种链式存储结构，实际上是将邻接表和逆邻接表结合起来的一种链表。在十字链表中，为每个顶点 v_i 设置一个结点，它包含数据域 data 和两个链域 firstout、firstin，称为顶点结点。数据域 data 用于存放顶点 v_i 的有关信息；链域 firstin 指向以顶点 v_i 为弧头的第一个弧结点；链域 firstout 指向以顶点 v_i 为弧尾的第一个弧结点。弧结点包括四个域：尾域 tailvex、头域 headvex，链域 hlink 和 tlink。其中头域、尾域分别存放该弧的头、尾结点信息（如顶点序号等）；链域 hlink 指向弧头在顶点 v_i 的下一个弧结点；链域 tlink 指向弧尾在顶点 v_i 的下一个弧结点。上述结点的结构如下：

在十字链表中，每一个弧对应一个结点，称为弧结点；每一个顶点也对应一个结点，称为顶点结点。结点结构如下所示：

顶点结点

data	firstin	firstout

弧结点

tailvex	headvex	hlink	tlink

十字链表的数据类型定义如下：

```
#define  MAXV10                     //最大顶点个数
struct ArcNode{                     //弧结点
    int tailvex,headvex;            //弧尾和弧头顶点位置
    ArcNode *hlink,*tlink;          //弧头相同和弧尾相同的弧的链域
};
template <typename VertexType>
struct VNode{                       //顶点结点
    VertexType data;                //顶点信息
    ArcNode *firstin,*firstout; //分别指向该顶点的第一条入弧和出弧
};
```

图 7-8 为图 7-6（a）有向图的十字链表。从图 7-8 可见，有向图的十字链表是邻接表和逆邻接表的结合，弧头相同的弧在同一链表中，构成一个逆邻接列链表，弧尾相同的弧也在同一链表中，构成一个邻接行链表，列链表和行链表的头指针都存放在顶点结点中，各顶点结点间无链接关系，可顺序存储。

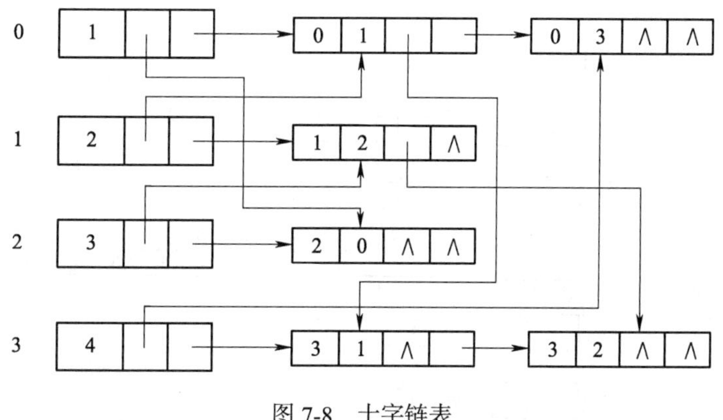

图 7-8　十字链表

采用十字链表表示有向图，很容易找到以顶点 v_i 为弧尾的弧和以顶点 v_i 为弧头的弧，因此顶点的出度、入度都很容易求得。

7.2.4 邻接多重表

如前所述，在邻接表中用两个边结点表示无向图的一条边。例如在邻接表中表示边(v_i, v_j)的边结点既出现在顶点 v_i 的单链表中，又出现在 v_j 的单链表中。因此使用邻接表对无向图边的操作要涉及两个边结点，带来不便。

邻接多重表是无向图的另一种链式存储结构。在邻接多重表中设置一个边结点表示图中的一条边。边结点包含五个域，结构如下：

mark	ivex	ilink	jvex	jlink

mark 域：标志域，用于对该边进行标记。
ivex 域：存放该边依附的一个顶点 v_i 的位置信息。
ilink 域：该链域指向依附于顶点 v_i 的另一条边的边结点。
jvex 域：存放该边依附的另一个顶点 v_j 的位置信息。
jlink 域：该链域指向依附于顶点 v_j 的另一条边的边结点。
邻接多重表为每个顶点设置一个结点，其结构如下：

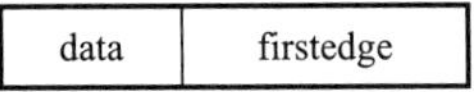

data 域：存放该顶点的相关信息。
firstedge 域：该链域指向依附于该顶点的第一条边的边结点。
邻接多重表的结点数据类型定义如下：

```
#define MAXV10                          //最大顶点个数
struct ENode{                           //边结点类型
    int mark;                           //访问标识
    int ivex,jvex;                      //该边的两个顶点位置信息
    ENode *ilink,*jlink;                //分别指向依附这两个顶点的下一条边
};
template <typename VertexType>
struct VNode{                           //顶点结点类型
    VertexType data;                    //顶点数据域
    ENode *firstedge;                   //指向第一条依附该顶点的边
};
```

图 7-9 为图 7-5（a）无向图的邻接多重表。

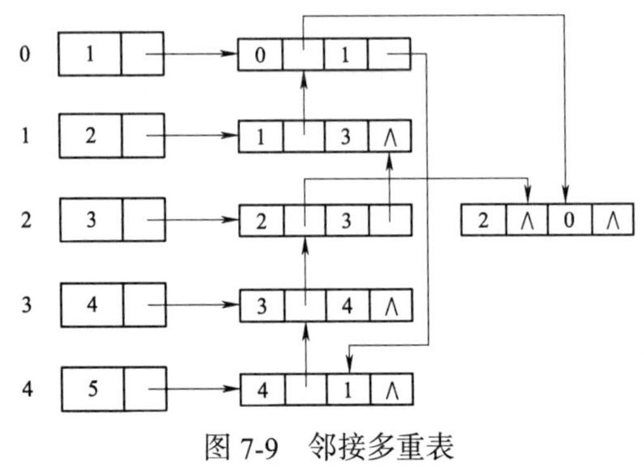

图 7-9 邻接多重表

由邻接多重表可以看出，表示边(v_i, v_j)的边结点通过链域 ilink 和 jlink 链入了顶点 v_i 和顶点 v_j 的两个链表中，实现了用一个边结点表示一个边的目的，克服了在邻接表中用两个边结点表示一个边的缺点。因此邻接多重表是无向图的一种很有效的存储结构。

7.3 图的遍历

和树的遍历相似，若从图中某顶点出发访遍图中每个顶点，且每个顶点仅访问一次，此过程称为图的遍历。

由于图的任一顶点都可能与其他顶点相邻接，所以在遍历过程中可能沿某路径搜索后重又回到某个顶点。为避免顶点被重复访问，在图的遍历中需要设置一个辅助数组 visited[n]，用于记录每个顶点是否已被访问过。例如若顶点 v_i 未被访问过，则数组元素 visited[i]=0；若顶点 v_i 已被访问，则 visited[i]=1。

通常图的遍历顺序有两种：深度优先遍历（DFS）和广度优先遍历（BFS）。对每种搜索顺序，访问各顶点的顺序也不是唯一的。

视频

图的DFS

7.3.1 深度优先遍历

对于无向连通图，深度优先遍历（depth-first traversal，DFS）是从图的一个顶点 v_0 开始，首先访问 v_0，然后搜索顶点 v_0 的一个未被访问的邻接点 v_1，若 v_1 存在，则访问 v_1，并继续搜索顶点 v_1 的一个未被访问的邻接点 v_2。若 v_2 存在，则从 v_2 开始重复同一访问、搜索过程。显然这是一个层层递归的过程，递归进行直到搜索不到未被访问的邻接点。此时退回一步（返回上一层递归），搜索前一个顶点的未被访问 0 的邻接点，若此邻接点存在，则从该顶点出发进行同样的访问和搜索；若此邻接点不存在，则再退回一步（返回更上一层递归），搜索更前一个顶点的未被访问的邻接点。如此重复进行，直至连通图上所有顶点都被访问一次为止。深度优先遍历的每层递归调用包含以下操作：

（1）访问搜索到的未被访问的邻接点。

（2）将此顶点的 visited 数组元素值置 1。

（3）搜索该顶点的未被访问的邻接点，若该邻接点存在，则从此邻接点开始进行同样的访问和搜索。

深度优先遍历可描述为：

（1）访问 v_0 顶点。

（2）置 visited[v_0]=1。

（3）搜索 v_0 未被访问的邻接点 w，若存在邻接点 w，则 DFS(w)。

图 7-10（a）为一无向连通图，假设从顶点 v_1 出发，调用 DFS( )的执行过程如下：

（1）DFS(v_1)：访问结点 v_1，搜索 v_1 的未被访问的邻接点 v_2、v_3，转（2）。

（2）DFS(v_2)：访问结点 v_2，搜索 v_2 的未被访问的邻接点 v_4、v_5，转（3）。

（3）DFS(v_4)：访问结点 v_4，搜索 v_4 的未被访问的邻接点 v_8，转（4）。

（4）DFS(v_8)：访问结点 v_8，搜索 v_8 的未被访问的邻接点 v_5、v_6、v_7，转（5）。

（5）DFS(v_5)：访问结点 v_5，搜索不到 v_5 的未被访问的邻接点，退出 DFS(v_5)，返回上一层递归 DFS(v_8)，转（6）。

（6）继续 DFS(v_8)：搜索 v_8 的未被访问的邻接点 v_6、v_7，转（7）。

（7）DFS(v_6)：访问结点 v_6，搜索 v_6 的未被访问的邻接点 v_3，转（8）。

（8）DFS(v_3)：访问结点 v_3，搜索 v_3 的未被访问的邻接点 v_7，转（9）。

（9）DFS(v_7)：访问结点 v_7，搜索不到 v_7 的未被访问的邻接点，退出 DFS(v_7)，返回上一层递归 DFS(v_3)，转（10）。

（10）继续 DFS(v_3)：搜索不到 v_3 的未被访问的邻接点，退出 DFS(v_3)，返回上一层递归 DFS(v_6)，转（11）。

（11）继续 DFS(v_6)：搜索不到 v_6 的未被访问的邻接点，退出 DFS(v_6)，返回上一层递归 DFS(v_8)，转（12）。

（12）继续 DFS(v_8)：搜索不到 v_8 的未被访问的邻接点，退出 DFS(v_8)，返回上一层递归 DFS(v_4)，转（13）。

（13）继续 DFS(v_4)：搜索不到 v_4 的未被访问的邻接点，退出 DFS(v_4)，返回上一层递归 DFS(v_2)，转（14）。

（14）继续 DFS(v_2)：搜索不到 v_2 的未被访问的邻接点，退出 DFS(v_2)，返回上一层递归 DFS(v_1)，转（15）。

（15）继续 DFS(v_1)：搜索不到 v_1 的未被访问的邻接点，转（16）。

（16）整个调用结束。

其 DFS 递归过程如图 7-10（b）所示。深度优先遍历顺序（之一）为：$v_1 \to v_2 \to v_4 \to v_8 \to v_5 \to v_6 \to v_3 \to v_7$。

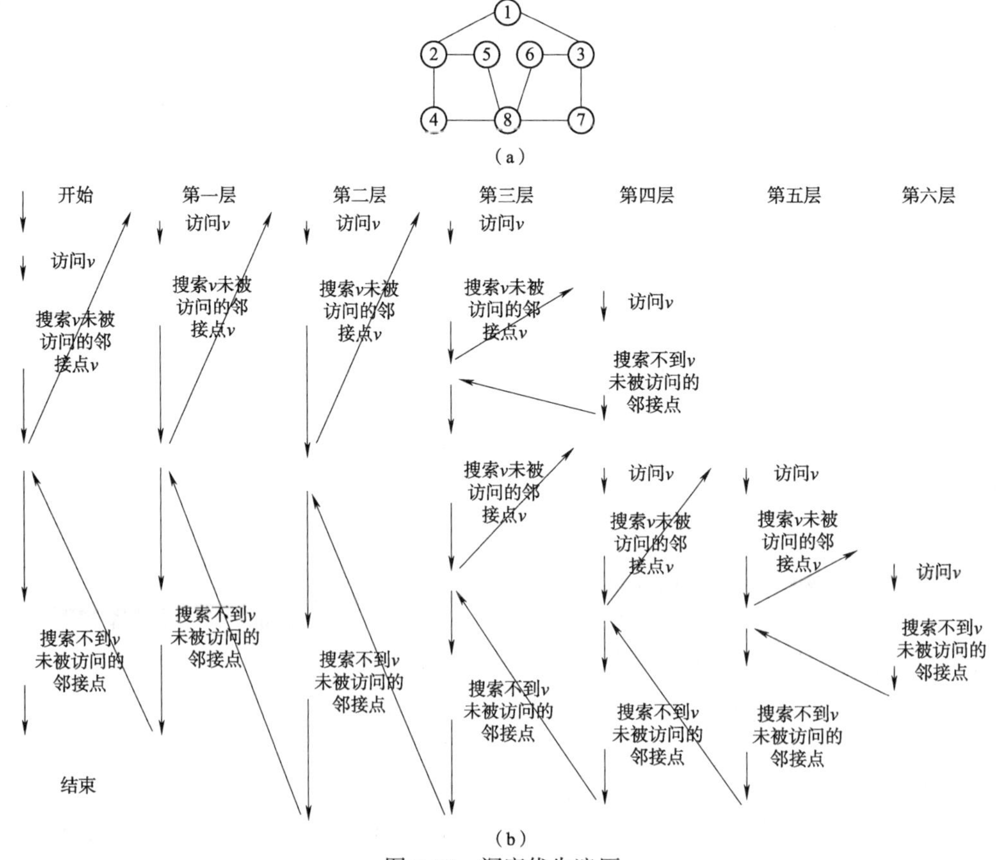

图 7-10　深度优先遍历

以邻接表为存储结构，深度优先遍历算法如下：

```
void DFS(ALGraph *g,int v) {    //从顶点v出发递归地深度优先遍历图G
    ArcNode <int> *p;
    int visited[MAXV];
    visited[v]=1;               //置已访问标记
    cout<<v                     //访问结点
    p=g->adjlist[v].firstarc;   //p指向顶点v的第一条边结点
    while (p!=NULL) {
        //若p->adjvex顶点未访问，递归访问它
        if(visited[p->adjvex]==0) DFS(g,p->adjvex);
        //p指向顶点v的下一条边结点
        p=p->nextarc;
    }
}
```

由上可见，遍历时，对图中每个顶点至多调用一次DFS。遍历图的过程实质上是寻找每个顶点的邻接点的过程，而寻找邻接点所需时间为$O(e)$，其中e为图中边的条数。因此，深度优先遍历算法dfs的时间复杂度为$O(e)$。

对于非连通图，需要多次调用搜索过程。先从某个顶点v_0开始，深度优先遍历图的一个连通分量，再从另一个未被访问的顶点开始，深度优先遍历图的另一个连通分量。重复进行，直至图中所有顶点被访问为止。

视频

图的BFS

7.3.2 广度优先遍历

对于无向连通图，广度优先遍历（breadth-first traversal，BFT）是从图的某个顶点v_0出发，在访问v_0之后，依次搜索访问v_0的各个未被访问过的邻接点$w_1, w_2,\cdots$。然后顺序搜索访问w_1的各未被访问过的邻接点，w_2的各未被访问过的邻接点，…。即从v_0开始，由近至远，按层次依次访问与v_0有路径相通且路径长度分别为1, 2,…的顶点，直至连通图中所有顶点都被访问一次。广度优先遍历的顺序不是唯一的，例如图7-10（a）连通图的广度优先遍历顺序可为$v_1, v_2, v_3, v_4, v_5, v_6, v_7, v_8$，也可为$v_1, v_3, v_2, v_7, v_6, v_5, v_4, v_8$。

广度优先遍历在搜索访问一层时，需要记住已被访问的顶点，以便在访问下层顶点时，从已被访问的顶点出发搜索访问其邻接点。所以在广度优先遍历中需要设置一个队列Queue，使已被访问的顶点顺序由队尾进入队列。在搜索访问下层顶点时，先从队首取出一个已被访问的上层顶点，再从该顶点出发搜索访问它的各个邻接点。广度优先遍历过程可描述为：

```
(1) f=0;r=0;            //队列初始化，空队列；f-队首指针，r-队尾指针
(2) 访问v0;
(3) visited[v0]=1;
(4) insert(Queue,f,r,v0);                //v0进入队尾
(5) while f>0 do
      (i)delete(Queue,f,r,x);            //队首元素出队并赋予x
      (ii)对所有x的邻接点w
         if visited[w]=0 then
            (a) 访问w;
            (b) visited[w]=1;
            (c) insert(Queue,f,r,w); //w进队列 13
```

以邻接表为存储结构，广度优先遍历算法如下：

```
#define MAXV10                                    //最大顶点数
void BFS(ALGraph *g,int v) {
    ArcNode<int> *p;
    int queue[MAXV];                              //定义存放队列的数组
    int visited[MAXV];                            //定义存放结点的访问标志的数组
    int f=0,r=0,x,i;                              //队列头尾指针初始化，把队列置空
    for(i=0;i<g->n; i++) visited[i]=0;  //访问标志数组初始化
    cout<<v;                                      //访问初始顶点 v
    visited[v]=1;                                 //置已访问标记
    r=(r+1)%MAXV;
    queue[r]=v;                                   //v 进队
    while(f!=r){                                  //若队列不空时循环
        f=(f+1)%MAXV;
        x=queuet[f];                              //出队并赋给 x
        p=g->adjlist[x].firstarc;                 //找与顶点 x 邻接的第一个顶点
        while(p!=NULL){
            if(visited[p->adjvex]==0){            //若当前邻接点未被访问
                visited[p->adjvex]=1;             //置该顶点已被访问的标志
                cout<<p->adjvex;                  //访问该顶点
                r=(r+1)%MAXV;
                queue[r]=p->adjvex;               //该顶点进队
            }
            p=p->nextarc;                         //找下一个邻接点
        }
    }
}
```

由上可见，每个顶点至多进一次队列。遍历图的过程实质上是通过边寻找每个顶点的邻接点的过程，寻找邻接点所需时间为 $O(e)$，因此广度优先遍历算法 bfs 的时间复杂度为 $O(e)$。对于图 7-10（a）中无向连通图进行广度优先遍历过程中（顺序：$v_1, v_2, v_3, v_4, v_5, v_6, v_7, v_8$），顶点进出队列情况如图 7-11 所示。

出队顶点	访问顶点	入队顶点	队列状态
	1	1	队首 1
1	2	2	2
	3	3	2 3
2	4	4	3 4
	5	5	3 4 5
3	6	6	4 5 6
	7	7	4 5 6 7
4	8	8	5 6 7 8
5	无	无	6 7 8
6	无	无	7 8
7	无	无	8
8	无	无	

图 7-11　广度优先遍历

由于队列中保存的是已被访问过的顶点，因此当队列为空时，表明所有已被访问的顶点的邻接点均已被访问过。

7.4 最小生成树

视 频
图的最小生成树

在一个无向连通图 G 中，其所有顶点和遍历该图经过的所有边所构成的子图 G' 称为图 G 的生成树。一个图可以有多个生成树，从不同的顶点出发，采用不同的遍历顺序，遍历时所经过的边也就不同，例如图 7-12 的（b）和（c）为图 7-12（a）的两棵生成树。其中图 7-12（b）是通过 DFS 得到的，称为深度优先生成树；图 7-12（c）是通过 BFS 得到的，称为广度优先生成树。

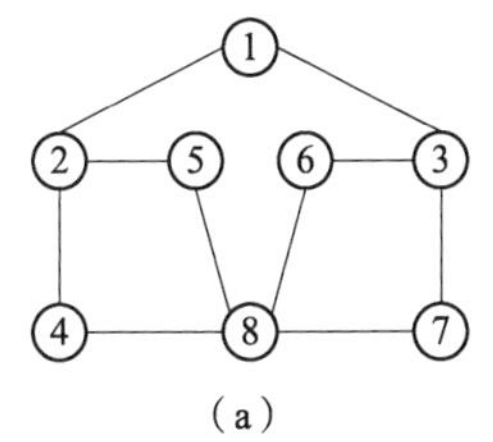

（a）

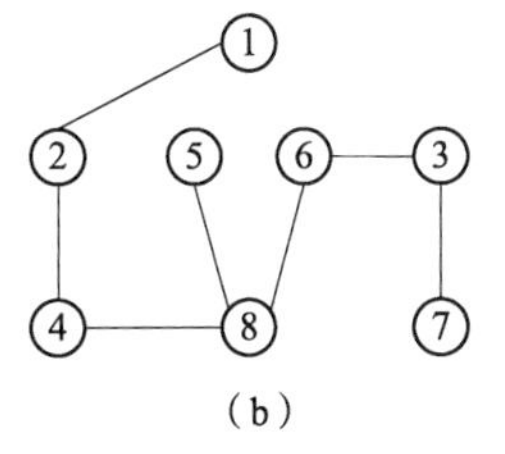

（b）

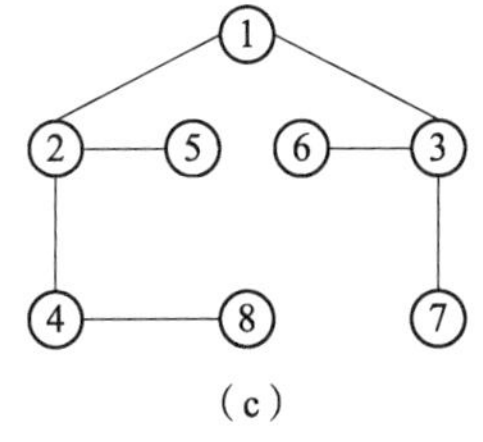

（c）

图 7-12　生成树

生成树具有以下特性：包含了图的全部顶点；任意两个顶点之间有且仅有一条路径。如果再增加一条边就会出现一个回路；如果去掉一条边该子图就会变成非连通图。由生成树的定义和特性可知，生成树是图的全部顶点以最少边数连通的子图。对于有 n 个顶点的连通图，生成树有（n–1）条边，小于此值将不能连通图中的全部顶点，大于此值则必定会形成回路。但有（n–1）条边的图不一定都是生成树。

对于一个带权的无向连通图，其每个生成树所有边上的权值之和可能不同，我们把所有边上权值之和最小的生成树称为图的最小生成树。求图的最小生成树有很多实际应用。例如，通信线路铺设造价最优问题就是一个最小生成树问题。假设把 n 个城市看作图的 n 个顶点，边表示两个城市之间的线路，每条边上的权值表示铺设该线路所需造价。铺设线路连接 n 个城市，但不形成回路，这实际上就是图的生成树，而以最少的线路铺设造价连接各个城市，即求线路铺设造价最优问题，实际上就是在图的生成树中选择权值之和最小的生成树。构造最小生成树的算法有很多，下面分别介绍克鲁斯卡尔（Kruskal）算法和普里姆（Prim）算法。

7.4.1 克鲁斯卡尔算法

视 频
最小生成树–Kruskal算法

克鲁斯卡尔（Kruskal）算法是一种按权值递增的次序选择合适的边来构造最小生成树的方法。假设 $G=(V, E)$是一个具有 n 个顶点的带权无向连通图，$T=(U, \mathrm{TE})$是 G 的最小生成树，其中 U 是 T 的顶点集，TE 是 T 的边集，则构造最小生成树的过程如下：

（1）置 U 的初值等于 V，TE 的初值为空集。

（2）按权值从小到大的顺序依次选取图 G 中的边，若选取的边未使生成树 T 形成回路，则加入 TE；若选取的边使生成树 T 形成回路，则将其舍弃。循环执行（2），直到 TE 中包含(n–1)条边为止。

图 7-13（b）为图 7-13（a）的最小生成树。初始状态时，最小生成树的集合 TE 为空。按权值从小到大的顺序依次选取边(2, 3)和(2, 4)，均未与 *T* 中的边形成回路，加入到集合 TE 中，使 TE={(2, 3), (2, 4)}；选取边(3, 4)，它与 *T* 中已有的边形成回路，故舍去之；依次选取边(2, 6)、(1, 2)和(4, 5)，均未与 *T* 中已有的边形成回路，将其加入到集合 TE 中，即 TE={(2, 3), (2, 4)，(2, 6)，(1, 2)，(4, 5)}。至此，TE 中已经包含有 n–1=5 条边，于是得到最小生成树 *T*。如果边的权值相同，如边(2, 4)和(3, 4)的权值均为 6，则可任选其中之一，因此所构成的最小生成树不唯一，但它们的权值总和相等。

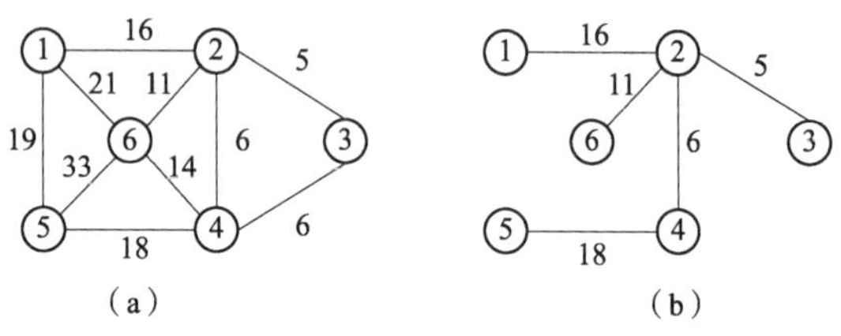

图 7-13　带权无向图及其最小生成树

为实现克鲁斯卡尔算法需要设置一维辅助数组 *E*，按权值从小到大的顺序存放图的边，数组的下标取值从 0 到 e–1（e 为图 *G* 边的数目）。另外，为判断选取的边是否与生成树中已加入的边形成回路，需设置另一辅助数组 vset[n]，用于记录顶点之间是否连通。数组元素 vset[i]存储序号为 i 的顶点所属的集合编号。假设开始时 n 个顶点分属于 n 个集合，每个集合只有一个顶点，此时 vset[i] =i。如果选中某一条边加入到生成树中，则将该边两顶点所属的两个集合合并为一个集合，表明原来分属于两个集合的顶点已被这条新的边所连通。如果选中某条边，它的两个顶点已属于同一个集合，则应当舍去此边。因为两个顶点已经连通，如果再将该边加入，就会形成回路。

以下是克鲁斯卡尔算法 kruskal。假设数组 *E* 存放图 *G* 中的所有边，且边已按权值从小到大的顺序排列。n 为图 *G* 的顶点个数，e 为图 *G* 的边数。

```
#define MAXE 10                        //最大边数
#define MAXV10                         //最大顶点数
struct Edge {
    int vex1;                          //边的起始顶点
    int vex2;                          //边的终止顶点
    int weight;                        //边的权值
};
void kruskal(Edge E[],int n,int e) {
    int i,j,m1,m2,sn1,sn2,k;
    int vset[MAXV];
    for(i=0; i<n; i++)                 //初始化辅助数组
        vset[i]=i;
    k=1;                  //表示当前构造最小生成树的第 k 条边，初值为 1
    j=0;                  //E 中边的下标，初值为 0
    while(k<e) {          //生成的边数小于 e 时继续循环
        m1=E[j].vex1;
        m2=E[j].vex2;     //取一条边的两个邻接点
        sn1=vset[m1];
        sn2=vset[m2];     //分别得到两个顶点所属的集合编号
```

```
        if(sn1!=sn2) {   //两顶点分属不同集合，该边是最小生成树的一条边
            cout<<"(m1, m2): "<<E[j].weight<<endl;
            k++;                          //生成边数增 1
            for(i=0; i<n; i++)            //两个集合统一编号
                if(vset[i]==sn2)          //集合编号为 sn2 的改为 sn1
                    vset[i]=sn1;
        }
        j++;  //扫描下一条边
    }
}
```

如果给定带权无向连通图 G 有 e 条边，且边已经按权值递增的次序存放在数组 E 中，则用克鲁斯卡尔算法构造最小生成树的时间复杂度为 $O(e)$。克鲁斯卡尔算法的时间复杂度与边数 e 有关，该算法适合于求边数较少的带权无向连通图的最小生成树。

7.4.2 普里姆算法

视 频

最小生成树–Prim算法

普里姆（Prim）算法是另一种构造最小生成树的算法，它是按逐个将顶点连通的方式来构造最小生成树的。假设 $G=(V, E)$是一个具有 n 个顶点的带权无向连通图，$T(U, \mathrm{TE})$是 G 的最小生成树，其中 U 是 T 的顶点集，TE 是 T 的边集，则构造 G 的最小生成树就是在所有 $u\in U, v\in V-U$ 的边$(u, v)\in E$ 中找一条代价最小的边(u', v')并入 TE，同时将 v'并入 U，重复执行步骤（2）$n-1$ 次，直到 $U=V$ 为止。详细步骤如下：

（1）初始状态时，最小生成树的集合 TE 为空，任选顶点 0 为起始点，将其并入集合 U，使 $U=\{0\}$。

（2）依附于顶点 0 的边有四条，其权值分别为 8, 9, 14, 12，其中边（0, 1）的权值 8 最小，因此，选取此边作为生成树的第一条边并入集合 TE，并将顶点 1 并入集合 U，使得 $\mathrm{TE}=\{(0, 1)\}$，$U=\{0, 1\}$，$V-U=\{2, 3, 4\}$。

（3）在所有 $u\in U, v\in V-U$ 的边(0, 2), (0, 3), (0, 4), (1, 2) 和(1, 3)中选取权值最小的边(1, 2)并入集合 TE，并将顶点 2 并入集合 U，使 $\mathrm{TE}=\{(0, 1), (1, 2)\}$, $U=\{0, 1, 2\}$，$V-U=\{3, 4\}$。

（4）在所有 $u\in U$，$v\in V-U$ 的边(0, 3), (0, 4), (1, 3), (2, 3)和(2, 4)中选取权值最小的边(0, 4)并入集合 TE，并将顶点 4 并入集合 U，使得 $\mathrm{TE}=\{(0, 1), (1, 2), (0, 4)\}$，$U=\{0, 1, 2, 4\}$，$V-U=\{3\}$。

（5）继续在所有 $u\in U, v\in V-U$ 的边(0, 3), (1, 3)，(2, 3)和(3，4)中选取权值最小的边(3, 4)并入集合 TE，并将顶点 3 并入集合 U，使得 $\mathrm{TE}=\{(0, 1), (1, 2), (0, 4), (3, 4)\}$，$U=\{0, 1, 2, 4, 3\}$，$V=U$。

（6）至此，得到图 7-14（b）所示的最小生成树。在选取权值最小的边的过程中，如果边的权值相同，则可任选其中之一。因此所构成的最小生成树不唯一，但它们的权值总和相等。

假设 cost 为带权邻接矩阵，n 为顶点总数，v 为开始顶点的序号。对于带权无向连通图，邻接矩阵 cost 元素定义为

$$\mathrm{cost}[i][j]=\begin{cases} W_{ij} & 若\ v_i\neq v_j 且 (v_i, v_j)\in E \\ 0 & 若\ v_i=v_j \\ \infty & 若\ (v_i, v_j)\notin E \end{cases}$$

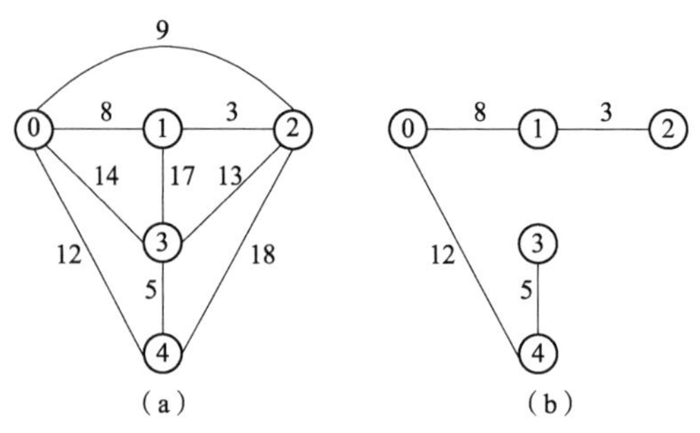

图 7-14　带权无向图及其最小生成树

在普里姆算法中，为了便于在集合 U 和$(V-U)$之间选取权值最小的边，需要设置两个辅助数组 closest 和 lowcost，分别用于存放顶点的序号和边的权值。对于每一个顶点 $v \in V-U$，closest[v]为 U 中距离 v 最近的一个邻接点，即边(v, closest[v]) 是在所有与顶点 v 相邻，且其另一顶点 $j \in U$ 的边中具有最小权值的边，其最小权值为 lowcost[v]，即 lowcost[v]= cost[v][closest[v]]，如图 7-15 所示。

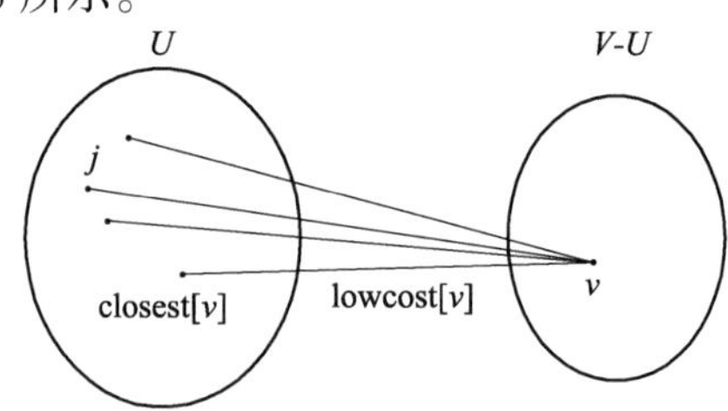

图 7-15　closest[v]和 lowcost[v]

以下是普里姆算法 prim：

```
#define MAXV10                          //最大顶点个数
#define INF 32767                       //INF 表示+∞
void prim(int cost[][MAXV],int n,int v) {
    int lowcost[MAXV],min;
    int closest[MAXV],i,j,k;
    for(i=0; i<n; i++) {                //给 lowcost[]和 closest[]置初值
        lowcost[i]=cost[v][i];
        closest[i]=v;
    }
    for(i=1; i<n; i++) {                //找出 n-1 个顶点
        min=INF;
        for(j=0; j<n; j++)              //在(V-U)中找出离 U 最近的顶点 k
            if(lowcost[j]!=0 && lowcost[j]<min)
                min=lowcost[j];
        k=j;
        cout<<"边("<<closest[k]<<","<<k<<")的权为: ";
        cout<<min<<endl;
        lowcost[k]=0;                   //标记 k 已经加入 U，即 k∈U
        for(j=0; j<n; j++)              //修改数组 lowcost、closest，此时 j∈V-U
            if(cost[k][j]!=0 && cost[k][j]<lowcost[j]){
                lowcost[j]=cost[k][j];
```

```
                closest[j]=k;
            }
    }
}
```

在该算法中，当从 $V-U$ 中找出离 U 最近的顶点 k，并加入 U 后，可能导致$(V-U)$中剩下顶点的 lowcost 和 closest 的值发生变化，因此需要重新计算 lowcost 和 closest 的值。例如在图 7-14 中，当 $U=\{0\}$时，$V-U=\{1, 2, 3, 4\}$，此时 $V-U$ 中顶点 2 在 U 中只有顶点 0 与之连通，因此顶点 2 的 closest[2]=0，lowcost[2]= 9；当进一步将顶点 1 并入 U 后，$U=\{0, 1\}$，$V-U=\{2, 3, 4\}$，此时 $V-U$ 中顶点 2 在 U 中有两个顶点与之连通，对应边（0, 2）及（1, 2）的权值分别为 9 和 3，距离顶点 2 最近的邻接点变成顶点 1，因此，需要修改 $V-U$ 中顶点 2 的 closest[2]=1，lowcost[2]= 3。

由此可见，由于新顶点 1 并入 U 中，导致了$(V-U)$中顶点 2 的 lowcost 和 closest 值发生变化。因此每当向 U 中并入新顶点时，都需要重新计算$(V-U)$中各顶点的数组 lowcost 和 closest 值，以便保证每个顶点 $v \in V-U$,（v, closest[v]）都是在所有与顶点 v 相邻、且其另一顶点 $j \in U$ 的边中具有最小权值的边，其最小权值为 lowcost[v]。

普里姆算法中的第二个 for 循环语句频度为 $n-1$，其中包含的两个内循环频度也都为 $n-1$，因此普里姆算法的时间复杂度为 $O(n^2)$。普里姆算法的时间复杂度与边数 e 无关，该算法更适合于求边数较多的带权无向连通图的最小生成树。

7.5 最短路径

对于带权的图，通常把一条路径上所经过边或弧上的权值之和定义为该路径的路径长度。从一个顶点到另一个顶点可能存在着多条路径，把路径长度最短的那条路径称为最短路径，其路径长度称为最短路径长度。无权图实际上是有权图的一种特例，我们可以把无权图的每条边或弧的权值看成是 1，每条路径上所经过的边或弧数即为路径长度。本章讨论两种最常见的最短路径问题。

视频 最短路径

7.5.1 求某一顶点到其余顶点的最短路径

设 $G=(V, E)$是一个带权有向图，指定的顶点 v_0 为源点，求 v_0 到图的其余各顶点的最短路径。如图 7-16 所示的带权有向图中，v_0 到其余各顶点的最短路径分别为：

$v_0 \to v_1$：无路径

$v_0 \to v_2$：最短路径为（0, 2），最短路径长度为 10

$v_0 \to v_4$：最短路径为（0, 4），最短路径长度为 30

$v_0 \to v_3$：最短路径为（0, 4, 3），最短路径长度为 50

$v_0 \to v_5$：最短路径为（0, 4, 3, 5），最短路径长度为 60

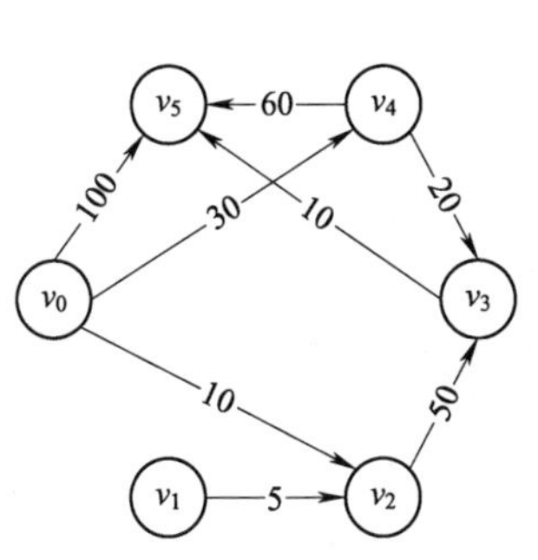

图 7-16 带权有向图

从图 7-16 的最短路径可以看出：

（1）最短路径并不一定是经过边或弧数最少的路径。如从 v_0 到 v_5 的路径（0, 5）长度为 100，路径（0, 4, 5）长度为 90，路径（0, 2, 3, 5）长度为 70，路径（0, 4, 3, 5）长度为 60，其中最短路径为（0, 4, 3, 5），最短路径长度为 60。

（2）这些最短路径中，长度最短的路径上只有一条弧，且它的权值在从源点出发的所有弧的权值中最小。如从源点 0 出发有 3 条弧，其中以弧〈0, 2〉的权值为最小。此时（0, 2）不仅是 v_0 到 v_2 的一条最短路径，而且它在从源点 v_0 到其他各顶点的最短路径中长度最短。

（3）按照路径长度递增的次序产生最短路径。求得第二条最短路径（0, 4）；之后求得第三条最短路径（0, 4, 3），它经过已求出的第二条最短路径（0, 4）到达 v_3；求得的第四条最短路径（0, 4, 3, 5），经过已求出的第三条最短路径（0, 4, 3）到达 v_5。

迪杰斯特拉（Dijkstra）算法正是一个按路径长度递增的次序，依次产生由给定源点到图的其余顶点的最短路径的算法。其基本思想是：假设顶点集合 S 存放已求出最短路径的终点，$V–S$ 为其余未求出最短路径的终点。按最短路径长度的递增次序依次把 $V–S$ 中的顶点加入到集合 S 中。求得的每一条最短路径只有两种情况，或者是由源点直接到达终点，或者是经过已经求得的最短路径到达终点。在加入的过程中，总保持从源点 v_0 到 S 中各顶点的最短路径长度不大于从源点 v_0 到 $V–S$ 中任何顶点的当前最短路径长度。此外，每个顶点对应一个距离，S 中顶点的距离就是从 v_0 到此顶点的最短路径长度，$V–S$ 中的顶点的距离是从 v_0 出发，途经集合 S 中的顶点，最终得到：到达此顶点的当前最短路径长度。

设用带权邻接矩阵 cost 表示带权图 $G=(V, E)$，规定：

$$\text{cost}[i][j]=\begin{cases} W_{ij} & \text{若 } v_i \neq v_j \text{ 且} \langle v_i, v_j \rangle \in E \text{ 或}(v_i, v_j) \in E \\ 0 & \text{若 } v_i = v_j \\ \infty & \text{若} \langle v_i, v_j \rangle \notin E \text{ 或}(v_i, v_j) \notin E \end{cases}$$

设置一维辅助数组 $s[n]$，用于标记顶点是否加入到集合 S 中，规定：

$$s[i]=\begin{cases} 0 & \text{未求出从源点 } v_0 \text{ 到 } v_i \text{ 的最短路径} \quad v_i \in V-S \\ 1 & \text{已求出从源点 } v_0 \text{ 到 } v_i \text{ 的最短路径} \quad v_i \in S \end{cases}$$

另设置一个辅助数组 dist[n]。当 $s[i]$=1 时，dist[i]用来保存从源点 v_0 到终点 v_i 的最短路径长度；当 $s[i]$=0 时，dist[i]用来保存从源点途经集合 S 中顶点再到终点 v_i 的当前最短路径长度。dist[i]初始值为：若〈v_0, v_i〉$\in E$，则 dist[i]为弧的权值；若〈v_0, v_i〉E，则 dist[i]为∞。

显然此时长度 dist[j]=是从源点 v_0 出发的所有弧上的最小权值，（v_0, v_j）就是从 v_0 出发的长度最短的一条最短路径，即第一条最短路径。

下面将找出长度次短的最短路径。假设次短路径的终点是 $v_k \in V–S$，依据迪杰斯特拉算法，次短路径或者是（v_0, v_k）或者是（v_0, v_j, v_k）（$v_j \in S$），其对应长度或者是〈v_0, v_k〉弧上的权值，或者是（dist[j]+弧〈v_j, v_k〉的权值），如图 7–17 所示。

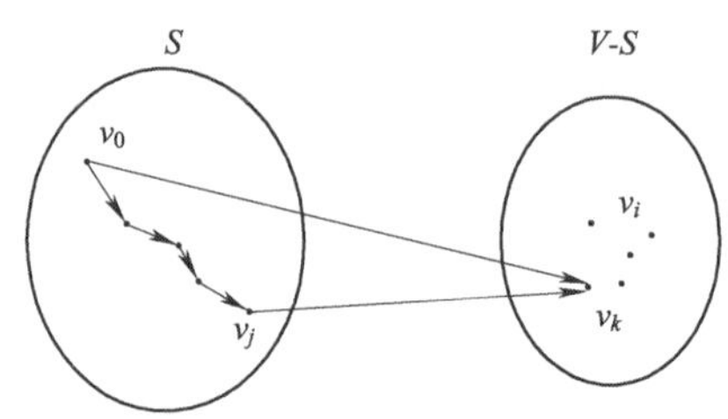

图 7–17　次短路径长度

可以证明：一般情况下，下一个次短路径（v_0, v_k）的最短路径长度为

$$dist[k]=\mathrm{Min}\{dist[i]\},v_i \in \{V-S\}$$

其中，dist[i]或者是〈v_0, v_i〉的权值，或者是 dist[j]（$v_j \in S$）与弧〈v_j, v_i〉的权值之和。

每求得一条 v_0 到达某个顶点 v_k 的最短路径后，都需要重新计算 $V–S$ 中各顶点对应的数组 dist 元素值。这是由于当顶点 v_k 新加入到 S 中后，可能导致 v_0 经过 v_k 到达 v_i（$v_i \in V–S$）的新路径长度小于 v_0 到 v_i 的当前最短路径长度 dist[i]，即 dist[k]+cost[k][i]<dist[i]，此时需要将 dist[i]修改为 dist[k]+cost[k][i]。

此外，设置辅助数组 path[ ]用于保存最短路径，path[i]保存从源点 v_0 到终点 v_i 的当前最短路径中 v_i 的前一个顶点的编号，它的初值为源点 v_0 的编号（v_0 到 v_i 有边或弧）或–1（v_0 到 v_i 无边或弧）。

以下是迪杰斯特拉算法 dijkstra，其中 n 为图 G 的顶点数，v_0 为源点。

```
#define INF 32767                      //INF 表示+∞
#define MAXV  10                       //最大顶点个数>
void dijkstra(int cost[][MAXV],int n,int v0) {
    int dist[MAXV],path[MAXV];
    int s[MAXV];
    int mindis;
    int i,j,k;
    for(i=0; i<n; i++) {
        dist[i]=cost[v0][i];           //距离初始化
        s[i]=0;                        //s[]初始化
        if(cost[v0][i]<INF)            //路径初始化
            path[i]=v0;
        else
           path[i]=-1;
    }
    s[v0]=1;                           //源点 v0 放入 S 中
    for(i=1; i<n; i++) {               //重复,直到求出 v0 到其余所有顶点的最短路径
        mindis=INF;
        k=v0;
        for(j=1; j<n; j++) {           //从 V-S 中选取具有最小距离的顶点 vk
            if(s[j]==0 && dist[j]<mindis) {
                k=j;
                mindis=dist[j];
            }
        }
        s[k]=1;                        //将顶点 k 加入 S 中
        for(j=1; j<n; j++) {           //修改 V-S 中顶点的距离 dist[j]
            if(s[j]==0)
            if(cost[k][j]<INF&&dist[k]+cost[k][j]<dist[j]) {
                 dist[j]=dist[k]+cost[k][j];
                 path[j]=k;
             }
        }
    }
    Ddispath(dist,path,s,n,v0);        //输出最短路径
}
```

通过 path[i]向前回推直到 v_0 为止，可以找出从 v_0 到顶点 v_i 的最短路径。输出最短路径的算法 Ddispath 如下：

```
void Ddispath(int dist[],int path[],int s[],int n,int v0) {
    int i,k;
    for(i=0; i<n; i++)
        if(s[i]==1) {  //S 中顶点
            k=i;
            cout<<v0<<" 到 "<<i<<"的最短路径为:";
            while(k!=v0) {
                cout<<k<<"<-";
                k=path[k];
            }
            cout<<v0<<" 路径长度为:"<<dist[i]<<endl;
        } else
    cout<<i<<"<-"<<v0<<"不存在路径\n";
}
```

在迪杰斯特拉算法中，求一条最短路径所花费的时间：从 $V-S$ 中选取具有最小距离的顶点 v_k 花费时间 $O(n)$；修改 $V-S$ 中顶点的距离花费时间 $O(n)$；输出最短路径花费时间 $O(n)$。因此求出 $n-1$ 条最短路径的时间复杂度为 $O(n^2)$。

【例 7-1】如图 7-18 所示带权有向图 $G=(V, E)$，试采用迪杰斯特拉算法求从顶点 0 到其他顶点的最短路径，并说明整个计算过程。

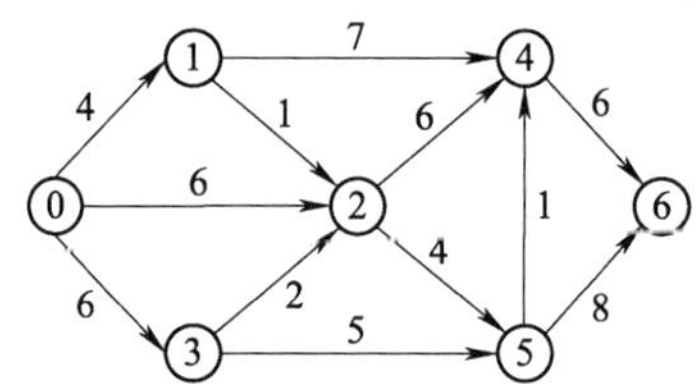

图 7-18　一个带权有向图

【解】

（1）初值：s[ ]={0}，dist[ ]={0, 4, 6, 6,∞,∞,∞}（顶点 0 到其他各顶点的权值），path[ ]={0, 0, 0, 0, –1, –1, –1}（顶点 0 到其他各顶点有弧存在时为 0，否则为–1）。

（2）在 $V-S$ 中找出距离顶点 0 最近（dist[ ]最小）的顶点 1，加入 S 中，即 s[ ]={0, 1}，得到第一条最短路径（0, 1），之后重新计算顶点 0 到达顶点 2, 3, 4, 5 和 6 的距离，修改相应的 dist 值：

dist[2]=min{dist[2], dist[1]+cost[1][2] }= min{6, 4+1}=5;

dist[4]=min{dist[4], dist[1]+cost[1][4] }= min{∞, 4+7}=11;

则有 dist[ ]={0, 4, 5, 6, 11,∞,∞}, path[ ]={0, 0, 1, 0, 1, –1, –1}。

（3）在 $V-S$ 中找出距离顶点 0 最近的顶点 2，加入 S 中，即 s[ ]={0, 1, 2}，得到第二条最短路径（0, 1, 2）。然后重新计算顶点 0 到达顶点 3, 4, 5 和 6 的距离，修改相应的 dist 值：

dist[5]=min{dist[5], dist[2]+ cost[2][5]}=min{∞, 5+4}=9

则有 dist[ ]={0, 4, 5, 6, 11, 9,∞}, path[ ]={0, 0, 1, 0, 1, 2, –1}。

（4）在 $V-S$ 中找出距离顶点 0 最近的顶点 3，加入 S 中，即 s[ ]={0, 1, 2, 3}，得到第三条最短路径(0, 3)。然后重新计算顶点 0 到达顶点 4、5 和 6 的距离，此时不需修改 dist[ ]和 path[ ]，仍有 dist[ ]={0, 4, 5, 6, 11, 9,∞}，path[ ]={0, 0, 1, 0, 1, 2, –1}。

（5）在 $V–S$ 中找出距离顶点 0 最近的顶点 5，加入 S 中，即 s[ ]={0, 1, 2, 3, 5}，得到第四条最短路径（0, 1, 2, 5）。然后重新计算顶点 0 到达顶点 4 和 6 的距离，修改相应的 dist 值：

dist[4]=min{dist[4], dist[5]+ cost[5][4]}=min{11, 9+1}=10;

dist[6]=min{dist[6], dist[5]+ cost[5][6]}=min{∞, 9+8}=17;

则有 dist[ ]={0, 4, 5, 6, 10, 9, 17}, path[ ]={0, 0, 1, 0, 5, 2, 5}。

（6）在 $V–S$ 中找出距离顶点 0 最近的顶点 4，加入 S 中，即 s[ ]={0, 1, 2, 3, 5, 4}，得到第五条最短路径（0, 1, 2, 5, 4）。然后重新计算顶点 0 到达顶点 6 的距离，做出相应的 dist 修改：

dist[6]=min{dist[6], dist[4]+ cost[4][6]}=min{17, 10+6}=16

则有 dist[ ]={0, 4, 5, 6, 10, 9, 16}, path[ ]={0, 0, 1, 0, 5, 2, 4}。

（7）在 $V–S$ 中找出距离顶点 0 最近的顶点 6，加入 S 中，即 s[ ]={0, 1, 2, 3, 5, 4, 6}，得到第六条最短路径（0, 1, 2, 5, 4, 6）。此时 S 中包含了图的所有顶点，算法结束。最终 dist[ ]={0, 4, 5, 6, 10, 9, 16}, path[ ]={0, 0, 1, 0, 5, 2, 4}。

综上得到：

从顶点 0 到顶点 1 的最短路径长度为：4　　最短路径为：1<–0

从顶点 0 到顶点 2 的最短路径长度为：5　　最短路径为：2<–1<–0

从顶点 0 到顶点 3 的最短路径长度为：6　　最短路径为：3<–0

从顶点 0 到顶点 5 的最短路径长度为：9　　最短路径为：5<–2<–1<–0

从顶点 0 到顶点 4 的最短路径长度为：10　　最短路径为：4<–5<–2<–1<–0

从顶点 0 到顶点 6 的最短路径长度为：16　　最短路径为：6<–4<–5<–2<–1<–0

7.5.2 每对顶点之间的最短路径

显然依次将每个顶点设为源点，调用迪杰斯特拉算法 n 次便可求出图中任意两个顶点之间的最短路径，其时间复杂度为 $O(n^3)$。弗洛伊德提出了另外一个求图中任意两顶点之间最短路径的算法，虽然其时间复杂度也是 $O(n^3)$，但其算法的形式更简单，易于理解和编程。

设采用邻接矩阵 cost 表示带权有向图 $G=(V, E)$。弗洛伊德算法的基本思想是：假设求顶点 v_i 到顶点 v_j 的最短路径。如果从 v_i 到 v_j 有弧，则从 v_i 到 v_j 存在一条长度为 cost[i][j]的路径，该路径是否最短路径，尚待 n 次试探。首先判断路径（v_i, v_1, v_j）是否存在，即判断弧〈v_i, v_1〉和〈v_1, v_j〉是否存在。如果存在，则比较（v_i, v_j）和（v_i, v_1, v_j）的路径长度，取长度较短者作为从 v_i 到 v_j 的中间顶点序号不大于 1 的最短路径。假如在路径上再增加一个顶点 v_2，也即如果（$v_i,\cdots, v_2$）和（$v_2,\cdots, v_j$）分别是当前找到的中间顶点序号不大于 1 的最短路径，那么（$v_i,\cdots, v_2,\cdots, v_j$）就有可能是从 v_i 到 v_j 的中间顶点序号不大于 2 的最短路径。将它和已经求得的从 v_i 到 v_j 的中间顶点序号不大于 1 的最短路径相比较，从中选出路径长度较短者作为从 v_i 到 v_j 的中间顶点序号不大于 2 的最短路径。之后再增加一个顶点 v_3，…，依此类推。在一般情况下，若（$v_i,\cdots, v_k$）和（$v_k,\cdots, v_j$）分别是从 v_i 到 v_k 和从 v_k 到 v_j 的中间顶点序号不大于 k–1 的最短路径，则将（$v_i,\cdots, v_k,\cdots, v_j$）和已经求得的从 v_i 到 v_j 且中间顶点序号不大于 k–1 的最短路径相比较，其长度较短者便是从 v_i 到 v_j 的中间顶点序号不大于 k 的最短路径。经过 n 次比较，直至所有顶点都允许成为中间顶点，才可求得从 v_i 到 v_j 的最短路径。

为实现弗洛伊德算法，需要设置一个二维辅助数组 A 用于存放当前各顶点之间的最短路径长度，即 $A[i][j]$表示当前顶点 v_i到顶点 v_j的最短路径长度。依次产生矩阵序列 $A^0, A^1,\cdots, A^k,\cdots, A^n$，其中 $A^{k-1}[i][j]$表示从 v_i 到 v_j 的中间顶点序号不大于 $k-1$ 的最短路径长度。初始时，有 $A^0[i][j]=\text{cost}[i][j]$。在求从 v_i 到 v_j 的中间顶点序号不大于 k 的最短路径长度时，应考虑两种情况：一种情况是，该路径不经过顶点序号为 k 的顶点，则该路径长度与从 v_i 到 v_j 的中间顶点序号不大于 $k-1$ 的最短路径长度相同，即 $A^{k-1}[i][j]$；另一种情况是从顶点 v_i 到顶点 v_j 的最短路径经过序号为 k 的顶点，该路径长度为从 v_i 到 v_k 中间顶点序号不大于 $k-1$ 的最短路径长度与从 v_k 到 v_j 中间顶点序号不大于 $k-1$ 的最短路径长度之和，即 $A^{k-1}[i][k]+A^{k-1}[k][j]$。此时从 v_i 到 v_j 的中间顶点序号不大于 k 的最短路径长度为这两种情况中路径长度较小者。表达式如下：

$$A^0[i][j]=\text{cost}[i][j] \qquad （初始值）$$

$$A^k[i][j]=\min\{A^{k-1}[i][j],\ A^{k-1}[i][k]+A^{k-1}[k][j]\} \qquad （1\leqslant k\leqslant n）$$

最终的 $A^n[i][j]$就是从顶点 v_i 到顶点 v_j 的最短路径长度。

此外设置数组 path[]用于保存最短路径。求 $A^k[i][j]$时，path$[i][j]$存放从顶点 v_i 到 v_j 的中间结点序号不大于 k 的最短路径上 v_j 的前一个顶点的序号。在算法结束时，由 path$[i][j]$向回追溯，可以得到从顶点 v_i 至 v_j 的最短路径。若 path$[i][j]$=-1，则表示在顶点 v_i 与 v_j 之间没有中间顶点。弗洛伊德算法 floyd 如下：

```
#define INF 32767                    //INF表示∞
#define MAXV  10                     //最大顶点个数>
void floyd(int cost[][MAXV],int n) {
    int A[MAXV][MAXV],path[MAXV][MAXV];
    int i,j,k;
    for(i=0; i<n; i++)               //赋值A0[i][j]和path0[i][j]
        for(j=0; j<n; j++) {
            A[i][j]=cost[i][j];
            if(cost[i][j]<INF)
                path[i][j]=i;
            else
                path[i][j]=-1;
        }
    for(k=0; k<n; k++)               //向vi与vj之间中n次加入中间顶点vk
        for(i=0; i<n; i++)
            //求min{Ak[i][j], Ak+1[i][k]+Ak+1[k][j]}
            for(j=0; j<n; j++)
                if(A[i][j]>(A[i][k]+A[k][j])) {
                    A[i][j]=A[i][k]+A[k][j];
                    path[i][j]=k;
                }
    Pdispath(A,path,n);              //输出最短路径
}
```

以下是输出最短路径的算法 dispath，其中 ppath( )函数在 path 中递归输出从顶点 v_i 到 v_j 的最短路径。

```
void ppath(int path[][MAXV],int i,int j) {
    int k;
    k=path[i][j];
    if(k==-1) return;  //path[i][j]=-1时,顶点vi和vj之间无中间顶点
```

```
    ppath(path,i,k);
    cout<<k;
    ppath(path,k,j);
  }
void Pdispath(int A[][MAXV],int path[][MAXV],int n) {
   int i,j;
   for(i=0; i<n; i++)
      for(j=0; j<n; j++){
          if(A[i][j]==INF){
              if(i!=j)
                  cout<<"从顶点"<<i<<"到顶点"<<j<<"无路径";
          }else{
              cout<<"从顶点"<<i<<"到顶点"<<j<<"路径为";
              cout<<i;
              ppath(path,i,j);
              cout<<j;
              cout<<"路径长度为:"<<A[i][j]<<endl;
          }
      }
}
```

弗洛伊德算法包含一个三重循环，其时间复杂度为 $O(n^3)$。

【例 7-2】 图 7-19 为一个带权有向图及其邻接矩阵，请用弗洛伊德算法求出各顶点对之间的最短路径长度，要求写出其相应的矩阵序列。

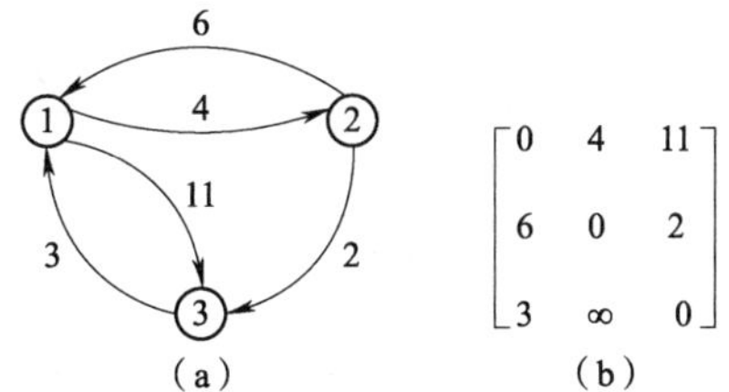

$$\begin{bmatrix} 0 & 4 & 11 \\ 6 & 0 & 2 \\ 3 & \infty & 0 \end{bmatrix}$$

图 7-19 一个带权有向图

【解】 矩阵序列如图 7-20（a）所示，求解结果如图 7-20（b）所示。

A^0 $\begin{matrix} 0 & 4 & 11 \\ 6 & 0 & 2 \\ 3 & \infty & 0 \end{matrix}$ path^0 $\begin{matrix} -1 & 1 & 1 \\ 2 & -1 & 2 \\ 3 & -1 & -1 \end{matrix}$

A^1 $\begin{matrix} 0 & 4 & 11 \\ 6 & 0 & 2 \\ 3 & 7 & 0 \end{matrix}$ path^1 $\begin{matrix} -1 & 1 & 1 \\ 2 & -1 & 2 \\ 3 & 1 & -1 \end{matrix}$

A^2 $\begin{matrix} 0 & 4 & 6 \\ 6 & 0 & 2 \\ 3 & 7 & 0 \end{matrix}$ path^2 $\begin{matrix} -1 & 1 & 2 \\ 2 & -1 & 2 \\ 3 & 1 & -1 \end{matrix}$

A^3 $\begin{matrix} 0 & 4 & 6 \\ 5 & 0 & 2 \\ 3 & 7 & 0 \end{matrix}$ path^3 $\begin{matrix} -1 & 1 & 2 \\ 2 & -1 & 2 \\ 3 & 1 & -1 \end{matrix}$

（a）

从1到2最短路径为：1，2 路径长度为：4

从1到3最短路径为：1，2，3 路径长度为：6

从2到1最短路径为：2，3，1 路径长度为：5

从2到3最短路径为：2，3 路径长度为：2

从3到1最短路径为：3，1 路径长度为：3

从3到2最短路径为：3，1，2 路径长度为：7

（b）

图 7-20 有向图各对顶点间的最短路径及其路径长度

当 k=0 时，执行算法的第一次循环，即将第一个顶点 1 作为中间顶点，因 $A^0[3][1]+A^0[1][2]=3+4=7$，较原来的 $A^0[3][2]=\infty$小，故取 $A^1[3][2]=7$；当 k=1 时，执行算法的第二次循环，即将第二个顶点 2 作为中间顶点，由于 $A^1[1][2]+A^1[2][3]=4+2=6$，较原来的 $A^1[1][3]=11$ 小，故取 $A^2[1][3]=6$；当 k=2 时，执行算法的第三次循环，即将第三个顶点 3 作为中间顶点，由于 $A^2[2][3]$+A(2)[3][1]=2+3=5，较原来的 $A^2[2][1]=6$ 小，故取 $A^3[2][1]=5$。最后的 A^3 即为所求。

以上在讨论两种算法时，均以有向图为例，但这两个算法同样适用于无向图，只不过无向图的邻接矩阵是对称矩阵而已。

视 频

拓扑排序

7.6 拓扑排序

拓扑排序是有向图的一种重要运算，经常应用于工程施工、学生课程安排和生产流程等各类计划的安排。一个较大的工程往往包含许多子工程，我们称这些子工程为活动（activity）。在整个工程所包含的各个活动之间，有些必须按规定的先后次序进行，有些则没有次序要求。我们可以用一个有向图表示各个活动之间的次序关系。图中每个顶点代表一个活动，如果从顶点 v_i 到 v_j 之间存在弧〈v_i, v_j〉，则表示活动 i 必须先于活动 j 进行。我们把这样的有向图称为顶点表示活动的网（activity on vertex network），简称 AOV 网。其中，若从顶点 v_i 到 v_j 有一条路径，则 v_i 是 v_j 的前驱，v_j 是 v_i 的后继；若在网中存在〈v_i, v_j〉，则 v_i 是 v_j 的直接前驱，v_j 是 v_i 的直接后继。例如，计算机专业的学生必须完成一系列规定的基础课程和专业课程学习，假设这些课程的名称与相应代号如图 7-21 所示。

课程代号	课程名称	先修课程
C1	高等数学	无
C2	程序语言	无
C3	离散数学	C1
C4	数据结构	C2，C3
C5	编译原理	C2，C4
C6	操作系统	C4，C7
C7	计算机组成原理	C2

图 7-21　课程名称及相应的课程安排次序

每门课程的学习都是一项活动，一门课程可能以一些先修课程为基础，而它本身又可能成为另一些课程的先修课程，各门课程安排的先后次序关系可用图 7-22 中的活动顶点网表示。

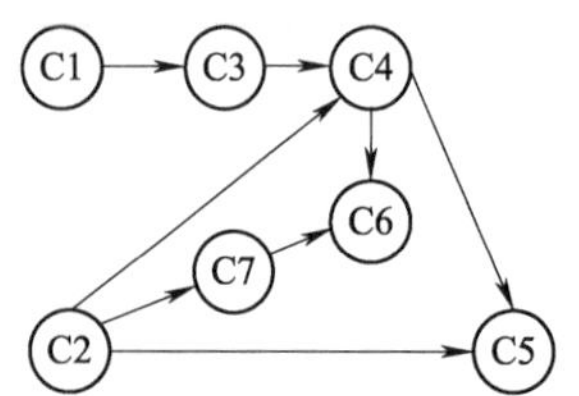

图 7-22　课程安排的 AOV 网

假设 $G=(V, E)$是一个具有 n 个顶点的有向图，V 中顶点序列 $v_1, v_2,\cdots, v_n$ 称为一个拓扑序列（topological order），当且仅当该顶点序列满足下列条件：若在有向图 G 中存在从顶点 v_i 到 v_j 的一条路径，则在顶点序列中顶点 v_i 必须排在顶点 v_j 之前。通常，在 AOV 网中，将所有活动排列成一个拓扑序列的过程称为拓扑排序（topological sor）。

由于 AOV 网中有些活动之间没有次序要求，它们在拓扑序列的位置可以是任意的，因此拓扑排序的结果不唯一。对图 7-22 中的顶点进行拓扑排序，可得到一个拓扑序列：C1, C3, C2, C4, C7, C6, C5。也可得到另一个拓扑序列：C2, C7, C1, C3, C4, C5, C6，还可以得到其他的拓扑序列。学生按照任何一个拓扑序列都可以完成所要求的全部课程学习。

在 AOV 网中不应该出现有向环。因为环的存在意味着某项活动将以自己为先决条件，显然无法形成拓扑序列。判定网中是否存在环的方法：对有向图构造其顶点的拓扑有序序列，若网中所有顶点都出现在它的拓扑有序序列中，则该 AOV 网中一定不存在环。

任何无环有向图的拓扑排序过程如下：

（1）从有向图中选择一个没有前驱（即入度为 0）的顶点，并且输出它。

（2）从图中删去该顶点，并删去所有以该顶点为尾的弧。

（3）重复上述两步，直到全部顶点都被输出（说明有向图中不存在环），或当前图中不存在没有前驱的顶点为止（说明有向图中存在环）。

以图 7-22 中的有向图为例，初始时，图中 C1 和 C2 没有前驱，假设任选其一 C2 输出，在删除 C2 及以 C2 为尾的弧〈C2, C4〉,〈C2, C7〉和〈C2, C5〉之后，图中 C1 和 C7 没有前驱，任选其一 C7 输出，并删除 C7 及以 C7 为尾的弧〈C7, C6〉。此时图中只有 C1 没有前驱，则输出 C1，并删除 C1 及以 C1 为尾的弧〈C1, C3〉。如此重复下去，最后得到一个拓扑有序序列为：C2, C7, C1, C3, C4, C6, C5，整个拓扑排序过程如图 7-23（a）～（g）所示。

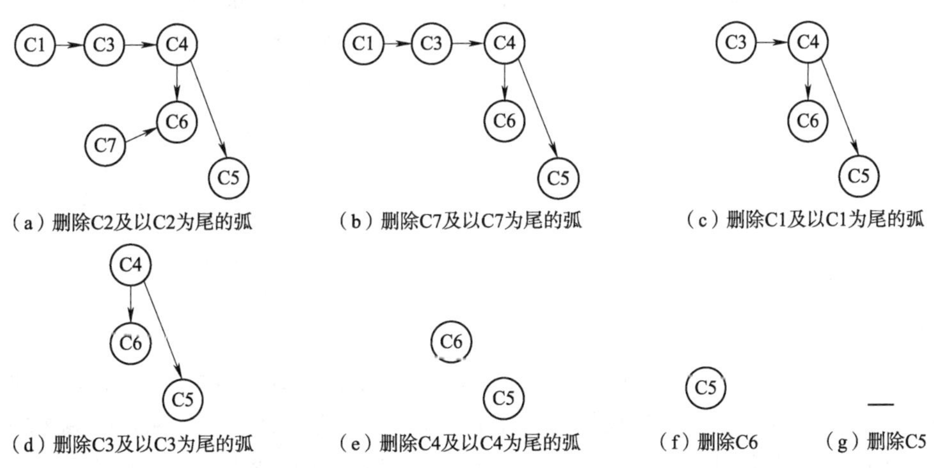

（a）删除C2及以C2为尾的弧　（b）删除C7及以C7为尾的弧　（c）删除C1及以C1为尾的弧

（d）删除C3及以C3为尾的弧　（e）删除C4及以C4为尾的弧　（f）删除C6　（g）删除C5

图 7-23　有向图的拓扑排序过程

在实现拓扑排序的算法中，采用邻接表作为有向图的存储结构，每个顶点设置一个单链表，每个单链表有一个表头结点，在表头结点中增加一个存放顶点入度的域 count，这些表头结点构成一个数组，表头结点定义如下：

```
template <typename VertexType>
 struct TNode{                              //表头结点
```

```
    VertexType data;                    //顶点信息
    ArcNode *firstarc;                  //指向第一条弧
    int count;                          //存放顶点入度(新增成员)
};
```

在执行拓扑排序的过程中，当某个顶点的入度为零（没有前驱顶点）时，就将此顶点输出，同时将该顶点的所有后继顶点的入度减 1，相当于删除所有以该顶点为尾的弧。为了避免重复检测顶点的入度是否为零，需要设立一个栈来存放入度为零的顶点。执行拓扑排序的算法如下：

```
void topsort(TNode<int> adj[],int n) {
    int i,j;
    int stack[MAXV],top=0;              //栈 stack 的指针为 top
    ArcNode<int> *p;
    for(i=0; i<n; i++)
        if(adj[i].count==0) {           //建入度为 0 的顶点栈
            top++;
            stack[top]=i;
        }
    while(top>0) {                      //栈不为空
        i=stack[top];
        top--;                          //顶点 vi 出栈
        printf("%d",i);                 //输出 vi
        p=adj[i].firstarc;              //指向以 vi 为弧尾的第一条弧
        while(p!=NULL) {
            j=p->adjvex;                //以 vi 为弧尾的弧的另一顶点 vj
            adj[j].count--;             //顶点 vj 的入度减 1
            if(adj[j].count==0) {       //入度为 0 的相邻顶点入栈
                top++;
                stack[top]=j;
            }
            p=p->nextarc;               //指向以 vi 为弧尾的下一条弧
        }
    }
}
```

由上可见，对于有 n 个顶点和 e 条边的有向图而言，for 循环中建立入度为 0 的顶点栈时间为 $O(n)$；若在拓扑排序过程中不出现有向环，则每个顶点出栈、入栈和入度减 1 的操作在 while(top>0)循环语句中均执行 e 次，因此拓扑排序总的时间花费为 $O(n+e)$。

【例 7-3】请给出图 7-24 所示的有向图 G 的拓扑排序过程。

【解】依据拓扑排序算法，将图 7-24 中入度为 0 的两个顶点 1 和 5 相继入栈；顶点 5 出栈，输出，且以顶点 5 为尾的弧的另一顶点入度减一，如另一顶点 2 的入度值由 2 变为 1，另一顶点 6 的入度值由 1 变为 0。将入度为 0 的顶点 6 入栈；顶点 6 出栈，输出，且以顶点 6 为尾的弧的另一顶点入度减一，如另一顶点 4 的入度值由 2 变为 1；依次类推得到拓扑序列：561234，拓扑排序过程栈的变化如图 7-25 所示。入度为 0 的顶点可以按不同顺序入栈，因此还可以得到其他拓扑序列：152364，152634，156234， 512364，516234，512634。

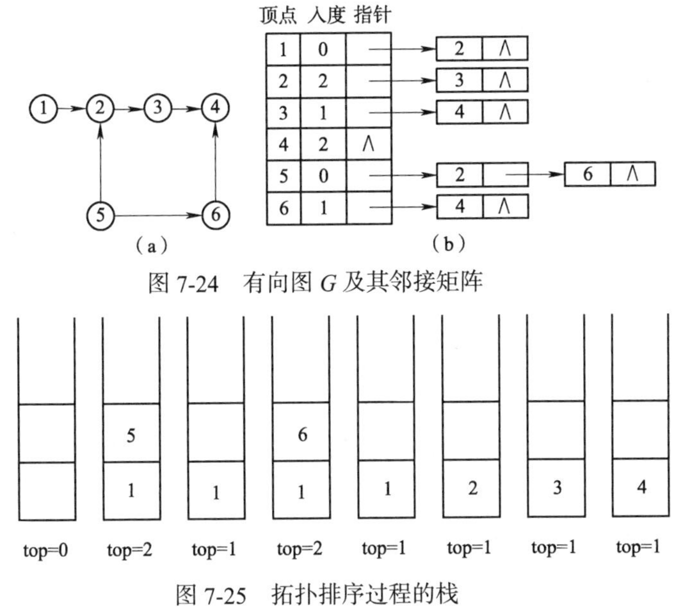

图 7-24　有向图 G 及其邻接矩阵

图 7-25　拓扑排序过程的栈

7.7 关键路径

有向无环图在工程计划和经营管理中具有广泛的应用。本节中，我们将讨论与 AOV 网不同的另一种边表示活动网，简称 AOE 网（activity on edge network）。AOE 网是一个带权的有向无环图，图中顶点表示事件，弧表示活动，弧上的权值表示该项活动所需要的时间。其中，事件是活动的转折点， 只有指向它的各条弧所对应的各项活动全部完成，该事件才能发生；只有该事件发生后，从它出发的弧所对应的各项活动才能开始进行。图 7-26 就是一个AOE 网，该网中有 11 个活动和 9 个事件。每个事件表示在它之前的活动已经完成，在它之后的活动可以开始。如事件 v_5 表示 a_4 和 a_5 活动已经完成，a_7 和 a_8 活动可以开始。每个弧上的权值表示完成相应活动所需要的时间，如完成活动 a_1 需要 6 天，a_8 需要 7 天。

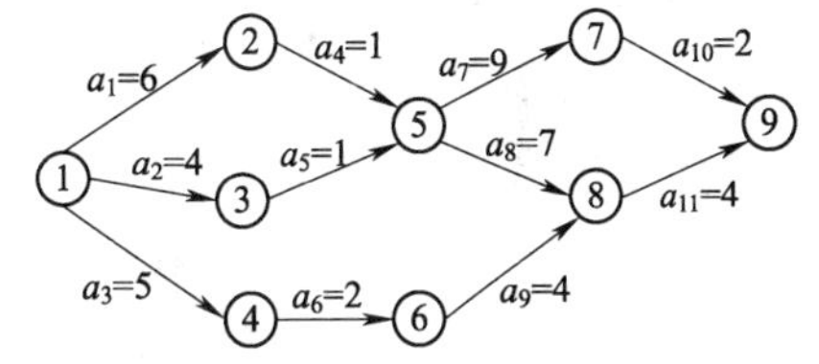

图 7-26　AOE 网

AOE 网常用于表示工程的计划或进度。由于实际工程只有一个开始点和一个结束点，因此 AOE 网存在唯一的入度为 0 的开始点（又称源点）和唯一的出度为 0 的结束点（又称汇点），例如图 7-26 的 AOE 网从事件 v_1 开始，以事件 v_9 结束。同时 AOE 网应当是无环的。

利用 AOE 网，将研究以下问题：

（1）完成整个工程至少需要多长时间？

（2）哪些活动是影响工程进度的关键？

由于 AOE 网中的有些活动可以并行进行，所以完成整个工程的最短时间是从开始点到结束点的最长路径的长度（路径长度等于路径上各条弧的权值之和）。路径长度最大的路径称为关键路径。例如图 7-26 中的路径（v_1, v_2, v_5, v_7, v_9）是一条关键路径，其长度等于活动 a_1, a_4, a_7, a_{10} 所需要的时间之和 18 天，即完成整个工程至少需要 18 天。关键路径可以有不止一条，例如图 7-26 中的路径（v_1, v_2, v_5, v_8, v_9）也是一条关键路径，其长度也是 18 天。

为进一步研究影响工程进度的关键，我们先来定义几个参量：

（1）事件 v_i 的最早发生时间 $v_e(i)$，是从开始点 v_1 到 v_i 的最长路径长度。这个时间决定了所有以 v_i 为尾的弧所表示活动的最早开始时间。

（2）事件 v_i 的最迟发生时间 $v_l(i)$，是指在不推迟整个工程完成的前提下，事件 v_i 最迟必须发生的时间。

（3）活动 a_i 的最早开始时间 $e(i)$，如果用弧 $\langle v_j,v_k\rangle$ 表示活动 a_i，则有 $e(i)=v_e(j)$，即事件 v_j 的最早发生时间。

（4）活动 a_i 的最迟开始时间 l(i)，如果用弧 $\langle v_j,v_k\rangle$ 表示活动 a_i，则有 $l(i)=v_l(k)-$(活动 a_i 所需要的时间)。

基于上述参量的定义，做以下几点分析：

（1）一个活动 a_i 的最迟开始时间 $l(i)$和其最早开始时间 $e(i)$的差 $d(i)=l(i)-e(i)$是活动 ai 可以拖延开始的时间。若 $l(i)-e(i)=0$，即 $l(i)=e(i)$，则说明活动 a_i 必须如期开始，否则将会延误整个工程的按时完成，这样的活动 a_i 被称为关键活动，显然关键路径上的活动都是关键活动；反之，$l(i)-e(i)$表示活动 a_i 可以拖延开始的时间，在此范围内的延误不会影响整个工程的工期，这样的活动 a_i 被称为非关键活动。非关键活动的提前完成不能加快整个工程的进度。因此，分析关键路径的目的就是获取关键活动。

（2）为了求活动 a_i（以 v_j 为尾的弧）的最早开始时间 $e(i)$，首先应求出事件 v_j 的最早发生时间 $v_e(j)$。从 $v_e(1)=0$ 开始向结束点的方向递推，计算 $v_e(j)$：

$$v_e(j)=\max\{v_e(i)+w_{ij} \mid \langle v_i,v_j\rangle \in T, 2\leqslant j\leqslant n\}$$

其中 w_{ij} 表示弧 $\langle v_i, v_j\rangle$ 上权值，T 表示所有以 v_j 为头的弧的集合，如图 7-27 所示。

只有当所有以 v_j 为头的弧所表示的活动都完成之后，事件 v_j 才能发生，因此 v_j 的最早发生时间应当为 $\max\{v_e(i)+w_{ij}\}$。以图 7-26 为例：$v_e(2)=6$，$v_e(3)=4$，$v_e(4)=5$，$v_e(5)=\max\{v_e(i)+w_{i5}\}=\max\{v_e(2)+w_{25},v_e(3)+w_{35}\}=\max\{6+1,4+1\}=7$，即事件 v_5 的最早发生时间 $v_e(5)=7$ 天。显然只有活动 a_1、a_4、a_2、a_5 都完成了，事件 v_5 才发生。虽然完成活动 a_2 之后再完成 a_5 只需 5 天时间，但此时 a_1、a_4 尚未完成，只有经过 7 天时间这四项活动都完成了，事件 v_5 才能出现。依次类推，最终求得 $v_e(9)=18$ 天。

$v_e(j)$决定了所有以 v_j 为尾的弧所表示活动的最早开始时间，因为事件 v_j 不发生，所有以 v_j 为尾的弧所表示的活动都不能开始。如活动 a7、a8 的最早开始时间为 $e(7)=e(8)=v_e(5)=7$ 天。

（3）为了求活动 a_i（以 v_j 为尾的弧）的最迟开始时间 $l(i)$，首先应求出 v_j 事件的最迟发生时间 $v_l(j)$。对于结束点 v_n，因为是整个工程的结束点，其最迟发生时间与最早发生时间相同，即 $v_e(n)=v_l(n)$。从 $v_l(n)=v_e(n)$向开始点方向往回递推，计算 $v_l(j)$：

$$v_l(j)=\min\{v_l(i)-w_{ij} \mid \langle v_i, v_j\rangle \in S,1\leqslant j<n\}$$

其中，S 表示所有以 v_j 为尾的弧的集合，如图 7-28 所示。

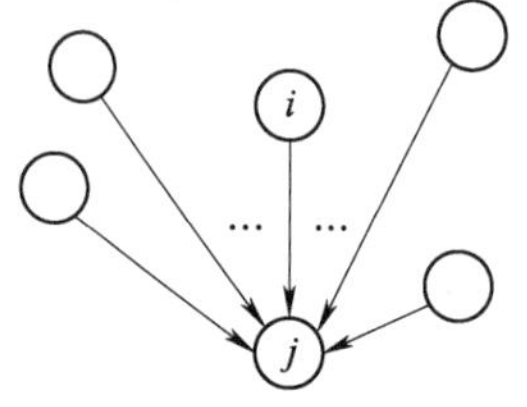

图 7-27　T 集合

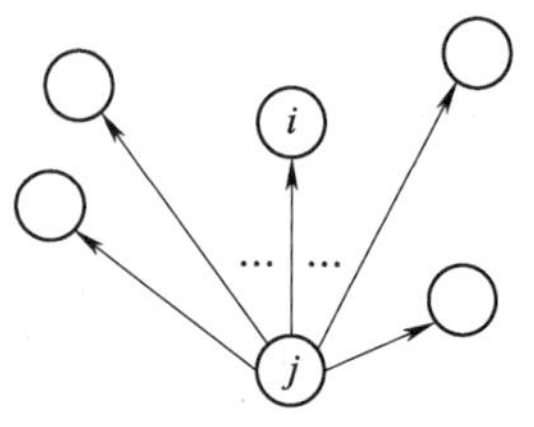

图 7-28　S 集合

只有当事件 v_j 发生时，所有以 v_j 为尾的弧所表示的活动才能开始。以 v_j 为尾的弧所表示的各项活动的最迟开始时间分别为$(v_l(i)-w_{ij})$，为不影响这些活动的按时完成，v_j 发生的最迟时间不能晚于这些活动中需最先开始的那个活动的开始时间，即 $v_l(j)=\min\{v_l(i)-w_{ij}\}$。以图 7-26 为例，为保证不延误整个工期，即保证 $v_l(9)=v_e(9)=18$ 天，事件 v_7 的最迟发生时间为 $v_l(7)=8-2=16$ 天，事件 v_8 的最迟发生时间为 $v_l(8)=18-4=14$ 天。可以看出，若事件 v_7 或 v_8 的发生时间晚于其最迟发生时间，则将没有足够的时间完成活动 a_{10} 或 a_{11}，从而延误整个工期。同理，对于事件 v_5，以 v_5 为尾的弧所表示的活动：a_7 的最迟开始时间为$(v_l(7)-w_{57})=(16-9)=7$ 天；a_8 的最迟开始时间为$(v_l(8)-w_{56})=(14-7)=7$ 天。为保证活动 a_7 和 a_8 均能按期完成，事件 v_5 的最迟发生时间必须取 a_7 和 a_8 最迟开始时间的较小者，即 $v_l(5)=\min\{(v_l(7)-w_{57}), (v_l(8)-w_{58})\}=\min\{7,7\}=7$ 天。

（4）$v_e(j)$和 $v_l(j)$两个递推公式的计算都必须按照一定的顶点顺序进行。也即 $v_e(j)$必须在 v_j 的所有前驱的最早发生时间求得之后才能计算，而 $v_l(j)$则必须在 v_j 的所有后继的最迟发生时间求得之后才能计算。

由此，求关键路径的基本思想如下：

（1）求 AOE 网中所有事件的最早发生时间 $v_e(i)$。

（2）求 AOE 网中所有事件的最迟发生时间 $v_l(i)$。

（3）求 AOE 网中所有活动的最早开始时间 $e(i)$。

（4）求 AOE 网中所有活动的最迟开始时间 $l(i)$。

（5）求 AOE 网中所有活动的 $d(i)=l(i)-e(i)$。

（6）找出所有 $d(i)=0$ 的关键活动,构成关键路径。

假设用邻接表表示 AOE 网，表中的弧结点已按拓扑序列排序，求有向无环图的关键路径算法如下：

```
void critical_path(ALGraph G) {
    int ve[MAXV],vl[MAXV];
    int e,l,i,j;
    ArcNode<int> *p;
    for(i=0; i<G.n; i++)                    //数组 ve 赋初值
        ve[i]=0;
    for(i=0; i<G.n; i++) {                  //求数组 ve
        p=G.adjlist[i].firstarc;
        while(p!=NULL) {
            j=p->adjvex;
            if(ve[j]<ve[i]+p->info)
                ve[j]=ve[i]+p->info;
            p=p->nextarc;
        }
    }
    for(i=0; i<G.n; i++)                    //数组 vl 赋初值
        vl[i]= ve[G.n-1];
        for(i=G.n-2; i>=0; i--) {           //求数组 vl
            p=G.adjlist[i].firstarc;
            while(p!=NULL) {
                j=p->adjvex;
```

```
                if(vl[i]>vl[j]-p->info)
                    vl[i]= vl[j]-p->info;
                p=p->nextarc;
            }
        }
    for(i=0; i<G.n; i++) {                      //求关键活动
        p=G.adjlist[i].firstarc;
        while(p!=NULL) {
            j=p->adjvex;
            e=ve[i];                            //<vi, vj>对应的活动
            l=vl[j]-p->info;
            if(l-e==0)                          //找到一个关键活动
                cout<<"<"<<i<<","<<j<<">, "<<p->info;
            p=p->nextarc;
        }
    }
}
```

【例 7-4】图 7-29 是一个具有 8 个活动和 6 个事件的 AOE 网，试求其关键路径。

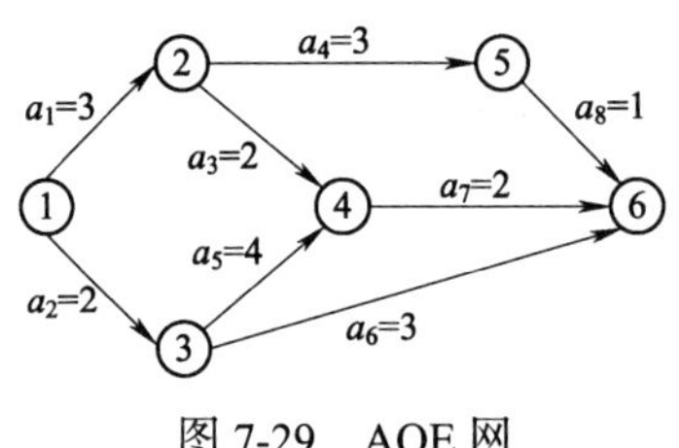

图 7-29　AOE 网

【解】由递推公式，依次求出所有事件的最早发生时间 $v_e(i)$和最迟发生时间 $v_l(i)$，如下：

顶点	最早发生时间 $v_e(i)$	最迟发生时间 $v_l(i)$
v_1	0	0
v_2	3	4
v_3	2	2
v_4	6	6
v_5	6	7
v_6	8	8

求出所有活动的最早开始时间 $e(i)$、最迟开始时间 $l(i)$以及 $d(\mathrm{i})=l(i)-e(i)$，如下：

活动	最早开始时间 $e(i)$	最迟开始时间 $l(i)$	$d(i)=l(i)-e(i)$
a_1	0	1	1
a_2	0	0	0
a_3	3	4	1
a_4	3	4	1
a_5	2	2	0
a_6	2	5	3
a_7	6	6	0
a_8	6	7	1

从以上计算得出，图 7-29 中 AOE 网的关键活动为 a_2, a_5, a_7，这些活动构成了关键路径，如图 7-30 所示。

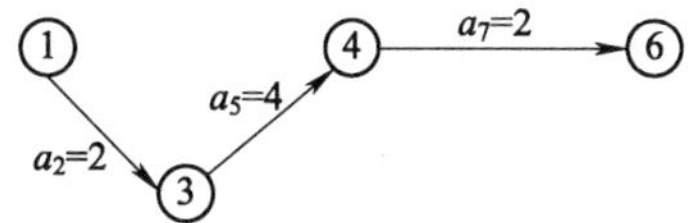

图 7-30 AOE 网的关键路径

小　　结

图是一种非线性数据结构。本章介绍有关图的基本概念，如顶点和边/弧、无向图和有向图，完全图、网、顶点的度、路径、回路、子图、图的连通性等。图主要具有邻接矩阵、邻接表、十字链表和邻接多重表等存储结构，用以表示图中的顶点信息、边的信息以及顶点与边的关系信息。图的遍历是图的一种重要运算，是从图的某一顶点出发，访遍图中每个顶点，且每个顶点仅访问一次，图的遍历顺序主要有深度优先遍历和广度优先遍历。最后讨论了求最小生成树的两种算法、求解最短路径的两类算法、拓扑排序和关键路径等常用算法。

习　　题

一、单项选择题

1. 在一个图中，所有顶点的度数之和等于图的边数的（　　）倍。

   A. 1/2　　B. 1　　C. 2　　D. 4

2. 在一个有向图中，所有顶点的入度之和等于所有顶点的出度之和的（　　）倍。

   A. 1/2　　B. 1　　C. 2　　D. 4

3. 有 8 个结点的无向图最多有（　　）条边。

   A. 14　　B. 28　　C. 56　　D. 112

4. 有 8 个结点的无向连通图最少有（　　）条边。

   A. 5　　B. 6　　C. 7　　D. 8

5. 有 8 个结点的有向完全图有（　　）条边。

   A. 14　　B. 28　　C. 56　　D. 112

6. 用邻接表表示图进行广度优先遍历时，通常是采用（　　）来实现算法的。

   A. 栈　　B. 队列　　C. 树　　D. 图

7. 用邻接表表示图进行深度优先遍历时，通常是采用（　　）来实现算法的。

   A. 栈　　B. 队列　　C. 树　　D. 图

8. 已知图的邻接矩阵如下，根据算法思想，则从顶点 0 出发按深度优先遍历的结点序列是（　　）。

   A. 0 2 4 3 1 5 6　　B. 0 1 3 6 5 4 2

   C. 0 4 2 3 1 6 5　　D. 0 3 6 1 5 4 2

$$\begin{bmatrix} 0 & 1 & 1 & 1 & 1 & 0 & 1 \\ 1 & 0 & 0 & 1 & 0 & 0 & 1 \\ 1 & 0 & 0 & 0 & 1 & 0 & 0 \\ 1 & 1 & 0 & 0 & 1 & 1 & 0 \\ 1 & 0 & 1 & 1 & 0 & 1 & 0 \\ 0 & 0 & 0 & 1 & 1 & 0 & 1 \\ 1 & 1 & 0 & 0 & 0 & 1 & 0 \end{bmatrix}$$

9. 已知图的邻接矩阵同上题 8，根据算法，则从顶点 0 出发，按深度优先遍历的结点序列是（　　）。

A. 0 2 4 3 1 5 6　B. 0 1 3 5 6 4 2　C. 0 4 2 3 1 6 5　D. 0 1 3 4 2 5 6

10. 已知图的邻接矩阵同上题 8，根据算法，则从顶点 0 出发，按广度优先遍历的结点序列是（　　）。

A. 0 2 4 3 6 5 1　B. 0 1 3 6 4 2 5　C. 0 4 2 3 1 5 6　D. .0 1 3 4 2 5 6

11. 已知图的邻接矩阵同上题 8，根据算法，则从顶点 0 出发，按广度优先遍历的结点序列是（　　）。

A. 0 2 4 3 1 6 5　B. 0 1 3 5 6 4 2　C. 0 1 2 3 4 6 5　D. 0 1 2 3 4 5 6

12. 已知图的邻接表如下，根据算法，则从顶点 0 出发按深度优先遍历的结点序列是（　　）。

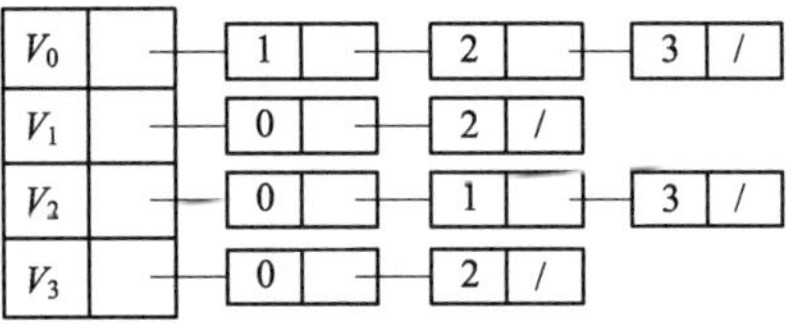

A. 0 1 3 2　B. 0 2 3 1　C. 0 3 2 1　D. 0 1 2 3

13. 已知图的邻接表如下所示，根据算法，则从顶点 0 出发按广度优先遍历的结点序列是（　　）。

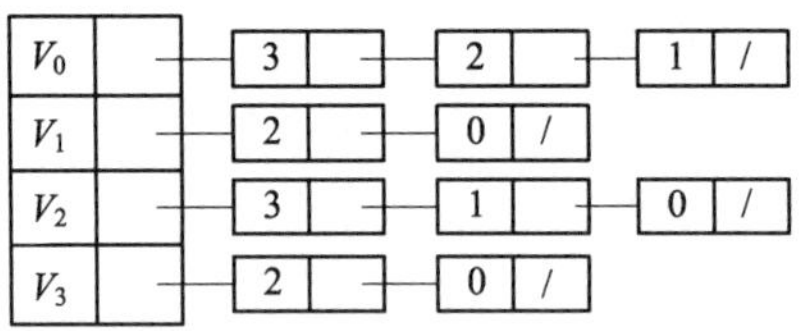

A. 0 3 2 1　B. 0 1 2 3　C. 0 1 3 2　D. 0 3 1 2

14. 深度优先遍历类似于二叉树的（　　）。

A. 先序遍历　B. 中序遍历　C. 后序遍历　D. 层次遍历

15. 广度优先遍历类似于二叉树的（　　）。

A. 先序遍历　B. 中序遍历　C. 后序遍历　D. 层次遍历

16. 任何一个无向连通图的最小生成树（　　）。

A. 只有一棵　B. 一棵或多棵　C. 一定有多棵　D. 可能不存在

17. 对于具有 e 条边的无向图，它的邻接表中有（　　）个边结点。

A. $e-1$　B. e　C. $2(e-1)$　D. $2e$

18. 对于含有 n 个顶点和 e 条边的无向连通图，利用普里姆 Prim 算法产生最小生成树的时间复杂度为（　　）。

A. $O(n^2)$　　B. $O(ne)$　　C. $O(n\log_2 n)$　　D. $O(e)$

19. 对于含有 n 个顶点和 e 条边的无向连通图，利用克鲁斯卡尔 Kruskal 算法产生最小生成树的时间复杂度为（　　）。

A. $O(\log_2 e)$　　B. $O(\log_2 e-1)$　　C. $O(e\log_2 e)$　　D. $O(ne)$

20. 在一个带权连通图 G 中，权值最小的边一定包含在 G 的（　　）生成树中。

A. 最小　　B. 任何　　C. 广度优先　　D. 深度优先

二、填空题

1. 图有________、________等存储结构，遍历图有________、________等方法。
2. 有向图 G 用邻接表矩阵存储，其第 i 行的所有元素之和等于顶点 i 的________。
3. 如果 n 个顶点的图是一个环，则它有________棵生成树。
4. n 个顶点 e 条边的图，若采用邻接矩阵存储，则空间复杂度为________。
5. n 个顶点 e 条边的图，若采用邻接表存储，则空间复杂度为________。
6. 设有一稀疏图 G，则 G 采用________存储较省空间。
7. 设有一稠密图 G，则 G 采用________存储较省空间。
8. 图的逆邻接表存储结构只适用于________图。
9. 已知一个图的邻接矩阵表示，删除所有从第 i 个顶点出发的方法是________。
10. 图的深度优先遍历序列________唯一的。
11. n 个顶点 e 条边的图采用邻接矩阵存储，深度优先遍历算法的时间复杂度为________；若采用邻接表存储时，该算法的时间复杂度为________。
12. n 个顶点 e 条边的图采用邻接矩阵存储，广度优先遍历算法的时间复杂度为________；若采用邻接表存储，该算法的时间复杂度为________。
13. 图的 BFS 生成树的树高比 DFS 生成树的树高________。
14. 用普里姆算法求具有 n 个顶点 e 条边的图的最小生成树的时间复杂度为________；用克鲁斯卡尔算法的时间复杂度是________。
15. 若要求一个稀疏图 G 的最小生成树，最好用________算法来求解。
16. 若要求一个稠密图 G 的最小生成树，最好用________算法来求解。
17. 用 Dijkstra 算法求某一顶点到其余各顶点间的最短路径是按路径长度________的次序来得到最短路径的。
18. 拓扑排序算法是通过重复选择具有________个前驱顶点的过程来完成的。

三、简答题

1. 已知图 7-31 所示有向图，给出该图的：（1）每个顶点的入度、出度；（2）邻接矩阵；（3）邻接表；（4）逆邻接表。

2. 已知无向带权图和图 7-32 所示。（1）求它的邻接矩阵，并按普里姆算法求其最小生成树（标出构造次序）；（2）求它的邻接表，并按克鲁斯卡尔算法求其最小生成树（标出构造次序）。

3. 已知二维数组表示的图的邻接矩阵如图 7-33 所示。试分别画出自顶点 1 出发进行遍历所得的深度优先生成树和广度优先生成树。

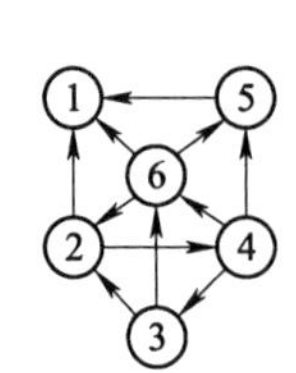

图 7-31　题 1 用图

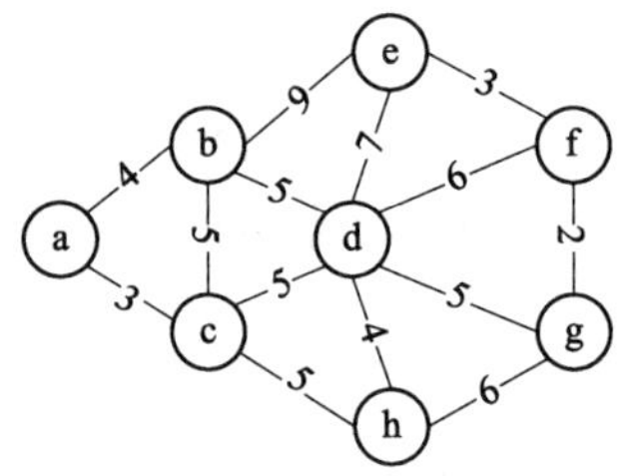

图 7-32　题 2 用图

	1	2	3	4	5	6	7	8	9	10
1	0	0	0	0	0	0	1	0	1	0
2	0	0	1	0	0	0	1	0	0	0
3	0	0	0	1	0	0	0	0	0	0
4	0	0	0	0	1	0	0	0	1	0
5	0	0	0	0	0	1	0	0	0	1
6	1	1	0	0	0	0	0	0	0	0
7	0	0	1	0	0	0	0	0	0	1
8	1	0	0	1	0	0	0	0	1	0
9	0	0	0	0	1	0	1	0	0	1
10	1	0	0	0	0	1	0	0	0	0

图 7-33　题 3 用图

4. 试利用 Dijkstra 算法求图 7-34 中从顶点 a 到其他各顶点间的最短路径，写出执行算法过程中各步的状态。

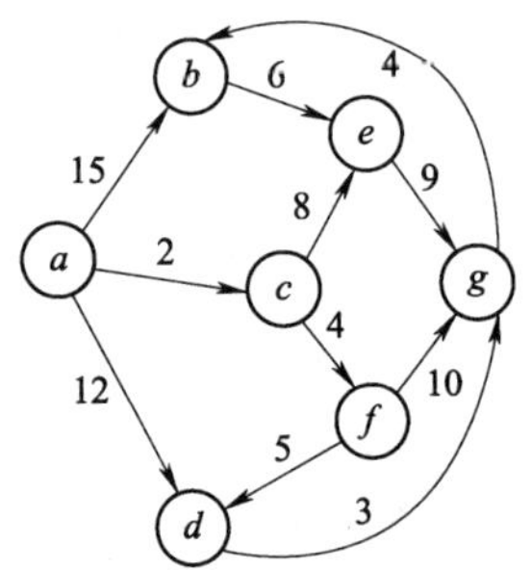

图 7-34　题 4 用图

四、分析题

给定下列图 G 如图 7-35 所示。

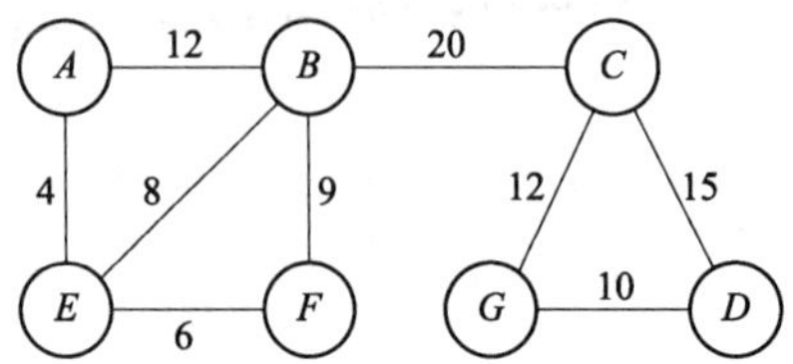

图 7-35　题四用图

（1）试着找出图 G 的最小生成树，画出其逻辑结构图。

（2）用两种不同的表示法画出图 G 的存储结构图。

（3）用 C++语言（或其他算法语言）定义其中一种表示法（存储结构）的数据类型。

五、算法设计题

1. 编写算法，由依次输入的顶点数目、弧的数目、各顶点的信息和各条弧的信息建立有向图的邻接表。

2. 试在邻接矩阵存储结构上实现图的基本操作：DeleteArc(G,v,w)，即删除一条边的操作。

（如果要删除所有从第 i 个顶点出发的边呢？提示：将邻接矩阵的第 i 行全部置 0）

3. 试基于图的深度优先遍历策略写一算法，判别以邻接表方式存储的有向图中是否存在由顶点 v_i 到顶点 v_j 的路径（$i \neq j$）。

第 8 章

查找 «<

查找是数据处理领域中使用最频繁的一种基本操作。本章主要讲解数据处理中的各种查找方法，包括顺序查找、二分查找、分块查找、二叉排序树、平衡二叉树、B 树和散列查找等，并讲解散列函数的构造及其冲突的解决方法。

学习目标

通过本章学习，要求读者重点掌握以下内容：

- 顺序查找、二分查找以及块查找的基本思想和算法实现。
- 二叉排序树及平衡二叉树的概念及查找过程。
- B 树概念及插入、删除操作。
- 散列查找的基本思想、哈希函数的构造方法、处理冲突的方法。
- 各种算法的时间性能（平均查找长度）分析。

8.1 基本概念

查找，也可称检索，是在由一组记录（数据元素）组成的集合中，寻找关键字值等于给定值的某条记录，或是寻找属性值符合特定条件的某些记录。若表中存在这样的记录，则称查找是成功的，否则查找是不成功的。

查找有内外之分。若整个查找过程都在内存中进行，则称为内查找；反之，若查找过程中需要访问外存，则称为外查找。

在数据处理中，查找是常用的基本运算，例如在文件夹中查找某个具体的文件。用于查找操作的数据结构——查找表。

查找表：由同一类型数据元素构成的集合为逻辑结构，以查找为核心运算的数据结构。例如，电话号码簿和字典都可以看作一张查找表。在查找表中，数据元素之间存在着松散的关系，没有严格的前驱和后继的关系。

关键字：用来标识一个数据元素（记录）的某个数据项（字段）的值。唯一能标识数据元素的关键字称为主关键字。

讨论各种查找算法时，常以时间开销和空间开销来衡量查找算法的优劣。然而，两者之间常常是相互制约的，很难兼顾。由于查找运算的主要操作是比较关键字，因此，通常将查找过程中的平均查找长度作为衡量一个查找算法效率优劣的标准。所谓平均查找长度（average search length，ASL），是指在查找过程中需要进行的关键字平均比较次数，其定义为

$$ASL = \sum_{i=1}^{n} P_i \times C_i$$

式中，n 为查找表中元素个数；P_i 为查找第 i 个元素的概率，通常假设每个元素查找概率相同，即 $P_i=1/n$；C_i 是找到第 i 个元素的比较次数。

根据操作方式不同，可将查找分为静态查找和动态查找。前者是在查找表中只做查找操作，而不改动表中数据元素；后者的表结构本身是在查找过程中动态生成的，查找的同时插入查找表中不存在的数据元素，或者从查找表中删除已经存在的某个数据元素。

常见的顺序查找、二分查找、分块查找属于静态查找，而二叉排序树、平衡二叉树、B树、散列表则属于动态查找。不同的查找表，其使用的查找方法是不同的，具体的查找方法需要根据实际应用中具体情况而定。比如，静态查找表，最为常见的有两种情况：

- 以顺序表或链表表示的静态查找表，常用顺序查找。
- 以有序表表示的静态查找表，常用二分查找。

从逻辑上来说，查找所基于的数据结构是集合，集合中的记录之间没有本质关系。可是要想获得较高的查找性能，就不能不改变数据元素之间的关系，在存储时可以将查找集合组织成表、树等结构。

例如，对于静态查找表来说，不妨应用线性表结构来组织数据，这样可以使用顺序查找算法；如果再对主关键字排序，则可以应用二分查找等技术进行高效的查找。

如果是需要动态查找，则会复杂一些，可以考虑二叉排序树的查找技术。另外，还可以用散列表结构来解决一些查找问题，这些技术都将在后面的讲解中说明。

8.2 顺序表的静态查找

8.2.1 顺序查找

顺序查找（sequence search）是一种最简单的查找方法，适用于存储结构为顺序存储或链式存储的线性表。其基本思想：逐个检查顺序表中当前元素的关键字是否和给定值相等，若找到相等的元素则查找成功。若查找了所有的记录仍然找不到与给定值相等的关键字，则查找失败。

以顺序表作为存储结构时，可以用第 2 章的顺序表类 SqList 的 GetLoc 成员函数来完成查找操作，例如，要查找 A 表中是否存在关键字为 key 的数据元素，可以这样调用函数：A.GetLoc(key)。为了避免不需要的判断语句，提高程序效率，可以将空闲的 dat[0]元素设置为“岗哨”。这样就使得 GetLoc 成员函数里循环不必判断数组是否越界，当满足 i==0 时可以直接跳出循环。

成员函数 GetLoc( )的代码修改如下：

```
template <class ElemType>
int SqList <ElemType>::GetLoc(ElemType x){
    data[0]=x;   //设置 data[0]为岗哨
    for(int i=length;data[i]!=x;i--);  //从后往前找
    return i;
}
```

上述顺序查找算法成功时的平均查找长度为

$$ASL_{成功}=\sum_{i=1}^{n}P_iC_i=\frac{1}{n}(1+2+3+\cdots+n)=(n+1)/2$$

若空闲一个元素做岗哨，查找失败的平均查找长度 $ASL_{失败}=n+1$，否则 $ASL_{失败}=n$。假设成功和失败的概率相等，则顺序表的平均查找长度为

$$ASL_{平均}=\frac{1}{2}ASL_{成功}+\frac{1}{2}ASL_{失败}=\frac{3(n+1)}{4}或\frac{3n+1}{4}$$

上述顺序查找表的查找算法简单，对表的结构无任何要求，但是时间复杂度为 $O(n)$，执行效率较低，不适用于表长较大的查找表。若以有序表表示静态查找表，则查找过程可以采用下面所讲的二分查找。

8.2.2 二分查找

视频

折半查找

二分查找（binary search）又称折半查找，是一种效率较高的查找方法。但是二分查找要求线性表必须采用顺序存储结构，而且表中元素按关键字有序排列。

1. 基本思想

取有序表（升序）中间元素作为比较对象，若给定值与中间元素相等，则查找成功；若给定值小于中间元素，则在中间元素的左半部分（降序在右半部分）继续查找；否则在中间元素的右半部分（降序在左半部分）继续查找，直到找到满足条件的元素或者表中没有这样的元素。查找成功，返回查找的元素；查找不成功，返回查找失败的信息。

【例 8-1】给出有序表{ 10,14,21,38,45,47,53,81,87,99 }采用二分查找算法查找关键字为 47 的过程。（注：(x]表示取不大于 x 的最大整数，[x)表示取不小于 x 的最小整数）

【解】搜索 47 的过程如图 8-1 所示。

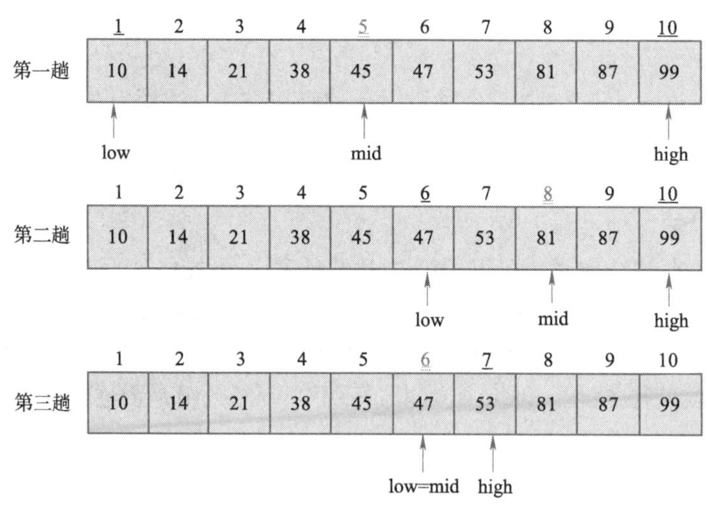

图 8-1　搜索 47 的过程

第一趟： low=1，high=10，mid=((low+high)/2]=5。这时，中间位置元素 data[5]=45<47，所以修改 low=mid+1=6 继续查找。

第二趟： low=6，high=10，mid=((low+high)/2]=8。这时，中间位置元素 data[8]=81>47，

所以修改 high=mid−1=7 继续查找。

第三趟： low=6，high=7，mid=⌊(low+high)/2⌋=6。至此，中间位置元素 data[6]=47=47，查找成功，返回 6。

2. 查找过程

二分查找过程可用一棵二叉树来描述，把整个查找区间的中间结点的位置作为根结点，左子表或右子表的中间结点的位置作为根的左孩子或右孩子，依此类推，得到的二叉树称为二叉判定树。例如，例 8-1 中的 10 个结点所构造二叉判定树如图 8-2 所示。

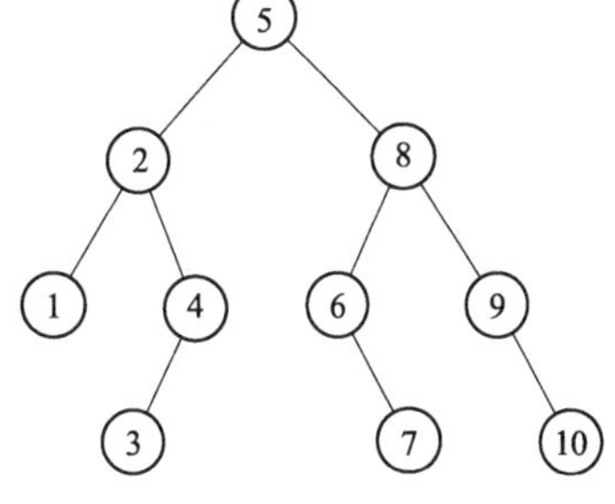

图 8-2　例 8-1 的二叉判定树

【例 8-2】对于给定 11 个数据元素的有序表：(2, 3, 10, 15, 20, 25, 28, 29, 30, 35, 40)，采用二分查找，试问：

（1）若查找给定值为 20 的元素，将依次与表中哪些元素比较？

（2）若查找给定值为 26 的元素，将依次与哪些元素比较？

（3）假设查找表中每个元素的概率相同，求查找成功时的平均查找长度和查找失败时的平均查找长度。

【解】为了便于计算查找失败时的平均查找长度，构造出带有外部结点（查找失败的虚拟结点，用矩形表示）的二叉判定树如图 8-3 所示。

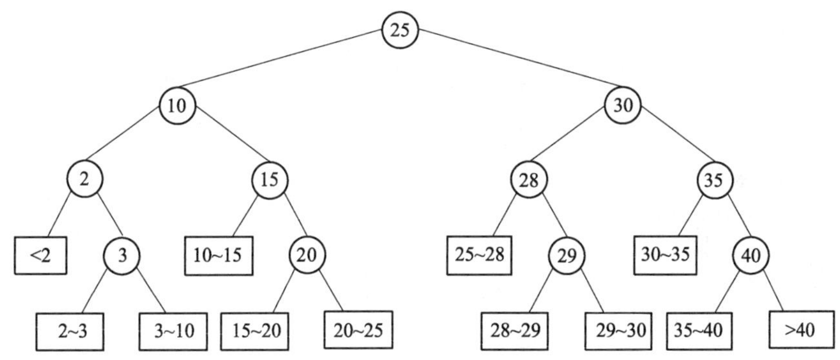

图 8-3　例 8-2 的二叉判定树

（1）若查找给定值为 20 的元素，依次与表中 25、10、15、20 元素比较，查找成功，共比较 4 次。

（2）若查找给定值为 26 的元素，依次与表中 25、30、28 元素比较，查找失败，共比较 3 次。

（3）二分查找成功时，会找到某个内部结点（原有结点），恰好是走了一条从判定树的根到被查记录的路径，经历比较的关键字次数恰为该记录在树中的层次。若查找结点 25，则只需进行 1 次比较；若查找结点 10 和 30，则需进行 2 次比较；若查找结点 2、15、28 和 35，则需要比较 3 次；若查找叶子结点 3、20、29 和 40，则需要比较 4 次。所以查找成功时的平均查找长度为

$$ASL_{成功}=\frac{1\times1+2\times2+3\times4+4\times4}{11}=3$$

二分查找失败时，会找到某个外部结点，比较过程经历了一条从判定树根到某个外部结点的路径，所需的关键字比较次数是该路径上内部结点的总数，即该外部结点的层次减 1。此时的平均查找长度为

$$\mathrm{ASL}_{失败}=\frac{4\times3+8\times4}{11}\approx3.67$$

一般情况下，当有序表表长 n 比较大时，将判定树看成一棵高度为 $h=\log_2(n+1)$ 的满二叉树（高度 h 不计外部结点）。树中第 i 层的结点个数为 2^{h-1}，查找第 i 层上的每个结点恰好需要进行 i 次比较。

在等概率假设下，二分查找成功时的平均查找长度为

$$\mathrm{ASL}=\sum_{i=1}^{n}P_iC_i=\frac{1}{n}\sum_{i=1}^{n}(i\times2^{i-1})=\frac{n+1}{n}\times\log_2(n+1)-1\approx\log_2(n+1)-1$$

在等概率假设下，二分查找不成功时的平均查找长度为

$$\mathrm{ASL}=\sum_{i=1}^{n+1}P_iC_i=\frac{1}{n+1}\sum_{i=1}^{n+1}h=\frac{n+1}{n}\times(n+1)\times h=h-\log_2(n+1)$$

由此可见，二分查找在查找成功时进行比较的关键字个数最多不超过判定树的深度，而具有 n 个结点的判定树的深度为 $\lfloor\log_2 n\rfloor+1$，所以，二分查找查找成功时和给定值进行比较的关键字个数至多为 $\lfloor\log_2 n\rfloor+1$。二分查找失败时，同关键字进行比较的次数同样也不会超过树的高度，所以，不论二分查找成功与失败，其时间复杂度均为 $O(\log_2 n)$。

3. 算法实现

在 SqList 类的基础上，以 C++实现的二分查找算法 Binary_Search 函数如下：

```
#include "SqList.h"
template <class T>
int Binary_Search(SqList<T>& L,T key){
    int low,mid,high;
    low=1;
    high=L.GetLen();
    while(low<=high){
        mid=low+(high-low)/2;    //可以预防(low+high)/2 的越界问题
        if(L.GetElem(mid)==key)
            return mid;
        else if(L.GetElem(mid)>key)
            high=mid-1;
        else
            low=mid+1;
    }
    return 0;
}
```

该算法时间复杂度就是 while 循环的次数。假设有序表长度为 n，每一次搜索区域的剩余元素个数为上一次的一半。第 1 次循环开始时为 n，第 2 次循环为 $n/2$，依此类推，第 k 次循环为 $n/2^k$。令 $n/2^k=1$，得 $k=\log_2 n$，也可以推出该算法的时间复杂度为 $O(\log_2 n)$。

上述算法还可以重载为递归形式，具体代码如下：

```
#include "SqList.h"
template <class T>
int Binary_Search(SqList<T>& L,T key,int low,int high){
    if(low<=high){
        int mid=low+(high-low)/2;
        cout<<mid<<","<<L.GetElem(mid)<<","<<key<<endl;
        if(L.GetElem(mid)==key)
            return mid;
        else if(L.GetElem(mid)>key)
            return Binary_Search(L,key,low,mid-1);
        else
            return Binary_Search(L,key,mid+1,high);
    }
    return 0;
}
```

二分查找只适用于很少改动而又经常需要查找的线性表。对那些查找少而又经常需要改动的线性表，可采用链表作为存储结构，进行顺序查找。

视频

分块查找

8.2.3 分块查找

一个学校有很多个班级，每个班级有几十个学生。给定一个学生的学号，要求查找这个学生的相关资料。显然，每个班级的学生档案是分开存放的，没有任何两个班级的学生的学号是交叉重叠的，那么最好的查找方法就是首先确定这个学生所在的班级，然后再在这个学生所在班级的学生档案中查找这个学生的资料。上述查找学生资料的过程，实际上就是一个典型的分块查找。

二分查找虽然具有较高的查找效率，但要求前提必须是线性表必须有序，而排序本身是一种很费时的运算。另外，二分查找只适用顺序存储结构，而顺序结构的插入和删除都必须移动大量的元素。而顺序查找可以解决表元素动态变化的要求，但查找效率很低。而分块查找既保持了有较快的查找速度，又满足了表元素动态变化的要求。

1. 基本思想

分块查找（block search）又称索引顺序查找，是二分查找和顺序查找的一种改进方法。它要求按如下的索引方式存储线性表：将 n 个数据元素的线性表划分为若干块，每块 m 个元素（最后一块可以不足 m 个元素），每块中的元素可以任意存放不必有序，但块与块之间必须“按块有序”，假设是“按块升序”，那么第 i 块中的所有元素的最大关键字值（简称键值），都必须小于第 i+1 块中的所有元素的最大键值。

分块查找由于只要求索引表是有序的，对块内结点没有排序要求（块内无序，块间有序），因此，特别适合于结点动态变化的情况。当增加或减少节以及结点的关键码改变时，只需将该结点调整到所在的块即可。分块查找的缺点是需要增加一个索引表的存储空间和一个将主表进行排序的运算。

2. 存储结构

分块查找表采用索引存储结构，即在存储数据元素的同时还建立附加的索引表，如图 8-4

所示。前者又称主表，存储所有数据元素并按块有序；后者存储块中元素的最大键值及块的首地址。索引表中的每一条记录称为索引项，索引项的一般表示为（关键字,地址），其中的地址一般为指向第一个关键字对应记录的指针或相对地址（如数组下标）。

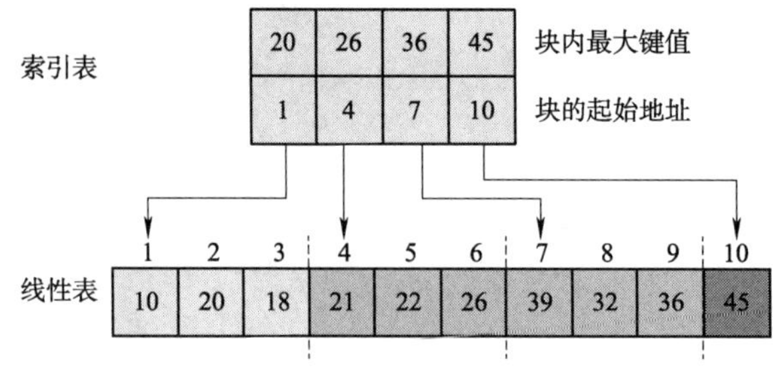

图 8-4　分块查找表

分块查找时，首先，在索引表中进行查找，确定要找的元素所在的块，由于索引表是排序的，因此，对索引表的查找可以采用顺序查找或二分查找；然后，在相应的块中采用顺序查找，即可找到对应的元素。

比如，在图 8-4 所示的线性表{10,20,18,21,22,26,39,32,36,45}中查找键值 32，首先将 32 依次和索引表中的键值比较，因为 28<32<36，所以确定 32 若存在，肯定在第 3 块，根据其地址 7 去第 3 块开始进行顺序查找，若找到 32，则查找成功，若直到块的最后一个键值也没找到，则表明查找失败。

3. 算法实现

为了实现能够用二分查找法实现索引表的查找，需要将前面的代码修改如下：

```
#include "SqList.h"
template <class T>
int Binary_Search(SqList<T>& L,T key){
    int low,mid,high;
    low=1;
    high=L.GetLen();
    while(low<=high){
        mid=low+(high-low)>>1;    //借助移位实现除 2
        if(L.GetElem(mid)==key)
            return mid;
        else if(L.GetElem(mid)>key)
            high=mid-1;
        else
            low=mid+1;
    }
    if(array[low]<key)  return low;  //返回小于 key 的最大值
    else return 0;
}
```

若直接用数组存储索引表，那么算法的实现代码如下：

```
template <class T>
public static int blockSearch(SqList<T>& L,int[] index,T key, int m){
```

```
    //在索引表数组 index[]中二分查找，确定要查找的键值 key 属于哪个块中
    int i=Binary_Search(index,key);
    if(i>=1){
        int j=i>1?i*m:i;
        int len=(i+1)*m;
        //在确定的块中用顺序查找方法查找键值 key
        for(int k=j;k<len;k++){
            if(key==L.GetElem(k)){
                cout<<"查询成功"<<endl;
                return k;
            }
        }
    }
    cout<<"查找失败";
    return 0;
}
```

在第 2 章长度为 n 的线性表 SqList 中，空闲着的附加信息 data[0]可以用来存储块的长度 b，则块的个数(n/b)，即 $m=\text{int}((n-1)/b)+1$。假设 i 为块的序号，则每一块起始地址 StartAddr 可以通过公式$(i-1)\times b+1$ 进行计算。而 Data[1..n]用来存储每一块的最大键值。这样，线性表就可以作为索引表来使用。

首先修改 SqList 类，用 data[0]存储附加信息，并给出其读写函数的代码如下：

```
//设置附加信息 Tag
template <class T>
void SqList<T>::SetTag(T tag){
    data[0]=tag;
}
//获取附加信息 Tag
template <class T>
T SqList<T>::GetTag(){
    return data[0];
}
```

然后在此基础上，根据上述分析，实现该算法。参考代码如下：

```
template <class T>
int Block_Search(SqList<T>& L,SqList<T>& S,T key){
    int start;
    for(int i=1;i<S.GetLen();i++){          //寻找索引项
        if(key<=S.GetElem(i)){
            start=i;
            break;
        }
    }
    //根据索引项，在主表 L 中查找
    for(int i=start;i<start+S.GetTag();i++)
        if(L.GetElem(i)==key)  return i;
```

```
    return 0;
}
```

由于分块查找实际上是进行了两次查找过程，所以其平均查找长度是两次查找的平均查找长度之和。

假设分块查找算法的主表长度为 n，分块的长度为 d，则其划分总块数 $m=\lceil n/d \rceil$。若主表采用二分查找来确定块，则分块查找成功时的平均查找长度为

$$\begin{aligned} \text{ASL}_{\text{成功}} &= \text{ASL}_{\text{成功(主表)}} + \text{ASL}_{\text{成功(索引表)}} \\ &= \log_2(m+1) - 1 + \frac{d+1}{2} \\ &\approx \log_2(m+1) + d/2 \end{aligned}$$

显然，当块数 d 越小时，$\text{ASL}_{\text{成功}}$的值越小，说明采用二分查找确定块时块的长度设置的越小越好。此时，该查找算法的时间复杂度为 $O(\log_2 m+d)$，即 $O(\log_2 m+n/m)$。

若以顺序查找来确定块，则分块查找成功时的平均查找长度为

$$\begin{aligned} \text{ASL}_{\text{成功}} &= \text{ASL}_{\text{成功(主表)}} + \text{ASL}_{\text{成功(索引表)}} \\ &= \frac{m+1}{2} + \frac{d+1}{2} \\ &= (\lceil n/d \rceil + d)/2 + 1 = (m+d)/2 + 1 \end{aligned}$$

由 $\lceil n/d \rceil + d$ 可以得知，当 $d=\sqrt{n}$ 时，$\text{ASL}_{\text{成功}}$取极小值 $\sqrt{n}+1$，说明采用顺序查找确定块时，块长和块数均设置为 $\sqrt{n}$ 效果最好。此时，该查找算法的时间复杂度为 $O(m+d)$，即 $O(m+n/m)$。

【例 8-3】有一个 2 000 项的表，欲采用分块查找法进行查找，则：

① 分成多少块最为理想？

② 平均查找长度是多少？

③ 每块的理想长度是多少？（假设每块的长度相等）

④ 若每块是 25，成功查找时的 ASL 是多少？

【解】表长 n=2 000。

① 最理想块数 $m=\sqrt{n}=\sqrt{2\,000}\approx 45$。

② $\text{ASL}_{\text{成功}}$=45+1=46。

③ 第①题块数为 45 时，前面 1～44 块块长为 44，最后一块为 20，长度不相等。因此，调整块数尽量接近 45，使每块长度相等，所以理想块长可以是 40 或 50。

④ 块长 d=25，块数 m=2 000=25=80，则顺序查找 $\text{ASL}_{\text{成功}}$=(80+1)/2+(25+1)/2=53.5 （顺序查找确定块），或 ASL=19（二分查找确定块）。

8.3 树表的动态查找

静态查找表一旦生成后，所含记录在查找过程中一般固定不变，而动态查找表则不然。动态查找表在查找过程中动态生成，即若表中存在给定的键值为 key 的记录，则查找成功返回，否则，则插入关键码为 key 的记录。在动态查找表中，经常需要对表中的记录进行插入和删除操作，所以动态查找表通常采用树状存储结构来组织表中记录，以便高效率地实现查找、插入和删除等操作。

树状存储结构是一种多链表，该表中的每个结点包含有一个数据域和多个指针域，每个指针域指向一个后继结点，简称树表。树状存储结构和树状逻辑结构是完全对应的，都是表示一个树状图，只是用存储结构中的链指针代替逻辑结构中的抽象指针罢了，因此，往往把树状存储结构和树状逻辑结构（简称树）统称为树结构或树。

本节主要介绍在二叉排序树、平衡二叉树和 B 树等三种树表上如何实现动态查找。

视 频

二叉排序树的定义及查找

8.3.1 二叉排序树

二叉排序树（binary sort tree，BST）又称二叉查找树。它或者是空树，或者是满足如下性质的二叉树：

（1）若它的左子树非空，则左子树上所有结点的值均小于它的根结点的值。

（2）若它的右子树非空，则右子树上所有结点的值均大于它的根结点的值。

（3）它的左、右子树又分别是一棵二叉排序树。

结合二叉树中序遍历的特点和上述定义可以得出结论：中序遍历二叉排序树得到的一个按关键字递增的有序序列。如果取二叉链表作为二叉排序树的存储结构，则二叉排序树类的定义及基本操作的实现如下：

1. 二叉排序树的结点类

在定义二叉排序类及其基本操作的实现之前，先按图 8-5 所示的存储结构来定义其结点类 BSTNode，其中的“…”表示除了关键字 key 之外的其他数据域。

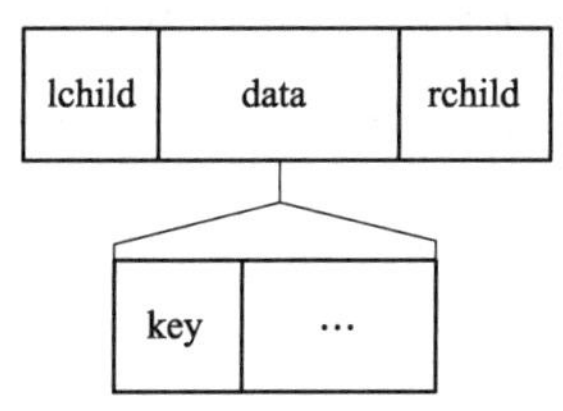

图 8-5 结点存储结构

二叉排序树的结点可以用 C++的类来实现，代码如下：

```
template<typename T>
struct BSTNode {
    T key; // 数据域
    BSTNode *lchild;          //左孩子指针
    BSTNode *rchild;          //右孩子指针
    int height;               //结点的平衡因子
    BSTNode(T k){
        key=k;
        lchild=NULL;
        rchild=NULL;
        height=0;
    }
};
```

2. 二叉排序树类定义

如同普通二叉树一样，在这里也用指针成员 root 来唯一标识一棵二叉排序树。

```
template<class T>
class BST {
    private:
        BSTNode<T> *root;          //指向二叉排序树的根结点
        int Size;
    public:
        BST();
        BST(T eArr[],int n);
        BSTNode<T>* getRoot(){return root;}
        BSTNode<T>* insElem(BSTNode<T> *&node, T key);
        BSTNode<T>* getElem(BSTNode<T> *&node, T k);
        bool Delete(BSTNode<T> *&p);
        bool delElem(BSTNode<T> *&rt, T k);
        void LDR(BSTNode<T> *t);
        void DLR(BSTNode<T> *t);
        void LRD(BSTNode<T> *t);
        int getSize();
        int getHeight(BSTNode<T> *root,BSTNode<T> *node);
};
```

3. 二叉排序树的基本操作

视频

二叉排序树的构建与插入

（1）初始化二叉排序树。

通过 BST 类的无参构造函数，使指针 root=NULL 来构造一棵空的二叉排序树。

```
template<class T>
BST<T>::BST(){
    root=NULL;
    Size=0;
}
```

（2）二叉排序树的结点插入。

在二叉排序树中插入新结点，需要保证插入后仍然是二叉排序树。基本思想如下：

首先，根据数据元素 e 创建新结点 p，然后根据下列情况判断下一步的操作；

① 当二叉排序树为空时，则作为根结点插入到空树中。

② 当二叉排序树非空时，若 $k<q->k$，则将 p 所指结点插入到根的左子树中，若 $k>q->k$，则将 p 所指结点插入到根的右子树中，否则，说明树中已有此结点，无须插入。

下面给出了 C++实现的算法代码：

```
template<class T>
BSTNode<T>* BST<T>::insElem(BSTNode<T> *&node, T key) {
    if(node==NULL) {
        node=new BSTNode<T>(key);
        return node;
    }
    if(key<node->key)
        node->lchild=insElem(node->lchild, key);
    else
```

```
        node->rchild=insElem(node->rchild, key);
    return node;
}
```

（3）根据数组初始化二叉排序树。

二叉排序树是一种动态树表，在根据数组生成二叉排序树的过程中，边查找边插入结点，当树中不存在当前数组元素中的关键字等于给定值的结点时再进行插入，然后继续下一个数组元素，如此进行下去，直到数组所有元素处理完毕。

下面给出了 C++实现的算法代码：

```
template<class T>
BST<T>::BST(T eArr[],int n){
    root=NULL;
    Size=0;
    for(int i=0;i<n;i++){
        insElem(eArr[i]);
    }
}
```

【例 8-4】假设参数数组 eArr[]={5,2,5,6,8}，请给出二叉排序树的构造过程。

【解】该数组做参数时，构造二叉排序树的过程如下：

① root=NULL，构造一棵空树，结点个数 size=0。

② 第 1 次循环调用 insElem(5)，其执行过程如图 8-6 所示。

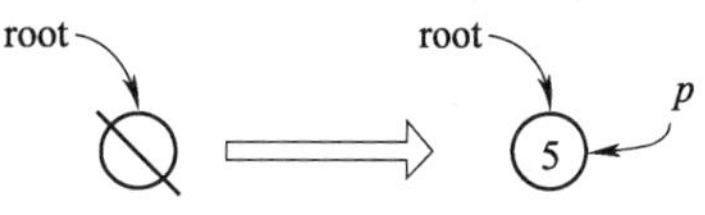

图 8-6　insElem(5)的执行过程

③ 第 2 次循环调用 insElem(2)，键值 2<5，新结点 2 作为结点 5 的左孩子插入，其执行过程如图 8-7 所示。

④ 第 3 次循环调用 insElem(5)，由于树中已经存在键值为 5 的结点，无须再插入。

⑤ 第 4 次循环调用 insElem(6)，键值 6>5，新结点 6 作为结点 5 的右孩子插入，其执行过程如图 8-8 所示。

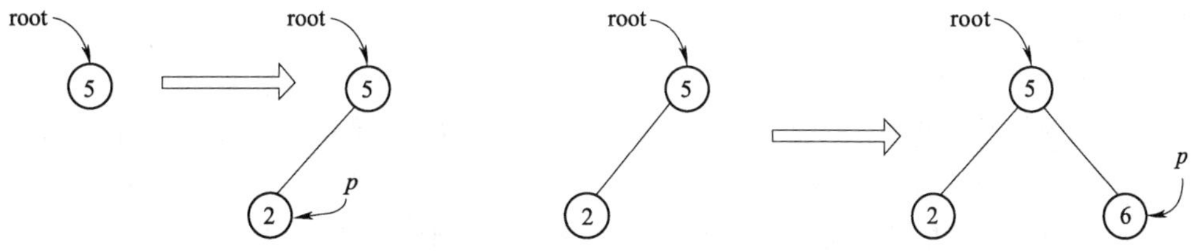

图 8-7　insElem(2)的执行过程

图 8-8　insElem(2)的执行过程

⑥ 第 5 次循环调用 insElem(8)，键值 8>6，新结点 8 作为结点 6 的右孩子插入，其执行过程如图 8-9 所示。

⑦ 至此，所有结点插入完毕，返回最终构造好的二叉排序树 root。

通过上述二叉排序树的生成过程，可以发现每一个新插入的结点一定是一个新添加的叶子结点，并且是查找不成功时查找路径上访问的最后一个结点的左孩子或右孩子结点。

由于二叉排序的中序序列是一个有序序列，因而对一个任意的关键字序列构造一棵二叉排序树，其实质是对此关键字序列进行排序，使其变为有序序列。

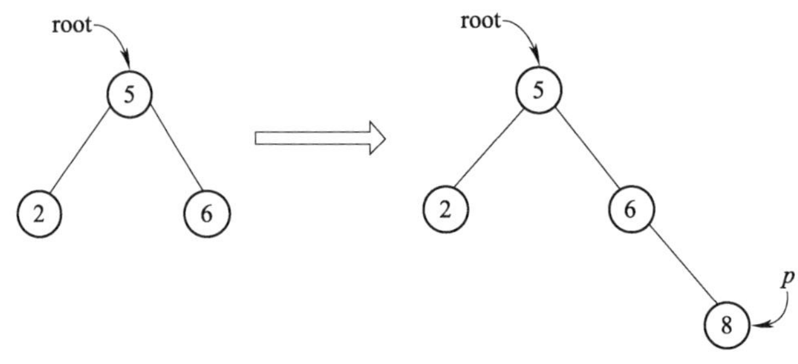

图 8-9　insElem(8)的执行过程

在二叉排序树上进行查找，若查找成功，则是从根结点出发走了一条从根到待查结点的路径；若查找不成功，则是从根结点出发走了一条从根到某个叶子结点的路径。因此与二分查找类似，和关键字比较的次数不超过树的深度。然而，二分查找长度为 n 的有序表，其判定树是唯一的，而含有 n 个结点的二叉排序树却不唯一。

若将数组 eArr[]={5,2,5,6,8}调整序列为{2,5,5,6,8}，又将得到图 8-10 所示的二叉排序树，在等概率假设下，$ASL_{成功}=1\times1+1\times2+1\times3+1\times4=2.5$，而图 8-9 所示的二叉排序树的 $ASL_{成功}=1\times1+2\times2+1\times3=2$。

由此可见，在二叉排序树上进行查找时的平均查找长度和二叉树的形态有关。在最坏情况下，二叉排序树是通过把一个有序表的 n 个结点依次插入而生成的，此时所得的二叉排序树退化为类似于图 8-10 所示的单支树，它的平均查找长度和顺序查找相同，亦是$(n+1)/2$；在最好的情况下，二叉排序树在生成的过程中，树的形态左右比较匀称，最终得到的是一棵形态与判定树相似的二叉排序树，此时它的平均查找长度大约是 $O(\log_2 n)$。

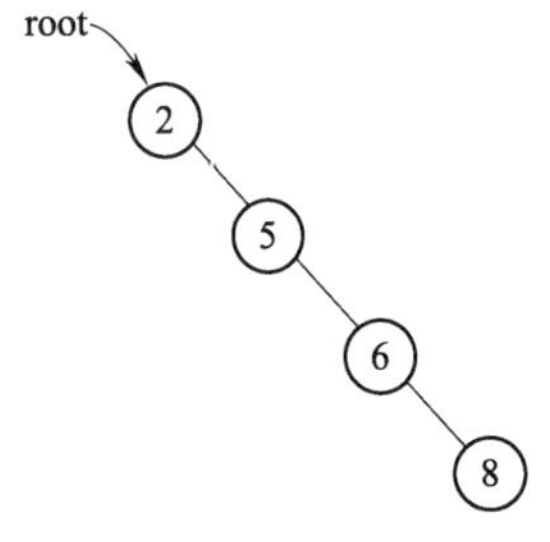

图 8-10　不同的二叉排序树

若考虑把 n 个结点按照可能的次序插入到二叉排序树中，则有 $n!$棵二叉排序树（其中有的形态相同），对所有二叉排序树进行查找，得到的平均查找长度仍然是 $O(\log_2 n)$。如果所建二叉排序树的形态和二分查找的判定树“相似”，平均查找长度和 $\log_2 n$ 是等数量级的，那么就需要在构造二叉排序树的过程中，进行“平衡化”处理，使之成为下一节要讲的平衡二叉树。

（4）二叉排序树的查找。

二叉查找树的基本查找方法是从根结点 root 开始，递归的缩小查找范围，直到发现待查关键字 key 为止（查找成功）或查找范围缩小为空树（查找失败）。基本思想如下：

① 当二叉排序树为空或树根的关键字等于 key 时，则返回根结点。

② 当二叉排序树非空时，若 root->data.key>key，则在左子树中递归查找，若 root->data.key<key，则在右子树中递归查找。

下面给出了 C++实现的递归算法代码：

```
template<class T>
BSTNode<T>* BST<T>::getElem(BSTNode<T> *&node, T k) {
    if(k<node->key)
        getElem(node->lchild,k);
    else if(k>node->key)
        getElem(node->rchild,k);
```

```
    else
        return node;
}
```

上述递归算法 GetElem 从根结点 root 开始，在递归的执行过程中只会沿着 if…else 语句的一条分支进行；查找成功时，实际上就是走了一条从根结点到某个结点的路径，路径上结点的个数为算法执行中进行关键字比较的次数；查找失败时，走了一条从根到某个空结点的路径，算法中进行关键字的比较次数依然是路径上结点个数；因此算法的时间复杂度为 $O(h)$，h 为二叉查找树的高度。

（5）二叉排序树的删除。

当在二叉排序树中删除一个关键字时，不能把以该关键字所在的结点为根的子树都删除，而是只删除这一个结点，并保持二叉排序树的特性。

视频

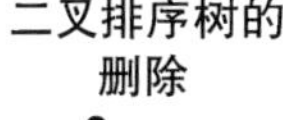

二叉排序树的删除

根据键值 key 删除二叉排序树中结点时，若指定键值 key 不存在，则删除失败。若存在且其结点为 p，则删除过程分为以下三种情况：

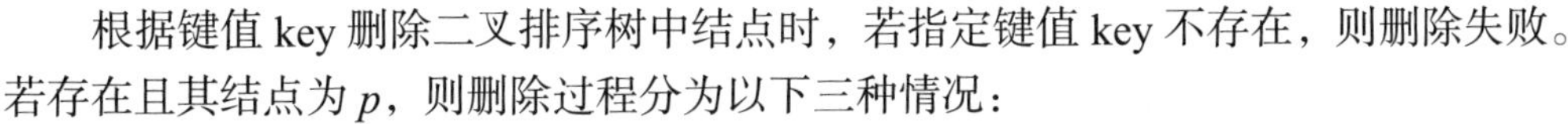

① 若结点 p 为叶子结点，则直接删除，不影响二叉排序树的特性。

② 要删除的只有左子树或右子树，只需将结点 p 的子树直接连接在双亲结点上，再将结点 p 删除即可。

③ 若要删除的既有左子树又有右子树，则可使用结点的左子树中的最大键值结点（其直接前驱，即左子树中序遍历排在最右边的键值）来替换结点 p，也可使用右子树中的最小键值结点（其直接后继，即右子树中序遍历排在最左边的键值）来替换结点 p，通常采用第一种方法。

下面给出了 C++实现的递归算法代码：

```
template<class T>
bool BST<T>::delElem(BSTNode<T> *&rt, T k){
    if(!rt) return false; //根或子树为空，未找到 key，删除失败
    else {
        if(k==rt->key)
            return Delete(rt); //找到 key，进行删除操作
        else if(k<rt->key)
            return delElem(rt->lchild,k); //向右子树查找
        else
            return delElem(rt->rchild,k); //向左子树查找
    }
}
```

（6）中序遍历二叉排序树。

在这里提供中序遍历将其输出，以便验证二叉排序树的一系列的操作之后，是否仍然维持二叉排序树的特性，即中序遍历的结果是否仍然是升序序列。

```
template<class T>
void BST<T>::LDR(BSTNode<T> *t) {
    if(t==NULL) return;
    LDR(t->lchild);      //遍历左子树 L
    cout<<t->key<<"";    //输出树根 D
    LDR(t->rchild);      //遍历右子树 R
}
```

8.3.2 平衡二叉树

平衡二叉树又称 AVL 树，是一种特殊的二叉排序树。其左右子树都是平衡二叉树，且左右子树高度之差的绝对值不超过 1。通常，将二叉树上任一结点的左子树高度和右子树高度之差称为该结点的平衡因子。所以，若一棵二叉树上任一结点的平衡因子的绝对值都不大于 1，那么它一定是一棵平衡二叉树。例如，在图 8-9 所示的树是一棵平衡二叉树，而图 8-10 所示的树含有平衡因子为–3 的结点，所以它是一棵非平衡二叉树。

平衡二叉树大部分操作和二叉排序树类似，主要不同在于经过插入或删除结点后，某些结点的高度可能会发生变化，以至于破坏了 AVL 树的平衡性。在这种情况下，需要调整树的结构使之重新平衡。

1. 插入时平衡的调整

若插入一个新结点后破坏了 AVL 树的平衡性。需要先找出失去平衡的最小子树，然后在保持排序树特性的前提下，通过旋转操作，来调整这颗最小子树中各结点之间的连接关系，以达到新的平衡即可。所谓最小不平衡子树是指以离插入结点最近且平衡因子绝对值大于 1 的结点作为根的子树。

旋转是为了解决 AVL 树的失衡问题，本质上就是在不破坏平衡性的前提下，将子树高的一边中的一些结点调整到另一边。AVL 树的旋转共有四种情况：

（1）LL 型。

新结点 N 插入到树 A 的左孩子 B 的左子树 B_L 之后，使 A 变成了最小不平衡树，这时调整 B 的右子树 B_R 变成 A 的左子树，再将 A 改成 B 的右子树，最后将 B 替换 A 成为根结点。通过这样的一次右旋操作便可使整棵树保持平衡，如图 8-11 所示。此图三角形 B_L、B_R、A_R 表示高度相同的子树。

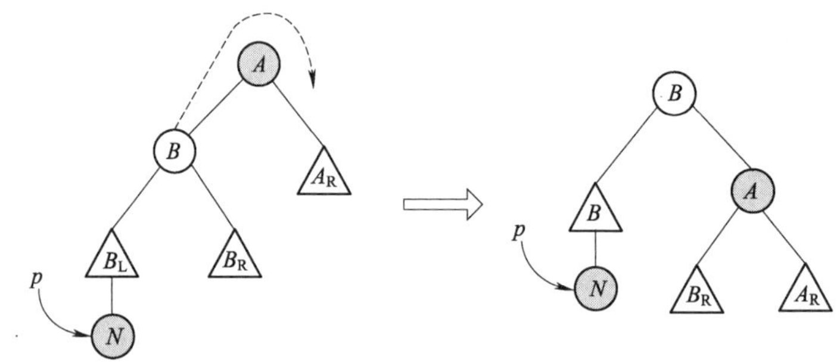

图 8-11　LL 型单次右旋

对于图 8-12 中的两种情况，分别新插入结点②使得结点⑧、⑩对应的子树成为最小失衡子树（虚线框内），均可通过一次右旋使得整棵树保持平衡。

（2）RR 型。

新结点 N 插入到树 A 的右孩子 C 的右子树 C_R 之后，使 A 变成了最小不平衡树，这时调整 C 的左子树 C_L 变成 A 的右子树，再将 A 改成 C 的左孩子，最后将 C 替换 A 成为根结点。通过这样的一次左旋操作便可使整棵树保持平衡。如图 8-13 所示。此图三角形 A_L、C_L、C_R 表示高度相同的子树。

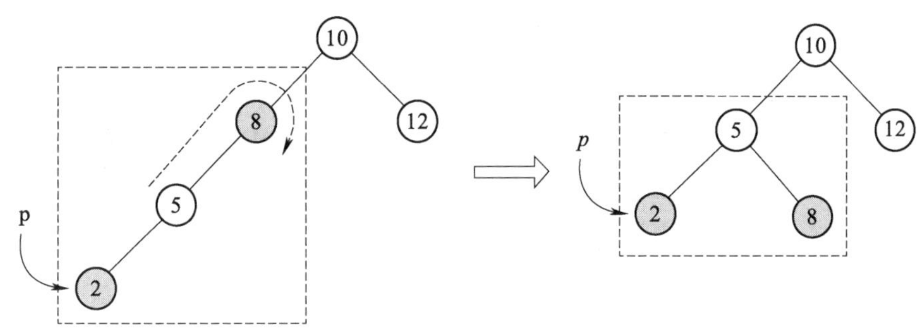

（a）第1种情况：结点8失衡

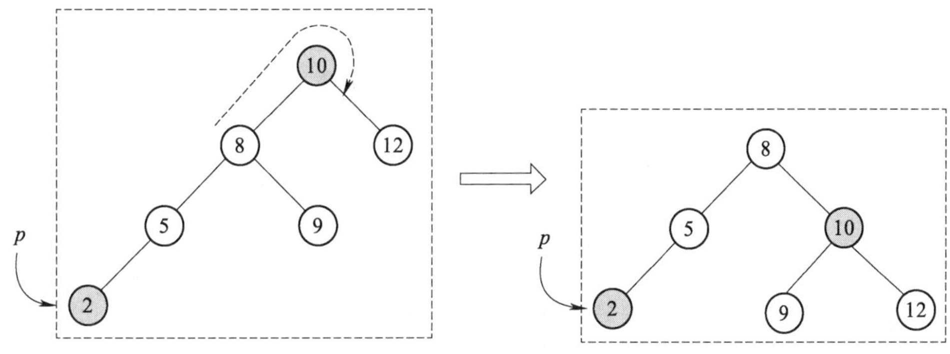

（b）第2种情况：结点10失衡

图 8-12 LL 型举例

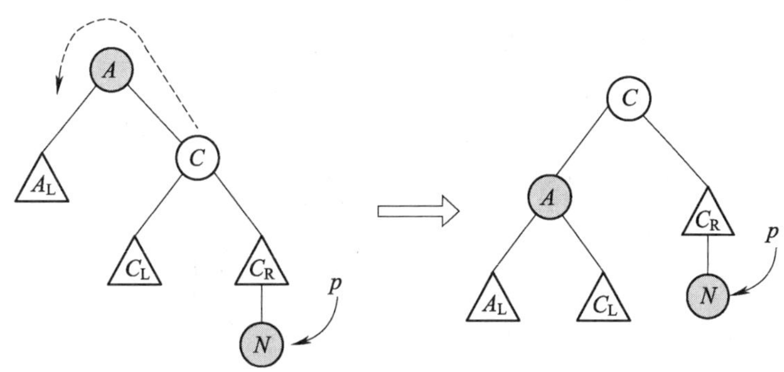

图 8-13 RR 型单次左旋

对于图 8-14 中的两种情况，分别新插入结点⑯使得结点⑫、⑩对应的子树成为最小失衡子树，均可通过一次左旋使得整棵树保持平衡。

（3）LR 型。

新结点 N 插入到树 A 的左孩子 B 的右子树 C 后（可以是其子树 C_L 或 C_R，这里以 C_L 为例），使 A 变成了最小不平衡树，这时调整 C 的左子树 C_L 变成 B 的右子树，再将 A 改成 C 的右孩子，最后将 C_R 变成 A 的左子树。即可通过这样的一次左旋和一次右旋操作使整棵树继续保持平衡。如图 8-15 所示。此图三角形 A_R、B_L、C_L、C_R 表示子树，不过前两者的高度均比后两者的高度大 1。

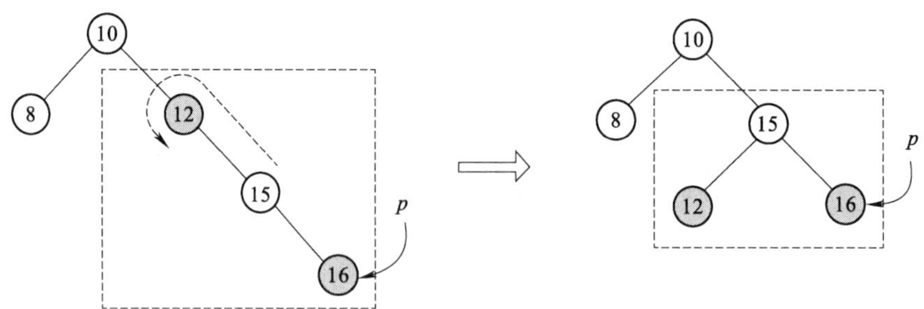

（a）第1种情况：结点12失衡

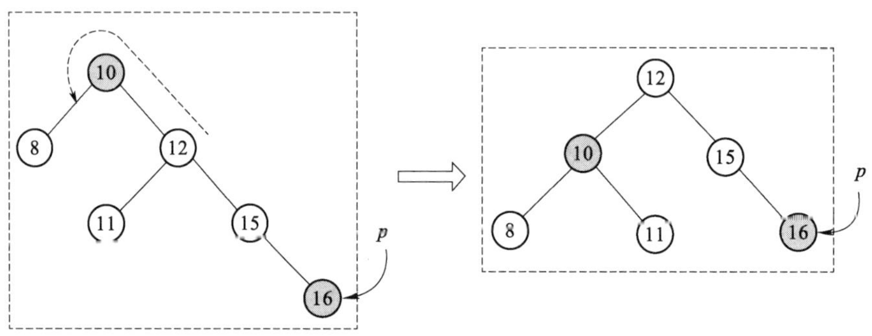

（b）第2种情况：结点10失衡

图 8-14　RR 型举例

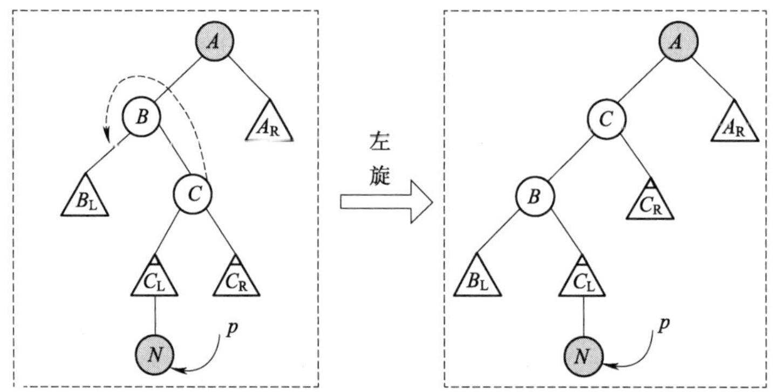

（a）第1步：左旋

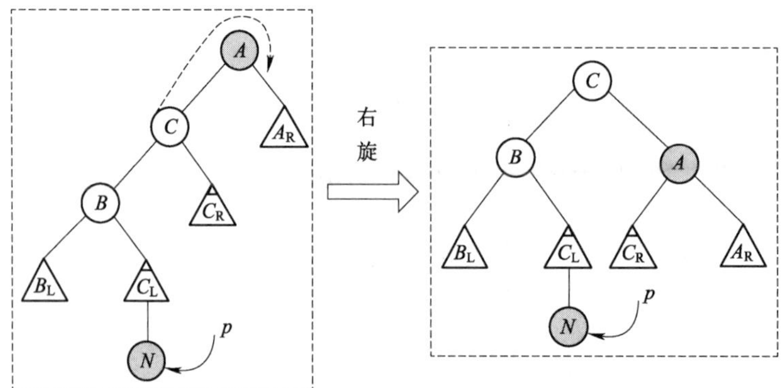

（b）第2步：右旋

图 8-15　LR 型两次旋转

图 8-16 中，C_L、C_R 均为空树，新插入结点⑥使得结点⑩对应的子树成为了最小失衡子树，需要先经过对结点⑧实施一次左旋，再对结点⑩经过一次右旋，才能使得整棵树保持平衡。

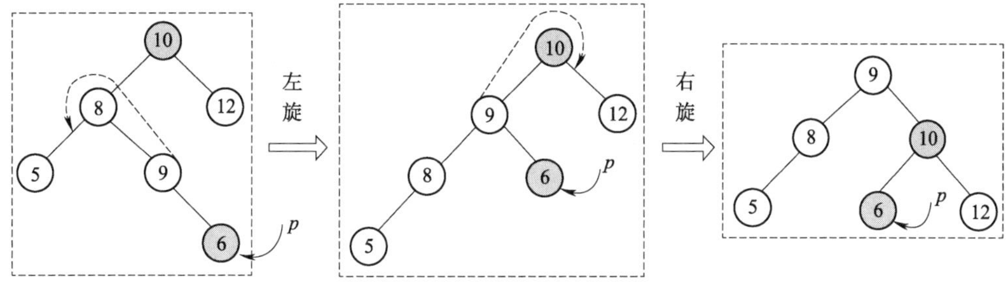

图 8-16 LR 型举例

（4）RL 型。

新结点 N 插入到树 A 的右孩子 B 的左子树 C 后（同样，可以是其子树 C_L 或 C_R，这里以 C_R 为例），使 A 变成了最小不平衡树，这时调整 C 的右子树 C_R 变成 B 的左子树，再将 A 改成 C 的左孩子，最后将 C 的左子树 C_L 变成 A 的右子树，即可通过这样的一次右旋和一次左旋操作使整棵树继续保持平衡。如图 8-17 所示，此图三角形 A_L、B_R、C_L、C_R 表示子树，不过前两者的高度均比后两者的高度大 1。

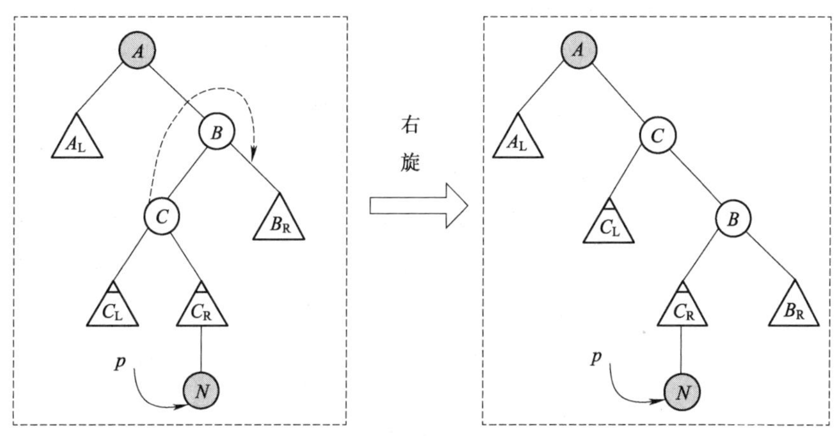

（a）第1步：RR左旋

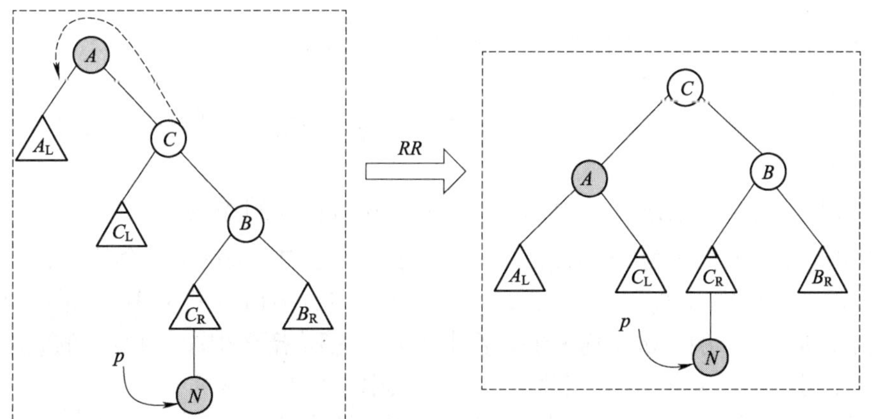

（b）第2步：LL右旋

图 8-17 RL 型两次旋转

图 8-18 中，C_L、C_R 均为空树，新插入结点⑫使得结点⑩对应的子树成为了最小失衡子树，需要先经过对结点⑧实施一次右旋，然后再对结点⑩经过一次左旋，才能使得整棵树保持平衡。

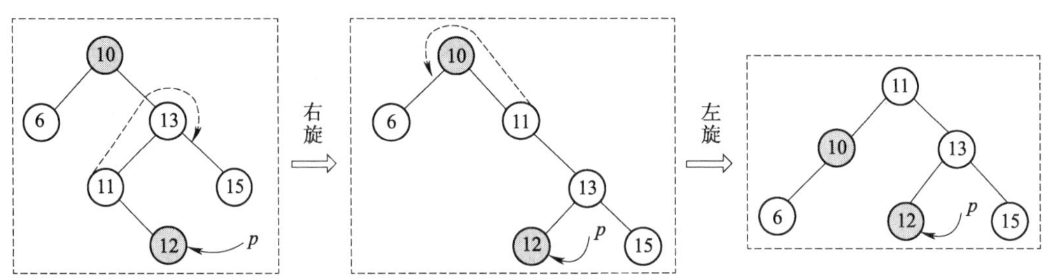

图 8-18　RL 先右后左

在平衡二叉树上进行查找的过程和二叉排序树相同，在查找过程中和给定值进行比较的关键字个数不超过树的深度。因此，在平衡二叉树上进行查找的时间复杂度为 $O(\log_2 n)$。

8.3.3　B 树

由于前面所讲树表的一个结点只能存储一个元素，当要查找的数据规模很大时，就使得前面所讲树的高度非常大，不得不使用外查找。这时，查找的时间开销就不仅仅是关键字的比较次数，还得考虑外存的访问时间和访问次数，这势必导致时间开销增加。为此引入多路查找树（multi-way search tree），即树中每个结点的孩子数可以超过两个，且每个结点可以存储多个元素，整棵树的所有元素之间保持一种排序关系。

B 树（B-tree）是一种适用于外查找的平衡多路查找树，在 B 树中查找任一关键字至多只需两次访问外存。它是一种平衡的多叉树，其特点是插入、删除时易于平衡，外部查找效率高，适合于组织磁盘文件的动态索引结构，例如键值数据库。

在 B 树里，每个结点中的关键字从小到大排列。叶结点不包含任何关键字，叶结点的总数等于树中所含关键字的总数加 1。在每个非叶结点中，关键字是按递增顺序排列的，且指针的数目（即孩子的数目）比该结点的关键字个数多 1 个。

1. B 树的定义

一棵 m 阶的 B 树为空树或为满足下列特性的 m 叉树。

（1）每个结点至多有 m 棵子树，且 $m \geqslant 2$。

（2）若根结点不是叶子结点，则至少有 2 棵子树（当根结点为叶子结点时，整棵树只有一个根结点）。

（3）除根结点和叶子结点外，其他每个结点至少有 $\lceil m/2 \rceil$ 个孩子。

（4）非叶子结点的结构为 $(n, p_0, k_1, p_1, k_2, \cdots, k_n, p_n)$。其中，关键字的个数 n 满足 $\lceil m/2 \rceil -1 \leqslant n \leqslant m-1$；$k_i$ 为关键字且按升序排序，即满足 $k_i<k_{i+1}$；p_{i-1} 为指向子树根结点的指针，且满足 p_i 所指子树中所有结点的关键字均大于 k_i 且小于 k_{i+1}，p_0 所指子树中所有结点的关键字均小于 k_1，p_n 所指子树中所有结点的关键字均大于 k_n，其中 $i=1, 2, \cdots, n$。

（5）所有的叶子结点都出现在同一层次上，并且不带信息（可以看作外部结点或查找失败的结点，实际上这些结点不存在，指向这些结点的指针为空）。

【例 8-5】由关键字序列（8,10,12,13,45,18,20,22,25,28,30,32,35,36,39,40,45,46,50,56,58,60,65,68,70）构造出 5 阶 B 树。

【解】根据题目要求可知 m=5，每个结点最多有 5 棵子树；除了根结点有 2 棵子树之外，其他非叶子结点至少有 3 棵子树，恰好对应 $\lceil m/2 \rceil = \lceil 5/2 \rceil = 3$，题中所给关键字序列将生成图 8-19 所示 5 阶 B 树。

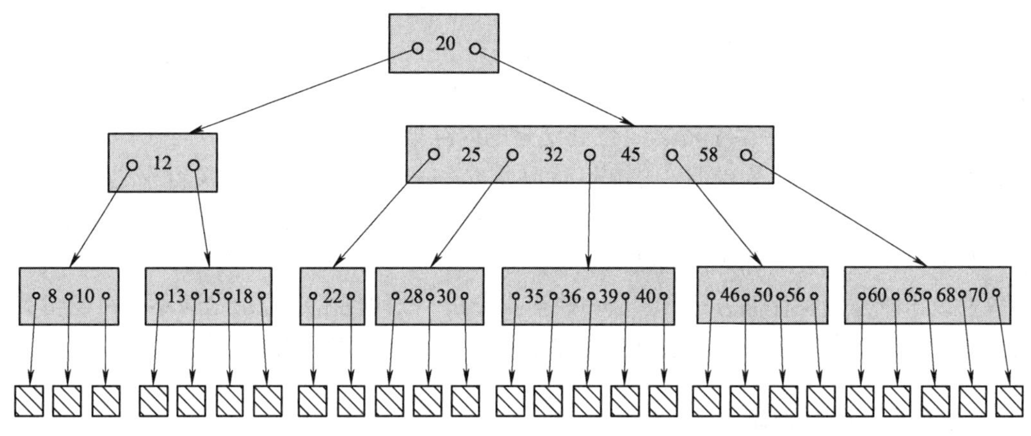

图 8-19　5 阶 B 树

2. B 树的查找

B 树的查找类似二叉排序树的查找，不同的是 B 树每个结点上是有多个关键字的有序表，在到达某个结点时，先在有序表中查找，若找到，则查找成功；否则，到指针所指子树中去查找，当到达叶子结点时，则说明查找失败。

【例 8-6】给出在图 8-19 所示 B 树中查找关键字 36 的过程。

【解】查找过程如下：

首先，从根结点 20 开始，因为待查关键字 36>20，则若存在必在根结点右边的指针所指子树中。

其次，根据指针找到结点（25, 32, 45, 58），而 32<36<45，若存在必在关键字 32 和 45 之间的指针所指子树中。

最后，根据指针找到结点（35, 36, 39, 40），该结点存在关键字 36，查找成功。

B 树的查找包含两步基本操作：首先通过 I/O 操作在外存中找到被查找的结点后，先将结点信息读入内存，然后再利用顺序查找法或二分查找法查找待查关键字。因为在外存中读取结点信息比在内存中进行关键字查找耗时多，所以，在外存中读取结点信息的次数，即 B 树的层次树是决定 B 树查找效率的首要因素。

那么，对含有 n 个关键字的 m 阶 B 树，最坏情况下需要查找几次呢？可参照平衡二叉树进行如下的分析：

根据 B 树定义，第 1 层至少有 1 个结点，第 2 层至少有 2 个结点，由于除根结点外的每个非叶子结点至少有 $\lceil m/2 \rceil$ 棵子树，故第 3 层至少有 $2\times\lceil m/2 \rceil$ 个结点，依此类推，第 k+1 层至少有 $2\times\lceil m/2 \rceil^{k-1}$ 个结点，而 k+1 层的结点为叶子结点。若 m 阶 B 树有 n 个关键字，那么当来到叶子结点时，表示查找失败的结点有 n+1 个，由此得知 $2\times\lceil m/2 \rceil^{k-1} \leqslant n+1$，即 $k \leqslant \log_{\lceil m/2 \rceil}((n+1)/2)+1$。

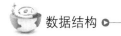

因此，在含有 n 个关键字的 B 树上查找时，从根结点到关键字结点的路径上涉及的结点数不超过 $\log_{\lceil m/2 \rceil}((n+1)/2)+1$。

8.4 哈希表查找

顺序表查找总是先从表头开始，逐个比较是否等于待查关键字 key，直到相等表示查找成功，才返回下标 i，若是表有序还可以二分查找获取下标；然后再通过顺序存储的存储位置计算公式 $\mathrm{Loc}(a_i)=\mathrm{Loc}(a_1)+(i-1)\times c$，定位到记录的内存地址。

为了避免上述查找过程中的“比较”，可以通过在记录的存储位置和关键字之间建立一个确定的对应关系，使得每个关键字对应一个存储位置，这样就可以直接通过关键字来定位记录的内存地址，这种方法称为散列技术。

散列技术既是一种存储方法，也是一种查找方法。散列技术的记录之间不存在逻辑关系，只与关键字有关，所以既有顺序表寻址简单的优点，又有链表插入和删除的方便。

8.4.1 哈希表的基本思想

哈希表（Hash table）又称散列表，是根据关键字直接进行访问的数据结构。即通过将关键字映射到表中一个存储位置来访问记录，以加快查找的速度。可用公式 $\mathrm{Loc}=H(\mathrm{key})$来表示，其中参数 key 为待查关键字，映射函数 H 称为哈希函数（或散列函数）。

采用散列技术将记录存储在一块连续的存储空间中，这块连续存储空间称为散列表或哈希表。而关键字对应的记录存储位置，称为散列地址。通常散列表的存储空间是一个一维数组，支持按照下标随机访问数据，其散列地址是数组的下标，所以散列表其实就是数组的一种扩展，由数组演化而来。

在实际应用中，首先通过散列函数的哈希算法如 MD5、SHA、CRC 等，把元素的键值映射为下标，然后将数据存储在数组中对应下标的位置。当需要按照键值查询元素时，在用这些散列函数，将键值转化数组下标，从对应的数组下标的位置取数据。

8.4.2 哈希函数的构造方法

视 频

哈希表的构造

哈希函数通常以自然数集 N 为关键字的值域，若不是自然数，可以用某种方法将其转化为自然数。比如，字符串"a+b"可以用 ASCII 码为数码的 128 进制，将其转化为一个整数表示，即 $65\times128^2+43\times128^1+66\times128^0=1\,070\,530$。

构造散列函数的目标是使散列地址尽可能均匀地分布在散列空间上，同时使函数尽可能简单，以节省计算时间。根据关键字结构及其分布、哈希表大小、查找频率等因素，结合实际情况构造出相应的散列函数。下面就介绍散列函数的常见几种构造方法。

1. 直接定址法

直接定址法取关键字的某个线性函数值为散列地址，即

$$H(\mathrm{key})=a\times \mathrm{key}+b \quad （a、b 为常数）$$

这样的散列函数非常简单，不会产生冲突，但只适用于散列表较小且连续的情况，否则将造成存储空间的浪费，因此，在现实应用中很少使用。

2. 除留余数法

在除留余数法中，为了构造哈希函数，通常选择不大于表长的最大素数 m 为模，去除关键字 key，取所得余数作为散列地址，即

$$H(\text{key}) = \text{key}\%m$$

由于除留余数法的地址计算公式简单，而且在许多情况下效果较好，因此，除留余数法是一种最常用的构造散列函数的方法。但是要注意模 m 的选择，若选择不当，将会产生大量冲突。例如，对于具有 20 个关键字的集合{5, 10, 15, 20, 25,⋯, 90, 95, 100}，若选取 m=20，则每个关键字的散列值至少和其他 4 个关键字的散列值产生冲突；而如果选取 m=19，则除了首尾两个冲突之外，其他都不会产生冲突。

3. 数字分析法

数字分析法取关键字中某些取值较分散的数字位作为散列地址，它适用于所有关键字已知，并需对关键字中每一位的取值分布情况作出分析的情况。

例如，有一组学生学号组成的关键字集合(20180100010, 20180100021, 20180111131, 20180111450, 20180112601, 20180200040, 20180209051, 20180212610, 20180202300)，通过分析可知，每个学号前 7 位和最后 1 位取值较集中，不宜作散列地址。剩余位数取值较分散，可根据需要取其中的若干位作为散列地址。若取第 8、9 两位作为散列地址，则散列地址为(1, 2, 13, 45, 60, 4, 5, 61, 30)。

4. 折叠法

折叠法将关键字分割成位数相同的几段（最后一段的位数可以不同），然后取这几部分的叠加和（舍去进位）作为哈希地址。这种方法适用于事先不知道关键字的分布，适合关键字位数较大的情况。

折叠法中数位折叠又分为移位叠加和边界叠加两种方法，移位叠加是将分割后是每一部分的最低位对齐，然后相加；边界叠加是从一端向另一端沿分割界来回折叠，然后对齐相加。

例如，给定一个编号 978-7-5606-5456-0，若散列地址为 4 位，将编号作为关键字从左到右每 4 位一段进行划分，得到的 3 段为 9787、5606、5456 和 0，则移位叠加和边界叠加的散列地址计算过程如图 8-20 所示。

移位叠加	边界叠加
9787	9787
5606	6065
5456	5456
+ 0	+ 0
20 849	21 308

图 8-20 折叠法

5. 平方取中法

平方取中法取关键字平方的中间几位作为散列地址，具体取多少位视实际要求而定。由于所取中间几位同关键字的每一位都有关，使散列地址具有较好的分散性，所以该方法适用于不知道关键字的分布且位数不是很大的情况。

例如，关键字 5 268，它的平方是 27 751 824，抽取中间的 4 位如 7751 或 7518，均可用作散列地址。

6. 随机数法

选择一个随机函数，取关键字的随机函数值作为散列地址，即 $H(\text{key}) = \text{random}(\text{key})$，其中 random 为随机函数。通常用于关键字长度不同的场合。

8.4.3 散列冲突及解决方法

所谓散列冲突是指两个不等的关键字，散列地址却相同的现象。而发生冲突的两个关键字称为该散列函数的同义词。

因为自然数集组成的散列值是有限的，而现实中要处理的键值是无限的，将无限的数据映射到有限的集合，设计再好的散列函数也无法避免散列冲突，不得不寻求一些方法去解决它。常用的处理冲突的方法有开放地址法和链地址法。

1. 开放地址法

开放定址法是运用一个数组，所有的数据都需要放入这个数组中，如果出现了哈希冲突，就通过函数 F 重新探测一个开放的地址（即空闲的位置）。其一般形式可表示为 $H_i=(H(\text{key})+F(i))\%n$，其中，$F(0)=0$，$H(\text{key})$是关键字 key 的初始探测位置，$n$ 为散列表的长度，$F(i)$为冲突解决函数，用于获取地址增量序列 d_i（$i=1, 2, 3,\cdots, n-1$）。

确定哈希冲突解决函数 $F(i)$的常见方案有线性探测、平方探测、伪随机探测和双散列探测。四种探测方法除了寻址步长不同，其他寻址逻辑都相同。出现散列冲突之后，线性探测在数组中按顺序循环探测，每次探测的步长为 1，而二次探测的步长变为原步长的平方，伪随机探测的步长是一个随机产生的整数，双散列探测的步长为原步长和另一个散列函数的乘积。

（1）线性探测（$d_i=1, 2,\cdots, n-1$）。

$F(i)=i$ 是比较常见的线性函数，当然可以根据需要定义为其他线性函数。若在当前位置发生冲突，就选择相邻的下一个位置，直到找到一个空位置。

【例 8-7】假设哈希函数为$H(\text{key})=\text{key}\%11$，依次输入 11 个关键字 16, 74, 60, 43, 54, 90, 46, 31, 29, 88, 77，请给出用线性探测解决冲突的散列表。

【解】由于开始散列表为空，16 和 74 探测 1 次后直接放入。60 初次探测时，与 16 冲突，加步长 1 探测到地址 2 空闲，所以 60 需要探测 2 次，依此类推，43, 54, 90, 46, 31, 29, 88 均需要探测 2 次才找到空闲位置。当处理 77 时，由于散列地址 0～3 都已放入元素，探测到地址 4 为空闲，需要探测 5 次（0,1,2,3,4）才能存入表中。最终得到图 8-21 所示的散列表。

散列地址	0	1	2	3	4	5	6	7	8	9	10
关键字	54	88	90	46	77	16	60	29	74	31	43
探测次数	2	2	1	2	5	1	2	1	1	1	1

图 8-21　线性探测

从上述例子可以看出，线性探测处理冲突容易产生元素“聚集”的现象，即在处理同义词的冲突时又可能导致了非同义词的冲突，引起很多元素在相邻的散列地址上“堆积”起来，大大降低了查找效率。通常采用二次探测法或双散列函数探测法来改善“堆积”问题。

（2）平方探测（$d_i=\pm1^2, \pm2^2,\cdots,\pm\lfloor m/2\rfloor^2$）。

平方即二次方，所以平方探测又称二次探测，通常 $F(i)=\pm i^2$。同样的哈希函数和关键字序列，采用平方探测处理冲突，由于 $1^2=1$，而且前 10 个关键字线性探测的次数均为 1 或 2，所以平方探测与线性探测的结果相同，后一个关键字 77 只有最需要探测 4 次（$0, 1^2, -1^2, 2^2$），就可以存入到表中地址 5，如图 8-22 所示。说明该例采用线性探测和平方探测构造的哈希表完全相同，只是探测次数有所不同。

散列地址	0	1	2	3	4	5	6	7	8	9	10
关键字	54	88	90	46	77	16	60	29	74	31	43
探测次数	2	2	1	2	4	1	2	1	1	1	1

图 8-22 平方探测

由此可以发现，在此例中二次探测优于线性探测。但二次探测可能有空间却也不一定能找到空间的现象，比如对于关键字序列{5, 6, 7, 11}，散列函数 H_i=key%5，用二次探测解决冲突，当插入关键字 11 时，却无法探测到空闲空间。有定理显示：如果散列表长度 n 是某个 $4k+3$（k 是正整数）形式的素数时，平方探测法就可以探查到整个散列表空间。

（3）随机探测（d_i=rand$_1$,rand$_2$,⋯,rand$_n$）。

当发生冲突时，下一个散列地址的位移量是一个随机数列，即寻找下一个散列地址的公式为 H_i=(H(key)+ d_i)% m，其中 d_i 是一个随机数列，i=1, 2,⋯, m−1。

该方法关键在于产生一个随机序列表，以表中的元素为增量地址来查找和再探测的方法，以减少重复查找与插入，从而达到提高效率的目的。

（4）双散列探测（d_i=H_2(key), 2H_2(key), ⋯, nH_2(key)）。

虽然平方探测排除了一次聚集，但散列到同一位置的元素仍然会探测相同的备选位置，比如当冲突函数为 i^2 时，对于每个关键字 key，其向前探测地步长都是 0,1,4,9,16，这样对于散列到同一位置的 key，都会探测相同的备选位置，即二次聚集。双散列对平方探测法里面的冲突函数做了进一步的改进，$F(i)$进一步复杂化，引入了另外一个哈希函数，这个函数对每个 key 都会计算出一个值，而不是和二次函数一样探测同样的位置。比较常见的是以 $F(i)=i\times H_2$(key)作为冲突函数，即散列函数为 H_i=(H_1(key)+ $i\times H_2$(key))%n。

双散列如果实现得较好，其预期的探测次数几乎和随机冲突解决方法的进行相同。相对于平方探测，它多加了一个散列函数，而平方探测不需要第二个散列函数，因此在实践中更加简单，同时速度更快。但是平方探测法最好表中元素不要填得太满，应该将其装填因子保持在 0.5 以下。

2. 链地址法

链地址法（又称拉链法）用一个链表数组来存储相应的数据，当遇到冲突时依次将互为同义词（即具有相同哈希地址的而不同关键字）的数据元素连成一个单链表，若干组同义词可以组成若干单链表，在散列表（即数组）中只存储每个链表的头指针。它不像开放定址法那样有冲突就换地方，而是直接就在原地处理。

链地址在处理的流程如下：添加一个元素的时候，首先计算元素 key 的哈希值，确定插入数组中的位置。如果当前位置下没有重复数据，则直接添加到当前位置。当遇到冲突的时候，添加到同一个哈希值的元素后面，形成一个链表。这个链表的特点是同一个链表上的哈希值相同。

若散列函数的值域为 0～m−1，则可将散列表定义为一个由 m 个头指针组成的指针数组 $H[m]$，凡是散列地址为 i 的数据元素，均以结点的形式插入到 $H[i]$为头指针的单链表中。新的元素可插入到单链表中的任意位置，但插入到表头最方便，而且最新插入的元素最可能不久又将被访问（即数据局部性）。

例如，关键字序列(12,67,56,16,25,37,22,29,15,47,48,34)，按散列函数 $H(\text{key})=\text{key}\%12$ 使用链地址法构造的散列表如图 8-23 所示。

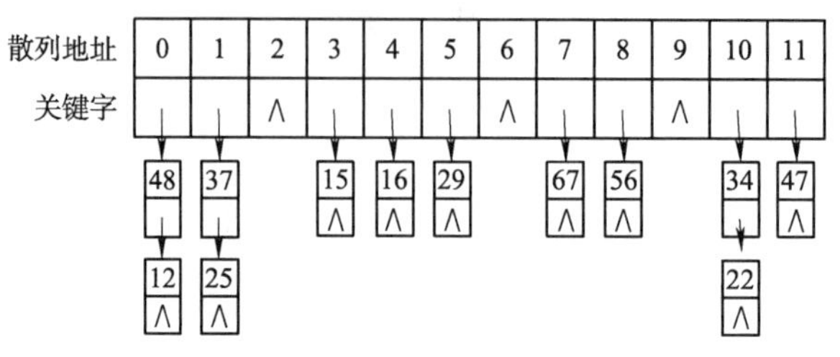

图 8-23　链地址构造的散列表

视频
哈希表的查找

8.4.4　散列查找的性能分析

在散列表上进行查找的过程和建表的过程基本一致。假设给定的值为 key，根据哈希函数 H 计算出散列地址 $H(\text{key})$，若表中该地址对应的空间未被占用，则查找失败，否则将该地址中的结点与给定值 key 比较，若相等则查找成功，否则按建表时设定的处理冲突方法找下一个地址，如此反复下去，直到找到某个地址空间未被占用（查找失败）或者关键字比较相等（查找成功）为止。

若不考虑散列冲突，理论上散列表的查找效率是非常高的，时间复杂度应该是 $O(1)$，平均查找长度应为 ASL=1，比二分查找效率还要高，但是因为无法避免散列冲突，散列查找仍需进行关键字比较，最坏的情况可能是 $O(n)$，退化为顺序查找。因此，依然需用平均查找长度来评价哈希查找的性能。

查找过程中，关键字的比较次数取决于产生冲突的多少，产生的冲突少，查找效率就高，产生的冲突多，查找效率就低。因此，影响产生冲突多少的因素，也就是影响查找效率的因素。影响产生冲突的多少有三个因素：散列函数是否均匀、解决冲突的方法和散列表的装填因子。

尽管散列函数的“好坏”直接影响冲突产生的频度，但通常情况下均认为所选散列函数是“均匀的”，因此，可不考虑散列函数对平均查找长度的影响。就线性探测法和二次探测法处理冲突的例子看，相同的关键字集合、同样的散列函数在等概率查找情况下的平均查找长度却不同。比如，图 8-21 的 $\text{ASL}_{成功}=(2+2+1+2+5+1+2+1+1+1+1)/11\approx1.73$，而图 8-22 的 $\text{ASL}_{成功}=(2+2+1+2+4+1+2+1+1+1+1)/11\approx1.64$。

不管哪种探测方法，散列表中空闲位置不多的时候，散列冲突的概率就会提高，为了保证操作效率，会尽可能保证散列表中有一定比例的空闲位置，通常用装载因子来表示空位的多少。散列表的装填因子定义为 $\alpha=n/m$，其中 α 是散列表装满程度的标志因子，n 为表中填入的记录数，m 为哈希表的长度。

散列表的长度一旦固定下来，α 越大，就表示填入表中的元素较多，空闲位置较少，冲突的可能性就越大，反之，则表示填入表中的元素较少，产生冲突的可能性就越小。下面按解决冲突的方法不同，分别列出相应的平均查找长度的近似公式，见表 8-1。

表 8-1 平均查找长度的近似公式

处理冲突的方法		线性探测法	平方探测法	链表地址法
平均查找长度	成功	$\frac{1}{2}\left(1+\frac{1}{1-\alpha}\right)$	$-\frac{1}{\alpha}\ln(1-\alpha)$	$1+\frac{\alpha}{2}$
	失败	$\frac{1}{2}\left[1+\frac{1}{(1-\alpha)^2}\right]$	$\frac{1}{1-\alpha}$	$\alpha+e^{\alpha}$

从表 8-1 可以看出，哈希表的平均查找长度是装填因子 α 的函数，而与待散列元素数目 n 无关。因此，无论元素数目 n 有多大，都能通过调整 α，使哈希表的平均查找长度较小。

散列表的插入与查找的速度相当快，特别是当数据量很大时更是如此。但散列表也存在以下缺点：

① 线性表中元素之间的逻辑关系无法在散列表中体现出来。

② 在散列表中只能接关键字查找元素，而无法按非关键字查找元素。

③ 根据关键字计算散列地址需要花费一定的计算时间，若关键字不是整数，则首先要把它转换为整数，为此也要花费一定的转换时间。

④ 占用的存储空间较多，采用开放定址法解决冲突的散列表总是取 α 值小于 1，采用链地址法处理冲突的散列表同普通链表相比多占用一个具有 m 个位置的指针数组空间。

小　结

本章讲述了数据结构中的记录进行处理时经常使用的查找及其性能分析。

查找是按关键字对数据元素进行处理，主要有静态查找和动态查找两种。静态查找只在数据结构里查找是否存在某个记录而不改变数据结构。实现静态查找的数据结构称为静态查找表。动态查找要在查找过程中插入数据结构中不存在的记录，或者从数据结构中删除已存在的记录。实现动态查找的数据结构称为动态查找表。衡量查找算法的标准是平均查找长度，它是指在查找过程中进行的关键码比较次数的平均值。实现动态查找的数据结构称为动态查找表。

静态查找表的查找方法主要有顺序查找、二分查找和索引查找等。顺序查找不要求查找表中的记录有序，效率不是很高，适合于记录不是很多的情况。二分查找要求查找表中的记录有序，查找效率很高，适合于记录比较多的情况。索引查找要求查找表分段有序，适合于记录非常多的情况。动态查找表主要介绍了二叉排序树。二叉排序树是一棵二叉树，其左子树结点关键码的值小于根结点关键码的值，右子树结点关键码的值大于根结点关键码的值。二叉排序树上的操作主要有查找、插入和删除等操作。

在哈希表中查找记录不需要进行关键码的比较，而是通过哈希函数确定记录的存放位置。哈希函数的构造方法很多，主要有直接定址法、除留余数法、数字分析法和平方取中法等。由于同义词会产生哈希冲突，解决哈希冲突的方法主要有开放地址法和链表法等，其中开放地址法主要有线性探测法和二次探测法等。

习　题

一、单项选择题

1. 对 n 个元素的表做顺序查找时，若查找每个元素的概率相同，则平均查找长度为（　　）。

A. $(n-1)/2$　　B. $n/2$　　C. $(n+1)/2$　　D. n

2. 适用于二分查找的表的存储方式及元素排列要求为（　　）。

A. 链接方式存储，元素无序　　B. 链接方式存储，元素有序

C. 顺序方式存储，元素无序　　D. 顺序方式存储，元素有序

3. 如果要求一个线性表既能较快的查找，又能适应动态变化的要求，最好采用(　　)查找法。

A. 顺序　　B. 二分　　C. 分块　　D. 哈希

4. 二分查找有序表（4,6,10,12,20,30,50,70,88,100）。若查找表中元素 58，则它将依次与表中（　　）比较大小，查找结果是失败。

A. 20,70,30,50　　B. 30,88,70,50　　C. 20,50　　D. 30,88,50

5. 对 22 个记录的有序表作二分查找，当查找失败时，至少需要比较（　　）次关键字。

A. 3　　B. 4　　C. 5　　D. 6

6. 二分查找与二叉排序树的时间性能（　　）。

A. 相同　　B. 完全不同

C. 有时不相同　　D. 数量级都是 $O(\log_2 n)$

7. 分别以下列序列构造二叉排序树，与用其他三个序列所构造的结果不同的是（　　）。

A.（100,80,90,60,120,110,130）

B.（100,120,110,130,80,60,90）

C.（100,60,80,90,120,110,130）

D. (100,80,60,90,120,130,110)

8. 在平衡二叉树中插入一个结点后造成了不平衡，设最低的不平衡结点为 A，并已知 A 的左孩子的平衡因子为 0 右孩子的平衡因子为 1，则应作（　　）型调整以使其平衡。

A. LL　　B. LR　　C. RL　　D. RR

9. 下列关于 m 阶 B 树的说法错误的是（　　）。

A. 根结点至多有 m 棵子树

B. 所有叶子都在同一层次上

C. 非叶结点至少有 $m/2$（m 为偶数）或 $m/2+1$（m 为奇数）棵子树

D. 根结点中的数据是有序的

10. 下面关于 B 树和 B^+树的叙述中，不正确的是（　　）。

A. B 树和 B^+树都是平衡的多叉树　　B. B 树和 B^+树都可用于文件的索引结构

C. B 树和 B^+树都能有效地支持顺序检索　　D. B 树和 B^+树都能有效地支持随机检索

11. m 阶 B 树是一棵（　　）。

A. m 叉排序树　　B. m 叉平衡排序树

C. m−1 叉平衡排序树　　　　　D. m+1 叉平衡排序树

12. 下面关于哈希查找的说法，正确的是（　　）。

A. 哈希函数构造的越复杂越好，因为这样随机性好，冲突小

B. 除留余数法是所有哈希函数中最好的

C. 不存在特别好与坏的哈希函数，要视情况而定

D. 哈希表的平均查找长度有时也和记录总数有关

13. 下面关于哈希查找的说法，不正确的是（　　）。

A. 采用链地址法处理冲突时，查找一个元素的时间是相同的

B. 采用链地址法处理冲突时，若插入规定总是在链首，则插入任一个元素的时间是相同的

C. 用链地址法处理冲突，不会引起二次聚集现象

D. 用链地址法处理冲突，适合表长不确定的情况

14. 设哈希表长为 14，哈希函数是 H(key)=key%11，表中已有数据的关键字为 15、38、61、84 四个，现要将关键字为 49 的元素加到表中，用二次探测法解决冲突，则放入的位置是（　　）。

A. 8　　　B. 3　　　C. 5　　　D. 9

15. 采用线性探测法处理冲突，可能要探测多个位置，在查找成功的情况下，所探测的这些位置上的关键字（　　）。

A. 不一定都是同义词　　　B. 一定都是同义词

C. 一定都不是同义词　　　D. 都相同

二、填空题

1. 顺序查找法的平均查找长度为__________，二分查找法的平均查找长度为________，分块查找法（以顺序查找确定块）的平均查找长度为__________，分块查找法（以二分查找确定块）的平均查找长度为_________，哈希表查找法采用链接法处理冲突时的平均查找长度为_________。

2. 在各种查找方法中，平均查找长度与结点个数 n 无关的查法方法是_________

3. 二分查找的存储结构仅限于_________，且是__________。

4. 在分块查找方法中，首先查找__________，然后再查找相应的___________。

5. 长度为 255 的表，采用分块查找法，每块的最佳长度是__________。

6. 在散列函数 H(key)=key%p 中，p 应取__________。

7. 假设在有序线性表 A[1..20]上进行二分查找，则比较一次查找成功的结点数为_________，则比较二次查找成功的结点数为__________，则比较三次查找成功的结点数为_________，则比较四次查找成功的结点数为___________，则比较五次查找成功的结点数为_________，平均查找长度为_________。

8. 对于长度为 n 的线性表，若进行顺序查找，则时间复杂度为__________，若采用二分法查找，则时间复杂度为_________。

9. 已知一个有序表为(12,18,20,25,29,32,40,62,83,90,95,98)，当二分查找值为 29 和 90 的元素时，分别需要__________次和__________次比较才能查找成功；若采用顺序查找时，分别需要__________次和__________次比较才能查找成功。

10. 假定一个数列{25, 43, 62, 31, 48, 56}，采用的散列函数为 $H(k)=k \bmod 7$，则元素 48 的同义词是__________。

三、应用题

1. 假定对有序表：(3,4,5,7,24,30,42,54,63,72,87,95)进行二分查找，试回答下列问题：

① 画出描述二分查找过程的判定树。

② 若查找元素 54，需依次与哪些元素比较？

③ 若查找元素 90，需依次与哪些元素比较？

④ 假定每个元素的查找概率相等，求查找成功时的平均查找长度。

2. 在一棵空的二叉排序树中依次插入关键字序列为：12,7,17,11,16,2,13,9,21,4，请画出所得到的二叉排序树。

3. 已知如下所示长度为 12 的表：(Jan, Feb, Mar, Apr, May, June, July, Aug, Sep, Oct, Nov, Dec)。

① 试按表中元素的顺序依次插入一棵初始为空的二叉排序树，画出插入完成之后的二叉排序树，并求其在等概率的情况下查找成功的平均查找长度。

② 若对表中元素先进行排序构成有序表，求在等概率的情况下对此有序表进行二分查找时查找成功的平均查找长度。

③ 按表中元素顺序构造一棵平衡二叉排序树，并求其在等概率的情况下查找成功的平均查找长度。

4. 对图 8-24 所示的 3 阶 B 树，依次执行下列操作，画出各步操作的结果。

① 插入 90；② 插入 25；③ 插入 45；④ 删除 60。

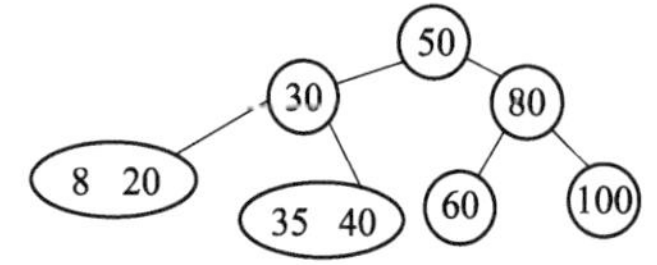

图 8-24　3 阶 B 树

5. 设哈希表的地址范围为 0～17，哈希函数为 $H(\text{key})=\text{key}\%16$。用线性探测法处理冲突，输入关键字序列(10,24,32,17,31,30,46,47,40,63,49)，构造哈希表，试回答下列问题：

① 画出哈希表的示意图。

② 若查找关键字 63，需要依次与哪些关键字进行比较？

③ 若查找关键字 60，需要依次与哪些关键字比较？

④ 假定每个关键字的查找概率相等，求查找成功时的平均查找长度。

6. 设有一组关键字(9,01,23,14,55,20,84,27)，采用哈希函数 $H(\text{key})=\text{key}\%7$，表长为 10，用开放地址法的二次探测法处理冲突。要求：对该关键字序列构造哈希表，并计算查找成功的平均查找长度。

7. 设哈希函数 $H(K)=3K \bmod 11$，哈希地址空间为 0～10，对关键字序列(32,13,49,24,38,21,4,12)，按线性探测法和链地址法解决冲突的方法构造哈希表，并分别求出等概率下查找成功时和查找失败时的平均查找长度。

四、算法设计题

1. 试写出二分查找的递归算法。

2. 试写一个判别给定二叉树是否为二叉排序树的算法。

3. 已知二叉排序树采用二叉链表存储结构，根结点的指针为 T，链结点的结构为(lchild,data,rchild)，其中 lchild，rchild 分别指向该结点左、右孩子的指针，data 域存放结点的数据信息。请写出递归算法，从小到大输出二叉排序树中所有数据值 $\geqslant x$ 的结点的数据。

要求先找到第一个满足条件的结点后，再依次输出其他满足条件的结点。

4. 已知二叉树 T 的结点形式为（lling,data,count,rlink），在树中查找值为 x 的结点，若找到，则记数（count）加 1，否则，作为一个新结点插入树中，插入后仍为二叉排序树，写出其非递归算法。

5. 假设一棵平衡二叉树的每个结点都表明了平衡因子 b，试设计一个算法，求平衡二叉树的高度。

6. 分别写出在散列表中插入和删除关键字为 K 的一个记录的算法，设散列函数为 H，解决冲突的方法为链地址法。

第 9 章

排序 ‹‹‹

排序是日常工作和软件设计中常用的算法之一。为了提高查询速度需要将无序序列按照一定的顺序组织成有序序列。由于需要排序的数据表的基本特性可能存在差异，因此排序方法也不同。如何合理地组织数据的逻辑顺序，按照何种方式排出的序列最有效？这是本章要讨论的主题。本章主要讲解排序的概念及几种最常见的排序方法，讲解其性能和特点，并在此基础上进一步讲解各种排序方法的适用场合，以便在实际应用中能根据具体的问题选择合适的排序方法。

学习目标

通过本章学习，读者应该掌握以下几项内容：

- 排序的概念及种类。
- 插入法排序的各种具体实现方法及算法分析。
- 选择法排序的各种具体方法的实现及时间性能分析。
- 交换法排序的具体实现及性能分析。
- 归并排序和基数排序的各自实现算法。

9.1 排序的基本概念

9.1.1 排序及其分类

排序的定义

1. 排序

排序（sorting）又称分类，是数据处理领域中一种常用的运算。排序就是把一组记录或数据元素的无序序列按照某个关键字值（关键字）递增或递减的次序重新排列的过程。排序的主要目的是实现快速查找。日常生活中通过排序以后进行检索的例子屡见不鲜。如电话簿、病历、档案室中的档案、图书馆和各种词典的目录表等，几乎都需要对有序数据进行操作。

假设含有 n 个记录的序列为

$$\{R_1, R_2, \cdots, R_n\} \quad (9\text{-}1)$$

其相应的关键字序列为

$$\{K_1, K_2, \cdots, K_n\}$$

需确定 1, 2, …, n 的一种排序 $p_1, p_2, \cdots, p_n$，使其相应的关键字满足如下关系：

$$K_{p1} \leqslant K_{p2} \leqslant \cdots \leqslant K_{pn} \quad (9\text{-}2)$$

即使得式（9-1）的序列成为一个按关键字有序的序列

$$\{R_{p1}, R_{p2}, \cdots, R_{pn}\} \quad (9\text{-}3)$$

这个将原有表中任意顺序的记录变成一个按关键字有序排列的过程称为排序。

2. 排序分类

（1）增排序和减排序。如果排序的结果是按关键字从小到大的次序排列的，就是增排序；否则就是减排序。

（2）稳定排序和不稳定排序。假设 $K_i=K_j$（$1\leqslant i\leqslant n$，$1\leqslant j\leqslant n$，$i\neq j$），且在排序前的序列中 R_i 领先于 R_j（即 $i<j$）。若在排序后的序列中 R_i 仍领先于 R_j，即那些具有相同关键字的记录，经过排序后它们的相对次序仍然保持不变，则称这种排序方法是稳定的；反之，若 R_j 领先于 R_i，则称此排序的方法是不稳定的。

（3）内部排序与外部排序。在排序中，若数据表中的所有记录的排列过程都是在内存中进行的，称为内部排序。由于待排序的记录数量太多，在排序过程中不能同时把全部记录放在内存，需要不断地通过在内存和外存之间交换数据元素来完成整个排序的过程，称为外部排序。在外部排序情况下，只有部分记录进入内存，在内存中进行内部排序，待排序完成后再交换到外部存储器中加以保存。然后再将其他待排序的记录调入内存继续排序。这一过程需要反复进行，直到全部记录排出次序为止。显然，内部排序是外部排序的基础，本章主要介绍内部排序的各种方法，外部排序内容 9.7 标注*号，为选讲内容。

9.1.2 排序算法的效率分析

与许多算法一样，对各种排序算法性能的评价主要从两个方面来考虑：一是时间性能；二是空间性能。

1. 时间复杂度分析

排序算法的时间复杂度可用排序过程中记录之间关键字的比较次数与记录的移动次数来衡量。在本章各节中讨论算法的时间复杂度时，一般都按平均时间复杂度进行估算，对于那些受数据表中记录的初始排列及记录数目影响较大的算法，按最好情况和最坏情况分别进行估算。

2. 空间复杂度分析

排序算法的空间复杂度是指算法在执行时所需的附加存储空间，也就是用来临时存储数据的内存使用情况。

在以后的排序算法中，若无特别说明，均假定待排序的记录序列采用顺序表结构来存储，即数组存储方式，并假定是按关键字递增方式排序。为简单起见，假设关键字类型为整型。待排序的顺序表类型的类型定义如下：

```
template <class T>
struct RecType                          //记录类型
{   T key;                              //关键字项
    int othelement;                     //其他数据项
};
```

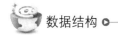

9.2 插入排序

视频

插入排序

插入排序的基本思想是：每次将一个待排序的记录，按其关键字大小插入到前面已经排好序的子表中的适当位置，直到全部记录插入完成为止。也就是说，将待排序序列分成左右两部分，左边为有序表（有序序列），右边为无序表（无序序列）。整个排序过程就是将右边无序表中的记录逐个插入到左边的有序表中，构成新的有序序列。根据不同的插入方法，插入排序算法主要包括直接插入排序、折半插入排序、表插入排序和希尔排序等。本章重点论述直接插入排序、折半插入排序和希尔排序。

9.2.1 直接插入排序

直接插入排序（insertion sort）是所有排序方法中最简单的一种排序方法。其基本原理是顺次地从无序表中取出记录 R_i（$1\leqslant i\leqslant n$），与有序表中记录的关键字逐个进行比较，找出其应该插入的位置，再将此位置及其之后的所有记录依次向后顺移一个位置，将记录 R_i 插入其中。

假设待排序的 n 个记录为$\{R_1, R_2,\cdots, R_n\}$，初始有序表为$[R_1]$，初始无序表为$[R_2\ldots R_n]$。当插入第 i 个记录 R_i（$2\leqslant i\leqslant n$）时，有序表为$[R_1\ldots R_{i-1}]$，无序表为$[R_i\ldots R_n]$。将关键字 K_i 依次与 K_{i-1}，K_{i-2}，$\cdots$，K_1 进行比较，找出其应该插入的位置，将该位置及其以后的记录向后顺移，插入记录 R_i，完成序列中第 i 个记录的插入排序。当完成序列中第 n 个记录 R_n 的插入后，整个序列排序完毕。

向有序表中插入记录，主要完成如下操作：

（1）搜索插入位置。

（2）移动插入点及其以后的记录空出插入位置。

（3）插入记录。

假设将 n 个待排序的记录顺序存放在长度为 n+1 的数组 $R[0]\sim R[n]$中。$R[0]$作为辅助空间，用来暂时存储需要插入的记录，起监视哨的作用。直接插入排序算法如下：

```
template<class RecType>
void InsertSort(RecType R[],int n)
{   int i,j;
    for(i=2;i<=n;i++)             //表示待插入元素的下标
    {   R[0]=R[i];                //设置监视哨保存待插入元素，腾出 R[i]空间
        j=i-1;                    //j 指示当前空位置的前一个元素
        while(R[0].key<R[j].key) //搜索插入位置并后移腾出空位
        {   R[j+1]=R[j];
            j--;
        }
        R[j+1]=R[0];              //插入元素
    }
}
```

显然，开始时有序表中只有 1 个记录[R[1]]，然后需要将 R[2] ~ R[n]的记录依次插入到有序表中，总共要进行 $n-1$ 次插入操作。首先从无序表中取出待插入的第 i 个记录 R[i]，暂存在 R[0]中；然后将 R[0].key 依次与 R[i−1].key，R[i−2].key，…进行比较，如果 R[0].key<R[i−j].key（$1\leqslant j\leqslant i-1$），则将 R[i−j]后移一个单元；如果 R[0].key≥R[i−j].key，则找到 R[0]插入的位置 $i-j+1$，此位置已经空出，将 R[0]（即 R[i]）记录直接插入即可。然后采用同样的方法完成下一个记录 R[i+1]的插入排序。如此不断进行，直到完成记录 R[n]的插入排序，整个序列变成按关键字非递减的有序序列为止。在搜索插入位置的过程中，R[0].key 与 R[i−j].key 进行比较时，如果 $j=i$，则循环条件 R[0].key<R[i−j].key 不成立，从而退出 while 循环。由此可见 R[0]起到了监视哨的作用，避免了数组下标的出界。

【例 9-1】 假设有七个待排序的记录，它们的关键字分别为 23、4、15、8、19、24、15，用直接插入法进行排序。

【解】 直接插入排序过程如图 9-1 所示。方括号[ ]中为已排好序的记录的关键字，有两个记录的关键字都为 15，为表示区别，将后一个 15 加下划线。

图 9-1 直接插入排序

稳定性：由于该算法在搜索插入位置时遇到关键字值相等的记录时就停止操作，不会把关键字值相等的两个数据交换位置，所以该算法是稳定的。

空间性能：该算法仅需要一个记录的辅助存储空间，空间复杂度为 $O(1)$。

时间性能：整个算法执行 for 循环 $n-1$ 次，每次循环中的基本操作是比较和移动，其总次数取决于待排序列的初始特性，可能有以下几种情况：

（1）当初始记录序列的关键字已是递增排列时，这是最好的情况。算法中 while 语句的循环体执行次数为 0，因此，在插入 R[i]的一趟排序中关键字的比较次数为 1，即 R[0]的关键字与 R[j]的关键字比较。而移动次数为 2，即 R[i]移动到 R[0]中，R[0]移动到 R[j+1]中。所以，整个排序过程中的比较次数和移动次数分别为$(n-1)$和 $2\times(n-1)$，因而其时间复杂度为 $O(n)$。

（2）当初始数据序列的关键字序列是递减排列时，这是最坏的情况。在第 i 次排序时，while 语句内的循环体执行次数为 i。因此，关键字的比较次数为 i，而移动次数为 $i+1$。所以，整个排序过程中的比较次数和移动次数分别为

$$\text{总比较次数}C_{\max}=\sum_{i=2}^{n} i=\frac{(n-1)(n+2)}{2}$$

$$\text{总移动次数}M_{\max}=\sum_{i=2}^{n}(i+1)=\frac{(n-1)(n+4)}{2}$$

（3）一般情况下，可认为出现各种排列的概率相同，因此取上述两种情况的平均值，作为直接插入排序关键字的比较次数和记录移动次数，约为 $n^2/4$。所以其时间复杂度为 $O(n^2)$。

根据上述分析得知：当原始序列越接近有序时，该算法的执行效率就越高。

9.2.2 折半插入排序

直接插入排序的基本操作是在有序表中进行查找和插入，而在有序表中查找插入位置，可以通过折半查找的方法实现，由此进行的插入排序称为折半插入排序。

所谓折半查找，就是在插入 R_i 时（此时 $R_1, R_2,\cdots, R_{i-1}$ 已排序），取 $R\lfloor i/2\rfloor$ 的关键字 $K\lfloor i/2\rfloor$ 与 K_i 进行比较（$\lfloor i/2\rfloor$ 表示取不大于 $i/2$ 的最大整数），如果 $K_i<K\lfloor i/2\rfloor$，R_i 的插入位置只能在 R_1 和 $R\lfloor i/2\rfloor$ 之间，则在 R_1 和 $R\lfloor i/2\rfloor-1$ 之间继续进行折半查找，否则在 $R\lfloor i/2\rfloor+1$ 和 R_{i-1} 之间进行折半查找。如此反复直到最后确定插入位置为止。

折半查找算法实现如下：

```
template<class RecType>
void  Insert_halfSort(RecType  R[],int n)
{    /*对顺序表 R 作折半插入排序*/
     int  i,j,low,high,mid;
     for(i=2;i<=n;i++)
     {   R[0]=R[i];                       //保存待插入元素
         low=1;high=i-1;                  //设置初始区间
         while(low<=high)                 //该循环语句完成确定插入位置
         {   mid=(low+high)/2;
             if(R[0].key>R[mid].key)
                 low=mid+1;               //插入位置在后半部分中
             else   high=mid-1;           //插入位置在前半部分中
         }
         for(j=i-1;j>=high+1;--j)         //high+1 为插入位置
             R[j+1]=R[j];                 //后移元素，空出插入位置
         R[high+1]=R[0];                  //将元素插入
     }
}
```

【例 9-2】待排序记录的关键字为 28、13、72、85、39、41、6、20，在前七个记录都已排好序的基础上，采用折半插入第八个记录的比较过程如图 9-2 所示。

折半插入排序的比较次数与待排序记录的初始排列次序无关，仅依赖于记录的个数。插入第 i 个元素时，如果 $i=2^j$（$1\leqslant j\leqslant\lfloor\log_2 n\rfloor$），则无论关键字值的大小，都恰好经过 $j=\log_2 i$ 次比较才能确定其应插入的位置；如果 $2^j<i\leqslant 2^{j+1}$，则比较次数为 $j+1$。因此将 n 个记录（设 $n=2^k$）排序的总比较次数为

$$\sum_{i=1}^{n}\lceil\log_2 i\rceil$$

$$=0+\underbrace{1}_{2^0\text{个}}+\underbrace{2+2}_{2^1\text{个}}+\cdots+\underbrace{k+k+\ldots+k}_{2^{k-1}\text{个}}$$

$$\begin{aligned}=1+2+2^2+\ \cdots\ &+2^{k-1}+\\ 2+2^2+\ \cdots\ &+2^{k-1}+\\ 2^2+\ \cdots\ &+2^{k-1}\\ \cdots\quad &+\\ &2^{k-1}\end{aligned}$$

$$=\sum_{i=1}^{k}\sum_{j=1}^{k}2^{j-1}=\sum_{i=1}^{k}(2^k-2^{i-1})=k\times 2^k-\sum_{i=1}^{k}2^{i-1}=k\times 2^k-2^k+1$$

$$=n\times \log_2 n-n+1\approx n\times \log_2 n$$

折半插入排序仅减少了关键字间的比较次数，但记录的移动次数不变。因此折半插入排序的时间复杂度仍为 $O(n^2)$。折半插入排序的空间复杂度与直接插入排序相同。折半插入排序也是一个稳定的排序方法。

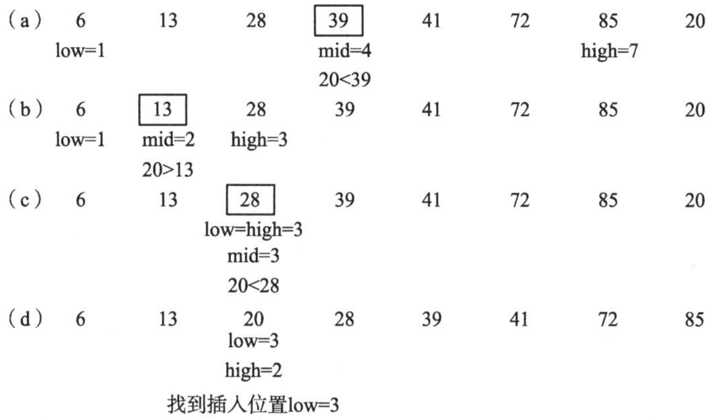

（a） 6　13　28　[39]　41　72　85　20
low=1（6）　mid=4（39）　high=7（85）
20<39

（b） 6　[13]　28　39　41　72　85　20
low=1（6）　mid=2（13）　high=3（28）
20>13

（c） 6　13　[28]　39　41　72　85　20
low=high=3（28）
mid=3
20<28

（d） 6　13　20　28　39　41　72　85
low=3（20）
high=2
找到插入位置low=3

图 9-2　折半插入排序

9.2.3　希尔排序

希尔排序（Shell's sort）又称缩小增量排序（diminishing increment sort）。它是希尔（D. L. Shell）于 1959 年提出的插入排序的改进算法。如前所述，直接插入排序算法的时间性能取决于序列的初始特性，一般情况下，它的时间复杂度为 $O(n^2)$。但是，当待排序序列为正序或基本有序时，时间复杂度则为 $O(n)$。因此，若能在一次排序前将排序序列调整为基本有序，则排序的效率就会大大提高。正是基于这样的考虑，希尔提出了改进的插入排序方法。

希尔排序的基本思想是：先将整个待排记录序列分割成若干小组（子序列），分别在组内进行直接插入排序，待整个序列中的记录“基本有序”时，再对全体记录进行一次直接插入排序。希尔排序的具体步骤如下：

（1）首先取一个整数 $d_1<n$，称之为增量，将待排序的记录分成 d_1 个组，凡是距离为 d_1 倍数的记录都放在同一个组，在各组内进行直接插入排序，这样的一次分组和排序过程称为一趟希尔排序。

（2）再设置另一个新的增量 $d_2<d_1$，采用与上述相同的方法继续进行分组和排序过程。

（3）继续取 $d_{i+1}<d_i$，重复步骤（2），直到增量 d=1，即所有记录都放在同一个组中进行排序。

【例 9-3】 设有一个待排序的序列有 10 个记录，它们的关键字分别为 58、46、72、95、84、25、37、58、63、12，用希尔排序法进行排序。

【解】 图 9-3 给出了希尔排序的整个过程，用同一连线上的关键字表示其所属的记录在同一组。为区别具有相同关键字 58 的不同记录，用下划线标记后一个记录的关键字。

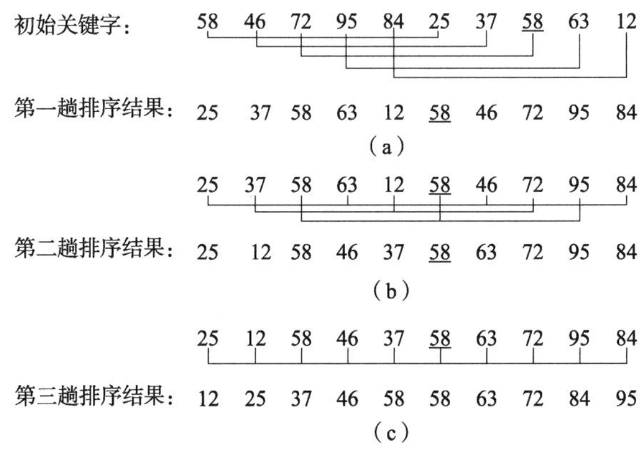

图 9-3　希尔排序过程

第一趟排序时，取 d_1=5，整个序列被划分成 5 组，分别为{58,25}, {46,37}, {72,58}, {95,63}, {84,12}。对各组内的记录进行直接插入排序，得到第一趟排序结果如图 9-3（a）所示。

第二趟排序时，取 d_2=3，将第一趟排序的结果分成 3 组，分别为{25,63,46,84}，{37,12,72}，{58,58,95}。再对各组内记录进行直接插入排序，得到第二趟排序结果如图 9-3（b）所示。

第三趟排序时，取 d_3=1，所有的数据记录分成 1 组{25,12,58,46,37,58,63,72,95,84}，此时序列基本“有序”，对其进行直接插入排序，最后得到希尔排序的结果如图 9-3（c）所示。

希尔排序的算法如下：

```
template<class RecType>
void Shell_Sort(RecType R[],int n)
{   int i,j,d;
    RecType temp;
    d=n/2;                                  //初始增量
    while(d>0){                             //通过增量控制排序的执行过程
        for(i=d+1;i<=n;i++){                //对各个分组进行处理
            j=i-d;
            while(j>=1)
                if(R[j].key>R[j+d].key){
                    temp=R[j];              //R[j]与 R[j+d]交换
                    R[j]=R[j+d];
                    R[j+d]=temp;
                j=j-d;                          //j 前移
            }
            else j=-1;
```

```
        }
        d=d/2; //递减增量 d
    }
}
```

从希尔排序过程可以看到：

（1）算法中约定初始增量 d_1 为已知。

（2）算法中采用简单的取增量值的方法，从第二次起取增量值为其前次增量值的一半。在实际应用中，可能有多种取增量的方法，并且不同的取值方法对算法的时间性能有一定的影响，因而一种好的取增量的方法是改进希尔排序算法时间性能的关键。

（3）希尔排序开始时增量较大，分组较多，每组的记录数较少，故各组内直接插入过程较快。随着每一趟中增量 d_i 逐渐缩小，分组数逐渐减少，虽各组的记录数目逐渐增多，但由于已经按 d_{i-1} 作为增量排过序，使序列表较接近有序状态，所以新的一趟排序过程也较快。因此，希尔排序在效率上较直接插入排序有较大的改进。希尔排序的时间复杂度约为 $O(n^{1.3})$，它实际所需的时间取决于各次排序时增量的取值。大量研究证明，若增量序列取值较合理，希尔排序时关键字比较次数和记录移动次数约为$O(n\log_2 n)^2$。其时间复杂度分析较复杂，在此不做讨论。

希尔排序会使关键字相同的记录交换相对位置，所以希尔排序是不稳定的。

9.3 交换排序

利用交换记录的位置进行排序的方法称为交换排序。其基本思想是：两两比较待排序记录的关键字，如果逆序就进行交换，直到所有记录都排好序为止。常用的交换排序方法主要有冒泡排序和快速排序。快速排序是一种分区交换排序法，是对冒泡排序方法的改进。

视频

冒泡排序

9.3.1 冒泡排序

冒泡排序（bubble sort）的算法思想是：设待排序序列有 n 个记录，首先将第一个记录的关键字 R_1.key 和第二个记录的关键字 R_2.key 进行比较，若 R_1.key>R_2.key，就交换记录 R_1 和 R_2 在序列中的位置；然后继续对 R_2.key 和 R_3.key 进行比较，并作相同的处理；重复此过程，直到关键字 R_{n-1}.key 和 R_n.key 比较完成。其结果是 n 个记录中关键字最大的记录被交换到序列的最后一个记录的位置上，即具有最大关键字的记录被"沉"到了最后，这个过程被称为一趟冒泡排序。然后进行第二趟冒泡排序，对序列表中前 $n-1$ 个记录进行同样的操作，使序列表中关键字次大的记录被交换到序列的第 $n-1$ 位置上。

第 i 趟冒泡排序是从 R_1 到 R_{n-i+1} 依次比较相邻两个记录的关键字，并在"逆序"时交换相邻记录，其结果是这 $n-i+1$ 个记录中关键字最大的记录被交换到第 $n-i+1$ 位置上。每一趟排序都有一个相对大的数据被交换到后面，就像一块块"大"石头不断往下沉，最大的总是最早沉下；而具有较小关键字的记录则不断向上（前）移动位置，就像水中的气泡逐渐向上飘浮一样，冒到最上面的是关键字值最小的记录。所以把这种排序方法称为冒泡排序。

对有 n 个记录的序列最多做 $n-1$ 趟冒泡就会把所有记录依关键字大小排好序。如果在某一趟排序中都没有发生相邻记录的交换，表示在该趟之前已达到排序的目的，整个排序过程可以结束。在操作实现时，常用一个标志位 flag 标示在第 i 趟是否发生了交换，若在第 i 趟发生过交换，则置 flag=false（或 0）；若第 i 趟没有发生交换，则置 flag=true（或 1），表示在第 i–1 趟已经达到排序目的，可结束整个排序过程。

算法描述如下：

```
//用冒泡排序对 R[1]~R[n]记录排序
template<class RecType>
void Bubble_Sort(RecType R[],int n){
    int i,j,flag=false;
    for(i=1; i<n; i++){
        flag=true;            //每趟比较前设置 flag=true，假定该序列已有序
        for(j=1;j<=n-i;j++)
        if(R[j+1].key<R[j].key){
            flag=fale;        //如果有逆序的则置 flag=false
            R[0]=R[j];
            R[j]=R[j+1];
           R[j+1]=R[0];
        }
       if(flag) return;       //flag 为 true 则表示序列已有序，可结束排序过程
    }
}
```

在该算法中，外层循环控制排序的执行趟数，内层循环用于控制在一趟冒泡排序中相邻记录间的比较和交换。

【例 9-4】假设有 8 个记录，关键字分别为 53，38，47，24，69，05，17，38，用冒泡排序方法排序。

【解】冒泡排序过程如图 9-4 所示。

初始关键字	排序趟数					
	一	二	三	四	五	六
53	38	38	24	24	05	05
38	47	24	38	05	17	17
47	24	47	05	17	24	24
24	53	05	17	38	38	38
69	05	17	38*	38*		38*
05	17	38*	47			47
17	38*	53				53
38*	69					69
flag	false	false	false	false	true	

图 9-4　冒泡排序过程

执行了 5 趟冒泡排序后，完成了整个排序过程。

排序中当关键字间的比较呈逆序时，需要交换两个记录的位置，使用一个辅助空间来完成交换。在算法中用数组中的 $R[0]$作为辅助空间，所以其空间复杂度为 $O(1)$。

对于有 n 个记录的待排序列进行冒泡排序，算法的时间复杂度依赖于待排序序列的初始特性，有以下几种情况：

（1）如果初始记录序列为“正序”序列，则只需进行一趟排序，记录移动次数为 0，关键字间比较次数为 $n-1$。

（2）如果初始记录序列为“逆序”序列，则进行 $n-1$ 趟排序，每一趟中的比较和交换次数将达到最大，即冒泡排序的最大比较次数为 $\sum_{n}^{2}(i-1)=n(n-1)/2$，最大移动次数为 $3\times\sum_{n}^{2}(i-1)=3n(n-1)/2$。

（3）一般情况下，比较次数≤$n(n-1)/2$，移动次数≤$3n(n-1)/2$，因此时间复杂度为 $O(n^2)$。

由相邻两个记录的交换条件可知冒泡排序是稳定排序。

9.3.2 快速排序

视频

快速排序

快速排序（quick sorting）又称分区交换排序，是对冒泡排序算法的改进，是一种基于分组进行互换的排序方法。

1. 快速排序的基本思想

快速排序的基本思想是：从待排记录序列中任取一个记录 R_i 作为基准（通常取序列中的第一个记录），将所有记录分成两个序列分组，使排在 R_i 之前的序列分组的记录关键字都小于等于基准记录的关键字值 R_i.key，排在 R_i 之后的序列分组的记录关键字都大于 R_i.key，形成以 R_i 为分界的两个分组，此时基准记录 R_i 的位置就是它的最终排序位置。此趟排序称为第一趟快速排序。然后分别对两个序列分组重复上述过程，直到所有记录排在相应的位置上。

2. 选取基准

在快速排序中，选取基准常用的方法有：

（1）选取序列中第一个记录的关键字值作为基准关键字。这种选择方法简单。但是当序列中的记录已基本有序时，这种选择往往使两个序列分组的长度不均匀，不能改进排序的时间性能。

（2）选取序列中间位置记录的关键字值作为基准关键字。

（3）比较序列中始端、终端及中间位置上记录的关键字值，并取这三个值中居中的一个作为基准关键字。

为了叙述方便，在下面的快速排序中，选取第一个记录的关键字作为基准关键字。

3. 快速排序的实现

算法中记录的比较和交换是从待排记录序列的两端向中间进行的。设置两个变量 i 和 j，其初值分别是 n 个待排序记录中第一个记录的位置号和最后一个记录的位置号。在扫描过程中，变量 i、j 的值始终表示当前所扫描分组序列的第一个和最后一个记录的位置号。将第一个记录 R_1 作为基准记录放到一个临时变量 temp 中，将 R_1 的位置空出。每趟快速排序，如下进行：

（1）从序列最后位置的记录 R_j 开始依次往前扫描，若存在 temp≤R_j.key，则令 j 前移一个位置，即 $j=j-1$，如此直到 temp＞R_j.key 或 $i=j$ 为止。若 $i<j$，则将记录 R_j 放入 R_i 空出的位置（由变量 i 指示的位置）。此时 R_j 位置空出（由变量 j 指示的位置），使 $i=i+1$。

（2）从序列最前位置的记录 R_i 开始依次往后扫描，若存在 temp≥$R[i]$.key，则令 i 后移一个位置，即 $i=i+1$，如此比较直到 temp < R_i.key 或 $i=j$ 为止。若 $i<j$，则将记录 R_i 放入 R_j 空出的位置（由变量 j 指示的位置）。此时 R_i 位置空出（用变量 i 指示的位置）。使 $j=j-1$，继续进行步骤（1）的操作，即再从变量 j 所指示的当前位置依次向前比较交换。

在一趟快速排序中，整个过程交替地从后往前扫描比基准关键字小的记录和从前往后扫描比基准关键字大的记录并放置到对应端空出的位置中，又空出新的位置。当从两个方向的扫描重合时，即 $i=j$，就找到了基准记录的存放位置。

按照快速排序的基本思想，在一趟快速排序之后，需要重复步骤（1）、（2），直到找到所有记录的相应位置。显然，快速排序是一个递归的过程。

算法描述如下：

```
template<class RecType>
void Quick_Sort(RecType R[],int left,int right)
{   //用递归方法把R[left]至R[righ]的记录进行快速排序
    int i=left,j=right, k;
    RecType temp;
    if(left<right){
       temp=R[left];          //将区间的第1个记录作为基准置入临时单元中
       while(i!=j){           //从序列两端交替向中间扫描，直至i=j为止
          while(j>i && R[j].key>=temp.key)
             j--;             //从右向左扫描，找第1个关键字小于temp.key的R[j]
          if(i<j){            //若找到这样的R[j]，将R[j]存放到R[i]处
             R[i]=R[j]; i++;
          }
          while(i<j&&R[i].key<=temp.key)
             i++;             //从左向右扫描，找第1个关键字大于temp.key的R[i]
          if(i<j){            //找到则将R[i]存放到R[j]处
             R[j]=R[i];
             j--;
          }
       }
       R[i]=temp;                     //将基准放入其最终位置
       Quick_Sort(R,left,i-1);        //对基准前面的记录序列进行递归排序
       Quick_Sort(R,i+1,right);       //对基准后面的记录序列进行递归排序
    }
}
```

【例 9-5】假设有八个记录，关键字的初始序列为{45,34,67,95,78,12,26,$\underline{45}$}，用快速排序法进行排序。

【解】（1）一趟快速排序过程如图 9-5 所示。

选取第一个记录作为基准记录，存入临时单元 temp 中，腾出第一个位置（由 i 指示）。首先将 temp 中的 45 与 R_j.key ($\underline{45}$)相比较，因 temp≤R_j.key，j 前移，即 $j=j-1$；temp 继续与 R_j.key (26)比较，45>26，进行第一次调整，将 R_j.key (26)放到 R_i(i=1)处，R_j (j=7)位置空出；令 $i=i+1$，然后进行从前往后的比较；当 i=3 时，temp < R_i.key (67)，进行第二次调整，将 R_i.key (67)放到 R_j (j=7)处，于是，R_i(i=3)位置空出；经过 i 和 j 交替地从两端向中间扫描以及记录位置

的调整，当执行到 $i=j=4$ 时，一趟排序成功，将 temp 保存的记录放入该位置，这也是该记录的最终排序位置。

初始关键字序列 j向前搜索	[45] i↑	34	67	95	78	12	26	45 j↑
第一次交换后	26	34 i↑	67	95	78	12	[ ] j↑	45
i向后搜索	26	34	67 i↑	95	78	12	[ ] j↑	45
第二次交换后	26	34	[ ] i↑	95	78	12 j↑	67	45
第三次交换后	26	34	12	95 i↑	78	[ ] j↑	67	45
第四次交换后	26	34	12	[ ] i↑	78 ↑j	95	j 67	45
j向前扫描	26	34	12	[45] i↑↑j	78	95	67	45

图 9-5　一趟快速排序过程

（2）各趟排序之后的结果如图 9-6 所示。

初始关键字序列	[45	34	67	95	78	12	26	45]
（1）	[26	34	12]	[45]	[78	95	67	45]
（2）	[12]	26	[34]	[45]	[78	95	67	45]
（3）	12	26	[34]	45	[78	95	67	45]
（4）	12	26	34	45	[78	95	67	45]
（5）	12	26	34	45	[45	67]	78	[95]
（6）	12	26	34	45	45	[67]	78	[95]
（7）	12	26	34	45	45	67	78	[95]
（8）	12	26	34	45	45	67	78	95

图 9-6　快速排序过程

快速排序算法的执行时间取决于基准记录的选择。一趟快速排序算法的时间复杂度为 $O(n)$。下面分几种情况讨论整个快速排序算法需要排序的趟数：

（1）在理想情况下，每次排序时所选取的记录关键字值都是当前待排序列中的“中值”记录，那么该记录的排序终止位置应在该序列的中间，这样就把原来的子序列分解成了两个长度大致相等的更小的子序列，在这种情况下，排序的速度最快。设完成 n 个记录待排序列所需的比较次数为 $C(n)$，则有 $C(n)\leqslant n+2C(n/2)\leqslant 2n+4C(n/4)\leqslant kn+nC(1)$（$k$ 是序列的分解次数）。

若 n 为 2 的幂次值且每次分解都是等长的，则分解过程可用一棵满二叉树描述，分解次数等于树的深度 $k=\log_2 n$，因此有 $C(n)\leqslant n\log_2 n+nC(1)=O(n\log_2 n)$。

整个算法的时间复杂度为 $O(n\log_2 n)$。

（2）在极端情况下，即每次选取的“基准”都是当前分组序列中关键字最小（或最大）的值，划分的结果是基准的左边（或右边）为空，即把原来的分组序列分解成一个空序列和一个长度为原来序列长度减 1 的子序列。总的比较次数达到最大值

$$C_{\max}=\sum_{i=1}^{n-1}(n-i)=\frac{n(n-1)}{2}=O(n^2)$$

如果初始记录序列已为升序或降序排列，并且选取的基准记录又是该序列中的最大或最小值，这时的快速排序就变成了“慢速排序”。整个算法的时间复杂度为 $O(n^2)$。为了避免这种情况的发生，可修改上面的排序算法，在每趟排序之前比较当前序列的第一、最后和中间记录的关键字，取关键字居中的一个记录作为基准值调换到第一个记录的位置。

（3）一般情况下，序列中各记录关键字的分布是随机的，因而可以认为快速排序算法的平均时间复杂度为 $O(n\log_2 n)$。实验证明，当 n 较大时，快速排序是目前被认为最好的一种内部排序方法。

在算法实现中需设置一个栈的存储空间来实现递归，栈的大小取决于递归深度，最多不会超过 n。若每次都选较长的分组序列进栈，而处理较短的分组序列，则递归深度最多不会超过 $\log_2 n$，因此快速排序需要的辅助存储空间为 $O(\log_2 n)$。

快速排序算法是不稳定排序，对于有相同关键字的记录，排序后有可能颠倒位置。

9.4 选择排序

视频

选择排序

选择排序（selection sort）的基本思想是：不断从待排记录序列中选出关键字最小的记录插入已排序记录序列的后面，直到 n 个记录全部插入已排序记录序列中。本节主要介绍两种选择排序方法：简单选择排序和堆排序。

9.4.1 简单选择排序

简单选择排序（simple selection sort）也称直接选择排序，是选择排序中最简单直观的一种方法。其基本操作思想：

（1）每次从待排记录序列中选出关键字最小的记录。

（2）将它与待排记录序列第一位置的记录交换后，再将其“插入”已排序记录序列（初始为空）。

（3）不断重复过程（1）和（2），就不断地从待排记录序列中剩下的（$n-1, n-2, \cdots, 2$）个记录中选出关键字最小的记录与该区第 1 位置的记录交换（该区第 1 个位置不断后移，该区记录逐渐减少），然后把第 1 位置的记录不断“插入”已排序记录序列之后。经过 $n-1$ 次的选择和多次交换后，$R_1 \sim R_n$ 就排成了有序序列，整个排序过程结束。具有 n 个记录的待排记录序列要做 $n-1$ 次的选择和交换才能成为有序表。

简单选择排序算法描述如下：

```
template<class RecType>
void Select_Sort(RecType R[],int n)
{  int i,j,k;
   RecType temp;
```

```
    for(i=1;i<n;i++)                //进行 n-1 趟排序，每趟选出 1 个最小记录
    {   k=i;                        //假定起始位置为最小记录的位置
        for(j=i+1;j<=n;j++)         //查找最小记录
            if(R[j].key<R[k].key)
                k=j;
        if(i!=k)                    //如果 k 不是假定位置，则交换
        {   temp=R[k];              //交换记录
            R[k]=R[i];
            R[i]=temp;
        }
    }
}
```

本算法中有两重循环：外循环用于控制排序的次数，内循环用于查找当前待排记录序列中关键字最小的记录。

【例 9-6】 采用简单选择排序对六个记录 45、32、8、16、27、32 进行排序。

【解】 图 9-7 是简单选择排序的过程示意图。图中 [ ] 中的数据表示待排记录序列的关键字。

记录的下标	1	2	3	4	5	6
初始关键字序列	[45	32	8	16	27	32]
第1次排序	8	[32	45	16	27	32]
第2次排序	8	16	[45	32	27	32]
第3次排序	8	16	27	[32	45	32]
第4次排序	8	16	27	32	[45	32]
第5次排序	8	16	27	32	32	[45]

图 9-7 简单选择排序示例

简单选择排序算法的关键字比较次数与记录的初始排列无关。假定整个序列表有 n 个记录，总共需要 $n-1$ 趟的选择；第 i（$i=1, 2,\cdots, n-1$）趟选择具有最小关键字记录所需要的比较次数是 $n-i-1$ 次，总的关键字比较次数为

$$比较次数=(n-1)+(n-2)+\cdots+1=n(n-1)/2$$

而记录的移动次数与其初始排列有关。当这组记录的初始状态是按关键字从小到大有序时，每一趟选择后都不需要进行交换，记录的总移动次数为 0，这是最好的情况；而最坏的情况是每一趟选择后都要进行交换，一趟交换需要移动记录 3 次。总的记录移动次数为 $3(n-1)$。所以，简单选择排序的时间复杂度为 $O(n^2)$。

简单选择排序算法只需要一个临时单元用作交换，因此空间复杂度为 $O(1)$。

由于在直接选择排序过程中存在不相邻记录之间的互换，可能会改变具有相同关键字记录的相对位置，所以该算法是不稳定排序。

9.4.2 堆排序

堆排序（Heap Sort）借助完全二叉树结构进行排序，是一种树状选择排序。

在直接选择排序时，为从 n 个关键字中选出最小值，需要进行 $n-1$ 次比较，然后又在剩

下的 $n-1$ 个关键字中选出次最小值，需要 $n-2$ 次比较。在 $n-2$ 次的比较中可能有许多比较在前面的 $n-1$ 次比较中已经做过，因此存在多次重复比较，降低了算法的效率。堆排序方法是由 J. Williams 和 Floyd 提出的一种改进方法，它在选择当前最小关键字记录的同时，还保存了本次排序过程所产生的比较信息。

1. 堆的定义

n 个元素序列$\{k_1, k_2, \cdots, k_n\}$，当且仅当满足如下性质称为堆：

（1）$k_i \leqslant k_{2i}$（或 $k_i \geqslant k_{2i}$）（$1 \leqslant i \leqslant \lfloor n/2 \rfloor$）；

（2）$k_i \leqslant k_{2i+1}$(或 $k_i \geqslant k_{2i+1}$)（$1 \leqslant i \leqslant \lfloor n/2 \rfloor$）。

从堆的定义可以看出，堆是一棵完全二叉树，其中每一个非终端结点的元素均大于等于（或小于等于）其左、右孩子结点的元素值。图 9-8（a）和图 9-8（b）为堆的两个示例，所对应的元素序列分别为｛92,84,25,36,14,07｝和｛15,39,23,87,44,31,52,90｝。

根据堆的定义，可以推出堆的两个性质：

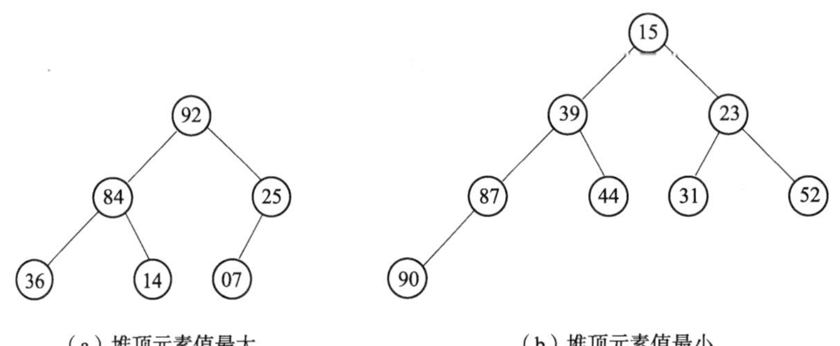

（a）堆顶元素值最大　　（b）堆顶元素值最小

图 9-8　堆的示例

（1）堆的根结点是堆中元素值最小（或最大）的结点，称为堆顶元素。

（2）从根结点到每个叶结点的路径上，元素的排序序列都是递减（或递增）有序的。

2. 堆的构建

堆排序的基本思想是：对一组待排序记录，首先把它们的关键字按堆定义排列成一个序列（称为初始建堆），堆顶元素为最小关键字的记录，将堆顶元素输出；然后对剩余的记录再建堆，得到次最小关键字记录；如此反复进行，直到全部记录有序为止，这个过程称为堆排序。

如何将一个无序序列建成一个堆？具体做法是：把待排序记录存放在数组 $R[1..n]$之中，将 R 看作一棵二叉树，每个结点表示一个记录，将第一个记录 $R[1]$作为二叉树的根，以下各记录 $R[2..n]$依次逐层从左到右顺序排列，构成一棵完全二叉树，任意结点 $R[i]$的左孩子是 $R[2i]$，右孩子是 $R[2i+1]$，双亲是 $R[i/2]$。将待排序的所有记录放到一棵完全二叉树的各个结点中（注意：这时的完全二叉树并不具备堆的特征）。此时所有 $i > \lfloor n/2 \rfloor$ 的结点 $R[i]$都没有孩子结点，因此以 $R[i]$为根的子树已经是堆。从 $i = \lfloor n/2 \rfloor$ 的结点 $R[i]$开始，比较根结点与左、右孩子的关键字值，若根结点的值大于左、右孩子中的较小者，则交换根结点和值较小孩子的位置，即把根结点下移，然后根结点继续和新的孩子结点比较，如此一层一层地递归下去，直到根结点下移到某一位置时，它的左、右子结点的值都大于它的值或者已成为叶子结点。这个过程称为“筛选”。从一个无序序列建堆的过程就是一个反复“筛选”的过程，“筛选”需要从 $i = \lfloor n/2 \rfloor$ 的结点 $R[i]$开始，直至结点 $R[1]$结束。例如，有一个八个元素的无序序列

{ 56,37,48,24,61,05,16,<u>37</u> }，它所对应的完全二叉树及其建堆过程如图 9-9 所示。因为 n=8，n/2=4，所以从第 4 个结点起至第一个结点止，依次对每一个结点进行“筛选”。

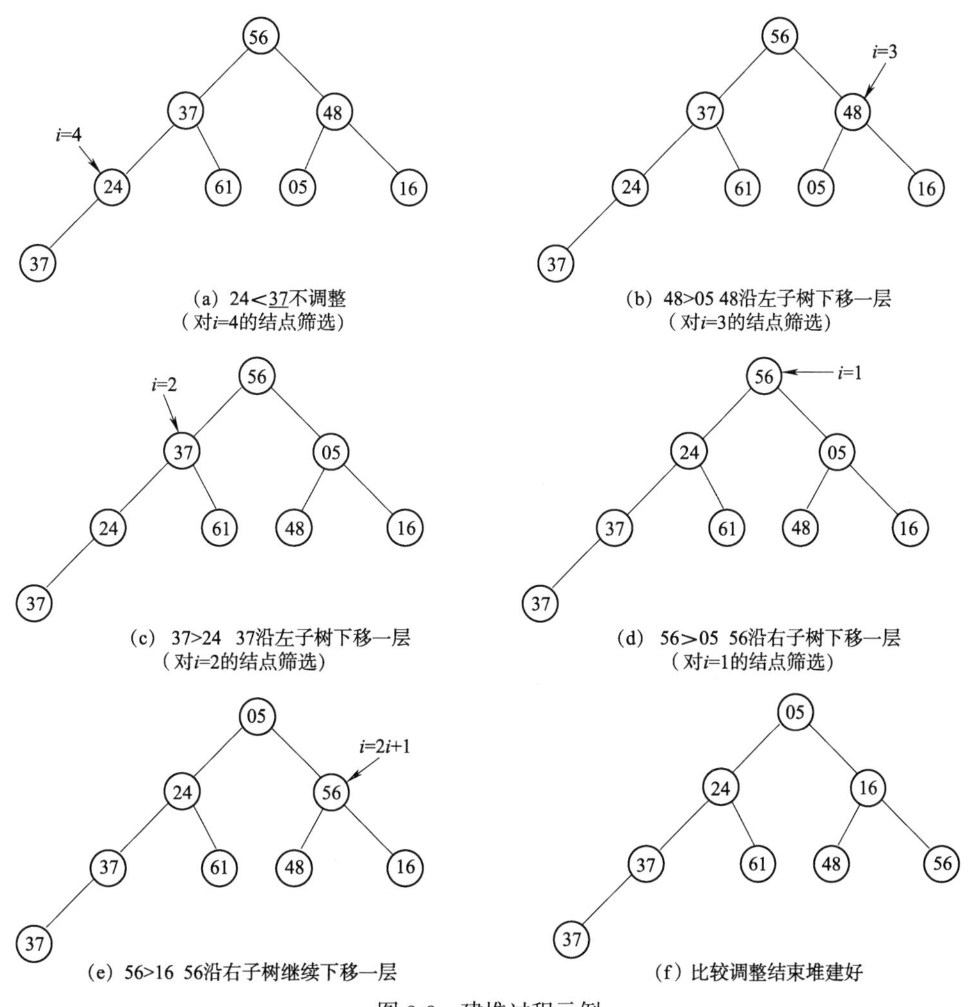

(a) 24<<u>37</u>不调整（对i=4的结点筛选）

(b) 48>05 48沿左子树下移一层（对i=3的结点筛选）

(c) 37>24 37沿左子树下移一层（对i=2的结点筛选）

(d) 56>05 56沿右子树下移一层（对i=1的结点筛选）

(e) 56>16 56沿右子树继续下移一层

(f) 比较调整结束堆建好

图 9-9 建堆过程示例

筛选算法描述如下：

```
template<class RecType>
void Sift(RecType R[],int k,int n)
{   //k 表示被筛选的结点的关键字，n 表示待排序的记录个数
    int i,j;
    i=k;
    j=2*i;                              //计算 R[i]的左孩子位置
    R[0]=R[i];                          //将 R[i]保存在临时单元中
    while(j<=n)
    {   if((j<n)&&(R[j].key>R[j+1].key))
         ++j;                           //选择左右孩子中最小者
        if(R[0].key>R[j].key)           //当前结点大于左右孩子的最小者
        {   R[i]=R[j];i=j;
            j=2*i;}
```

```
    else                          //当前结点不大于左右孩子
        break;
  }
  R[i]=R[0];                      //被筛选结点放到最终合适的位置上
}
```

建初始堆的过程描述如下：

```
for(i=n/2;i>0;--i)
    Sift(R,i,n);
```

3. 堆排序

在输出堆顶记录之后，如何调整剩余记录成为一个新的堆？由堆的定义可知，在输出堆顶记录之后，以根结点的左、右孩子为根的子树仍然为堆。为了把剩余的记录建成一个新堆，可以将堆的最后一个记录放到堆顶位置作为根结点，形成一个新的完全二叉树。该完全二叉树不是一个堆，但根结点的左右子树均为根。此时，只需将根结点由上至下“筛选”到合适的位置，使它的左、右孩子的关键字值都大于它的值，就完成了新堆的建立。

建新堆的过程描述如下：

```
for(j=n;j>1;--j){
    R[0]=R[1]; R[1]=R[j]; R[j]=R[0];
    Sift(R,1,j-1);
}
```

对于已建好的堆，可以采用下面两个步骤进行排序：

（1）输出堆顶元素：将堆顶元素（第一个记录）与当前堆的最后一个记录对调。

（2）调整堆：将输出根结点之后的新完全二叉树调整为堆。

不断地输出堆顶元素，又不断地把剩余的元素建成新堆，直到所有的记录都变成堆顶元素输出。

堆排序的算法描述如下：

```
template<class RecType>
void Heap_Sort(RecType R[],int n)
{   int j;
    for(j=n/2;j>0;--j)            //建初始堆
        Sift(R,j,n);
    for(j=n;j>1;--j){             //进行 n-1 趟排序
        R[0]=R[1];                //将堆顶元素与堆中最后一个元素交换
        R[1]=R[j];R[j]=R[0];
        Sift(R,1,j-1);            //将 R[1]..R[j-1]调整为堆
    }
 }
```

【例 9-7】用“筛选法”在图 9-9（f）所示的堆中进行排序。

【解】调用筛选运算进行堆排序的过程如图 9-10（a）～（n）所示。

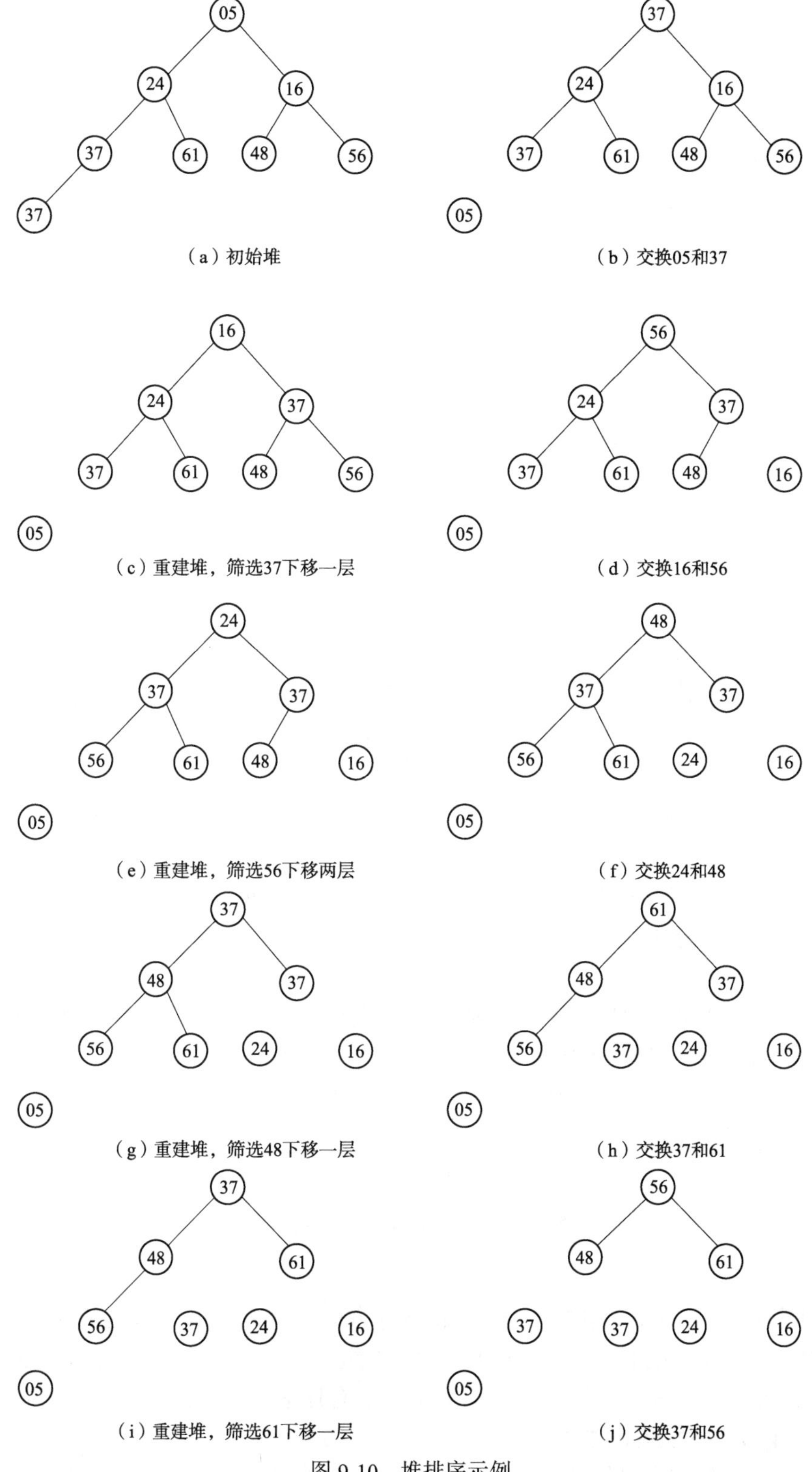
05
24
16
37
61
48
56
37
(a) 初始堆
37
24
16
37
61
48
56
05
(b) 交换05和37
16
24
37
37
61
48
56
05
(c) 重建堆，筛选37下移一层
56
24
37
37
61
48
16
05
(d) 交换16和56
24
37
37
56
61
48
16
05
(e) 重建堆，筛选56下移两层
48
37
37
56
61
24
16
05
(f) 交换24和48
37
48
37
56
61
24
16
05
(g) 重建堆，筛选48下移一层
61
48
37
56
37
24
16
05
(h) 交换37和61
37
48
61
56
37
24
16
05
(i) 重建堆，筛选61下移一层
56
48
61
37
37
24
16
05
(j) 交换37和56

图 9-10　堆排序示例

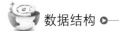

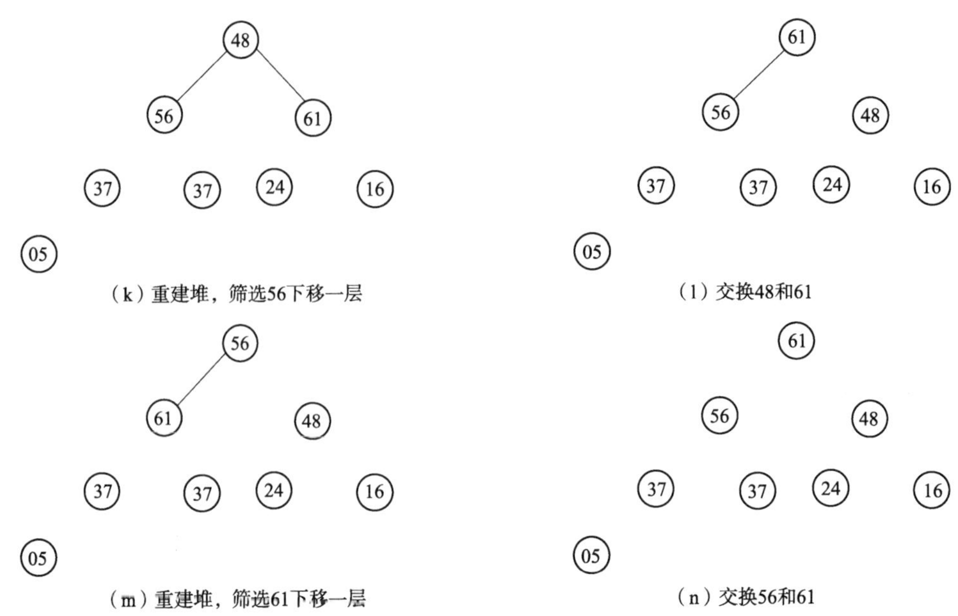
(k) 重建堆，筛选56下移一层　(l) 交换48和61

(m) 重建堆，筛选61下移一层　(n) 交换56和61

图 9-10　堆排序示例（续）

对堆排序算法主要由建立初始堆和反复重建堆两部分构成，它们均通过调用 Sift( )实现。假设具有 n 个记录的初始序列对应的完全二叉树的深度为 $h=\lfloor \log_2 n \rfloor+1$，则在建立初始堆时，对每一个非叶子结点都要从上到下做“筛选”，则建立初始堆的总比较次数 C_1 为

$$C_1(n) \leqslant 4n$$

其时间复杂度为 $O(n)$。n 个结点完全二叉树的深度为 $\lfloor \log_2 n \rfloor+1$，$n-1$ 次建新堆的总比较次数 C_2 为

$$C_2(n) \leqslant 2(\lfloor \log_2 n \rfloor + \lfloor \log_2 (n-1) \rfloor + \cdots + \log_2 2) \leqslant 2n \times \log_2 n$$

堆排序所需的关键字比较的总次数是

$$C_1(n)+C_2(n) = O(n\log_2 n)$$

类似地，可求出堆排序所需的记录移动的总次数为 $O(n\log_2 n)$，因此堆排序的最坏时间复杂度为 $O(n\log_2 n)$。堆排序算法一般适合于待排序记录数比较多的情况。

堆排序需要一个辅助空间，所以空间复杂度为 $O(1)$。

堆排序也是不稳定排序。

9.5 归并排序

归并排序（merge sort）也是一种常用的排序方法，“归并”的含义是将两个或两个以上的有序表合并成一个新的有序表。图 9-11 所示为两组有序表的归并，有序表{4,25,34,56,69,74}和{15,26,<u>34</u>,47,52}，通过归并把它们合并成一个有序表{4,15,25,26,34,<u>34</u>,47,52, 56,69,74}。

[4,25,34,56,69,74]　[15,26,<u>34</u>,47,52]

⇩

[4,15,25,26,34,<u>34</u>,47,52,56,69,74]

图 9-11　两组有序表的归并

二路归并排序的基本思想是：将有 n 个记录的待排序列看作 n 个有序子表，每个有序子表的长度为 1，然后从第一个有序子表开始，把相邻的两个有序子表两两合并，得

到 $n/2$ 个长度为 2 或 1 的有序子表（当有序子表的个数为奇数时，最后一组合并得到的有序子表长度为 1），这一过程称为一趟归并排序。再将有序子表两两归并，如此反复，直到得到一个长度为 n 的有序表为止。上述每趟归并排序都需要将相邻的两个有序子表两两合并成一个有序表，这种归并方法称为二路归并排序。

1. 两个有序表的合并算法 Merge( )

设线性表 R[low..m]和 R[m+1..high]是两个已排序的有序表，存放在同一数组中相邻的位置上，将它们合并到一个数组 R_1 中，合并过程如下：

（1）比较线性表 R[low..m]与 R[m+1..high]的第一个记录，将其中关键字值较小的记录移入表 R_1（如果关键字值相同，可将 R[low..m]的第一个记录移入 R_1 中）。

（2）将关键字值较小的记录所在线性表的长度减 1，并将其后继记录作为该线性表的第一个记录。

反复执行上述过程，直到线性表 R[low..m]或 R[m+1..high]之一成为空表，然后将非空表中剩余的记录移入 R_1 中，此时 R_1 成为一个有序表。

算法描述如下：

```
template <class RecType>
void Merge(RecType R[],RecType R1[],int low,int m,int high) //R[low..m]和R[m+1..high]是两个有序表
{
    int i=low,j=m+1,k=low; //k是R1的下标，i、j分别为R[low..m]和R[m+1..high]的下标
    while(i<=m && j<=high){      //在R[low..m]和R[m+1..high]均未扫描完时循环
        if(R[i]<=R[j])           //将R[low..m]中的记录放入R1中
            R1[k++]=R[i++];
        else                     //将R[m+1..high]中的记录放入R1中
            R1[k++]=R[j++];
    }
    while(i<=m) R1[k++]=R[i++];      //将R[low..m]余下部分复制到R1
    while(j<=high)R1[k++]=R[j++];    //将R[m+1..high]余下部分复制到R1
}
```

2. 一趟归并排序的算法 MergePass( )

一趟归并排序的算法调用 $n/(2\times\text{length})$次归并算法 merge( )，将 R[1..n]中前后相邻且长度为 length 的有序子表进行两两归并，得到前后相邻且长度为 2 × length 的有序表，并存放在 R_1[1..n]中。如果 n 不是 2 × length 的整数倍，则可出现两种情况：一种情况是，剩下一个长度为 length 的有序子表和一个长度小于 length 的子表，合并之后其有序表的长度小于 2*length；另一种情况是，只剩下一个子表，其长度小于等于 length，此时不调用算法 merge( )，只需将其直接放入数组 R_1 中，准备进行下一趟归并排序。

算法描述如下：

```
Template<class RecType>
void MergePass(RecType R[],RecType R1[],int length, int n)
{  int i=0,j;
   while(i+2*length-1<n){
```

```
      Merge(R,R1,i,i+length-1,i+2*length-1);
      i=i+2*length;           //归并长度为 length 的两相邻有序子表
    }
    if(i+length-1<n-1)        //余下两个有序子表，其中一个长度小于 length
       Merge(R,R1,i,i+length-1,n-1); //归并两个有序表
    else
       for(j=i;j<n;j++)       //剩下一个有序子表，其长度小于 length
          R1[j]=R[j];
}
```

3. 归并排序算法 Merge_Sort( )

两路归并排序需要由多趟归并过程实现。第一趟 length=1，以后每执行一趟归并后将 length 加倍。第一趟归并的结果存放在 R_1 中；第二趟将数组 R_1 中的有序子表两两合并，结果存放在数组 R 中；如此反复进行。为使最终排序结果存放在数组 R 中，进行归并的趟数必须是偶数。因此当只需奇数趟归并即可完成排序时，应再进行一趟归并，只是此时只剩下一个长度不大于 length 的有序表，直接从数组 R_1 复制到 R 中即可。

算法描述如下：

```
Template<class RecType>
void Merge_Sort(RecType R[],int n)
{   int length=1;
    int m=sizeof(R);
    RecType R1[m];
    while (length<n){
        MergePass(R,R1,length,n);
        length=2*length;
        MergePass(R1,R,length,n);
        length=2*length;
    }
}
```

【例 9-8】初始序列为{23,56,42,37,15,84,72,27,18}用二路归并排序法排序。

【解】排序后的结果为：{15,18,23,27,37,42,56,72,84}，整个归并过程如图 9-12 所示。

显然，n 个记录进行二路归并排序时，归并的趟数为 $O(\log_2 n)$，每趟归并中，关键字的比较次数不超过 n，因此，二路归并排序的时间复杂度为 $O(n\log_2 n)$。对序列进行归并排序时，除采用二路归并排序外，还可以采用多路归并排序方法（可参考其他有关书籍）。

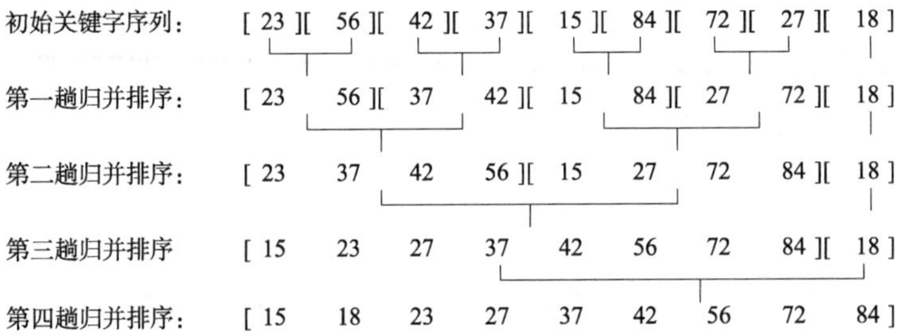

图 9-12 归并排序示例

归并排序需要的辅助空间 R_1 与待排序记录的数量相等，因此二路归并排序的空间复杂度为 $O(n)$，这是常用的排序方法中空间复杂度最差的一种排序方法。

另外，从排序的稳定性看，二路归并排序是一种稳定的排序方法。

9.6 基数排序

基数排序是和前面所述各类排序方法完全不同的一种排序方法。基数排序（Radix Sort）是一种借助于多关键字排序的思想对单逻辑关键字进行排序的方法，即先将关键字分解成若干部分，然后通过对各部分关键字的分别排序，最终完成对全部记录的排序。

基数排序首先把每个关键字看作为一个 d 元组

$$K_i=(K_i^0, K_i^1, \cdots, K_i^{d-1})$$

其中，$C_0 \leqslant K_i^j \leqslant C_{r-1}$（$1 \leqslant i \leqslant n$，$0 \leqslant j \leqslant d-1$），$r$ 称为基数。设置 r 个桶，排序时先按 K_i^{d-1} 从大到小将记录分配到 r 个桶中，然后依次收集这些记录，称为一趟基数排序。再按 K_i^{d-2} 从大到小将记录分配到 r 个桶中，如此反复，直到对 K_i^0 分配和收集，得到的便是排好序的序列。基数 r 的选择和关键字的分解法因关键字的类型而异。关键字为十进制整数时，r=10，C_0=0，C_{r-1}=9，关键字的每一位取值为 $0 \leqslant K_i^j \leqslant 9$，$d$ 为关键字的最大位数。关键字为二进制数时，r=2，C_0=0，C_{r-1}=1，关键字的每一位取值为 0 或 1，d 为关键字的最大位数。关键字为字母串时，r=26，C_0='A'，C_{r-1}='Z'，关键字的每一位取值为'A'$\leqslant K_i^j \leqslant$'Z'，$d$ 为关键字中字母的最大长度。

基数排序时，为了实现记录的分配和收集，可以设置 r 个队列，排序前均为空队列，分配时将记录分别插入到各自的队列中去，收集时将这些队列中的记录排列在一起。使用数组 F[ ]和 E[ ]分别保存各个队列的头、尾指针。设置数组 R 存放待排序记录序列，并令表头结点 head 指向第一个记录。R 数组元素的类型描述如下：

```
typedef struct dataType
{   char key[d];                    //记录中的关键字
    Struct dataType *next;          //指向下一个记录的下标
    elemtype otherelement;          //记录中的其他数据
}srecord;
```

算法描述如下：

```
Template<srecord>
void RadixSort(srecord *head,srecord*F[],srecord*E[],int d,int r)
{   //head是指向待排序记录链表的头指针，r为基数，d为每个关键字的最大位数
    int i,j,k;
    srecord *p,*q;
    for(i=0;i<d;i++)                //循环d次，对各位进行分配和收集
    {   for(j=0;j<r;j++)            //清空保存各个队列头、尾指针的数组
        {   F[j]=NULL;
            E[j]=NULL;
        }
        p=head;
```

```
        While(p!=NULL)                  //进行待排序记录的分配
        {k=(p->key[d-1-i])-'0'};
        /*取出关键字的(d-1-i)位的值，用于判断将当前记录链到哪个队列*/
        if(F[k]==NULL)                  //将记录添到第 k 个队列尾部
            F[k]=p;
        else
            E[k]->next=p;
            E[k]=p;                     //修改尾指针
            p=p->next;
        }
        head=NULL;                      //head 作为收集新记录链表的头指针
        q=NULL;                         //q 作为新记录链表的尾指针
        for(j=0;j<r;j++)                //收集按关键字(d-1-i)位分配的记录
        {   if(F[j]!=NULL)
            {   if(head!=NULL)
                q->next=F[j];           //将第 j 个“桶”链接到 head 链表中
             else
                head=F[j];
                q=E[j];
            }
        }
    q->next=NULL;
}
```

上述算法中，由 while 循环完成记录的分配，每个记录应存放到哪个队列中与关键字(d−1−i)位的取值有关，关键字(d−1−i)位的值通过语句 p->key[(d−1−i)]−'0'获得。由内层第二个 for 循环完成对已分配记录的收集。

【例 9-9】设待排序序列中有 10 个记录，其关键字分别 231，144，037，572，006，249，528，134，065，152，使用基数排序法进行排序。

【解】关键字是十进制整数，r=10，d=3，基数排序过程如图 9-13 所示。第一趟分配对关键字的个位进行，将链表中的记录分配至 10 个队列去，每个队列中的记录关键字的个位数相同，如图 9-13（b）所示，其中 $F[i]$和 $E[i]$分别为第 i 个队列的头指针和尾指针；第一趟收集是改变所有非空队列的队尾记录的指针域，令其指向下一个非空队列的头指针，重新将 10 个队列中的记录链接成一个链表，如图 9-13（c）所示；第二趟分配，第二趟收集及第三趟分配和第三趟收集分别是对关键字的十位数和百位数进行的，其过程和个位数相同，如图 9-13（d）～（g）所示。至此排序完毕。

基数排序的执行时间取决于记录关键字 K_i 的最大位数 d。基数排序算法对待排序列中的记录共进行 d 趟分配和收集过程。每趟排序，分配时间为 $O(n)$，收集时间为 $O(r)$，因此一趟基数排序的时间为 $O(n+r)$。经过 d 趟排序的总时间为 $O(d\times(n+r))$。一般情况下，当 n 很大，d 较小时，此算法很有效。

基数排序需要额外设置存放 r 个队列指针的数组，因此空间复杂度为 $O(n+r)$。

从排序的稳定性看，基数排序是一种稳定的排序方法。

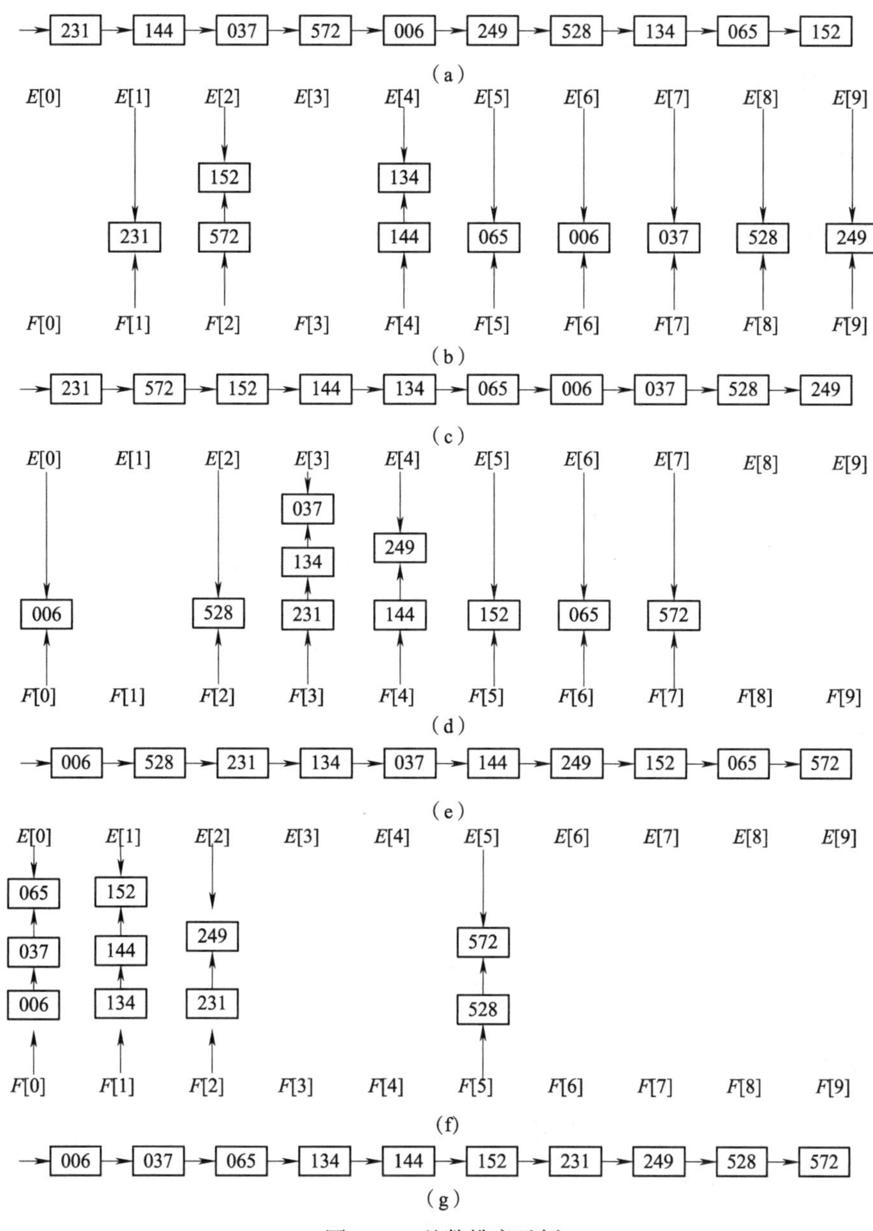

图 9-13　基数排序示例

*9.7 外部排序

外部排序指的是大文件的排序，即待排序的记录存储在外存储器上，由于文件一般都很大，无法把整个文件的所有记录同时调入内存中进行排序，即无法进行内部排序，从而需要研究外存设备上的排序技术，这种排序称为外部排序。外部排序的思想就是将排序过程分为两个相对独立的阶段。首先，按内存的大小，将外存上含 n 个记录的文件分成若干长度为 1 的子文件或段，依次读入内存，并利用有效的内部排序方法对它们进行排序，将排序后得到的有序子文件重写回外存，通常称这些有序子文件为归并段，于是在外存中形成许多归并段；最后再将这些归并段逐趟归并，使得有序的归并段逐渐扩大，直至得到一个有序文件为止。

9.7.1 外部排序过程

外部排序需要经常和外存打交道，因此外部排序速度比内部排序速度相差甚远。要想提高外部排序速度，应尽量减少与外存打交道的次数，同时也与外围设备本身的存取特性有密切关系。假设有一个含有 10 000 个记录的文件，首先通过 10 次内部排序得到 10 个初始归并段 $R_1 \sim R_{10}$，其中每一段含有 1 000 个记录。然后对它们进行两两归并，直至得到一个有序文件为止。

如图 9-14 可见，由 10 个初始归并段到一个有序文件共进行四趟归并，每趟归并从 m 个归并段得到 $m/2$ 个归并段。这种归并方法称为 2-路平衡归并。启动外存储器需要进行八次读写，启动一次外存所需时间为毫秒级，而内部排序仅在毫微秒级，相差 10^6 级别。由此可见，提高外排序的有效措施在于减少归并趟数。显然，增加归并路数，采用多路平衡归并可提高外排序的效率。

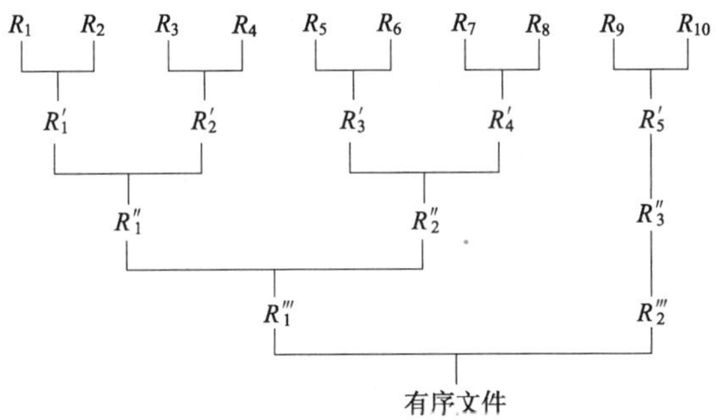

图 9-14 2-路平衡归并过程

9.7.2 多路平衡归并

假定对 n 个记录进行 k-路平衡归并，令 n 个记录分布在 k 个归并段上。若对 m 个初始归并段进行 k-路平衡归并，则归并趟数 s 为

$$s=\lfloor \log_k m \rfloor$$

显然，归并后的第一个记录应是 k 个归并段中关键字最小的记录，需要比较 $k-1$ 次；每趟归并 n 个记录需要进行$(n-1)\times(k-1)$次比较，则 s 趟归并总共需要的比较次数为

$$s\times(n-1)\times(k-1)=\lfloor \log_k m \rfloor\times(n-1)\times(k-1)=\lfloor \log_2 m \rfloor\times(n-1)\times(k-1)/\lfloor \log_2 k \rfloor$$

其中，$\lfloor \log_2 m \rfloor\times(n-1)$在初始归并段个数 m 与记录个数 n 一定时为常量，而$(k-1)/\log_2 k$ 随 k 的增大而增大，从而使内部归并的时间增大。虽然归并路数 k 的增大，会减少归并趟数 s。但当$(k-1)/\log_2 k$ 增大到一定的程度时，就会抵消掉由于归并趟数减少而赢得的磁盘读写时间。

利用败者树（Tree of Loser）在 k 个记录中选择最小者，只需要进行 $O(\lfloor \log_2 k \rfloor)$次关键字比较，这时有

$$\begin{aligned} s\times(n-1)\times\lfloor \log_2 k \rfloor &= \lfloor \log_k m \rfloor\times(n-1)\times\lfloor \log_2 k \rfloor \\ &= \lfloor \log_2 m \rfloor\times(n-1)\times\lfloor \log_2 k \rfloor/\lfloor \log_2 k \rfloor \\ &= \lfloor \log_2 m \rfloor\times(n-1) \end{aligned}$$

显然，s 趟归并所需要的比较次数与 k 无关，内部归并时间不会随 k 的增大而增大。因此，只要内存空间允许，增大归并路数 k，将有效地减少归并树的深度，从而减少读写磁盘次数，提高外部排序的速度。

败者树是一棵完全二叉树，其中每个叶子结点分别存放各归并段中当前参加归并选择的记录的关键字，每个非叶子结点存放其左右两个孩子中关键字大的结点，即败者，而让胜者去参加更高一层的比较。根结点的双亲结点中存放关键字最小的结点，即冠军。

【例 9-10】设有五个初始归并段 $R_1\sim R_5$，它们中各记录的关键字分别是{17,21,∞}，{5,44,∞}，{10,12,∞}，{29,32,∞}，{15,56,∞}。其中∞为段的结束标记。

【解】利用败者树进行 5 路平衡归并排序的过程如图 9-15（a）所示。其中，叶结点 $k_1\sim k_5$ 分别是归并段 $R_1\sim R_5$ 中当前参加归并选择的记录的关键字；各非叶结点 ls_1～ls_4 存放两个孩子结点中关键字大的记录所在的归并段号，即败者；根结点 ls_1 的双亲结点 ls_o 存放冠军所在的归并段号。从图中可知，ls_3 存放 k_2 与 k_3 的败者 k_3 所在的归并段号；ls_4 存放 k_4 与 k_5 的败者 k_4 所在的归并段号；k_1 与 ls_4 的胜者 k_5 比较，败者 k_1 所在的归并段号存放在 ls_2 中；ls_2 的胜者 k_5 与 ls_3 的胜者 k_2 比较，败者 k_5 所在的归并段号存放在 ls_1 中，胜者 k_2 作为冠军，其所在的归并段号存放到 $1s_0$ 中。此时 $1s_0$ 指示各归并段中的最小关键字记录为第二段中的当前记录。

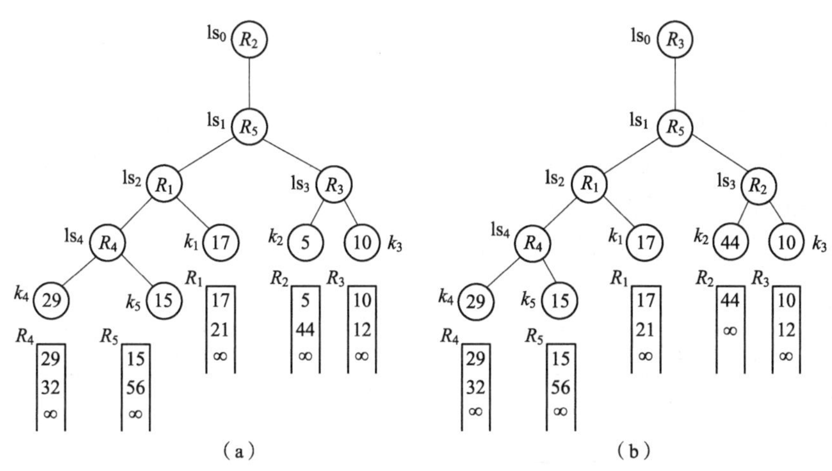

图 9-15 实现 5-路归并的败者树

将 ls_0 中的最小关键字记录送入结果归并段，再取出这个记录对应归并段的下一个记录，将其关键字送入对应的叶子结点，然后从该叶子结点到根结点，自下向上沿孩子双亲结点路径进行比较和调整，使下一个具有次最小关键字的记录所在的归并段号调整到冠军位置，如图 9-15（b）所示。将最小记录 5 送入结果归并段后，该归并段下一个记录的关键字 44 替补上来，送入 k_2。k_2 与其双亲 ls_3 中所保存的上次的败者 k_3 进行比较，k_2 是败者，记入双亲结点 ls_3 中，胜者 k_3 继续与更上一层双亲 ls_1 中所保存的败者 k_5 进行比较，k_5 仍是败者，胜者 k_3 记入冠军位置 ls_0。依次重复以上过程，直到选出的冠军记录的关键字为∞时，表明此次归并完成。败者树的深度为$\lfloor \log_2 k \rfloor$，在每次调整找下一个具有最小关键字记录时，最多需要$\lfloor \log_2 k \rfloor$ 次关键字比较。

9.7.3 置换-选择排序

在 8.7.1 节中曾经给出，m 个初始归并段进行 k-路平衡归并的趟数 s 为$\lfloor \log_k m \rfloor$，要想减少趟数 s，减小 m 也是一条途径。置换—选择排序就是通过减小 m 提高外部排序效率的一种方法。

置换—选择排序的基本思想是：在产生所有初始归并段的过程中，使选择最小（或最大）关键字过程中输入、输出交叉或平行地进行。

假设初始待排序文件为输入文件 FI，初始归并段文件为输出文件 FO，内存工作区为 WA，FO 和 WA 的初始状态为空，并设内存工作区 WA 可容纳 w 个记录，则置换—选择排序的基本步骤如下：

（1）在输出文件 FO 中标记第一个归并段（i=1）的开始。

（2）从待排文件 FI 中读入 w 个记录到工作区 WA，并为每一个记录标记段号 i=l。

（3）使用败者树从 WA 中段号为 j 的记录中选出关键字最小的记录，将其记入 Minimax。

（4）将该记录输出到 FO 中。

（5）若 FI 不空，则从 FI 输入下一个记录到 WA 中。

（6）从 WA 中所有关键字比 Minimax 记录的关键字大的记录中选出最小关键字记录，作为新的 Minimax 记录。

（7）重复步骤（4）~（6），直到在 WA 中选不出新的 Minimax 记录为止，由此得到一个初始归并段，输出一个归并段结束标志。

（8） 重复步骤（3）~（7），直到 WA 为空，得到全部初始归并段。

【例 9-11】设文件中共有 18 个记录，记录的关键字为{15,4,97,64,17,32,108,44,76,9,39,82,56,3l,80,73,255,68}，内存工作区可容纳五个记录。

【解】初始归并段的生成过程见表 9-1。

表 9-1 初始归并段的生成过程

读 入 记 录	内存工作状态	Minmax	输出之后的初始归并段
15, 4, 97, 64, 17	15,4,97,64,17	4	归并段 1：{4}
32	15,32,97,64,17	15	归并段 1：{4,15}
108	108,32,97,64,17	17	归并段 1：{4,15,17}
44	108,32,97,64,44	32	归并段 1：{4,15,17,32}
76	108,76,97,64,44	44	归并段 1：{4,15,17,32,44}
9	108,76,97,64,9	64	归并段 1：{4,15,17,32,44,64}
39	108,76,97,39,9	76	归并段 1：{4,15,17,32,44,64,76}
82	108,82,97,39,9	82	归并段 1：{4,15,17,32,44,64,76,82}
56	108,56,97,39,9	97	归并段 1：{4,15,17,32,44,64,76,82,97}
31	108,56,31,39,9	108	归并段 1：{4,15,17,32,44,64,76,83,97,108}
80	80,56,31,39,9	9	归并段 1：{4,15,17,32,44,64,76,83,97,108,*} 归并段 2：{9}
73	80,56,31,39,73	31	归并段 1：{4,15,17,32,44,64,76,83,97,108,*} 归并段 1：{9,31}
255	80,56,225,39,73	39	归并段 1：{4,15,17,32,44,64,76,83,97,108,*} 归并段 2：{9,31,39}

续表

读入记录	内存工作状态	Minmax	输出之后的初始归并段
68	80,56,225,68,73 80, ,225, ,73 80, ,225, , , ,225, ,	56 68 73 80 225	归并段 1：{4,15,17,32,44,64,76,83,97,108,*} 归并段 2：{9,31,39,56} 归并段 1：{4,15,17,32,44,64,76,83,97,108,*} 归并段 2：{9,31,39,56,68} 归并段 1：{4,15,17,32,44,64,76,83,97,108,*} 归并段 2：{9,31,39,56,68,73} 归并段 1：{4,15,17,32,44,64,76,83,97,108,*} 归并段 2：{9,31,39,56,68,73,80} 归并段 1：{4,15,17,32,44,64,76,83,97,108,*} 归并段 2：{9,31,39,56,68,73,80,225} 归并段 1：{4,15,17,32,44,64,76,83,97,108,*} 归并段 2：{9,31,39,56,68,73,80,225,*}

共产生两个初始归并段，即归并段 1：{4,15,17,32,44,64,76,83,97,108}，归并段 2：{9,31,39,56,68,73,80,225}。从中可见，初始归并段的个数较少，由此可以减小归并的趟数。

由置换–选择排序所得到的初始归并段的长度不同，当输入文件中记录的关键字为随机数时，所得到的初始归并段的平均长度为内存工作区大小的两倍。

9.8 各种排序方法的比较

在前面几节中讨论了内部排序和外部排序的方法。对于内部排序主要介绍了五大类排序方法：插入排序（直接插入排序、折半插入排序和希尔排序）、交换排序（冒泡排序和快速排序）、选择排序（简单选择排序和堆排序）、归并排序和基数排序。详细讨论了各种排序方法的基本原理，并从时间复杂性、空间复杂性以及排序的稳定性三方面讨论了各种排序方法的时效性，介绍了各排序方法的实现算法及其存在的优缺点。如果待排序的数据量很小，最好选择编程简单的排序算法，因为在这种情况下采用编程复杂、效率较高的排序方法所能节约的计算机时间是很有限的。反之，如果待处理的数据量很大，特别是当排序过程作为应用程序的一部分需要经常执行时，就应该认真分析和比较各种排序方法，从中选出运行效率最高的方法。

下面具体比较各种排序方法，以便实现不同的排序处理。

（1）插入排序的原理：向有序序列中依次插入无序序列中待排序的记录，直到无序序列为空，对应的有序序列即为排序的结果，其主旨是“插入”。

（2）交换排序的原理：先比较大小，如果逆序就进行交换，直到有序。其主旨是“若逆序就交换”。

（3）选择排序的原理：先找关键字最小的记录，再放到已排好序的序列后面，依次选择，直到全部有序，其主旨是“选择”。

（4）归并排序的原理：依次对两个有序子序列进行“合并”，直到合并为一个有序序列为止，其主旨是“合并”。

（5）基数排序的原理：按待排序记录的关键字的组成成分进行排序的一种方法，即依次比较各个记录关键字相应“位”的值，进行排序，直到比较完所有的“位”，即得到一个有序的序列。

各种排序方法的工作原理不同，对应的性能也有很大的差别，通过表 9-2 可以看到各排序方法具体的时间性能和空间性能等方面的区别。

表 9-2　内部排序方法的时间性能和空间性能表

排序方法	时间复杂度			空间复杂度	稳定性	复杂性
	平均情况	最坏情况	最好情况			
直接插入排序	$O(n^2)$	$O(n^2)$	$O(n)$	$O(1)$	稳定	简单
折半插入排序	$O(n^2)$	$O(n^2)$	$O(n\log^2 n)$	$O(1)$	稳定	一般
希尔排序	$O(n^{1.3})$			$O(1)$	不稳定	较复杂
简单选择排序	$O(n^2)$	$O(n^2)$	$O(n^2)$	$O(1)$	不稳定	简单
堆排序	$O(n\log^2 n)$	$O(n\log^2 n)$	$O(n\log^2 n)$	$O(1)$	不稳定	较复杂
冒泡排序	$O(n^2)$	$O(n^2)$	$O(n)$	$O(1)$	稳定	简单
快速排序	$O(n\log^2 n)$	$O(n^2)$	$O(n\log^2 n)$	$O(\log_2 n)$	不稳定	较复杂
归并排序	$O(n\log^2 n)$	$O(n\log^2 n)$	$O(n\log^2 n)$	$O(n)$	稳定	较复杂
基数排序	$O(d(n+r))$	$O(d(n+r))$	$O(d(n+r))$	$O(r+n)$	稳定	较复杂

依据这些因素，可得出如下几点结论：

（1）若 n 较小（如 n 值小于 50），对排序稳定性不作要求时，宜采用选择排序方法，若关键字的值不接近逆序，亦可采用直接插入排序法。但如果规模相同，且记录本身所包含的信息域比较多的情况下应首选简单选择排序方法。因为直接插入排序方法中记录位置的移动操作次数比直接选择排序多，所以选用直接选择排序为宜。

（2）如果序列的初始状态已经是一个按关键字基本有序的序列，则选择直接插入排序方法和冒泡排序方法比较合适，因为“基本”有序的序列在排序时进行记录位置的移动次数比较少。

（3）如果 n 较大，则应采用时间复杂度为 $O(n\log_2 n)$的排序方法，即快速排序、堆排序或归并排序方法。快速排序是目前公认的内部排序的最好方法，当待排序的关键字是随机分布时，快速排序所需的平均时间最少；堆排序所需的时间与快速排序相同，但辅助空间少于快速排序，并且不会出现最坏情况下时间复杂性达到 $O(n^2)$的状况。这两种排序方法都是不稳定的，若要求排序稳定则可选用归并排序。通常可以将它和直接插入排序结合在一起用。先利用直接插入排序求得两个子文件，然后，再进行两两归并。

前面讨论的排序算法，除基数排序外，都是在一维数组上实现的，当记录本身信息量较大时，为了避免移动记录而浪费大量的时间，可以采用链表作为存储结构，如插入排序和归并排序都易于在链表上实现；但有的方法，如快速排序和堆排序，在链表上却难于实现，在这种情况下，可以提取关键字建立索引表，然后，对索引表进行排序。然而更为简单的方法是引入一个整型向量作为辅助表。排序前，若排序算法中要求交换，则只需交换相对应的向量，而无须交换具体的记录内容；排序结束后，向量就指示了记录之间的顺序关系。

小　结

排序是软件设计中最常用的运算之一。排序分为内部排序和外部排序，涉及多种排序的方法。

内部排序是将待排序的记录全部放在内存的排序。本章所讨论的各种内部排序的方法大致可分为插入排序、交换排序、选择排序、归并排序和基数排序。

插入排序算法的基本思想是：将待序列表看作左、右两部分，其中左边为有序序列，右边为无序序列，整个排序过程就是将右边无序序列中的记录逐个插入到左边的有序序列中。直接插入排序是这类排序算法中最基本的一种，然而，该排序法时间性能取决于待排序记录的初始特性。折半插入排序是通过折半查找的方法在有序表中查找记录插入位置的排序方法。希尔排序算法是一种改进的插入排序，其基本思想是：将待排记录序列划分为若干组，在每组内先进行直接插入排序，以使组内序列基本有序，然后再对整个序列进行直接插入排序。其时间性能不取决于待排序记录的初始特性。

交换排序的基本思想是：两两比较待排序列的记录关键字，发现逆序即交换。基于这种思想的排序有冒泡排序和快速排序两种。冒泡排序的基本思想是：从一端开始，逐个比较相邻的两个记录，发现逆序即交换。然而，其时间性能取决于待排序记录的初始特性。快速排序是一种改进的交换排序，其基本思想是：以选定的记录为中间记录，将待排序记录划分为左、右两部分，其中左边所确记录的关键字不大于右边所有记录的关键字，然后再对左右两部分分别进行快速排序。

选择排序的基本思想是：在每一趟排序中，在待排序子表中选出关键字最小或最大的记录放在其最终位置上。直接选择排序和堆排序是基于这一思想的两个排序算法。直接选择排序算法采用的方法较直观：通过对待排序子表中完整地比较一遍以确定最大（小）记录，并将该记录放在子表的最前（后）面。堆排序就是利用堆来进行的一种排序，其中堆是一个满足特定条件的序列，该条件用完全二叉树模型表示为每个结点不大于（小于）其左、右孩子的值。利用堆排序可使选择下一个最大（小）数的时间加快，因而提高算法的时间复杂度，达到 $O(n\log_2 n)$。

归并排序是一种基于归并的排序，其基本操作是指将两个或两个以上的有序表合并成一个新的有序表。首先将 n 个待排序记录看成 n 个长度为 1 的有序序列，第一趟归并后变成 $n/2$ 个长度为 2 或 1 的有序序列；再进行第二趟归并，如此反复，最终得到一个长度为 n 的有序序列。归并排序的时间复杂度为 $O(n\log_2 n)$，最初待排序记录的排列顺序对运算时间影响不大，不足之处是需要占用较大的辅助空间。

基数排序是利用多次的分配和收集过程进行排序。关键字的长度为 d，其每位的基数为 r。首先按关键字最低位值的大小依次将记录分配到 r 个队列中，然后依次收集；随后按关键字次最低位值的大小依次对记录进行分配并收集；如此反复，直到完成按关键字最高位的值对记录进行分配和收集。基数排序需要从关键字的最低位到最高位进行 d 趟分配和收集，时间复杂度为 $O(d(n+r))$，其缺点是多占用额外的内存空间存放队列指针。

外部排序是对存放在外存的大型文件的排序，外部排序基于对有序归并段的归并，而其初始归并段的产生基于内部排序。

习　　题

一、单项选择题

1. 在所有排序方法中，关键字比较的次数与记录的初始排列次序无关的是（　　）。
   A. 希尔排序　　B. 冒泡排序　　C. 插入排序　　D. 选择排序

2. 设有 1 000 个无序的记录，希望用最快的速度挑选出其中前 10 个最大的记录，最好选用（　　）排序法。

A. 冒泡　B. 快速　C. 堆　D. 基数

3. 在待排序的记录序列基本有序的前提下，效率最高的排序方法是（　　）。

A. 插入排序　B. 选择排序　C. 快速排序　D. 归并排序

4. 不稳定的排序方法是指在排序中，关键字值相等的不同记录的前后相对位置（　　）。

A. 保持不变　B. 保持相反　C. 不定　D. 无关

5. 内部排序是指在排序的整个过程中，全部数据都在计算机的（　　）中完成的排序。

A. 内存储器　B. 外存储器

C. 内存储器和外存储器　D. 寄存器

6. 用冒泡排序的方法对 n 个数据进行排序，第一趟共比较（　　）对记录。

A. 1　B. 2　C. $n-1$　D. n

7. 直接插入排序的方法是从第（　　）个记录开始，插入前边适当位置的排序方法。

A. 1　B. 2　C. 3　D. n

8. 用堆排序的方法对，n 个数据进行排序，首先将 n 个记录分成（　　）组。

A. 1　B. 2　C. $n-1$　D. n

9. 归并排序的方法对 n 个数据进行排序，首先将 n 个记录分成（　　）组，两两归并。

A. 1　B. 2　C. $n-1$　D. n

10. 直接插入排序的方法要求被排序的数据（　　）存储。

A. 必须是顺序　B. 必须是链表　C. 顺序或链表　D. 二叉树

11. 冒泡排序的方法要求被排序的数据（　　）存储。

A. 必须是顺序　B. 必须是链表　C. 顺序或链表　D. 二叉树

12. 快速排序的方法要求被排序的数据（　　）存储。

A. 必须是顺序　B. 必须是链表　C. 顺序或链表　D. 二叉树

13. 排序方法中，从未排序序列中依次取出记录与已排序序列（初始时为空）中的记录进行比较，将其放入已排序序列的正确位置上的方法，称为（　　）。

A. 希尔排序　B. 冒泡排序　C. 插入排序　D. 选择排序

14. 每次把待排序的记录划分为左、右两个子序列，其中左序列中记录的关键字均小于等于基准记录的关键字，右序列中记录的关键字均大于基准记录的关键字，则此排序方法称为（　　）。

A. 堆排序　B. 快速排序　C. 冒泡排序　D. 希尔排序

15. 排序方法中，从未排序序列中挑选记录，并将其依次放入已排序序列（初始时为空）的一端的方法，称为（　　）。

A. 希尔排序　B. 归并排序　C. 插入排序　D. 选择排序

16. 用某种排序方法对线性表(25,84,21,47,15,27,68,35,20)进行排序时，记录序列的变化情况如下，则所采用的排序方法是（　　）。

（1）(25,84,21,47,15,27,68,35,40)

（2）(20,15,21,25,47,27,68,35,84)

（3）(15,20,21,25,35,27,47,68,84)

（4）(15,20,21,25,27,35,47,68,84)

A. 选择排序　　B. 希尔排序　　C. 归并排序　　D. 快速排序

17. 一组记录的关键字为(25,50,15,35,80,85,20,40,36,70)，其中含有五个长度为 2 的有序表，用归并排序方法对该序列进行一趟归并后的结果为（　　）。

A. (15,25,35,50,20,40,80,85,36,70)　　B. (15,25,35,50,80,20,85,40,70,36)

C. (15,25,50,35,80,85,20,36,40,70)　　D. (15,25,35,50,80,20,36,40,70,85)

18. n 个记录的直接插入排序所需记录关键码的最大比较次数为（　　）。

A. $n\log_2 n$　　B. $n^2/2$　　C. $(n+2)(n-1)/2$　　D. $n-1$

19. n 个记录的直接插入排序所需的记录最小移动次数为（　　）。

A. $2(n-1)$　　B. $n^2/2$　　C. $(n+3)(n-2)/2$　　D. $2n$

20. 对以下关键字序列用快速排序法进行排序，（　　）的情况排序最慢。

A. {19,23,3,15,7,21,28}　　B. {23,21,28,15,19,3,7}

C. {19,7,15,28,23,21,3}　　D. {3,7,15,19,21,23,28}

21. 快速排序在（　　）情况下最不利于发挥其长处，在（　　）情况下最易发挥其长处。

A. 被排序的数据量很大

B. 被排序的数据已基本有序

C. 被排序的数据完全无序

D. 被排序的数据中最大的值与最小值相差不大

E. 要排序的数据中含有多个相同值

22. 一组记录的关键字为(45,80,55,40,42,85)，则利用快速排序的方法，以第一个记录为基准得到一次划分结果是（　　）。

A. (40,42,45,55,80,85)　　B. (42,40,45,80,55,85)

C. (42,40,45,55,80,85)　　D. (42,40,45,85,55,80)

23. 对 n 个记录的线性表进行快速排序，为减少算法的递归深度，以下叙述正确的是（　　）。

A. 每次分区后，先处理较短的部分　　B. 每次分区后，先处理较长的部分

C. 与算法每次分区后的处理顺序无关　　D. 以上都不对

24. 直接插入排序和冒泡排序的平均时间复杂度为（正序），则时间复杂度为（　　）。

A. $O(n)$　　B. $O(\log_2 n)$　　C. $O(n\log_2 n)$　　D. $O(n^2)$

25. 一组记录的关键字为(45,80,55,40,42,85)，利用堆排序的方法建立的初始堆为（　　）。

A. (80,45,55,40,42,85)　　B. (85,80,55,40,42,45)

C. (85,80,55,45,42,40)　　D. (85,55,80,42,45,40)

26. 下列序列中是堆的有（　　）。

A. (12,70,33,65,24,56,48,92,86,33)　　B. (100,86,48,73,35,39,42,57,66,21)

C. (103,56,97,33,66,23,42,52,30,12)　　D. (5,56,20,23,40,38,29,61,35,76)

27. 设有 1 000 个无序的记录，希望用最快的速度挑选出前 20 个最大的记录，最好选用（　　）算法。

A. 冒泡排序　　B. 归并排序　　C. 堆排序　　D. 基数排序

28. 下列排序算法中，(　　)算法会出现下面情况：在最后一趟结束之前，所有记录不在其最终的位置上。

A. 堆排序　　B. 冒泡排序　　C. 快速排序　　D. 插入排序

29. 在含有 n 个记录的小根堆(堆顶记录最小)中，关键字最大的记录可能存储在(　　)位置上。

A. $\lfloor n/2 \rfloor$　　B. $\lfloor n/2 \rfloor-2$　　C. 1　　D. $\lfloor n/2 \rfloor+3$

30. 已知数据表 A 中每个记录距其最终位置不远，则采用（　　）算法最省时间。

A. 堆排序　　B. 插入排序　　C. 直接选择排序　　D. 快速排序

31. 下列排序算法中，某一趟（轮）结束后未必能选出一个记录放在其最终位置上的是(　　)。

A. 堆排序　　B. 冒泡排序　　C. 直接插入排序　　D. 快速排序

32. 已知待排序的 n 个记录可分为 n/k 个组，每个组包含 k 个记录，且任一组内的各记录均分别大于前一组内的所有记录并小于后一组内的所有记录，若采用基于比较的排序，其时间下界应为（　　）。

A. $O(n\log_2 n)$　　B. $O(n\log_2 k)$　　C. $O(k\log_2 n)$　　D. $O(k\log_2 k)$

33. 若要尽可能地完成对实数数组的排序，且要求排序是稳定的，则应选（　　）。

A. 快速排序　　B. 堆排序　　C. 归并排序　　D. 基数排序

34. 在含有 n 个记录的大根堆(堆顶记录最大)中，关键字最小的记录可能存储在(　　)位置上。

A. $\lfloor n/2 \rfloor$　　B. $\lfloor n/2 \rfloor-1$　　C. 1　　D. $\lfloor n/2 \rfloor+1$

35. 对任意的 7 个关键字进行排序，至少要进行（　　）次关键字之间的两两比较。

A. 13　　B. 14　　C. 15　　D. 16

二、填空题

1. 排序是将一组任意排列的记录按________的值从小到大或从大到小重新排列成有序的序列。

2. 在排序前，关键字值相等的不同记录间的前后相对位置保持________的排序方法称为稳定的排序方法。

3. 在排序前，关键字值相等的不同记录间的前后相对位置 ________的排序方法称为不稳定的排序方法。

4. 外部排序是指在排序前被排序的全部数据都存储在计算机的________存储器中。

5. 写出一种不稳定的排序方法的名称：________。

6. 在直接插入排序的方法中，当需要将第 f 个数据插入时，此时前 i–1 个数据是________的。

7. 对一个基本有序的数据进行排序，________排序方法运算次数最小。

8. 在对一组记录(54,38,96,23,15,72,60,45,83)进行直接插入排序时，当把第 7 个记录 60 插入到有序表时，为寻找插入位置需比较________次。

9. 在利用快速排序方法对一组记录(54,38,96,23,15,72,60,45,83)进行快速排序时，递归调用而使用的栈所能达到最大深度为________，共递归调用的次数为________，其中第二次递归调用是对________组进行快速排序。

10. 在堆排序、快速排序和归并排序中，若只从存储空间考虑，则应首先选取________方法，其次选取________，最后选取________方法；若只从排序结果的稳定性考虑，则应选取________；若只从平均情况下排序最快考虑，则应选取________；若只从最坏情况下排序最快并且要节省内存考虑，则应选取________方法。

11. 在堆排序和快速排序中，若原始记录接近正序或反序，则选用________；若原始记录无序，则最好选用________。

12. 在考虑如何选择排序中，若初始数据基本正序，则选用________；若初始数据基本反序，则选用________。

13. 对 n 个记录的序列进行冒泡排序时，最少的比较次数是________。

三、简答题

1. 已知序列{17,18,60,40,7,32,73,65,85}，请给出采用冒泡排序法对该序列作升序排序的每一趟结果。

2. 已知序列{503,87,512,61,908,170,897,275,653,462}，请给出采用快速排序法对该序列作升序排序的每一趟结果。

3. 已知序列{503,87,512,61,908,170,897,275,653,462}，请给出采用基数排序法对该序列作升序排序的每一趟结果。

4. 已知序列{503,17,512,908,170,897,275,653,426,154,509,612,677,765,703,94l}，请给出采用希尔排序法（D_1=8）对该序列作升序排序的每一趟结果。

5. 已知序列{70,83,100,65,10,32,7,9)，请给出采用插入排序法对该序列作升序排序的每一趟结果。

6. 已知序列{10,18,4,3,6,12,1,9,18,8}，请给出采用希尔排序法对该序列作升序排序时的每一趟结果。

四、算法设计题

1. 编写一个对给定的环形双向链表进行简单插入排序的函数。

2. 编写一个下沉式“冒泡”函数。

3. 编写一个对给定环形双向链表进行简单选择排序的函数。

4. 如果把堆定义成：一种拟满树且每个结点的值既小于左孩子又小于右孩子，请写一函数建立一个初始堆。

5. 设计一个函数修改冒泡排序过程以实现双向冒泡排序。

6. 已知奇偶转换排序如下所述：第一趟对所有奇数的 i，将 $a[i]$和 $a[i+1]$进行比较，第二趟对所有偶数的 i，将 $a[i]$和 $a[i+1]$进行比较，每次比较时若 $s[i]>s[i+1]$，则将二者交换，以后重复上述两趟过程交换进行，直至整个数组有序。

（1）试问排序结束的条件是什么？

（2）编写结果实现上述排序过程的算法。

7. 利用一维数组 A 可以对 n 个整数进行排序。其中一种排序的算法的处理思想是：将 n 个整数分别作为数组 A 的 n 个记录的值，每次（即第 i 次）从记录 $A[i]$ ~ $A[n]$中挑选出最小的一个记录 $A[k]$（$i \leqslant k \leqslant n$），然后将 $A[n]$与 $A[i]$换位。这样反复 n 次完成排序。编写实现上述算法的函数。

8. 在数组中的两个数字，如果前面一个数字大于后面的数字，则这两个数字组成一个逆序对。输入一个数组，求出这个数组中的逆序对的总数。

如：arr=[7,5,6,4]，则逆序对的个数为 5，分别为：[7,5],[7,6],[7,4],[5,4],[6,4]。

9. 给定整数数组 nums 和整数 k，请用快速排序返回数组中第 k 个最大的元素。

请注意，你需要找的是数组排序后的第 k 个最大的元素，而不是第 k 个不同的元素。

10. 请将第 9 题用堆排序实现。